Manfred Füllsack

Gleichzeitige Ungleichzeitigkeiten

Manfred Füllsack

Gleichzeitige Ungleichzeitigkeiten

Eine Einführung
in die Komplexitätsforschung

VS VERLAG

Bibliografische Information der Deutschen Nationalbibliothek
Die Deutsche Nationalbibliothek verzeichnet diese Publikation in der
Deutschen Nationalbibliografie; detaillierte bibliografische Daten sind im Internet über
<http://dnb.d-nb.de> abrufbar.

1. Auflage 2011

Alle Rechte vorbehalten
© VS Verlag für Sozialwissenschaften | Springer Fachmedien Wiesbaden GmbH 2011

Lektorat: Frank Engelhardt / Cori Mackrodt

VS Verlag für Sozialwissenschaften ist eine Marke von Springer Fachmedien.
Springer Fachmedien ist Teil der Fachverlagsgruppe Springer Science+Business Media.
www.vs-verlag.de

Das Werk einschließlich aller seiner Teile ist urheberrechtlich geschützt. Jede Verwertung außerhalb der engen Grenzen des Urheberrechtsgesetzes ist ohne Zustimmung des Verlags unzulässig und strafbar. Das gilt insbesondere für Vervielfältigungen, Übersetzungen, Mikroverfilmungen und die Einspeicherung und Verarbeitung in elektronischen Systemen.

Die Wiedergabe von Gebrauchsnamen, Handelsnamen, Warenbezeichnungen usw. in diesem Werk berechtigt auch ohne besondere Kennzeichnung nicht zu der Annahme, dass solche Namen im Sinne der Warenzeichen- und Markenschutz-Gesetzgebung als frei zu betrachten wären und daher von jedermann benutzt werden dürften.

Umschlaggestaltung: KünkelLopka Medienentwicklung, Heidelberg
Druck und buchbinderische Verarbeitung: Ten Brink, Meppel
Gedruckt auf säurefreiem und chlorfrei gebleichtem Papier
Printed in the Netherlands

ISBN 978-3-531-17952-0

Inhalt

Vorwort 13
    a. Was meint „gleichzeitig ungleichzeitig"? 13
    b. Zirkularität 16
    c. Der Computer als Unterschied, der einen Unterschied macht 17

Kapitel 1 – Entwicklungen

1.1 Rekursionen 23
    1.1.1 Iterationen 24
    1.1.2 Selbstähnlichkeit und Fraktale 26
    1.1.3 Wachstum 27

1.2 Feedbacks 31
    1.2.1 Die Pólya-Urne 31
    1.2.2. Ungleichgewichtsordnungen 32
    1.2.3. Positive Feedbacks 33
        1.2.3.1 Matthäus- und Lock-In-Effekte 34
        1.2.3.2 Phasenübergänge 36
    1.2.4 Negative Feedbacks 38
        1.2.4.1 Bienenstock und Steuern 40
        1.2.4.2 Grenzzyklen 41

1.3 (In-)Stabilitäten 43
    1.3.1 Gleichgewichtspunkte 43
    1.3.2 Die Umweltkapazität 44
        1.3.2.1 Beginnendes Chaos 46
    1.3.3 Räuber-Beute-Populationen 49
        1.3.3.1 Wirt-Parasiten-Verhältnisse 51

1.3.4 Artenvielfalt 52
    1.3.4.1 Das Drei-Körper-Problem 54

1.4 Chaos und Katastrophen 57
  1.4.1 Der Schmetterlingseffekt 57
    1.4.1.1. Vorhersagbarkeit und Ljapunow-Exponent 58
  1.4.2 Katastrophen 60
    1.4.2.1 Die Falten-Katastrophe 61
    1.4.2.2 Selbst-organisierte Kritizität 63

1.5 Disseminationen 65
  1.5.1 Zur Visualisierung von Zusammenwirkungen 65
  1.5.2 Das SIS-Modell 66
  1.5.3 Das SIR-Modell 69

Zwischenbetrachtung I – Komplexität 73

I-I   Modelle und Systeme 74
I-II   Möglichkeitsräume und ihre Einschränkung 76
I-III   Ordnung und algorithmische Komplexität 78
I-IV   Zeitliche Machbarkeit 80
I-V   Komplexitätsklassen 81

Kapitel 2 – Automaten

2.1 Evolution mit offenem Ausgang? 87
  2.1.1 Selbstreproduktive Maschinen? 87
  2.1.2 Game of Life 88

2.2 Eindimensionale Komplexität 91
  2.2.1 Rule 110 94
  2.2.2 Die Mehrheitsregel 96

2.3 Am Rande des Chaos	99
2.3.1 Random Boolean Networks	102
2.3.2 Robustheit	105
2.4 Turing-Vollständigkeit und Turing-Maschinen	107
2.4.1 Die Universelle Turing Maschine	107
2.4.2 Die Langton'sche Ameise	109
2.4.3 Gliders, Eaters und logische Gatter	110
2.4.4 Das Halte- oder Entscheidbarkeitsproblem	111

Zwischenbetrachtung II – Ordnung	113
II-I Die In*form*ation des Beobachters	114
II-II Emergente Ordnungen	116
II-III Das „Zusammenspringen" von Ordnung	117
II-IV Ordnungen in Ordnungen	119
II-V Information	120
II-VI Bedingte Wahrscheinlichkeiten	122
II-VII Sinn	124

Kapitel 3 – Simulationen

3.1 Zur Geschichte der Simulation	129
3.1.1 Segregation	131
3.2 Ontogenese statt Ontologie	135
3.2.1 Der *homo oeconomicus*	136
3.3 From the bottom up	139
3.3.1 Sugarscape	140
3.3.2 Ein dritter Forschungsweg	143
3.3.3 The Artificial Anasazi Project	144
3.3.4 Glühwürmchen und Herzzellen	146
3.3.5 Boids	147

3.4 Ungleich-Verteilungen 151
   3.4.1   Allokationsprobleme 152
   3.4.2   Vorhersagbarkeit 155
   3.4.3   Rebellion 156
   3.4.4   Des Kaisers neue Kleider 159
   3.4.5   Die Ausbreitung von Kultur 164

Zwischenbetrachtung III – Vorhersagbarkeit 167
III-I   Dynamische Modelle 167
III-II   Prognosen 169
III-III   Robust Planning 171
III-IV   Vorhersage-Märkte 173
III-V   Das Wissen der Vielen 174

Kapitel 4 – Spiele

4.1 Kooperation 179
   4.1.1   Mutual Aid 180
   4.1.2   Verwandtschaftsselektion 181

4.2 Spieltheorie 185
   4.2.1   Pay-offs und Strategien 185
   4.2.2   Spielziele 187

4.3 Soziale Dilemmata 189
   4.3.1   Das Gemeinwohl-Spiel 190
   4.3.2   Gemeingüter 191
   4.3.3   ... und die Problematik ihres Entstehens 192
   4.3.4   Strafen 194
           4.3.4.1. Exkurs: *Requisite Variety* 194
   4.3.5   Altruistische Strafe 196
   4.3.6   Irrationales Verhalten? 197
           4.3.6.1. Bounded Rationality 200

4.4 Spiellösungen ... 203
4.4.1 Das Pareto-Optimum ... 204
4.4.2 Das Nash-Gleichgewicht ... 205
4.4.2.1 Fokus-Punkte ... 206
4.4.3 Schwein und Schweinchen ... 207
4.4.4 Evolutionär stabile Strategien ... 208
4.4.4.1 Falken und Tauben ... 209
4.4.5 Wiederholungen ... 212

4.5 Das Gefangenen-Dilemma ... 215
4.5.1 Der Schatten der Zukunft ... 217
4.5.2 Das Iterative Gefangenen-Dilemma ... 218
4.5.2.1 Stichlinge ... 220
4.5.3 Indirekte Reziprozität ... 220
4.5.4 Kooperation durch (zufällige) Ähnlichkeit ... 222

4.6 Die Evolution der Kooperation ... 227
4.6.1 Das demografische Gefangenen Dilemma ... 229
4.6.2 Immanenz ... 231

Zwischenbetrachtung IV – Der Beobachter ... 235
IV-I Pilz Billard ... 236
IV-II Doppelte Kontingenz ... 238
IV-III Selbstreferentialität und Autopoiesis ... 241

Kapitel 5 – Lernen

5.1 Das Prinzip der Verschwendung ... 247
5.1.1 Die Monte-Carlo-Simulation ... 247
5.1.2 Ameisen-Straßen ... 249
5.1.3 Die Ameisen-Suche ... 249

5.2 Reinforcement-Learning 253
    5.2.1 Lokale und Globale Minima 256
    5.2.2 Simulated Annealing 258

5.3 Genetische Algorithmen 263
    5.3.1 Lernen III 267

Zwischenbetrachtung V – Selbstreferenz 271
V-I   Komplexität und Emergenz 271
V-II   Reduktionismus 272
V-III   ... und die Beobachterabhängigkeit der Emergenz 273
V-IV   Gödel 275
V-V   Eigenwerte 277

Kapitel 6 – Netzwerke

6.1 Verweisstrukturen 285
    6.1.1 Soziometrie 286

6.2 Die verbotene Triade 289
    6.2.1 Giant Component 290
    6.2.2 Die Stärke schwacher Beziehungen 291

6.3 Small Worlds 293
    6.3.1 Rewiring 295

6.4 Das Internet 299
    6.4.1 Power-Law-Verteilungen 301
    6.4.2 Long Tails 302
    6.4.3 Page-Ranking 303

6.5 Neuronale Netze 307
    6.5.1 Die Funktionsweise Künstlicher Neuronaler Netze 308
    6.5.2 Back-Propagation 311

6.5.3 Training 316
6.5.4 Graceful degradation 317
6.5.5 Self-organizing Maps 318
6.5.6 Die Singularität 321

Nachwort – Der Einschluss des Ausgeschlossenen 325

Stichwort- und Personenregister 329

Zusammenfassende und weiterführende Literatur 333

Vorwort

Es geht in diesem Buch um die Folgen von Zusammenwirkungen, die, weil, was in ihnen wirkt, in der Regel *gleichzeitig ungleichzeitig* wirkt, als *komplexe Systeme* bezeichnet werden. Mit anderen Worten, das Buch handelt von den Erkenntnissen und Einsichten, die in den letzten Jahren in Disziplinen wie der *Kybernetik*, der *System-, Spiel- und Netzwerktheorie* sowie im schnell wachsenden Forschungsbereich der *Simulation komplexer Systeme* gewonnen und unter Titeln wie *Komplexitätsforschung* oder *Theorie komplexer Systeme* diskutiert werden. Ein gewisser Schwerpunkt liegt dabei auf sozialen Aspekten. Zwar stammen nicht alle der hier behandelten Themen aus dem Bereich der Sozialwissenschaften. Wohl aber liegt dem Buch eine sozialwissenschaftliche, wenn nicht gar „sozialphilosophische" Perspektive zugrunde. Es wurde in der Absicht geschrieben, die Suche nach Lösungen für soziale Probleme auf Einsichten und Erkenntnisse zu gründen, die die Komplexitätsforschung und an sie anschließende Disziplinen in den letzten Jahren hervorbringen. Das Buch will in diese Art der Forschung einführen.

a. Was meint „gleichzeitig ungleichzeitig"?

Den wissenschaftlichen Ansätzen, die hier unter dem Titel Komplexitätsforschung zusammengefasst werden, liegt eine spezifische Erkenntnisweise zugrunde, auf die viele Themen dieses Buches zumindest implizit rekurrieren und die deswegen dem Buch seinen Titel gibt. Wir wollen sie hier einleitend kurz näher betrachten, um in die Spezifika des behandelten Denk- und Forschungsansatzes einzuführen. Es geht um die Paradoxie einer „gleichzeitigen Ungleichzeitigkeit" und ihrer Bedeutung für die Bemühungen, soziale Probleme zu lösen. Was ist mit „gleichzeitiger Ungleichzeitigkeit" gemeint?

Sehen wir uns, um für eine erste Annäherung ein heute alltägliches Beispiel zu wählen, kurz den (in Kapitel 6.4.3 ausführlicher beschriebenen) so genannten *Page Rank-Algorithmus* an, mit dem Internet-Suchmaschinen die Relevanz von Internetseiten für Suchanfragen bestimmen. Dieser Algorithmus legt fest, in welcher Reihenfolge Internetseiten bei einer Suchanfrage gelistet werden. Der Algorithmus zieht dazu vor allem die Verweise in Betracht, die in Form von Hyperlinks im Internet zu einer bestimmten Seite hin, beziehungsweise von einer Seite wegführen. Er unterscheidet also zwischen einerseits „hereinkommenden" Verbindungen, so genannten *indegrees*, das heißt Verbindungen, die *von* anderen Seiten *auf* eine Seite weisen, und andererseits „hinausführenden" Verbindungen, so genannten *outdegrees*, die von dieser Seite wegführen. Ein wesentliches Kriterium für die Relevanz einer Seite sind vor allem die *indegrees*. Seiten, auf die viele andere Seiten verweisen, die also hohen *indegree* aufweisen, werden als wichtiger betrachtet als Seiten, auf die selten oder überhaupt nicht verwiesen wird. Ein Suchbegriff, der sich auf der Seite einer großen Organisation oder einer bekannten Firma findet, auf die die Hyperlinks vieler anderer Internetseiten verweisen, wird deshalb in einer Suchanfrage höher gelistet als ein Begriff auf einer Seite, die kaum von anderen Seiten referenziert wird.

Nun sind allerdings in einem dicht verknüpften Netzwerk, wie es das Internet heute darstellt, nahezu *alle* Seiten bereits reziprok, wenn auch mitunter über viele Zwischenglieder hinweg, miteinander verbunden. Das heißt, *jede* Seite „erbt" ihre Relevanz von anderen Seiten. *Jede* Seite ist nur insofern bedeutend, als sie von anderen Seiten bedeutend *gemacht* wird. Es gibt keine Seite mit absoluter, gleichsam bedingungsloser Bedeutung. Es gibt keine „erste Seite". Die Relevanz einer Seite bestimmt sich immer über die Relevanzen anderer Seiten. Um also die Relevanz einer Seite festzustellen, ist es nötig, die Relevanzen jener Seiten zu kennen, die auf diese Seite verweisen. Diese Relevanzen hängen aber ihrerseits wieder von den Relevanzen anderer Seiten ab, unter denen sich unter Umständen irgendwann auch die ursprüngliche Seite befinden könnte. Die Relevanzen hängen damit *zirkulär* voneinander ab. Wir müssten also, kurz gesagt, um die Relevanz einer Seite festzustellen, ihre Relevanz bereits kennen. Und dies ergibt ein klassisches Paradox. Wir müssten *gleichzeitig* wissen, was wir erst *ungleichzeitig*, nämlich *nach* Feststellung der anderen Relevanzen, wissen können. Wir müssen mit einer „gleichzeitigen Ungleichzeitigkeit" rechnen.

Aber wie ist so etwas möglich? Wie schaffen es Internet-Suchmaschinen, tatsächlich brauchbar die Relevanz von Internetseiten festzustellen? Passionierte SUDOKU-Spieler dürften eine Ahnung haben, wie dies geschieht. Wir werden diesem Beispiel in Kapitel 6.4.3 genauer nachgehen.

Sehen wir uns kurz noch zwei weitere recht alltägliche Beispiele solcher *gleichzeitiger Ungleichzeitigkeiten* an. Unsere Währung, das Geld, war bis in die 1970er Jahre über den US-Dollar als Leitwährung an einen als grundsätzlich angesehenen Wert gebunden, an den Goldwert. Gold wurde als gleichsam natürlicher Wert angesehen, der so etwas wie einen „Anfangswert" für die Berechnung der einzelnen Währungswerte, der Geldwerte, bereitstellte. Mit einigem Recht ließ sich davon sprechen, dass zum Beispiel der Dollar etwas wert war, weil das Gold, das in Fort Knox zu seiner Stützung bereit lag, etwas wert war. Im Zusammenhang des US-amerikanischen Vietnamkrieges sah sich die US-Regierung allerdings gezwungen, ihren Waffengang mithilfe der Notenpresse zu finanzieren. Das heißt, sie druckte Geld, um den Krieg zu bezahlen, und dieses Geld war nicht mehr vollständig durch Gold abgedeckt. 1971 erklärte Präsident Nixon die bis dahin geltende Verpflichtung, jeden US-Dollar jederzeit gegen Gold zu tauschen, für hinfällig. Der Goldstandard des Geldes war damit Geschichte. Seitdem ist Geld, kurz gesagt, nur deswegen etwas wert, weil es gegen anderes Geld, gegen eine andere Währung, getauscht werden kann. Und diese andere Währung ist ihrerseits etwas wert, weil sie wieder gegen andere Währungen getauscht werden kann usw. Unter diesen anderen Währungen kann sich damit auch die erste Währung befinden, die also, so wie die Internetseiten ihre Relevanz, ihren Wert *zirkulär* findet. Um diesen Wert zu kennen, müssten wir *gleichzeitig* die Werte der Währungen kennen, die zu diesem Wert beitragen, die aber ihrerseits ihren Wert erst durch diesen Wert, also *ungleichzeitig*, erhalten. Auch das Geld ist, was es ist, nur jeweils *gleichzeitig ungleichzeitig*.

Und analoges gilt auch – und hier wird die Sache selbstbezüglich – für unser Wissen.[1] Auch was wir zu wissen vermeinen, beruht zirkulär stets nur auf anderem Wissen und erhält jene (relative) Stabilität, die es vom Glauben unterscheidet, *gleichzeitig ungleichzeitig* aus dem Verweis von anderen Wissensständen. Dieser Umstand gilt insbesondere auch für den Inhalt dieses Buches. Inwiefern, was hier steht, für relevant gehalten wird, hängt deswegen zu einem sehr großen Teil auch vom Vorwissen des Lesers ab. Zwar kann diese Relevanzwahrnehmung zu beeinflussen versucht werden, zum Beispiel indem gemäß wissenschaftlicher Gepflogenheiten auf Literatur und auf „Autoritäten" verwiesen wird, die das hier Dargestellte für relevant halten. Auch diese Literatur und die Bekanntheit der „Autoritäten" sind aber letztendlich „nur" Wissensstände. Im Prinzip entzieht sich ein großer Teil der diesbezüglichen Verweisstruktur dem Zugriff des Buches. Erst *in the long run* wird sich – wie bei anderem Wissen auch – zeigen, ob sich um dieses Buch ein Bezugsnetzwerk bildet, das es als wissens- und deswegen lesenswert ausweist.

Intern ist auch die Inhaltsvermittlung in diesem Buch auf *gleichzeitige Ungleichzeitigkeit* angewiesen. Obwohl mehr oder weniger von vorne nach hinten

---

[1] Vgl. dazu, und überdies auch zur zirkulären Fundierung des Geldwerts ausführlicher: Füllsack, Manfred (2006): Zuviel Wissen? Zur Wertschätzung von Arbeit und Wissen in der Moderne. Berlin. Avinus. zum Geldwert ab S. 173f.

geschrieben, verweisen die unterschiedlichen Themen und Beispiele hier reziprok aufeinander. Zwar wurde bei der Darstellung ob der komplexen Thematik ganz besonderes Augenmerk auf Verständlichkeit und Nachvollziehbarkeit gelegt. Trotzdem könnten sich manche Bezüge, die in einem der ersten Kapitel hergestellt werden, erst nach Lektüre späterer Kapitel vollends erschließen. Zwar wurde das Buch „klassisch" konzeptioniert, das heißt dem Medium entsprechend für eine lineare Lektüre, beginnend bei der ersten und endend bei der letzten Seite, ausgelegt. Seine innere Verweisstruktur aber, wie auch etwa sein Glossar, legen es als Bezugssystem fest.

b. Zirkularität

Das Phänomen zirkulärer Verursachungen – in den Naturwissenschaften auch unter Titeln wie etwa „Koevolution"[2] oder „Mutualismus"[3] diskutiert – wird in den Wissenschaften seit langem besprochen. Bereits antike Philosophen – allen voran etwa Aristoteles in seiner *Logik* – erörterten es unter Begriffen wie *hysteron proteron* (wörtlich: das Spätere vor dem Früheren), *petitio principii* (Frage nach der Beweisgrundlage), *circulus in demonstrando* (Argumentationszirkel), *circulus probando* (Beweiszirkel) oder *circulus vitiosus* (fehlerhafter Zirkel). Insbesondere der letzte Ausdruck weist darauf hin, dass den „Klassikern" Zirkularitäten freilich eher als Fehler des argumentativen und wissenschaftlichen Erkundens galten. Zirkel, wie sie etwa auch in der bekannten Henne-Ei-Problematik auftreten, sollten vermieden werden. Gefragt waren nachvollziehbare, unidirektionale Ursache-Wirkungs-Erklärungen. Und wo diese nicht sogleich vorlagen, musste eben noch genauer nachgeforscht werden.

Erst im 20. Jahrhundert mehrten sich allmählich Anzeichen für die Allgegenwart und die prinzipielle Unvermeidbarkeit zirkulärer Bedingungen. In der Mathematik wies etwa Kurt Gödel auf die grundsätzliche Selbstbezüglichkeit logischer Kalküle hin (siehe V-IV). In der Biologie richtet sich das Augenmerk auf Hyperzykel, Koevolution und auf Begriffe wie Autopoiesis und Selbstreferenz (siehe IV-III). Neu entstehende transdisziplinäre Ansätze wie die Kybernetik fundierten ihre Ansätze auf Aspekten, die unter anderem als *Duck-Chase-Problem* diskutiert wurden. Selbst in der Literatur verwiesen bekannte Erzählungen wie etwa Joseph Hellers *Catch-22* auf zirkuläre Paradoxien. Und schließlich wurden auch die Sozialwissenschaften auf das Phänomen aufmerksam. 1951 wies etwa der ungarisch-

---

2 Jantsch, Erich (1980): The Self-Organizing Universe: Scientific and Human Implications of the Emerging Paradigm of Evolution. New York: Pergamon Press.
3 Boucher, Douglas H. (ed.) (1985): The Biology of Mutualism. Ecology and Evolution. London. Croom Helm.

britische Wissenstheoretiker Michael Polanyi[4] auf die „Polyzentrizität" sozialer und rechtlicher Bezüge hin. Der Rechtsphilosoph Lon Fuller veranschaulichte 1978[5] die von Polanyi markierte Problematik am Beispiel eines Richters, der eine Anzahl berühmter Gemälde zu gleichwertigen Teilen unter zwei Erben aufteilen soll, dabei aber vor dem Problem steht, dass jede Zuteilung eines Bildes Implikationen für die Werte der anderen Bilder hätte und damit *im Vorhinein* keine wirklich gleichwertige Aufteilung zulässt. Jede Aufteilung würde, auch wenn sie anfänglich gleichwertig scheint, vorhersagbar auf ihre Wertigkeit zurückwirken. Nur *gleichzeitig ungleichzeitig* ließe sie sich erstellen.

Genau dies gilt, wie wir sehen werden, für nahezu alle sozialen Interaktionen. Zirkularität ist im Spiel wenn sich Handelsbeziehungen, Verkehrsstaus oder Besiedelungsmuster bilden (Kapitel 3), wenn Gemeingüter entstehen oder Kooperationen emergieren (Kapitel 4), wenn sich Bekanntschafts- oder auch Informationsnetzwerke zusammenfinden (Kapitel 6), oder wenn Zellen die Bestandteile, aus denen sie bestehen, selbst produzieren (IV-III). Philosophisch steckt dahinter eine Erkenntnistheorie, die nicht mehr wie die Konzepte des Materialismus oder des Realismus von der Annahme, eines, wenn auch schwer auffindbaren, so doch notwendigen „Ursprungs aller Ursprünge", einer „Ursache aller Ursachen" oder eines „unbewegten Bewegers" etc. ausgeht, auf den hin sich über entsprechende wissenschaftliche Erklärungen alle Phänomene „zurückrechnen" oder auch „reduzieren" lassen. Die Aufmerksamkeit für *gleichzeitige Ungleichzeitigkeiten* und die durch sie generierten komplexen Systeme legt vielmehr eine *konstruktivistische*, eine kontexturale, oder noch genauer eine „polykontexturale"[6] Erkenntnistheorie nahe, in der die „Dinge" stets in ihrer Abhängigkeit von anderen „Dingen", die ihrerseits wieder von anderen „Dingen" abhängen usw., betrachtet werden, in der die Dinge also stets als kontextabhängig und in diesem Sinn dann als systemabhängig gesehen werden, oder im Sinne der Netzwerktheorie, in der sie als Knoten in anfangs- und endlosen Verweisstrukturen betrachtet werden müssen.

c. Der Computer als Unterschied, der einen Unterschied macht

Um diese Systeme und Verweisstrukturen zu verstehen, um ihre spezifischen Eigenschaften zu erkunden, ist freilich auch in der Komplexitätsforschung analytische Differenzierung notwendig. Das heißt, die „Dinge" müssen auch hier, zumindest

---

4 Polanyi, Michael (1951): The Logic of Liberty: Reflections and Rejoinders. London. Routledge.
5 Fuller, Lon (1978): The Forms and Limits of Adjudication; in: Harvard Law Review 92/353, p. 394-404.
6 Vgl. dazu u.a.: Günther, Gotthart (1976): Beiträge zur Grundlegung einer operationsfähigen Dialektik, Band 1. Hamburg, Meiner.

zwischenzeitlich, als solche isoliert und als „für sich stehend", also unabhängig von den Einflüssen anderer „Dinge" betrachtet werden. Anders lassen sich die Einflüsse anderer „Dinge", die sie erst zu dem machen, als was sie erscheinen, gar nicht feststellen. Und auch die Spezifika, die die Komplexitätsforschung von anderen Herangehensweisen unterscheidet, würden anders nicht sichtbar.

Wenn aber nun erst wieder analytisch differenziert und unter kontrollierten Bedingungen – unter Laborbedingungen – isoliert und beobachtet wird, so ließe sich mit einigem Recht fragen, was denn dann an der Komplexitätsforschung, außer vielleicht ihrer konstruktivistischen Philosophie, so anders sein soll als an traditionellen Forschungsansätzen. In der Geschichte der Wissenschaften wurde ja schon oftmals angemahnt, die Dinge in ihrem Zusammenhang, in ihrer Dialektik etwa, zu betrachten. Was unterscheidet denn die Komplexitätsforschung also von anderen Ansätzen, abgesehen von ihrem explizit propagierten Vorhaben, die Dinge „zusammenzudenken", sie gleichsam „holistisch" zu fassen?

Ein wesentlicher Unterschied entsteht ihr aus den Mitteln, die sie verwendet, und die ihr in gewisser Weise eher historisch zugewachsen sind, als bewusst von Anfang an gewählt worden zu sein. Diese Mittel stellt im wesentlichen die Computertechnologie bereit, die es heute ermöglicht, Zusammenwirkungen zu untersuchen, die sich in ihrer Komplexität einer kognitiven Erfassung, die sich nur verbaler, schriftlicher oder auch mathematisch-analytischer Darstellung bedient, nicht erschließen.

Aus Sicht des konventionellen Wissenschaftsbetriebs und noch mehr vermutlich aus Sicht traditioneller Philosophie scheint diese Behauptung gewagt. Denn natürlich lassen sich zum Beispiel soziale Dilemmata wie die des Gemeinwohl-Spiels (4.3.1) auch verbal und schriftlich erfassen und in gewissem Rahmen analysieren. Und natürlich lassen sich einfachere Differentialgleichungssysteme, wie sie etwa Räuber-Beute-Beziehungen (1.3.3) zugrundeliegen, auch mit Rechenstift und Schreibblock untersuchen. Und tatsächlich hat ja auch etwa Tom Schelling seine Untersuchung emergierender Segregationsmuster (3.1.1) zunächst auf einem simplen Schachbrett begonnen.

Trotzdem dürfte auch unter Skeptikern heute Einigkeit herrschen, dass mit dem Computer ein Medium zur Verfügung steht, das die ohnehin bereits beträchtliche zeitliche und räumliche Ausweitung, die die Möglichkeit schriftlicher Fixierung dem flüchtigen, Augenblicks-bezogenen menschlichen Denken hinzufügt, noch einmal um eine Dimension erweitert. Zwar ist nicht abzusehen, wohin uns dieser Schritt führen wird und ob er in jeder Hinsicht für unser Dasein bereichernd sein wird. Für die Erfassung und Analyse komplexer Zusammenwirkungen stellt er – davon geht das vorliegende Buch aus – Möglichkeiten bereit, die es rechtfertigen, die darauf aufbauende Komplexitätsforschung als Unterschied zu betrachten, der – um eine bekannte Äußerung von Gregory Bateson zu zitieren – gegenüber herkömmlichen Herangehensweisen einen Unterschied macht.

Freilich erhöhen die Computertechnologie und die mit ihr gegebenen Analyse- und Darstellungsmöglichkeiten, wie auch – was hier nicht übersehen werden sollte – die zum Teil erst dadurch entstehenden neuen Forschungsgegenstände, wie etwa Zellulare Automaten, artifizielle Populationen, Künstliche Neuronale Netze etc., nicht nur den Nutzen, sondern auch die Aufwändungen zeitgenössischer Forschung, also die Kosten, die Wissenschaftlern dadurch entstehen. Die Berücksichtigung der „Neuen Medien" und ihrer Möglichkeiten gestaltet sich selbst einigermaßen komplex, ihre Anwendung ist nicht zuletzt auch mit beträchtlichem Lernaufwand verbunden. Um diesen Aufwand so gering wie möglich zu halten, wird das vorliegende Buch – von einem Sozialwissenschaftler und damit Nicht-Mathematiker und Gelegenheits-Programmierer geschrieben – versuchen, die in ihm behandelten Themen so allgemein verständlich wie möglich und anhand möglichst anschaulicher Beispiele zu vermitteln. Ein Mindestmaß an Bereitschaft, im Versuch, sich neue, unvertraute Zusammenhänge zu erschließen, gelegentlich auch ins Schwitzen zu kommen, kann es dem Leser allerdings nicht ganz ersparen.

Kapitel 1 – Entwicklungen

1.1 Rekursionen

Für einen ersten Einstieg in unsere Thematik scheint es nützlich, „Zusammenstellungen" (altgriechisch: το σύστημα, *to systema*) zunächst sehr grundlegend anhand der *zeitlichen* Entwicklung von Größen, etwa dem Guthabenstand auf Sparbüchern, der Mitgliederzahl von Populationen oder dem Produktionsniveau von Volkswirtschaften, zu betrachten. In solchen Entwicklungen werden gewöhnlich Zustandsgrößen zu einem Zeitpunkt t als Voraussetzung oder als Ausgangspunkt für die Entwicklung hin zum Zustand im Zeitpunkt $t + 1$ angenommen. Ein berühmtes Beispiel dafür bietet der *Zinseszins*, bei dem ein Wert im Zeitpunkt t_0 – zum Beispiel 100 Euro – als Ausgangssumme, als „Voraussetzung" also, betrachtet wird, die mit einem bestimmten Prozentsatz dieser Summe – zum Beispiel 3 Prozent, hier also 3 Euro – verzinst wird und damit zum Zeitpunkt t_1 die neue Summe 103 Euro ergibt. Diese Summe dient sodann ihrerseits als Voraussetzung für den Zustand im Zeitpunkt t_2, der sich nun – Vorsicht! – aus der drei-prozentigen Verzinsung der Summe in t_1, also 103 Euro (und *nicht* der ursprünglichen Summe in t_0 = 100 Euro) ergibt. Die Summe zum Zeitpunkt t_2 beträgt damit 106,09 Euro (und nicht 106 Euro).

Abbildung 1.1: Pythagoras Baum als Beispiel für einen *rekursiven* Prozess

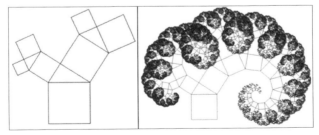

Die Seiten eines rechtwinkeligen Dreiecks dienen als Basen von Quadraten, deren je gegenüberliegende Seiten ihrerseits als Hypotenuse neuer rechtwinkeliger Dreiecke betrachtet werden, auf die ihrerseits wieder Quadrate gestellt werden usw. Rechts nach zwei Iterationen, links nach 17 Iterationen.

Entwicklungen, die in diesem Sinn ihre jeweils im unmittelbar vorhergehenden Zeitpunkt erreichten Zustände als Ausgangspunkt für den je nächsten Entwicklungsschritt verwenden, werden *rekursiv* genannt. Sie *rekurrieren* gleichsam auf ihren jeweiligen Status zum Zeitpunkt $t - 1$.

1.1.1 Iterationen

Die einzelnen Berechnungsschritte (englisch: *steps*) werden *Iterationen* genannt. Sie wiederholen zwar den jeweiligen Berechnungsvorgang, setzen aber jedes Mal an – wenn auch mitunter nur ganz leicht – veränderten Voraussetzungen an. Eine Iteration ist damit niemals nur eine simple Wiederholung.

Um sich die Tragweite dieser, eigentlich sehr simplen Logik vor Augen zu führen, seien hier kurz die nach dem ungarischen Mathematiker Aristid Lindenmayer benannten *Lindenmayer-* oder auch *L-Systeme* betrachtet.

Solche Systeme bestehen aus einer, oft kleinen Anzahl von Anfangsgrößen und einem Regelset, mit dem diese Größen *rekursiv*, also im Hinblick auf den im je vorhergehenden Schritt erreichten Zustand, verändert werden. Wenn wir als Anfangsgröße zum Beispiel die Zahl 0 annehmen und die beiden Regeln definieren, dass 1.) jede 0 durch eine 1, und 2.) jede 1 durch die Kombination 01 ersetzt wird, so erhalten wir, wenn wir diese Regeln siebenmal rekursiv anwenden, folgende Entwicklung:

Schritt 0:	0
Schritt 1:	1
Schritt 2:	01
Schritt 3:	101
Schritt 4:	01101
Schritt 5:	10101101
Schritt 6:	0110110101101
Schritt 7:	101011010110110101101

Wenn wir in dieser Entwicklung die Längen der erzeugten Zahlenreihen abzählen und aufreihen, so erhalten wir eine weitere berühmte rekursive Folge, die *Fibonacci-Sequenz*:

1 1 2 3 5 8 13 21 (34 55 89 ...)

1.1 Rekursionen

Diese Sequenz ergibt sich aus den Anfangsgrößen 0 und 1 und der Regel, die beiden Zahlen als Reihe zu betrachten, in der jeweils die beiden letzten Zahlen addiert werden und die Summe hinten angereiht wird. Das heißt, aus 0 und 1 ergibt sich 1 als folgende Zahl, die ihrerseits mit der vorletzten Zahl, hier ebenfalls 1, addiert wird und damit 2 ergibt, usw.

Formal, in der Sprache der Mathematik beschrieben, lautet die Fibonacci-Regel:

$$F_n = F_{n-1} + F_{n-2} \text{ mit den Anfangsgrößen } F_0 = 0 \text{ und } F_1 = 1.$$

Die Anfangsgrößen müssen in solchen Entwicklungen aber nicht unbedingt Zahlen sein. Die berühmte *Koch-Schneeflocke* zum Beispiel, benannt nach dem schwedischen Mathematiker Helge von Koch, bezieht sich auf ein gleichschenkeliges Dreieck. Die dazugehörige Regel lautet: teile die Seitenlinien des Dreiecks in drei gleiche Abschnitte und errichte auf dem mittleren Abschnitt abermals ein gleichschenkeliges Dreieck. Wird diese Regel einige Male rekursiv wiederholt, so ergibt sich daraus ein *Fraktal*, das die Form einer Schneeflocke hat.

Abbildung 1.2: Koch-Schneeflocke nach fortgesetzten rekursiven Iterationen

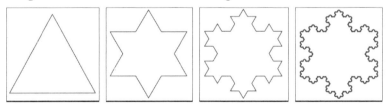

Links Anfangsgröße, rechts nach fünf Schritten (Schritt 4 ist nicht abgebildet).

Dass sich auch die Natur an solche rekursiven Entwicklungsregeln zu halten scheint, zeigt sich – außer am Beispiel der Schneeflocke – vor allem an den Erfolgen der damit befassten Theoretiker, die Form von Pflanzen mithilfe einfacher Regelsets zu modellieren. Aristid Lindenmayer selbst schlug diese Systeme im Zusammenhang seiner Forschungen zum Wachstum von Hefearten und Fadenpilzen vor.[7] Die folgende Bilderfolge zeigt ein L-System, das als Anfangsgrößen einige wenige, in bestimmten Winkeln zueinander stehende Linien verwendet, die nach

---

7   Lindenmayer, Aristid (1968): Mathematical Models for Cellular Interaction in Development; in: Journal for Theoretical Biology, 18: p. 280-315.

simplen Regeln rekursiv unterteilt und mit weiteren, im selben Winkel stehenden Linien erweitert werden.

Abbildung 1.3: Modellierung eines Pflanzenteils mit L-Systemen

Links Anfangsgröße, rechts nach fünf Iterationsschritten (Schritt 4 ist nicht abgebildet).

Solche L-Systeme werden auch als *deterministische kontextfreie Systeme* bezeichnet. „Deterministisch" bezieht sich dabei auf die hundertprozentig festgelegte Entstehung der Zustände des Systems. Ein gegebener Zustand führt, unter Beachtung der Regeln, immer nur zu genau einem nachfolgenden Zustand. Oder anders gesagt, aus Zustand A folgt, so die Regeln beachtet werden, *immer* Zustand B und niemals irgendein anderer Zustand.

Der Begriff „kontextfrei" bezieht sich auf den Umstand, das sich jede Regel in diesen Systemen immer nur auf die gerade betrachtete Größe (also etwa die Zahl, das Dreieck, die Linie etc.) bezieht und nicht – wie etwa bei Zellularen Automaten (siehe Kapitel 2) – die Nachbarschaft (den Kontext) der Größe mit in Betracht zieht.

1.1.2 Selbstähnlichkeit und Fraktale

L-Systeme zeichnen sich durch die *Selbst*ähnlichkeit ihrer Zustände aus. Das heißt, die Zustände ähneln in jeder beliebigen Größenordnung Teilen von sich selbst. Die obige Koch-Schneeflocke besteht in jeder beliebigen Tiefenschärfe (so sie fortgesetzt iteriert wird) einfach aus den (zwei sichtbaren) Seiten gleichschenkeliger Dreiecke und niemals aus irgendetwas anderem.

Diesen Umstand beschrieb der Mathematiker Benoit Mandelbrot 1967 in einem berühmten Aufsatz in Bezug auf die Länge der Küste Großbritanniens.[8] Mandelbrot wies darauf hin, dass die Küste paradoxerweise als beliebig und damit sogar unendlich lange betrachtet werden kann, wenn man den Maßstab ihrer

---

8   Mandelbrot, Benoît (1967): How Long Is the Coast of Britain? Statistical Self-Similarity and Fractional Dimension; in: Science (New Series) 156/3775, p. 636-638.

Messung ändert. Je genauer nämlich gemessen würde, umso mehr differenzieren sich die Konturen der Küste, bis hin zur Größenordnung einzelner Steine oder sogar Sandkörner. Der Umfang der Küste wird damit beliebig lange. In späteren Publikationen bezeichnete Mandelbrot geometrische Formen, die dieses Charakteristikum aufweisen, als *Fraktale*.

Sein wohl berühmtestes Beispiel für ein Fraktal stellt das *Mandelbrot Set* dar, das oft auch als „Apfelmännchen" bezeichnet wird. Zwar ist dieses Set genaugenommen nicht in allen Bereichen selbstähnlich. Wohl aber lässt sich die berühmte Form des „Apfelmännchens" in ihm in jeder beliebigen Vergrößerung neuerlich finden.

Abbildung 1.4: Mandelbrot Set in sukzessiver Vergrößerung eines Ausschnittes

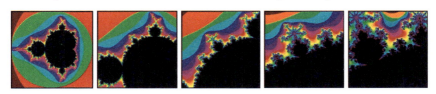

In der Mathematik wird solche Selbstähnlichkeit auch als *Skalen-Invarianz*, *Skalen-Unabhängigkeit* oder *Skalen-Freiheit* bezeichnet. Gemeint ist damit, dass sich Formen oder sonstige grundlegende Eigenschaften eines Phänomens unabhängig davon auffinden lassen, in welchem Maßstab (Skala) das Phänomen betrachtet wird. Ein einfaches Beispiel dafür liefert etwa die Kurve der mathematischen Funktion $y = x^2$, die sich in ihrer Form nicht ändert, egal welcher Wert für x festgesetzt wird. Auf das Phänomen der Skalen-Freiheit werden wir im Zusammenhang von *Skalen-freien Netzwerken* in Kapitel 6.4.2 näher eingehen.

1.1.3 Wachstum

Die Größen in den vorhergehenden Beispielen scheinen zu „wachsen". Sie unterliegen einem Wachstumsprozess.

1798 stellte der Nationalökonom Thomas Robert Malthus in seiner berühmten Schrift *An Essay on the Principle of Population* fest, dass menschliche Populationen, wenn sie sich ungestört von sozialen oder umweltbedingten Einflüssen entwickeln, über eine bestimmte Zeitspanne jeweils um eine fixe Proportion anwachsen und dass diese Proportion nicht von der Größe der Population abhängt.

Wenn sich zum Beispiel eine Population von 100 Individuen in fünf Jahren auf 135 Individuen vergrößert, so würde sich demnach eine Population von 1000 im selben Zeitraum auf 1350 vergrößern. Unabhängig von der Größe der Population scheint also die *Wachstumsrate* gleich zu bleiben.

Technisch betrachtet stellt die Wachstumsrate, die in den Wissenschaften oftmals mit γ (*Gamma*, von englisch für *growth*) abgekürzt wird, in diesem Zusammenhang einen *Parameter* dar, der konstant bleibt, und als solcher eine *Variable*, nämlich die Populationsgröße, beeinflusst. Ein einfaches Modell, das dieses Wachstum zu fassen erlaubt, könnte also aus dem Parameter γ bestehen, der die Wachstumsrate der Population wiedergibt, und aus der Variablen X_t, die die Populationsgröße zum Zeitpunkt t bezeichnet. Wachstum wäre demnach als γ * X_t bestimmt. Allgemein lässt sich die Größe einer Population zum Zeitpunkt $t+1$ nach dem Malthusschen Modell demnach mit der Formel

$$X_{t+1} = X_t + \gamma * X_t \quad \text{beziehungsweise} \quad X_{t+1} = X_t * (1 + \gamma)$$

berechnen.

Von einem bestimmten Ausgangsniveau t_0 aus bestimmt sich das Wachstum über t Zeiteinheiten (zum Beispiel Jahre) bei konstantem γ als

$$X_t = X_0 + \gamma * X_0 + \gamma * X_1 ... + \gamma * X_t \quad \text{beziehungsweise} \quad X_t = X_0 * (1 + \gamma)^t$$

Nach dieser Formel berechnet ergibt zum Beispiel unser Guthabensstand[9] bei einer Ausgangssumme von 100 Euro und einer drei-prozentigen Verzinsung nach zwei Jahren

$$100 * (1 + 0.03)^2 = 106{,}09 \ €$$

Nach 10 Jahren hätten wir in dieser Weise 134,39 Euro angespart.

Wenn wir die Wachstumsrate nicht kennen, aber dafür mindestens zwei Guthabensstände zu unterschiedlichen Zeitpunkten, so bestimmt sich γ,– wenn *diskrete Zeitabschnitte* (also t_0, t_1, t_2 ...) betrachtet werden (dazu gleich unten) –, mathematisch als

---

9 Die *Zinseszinsformel* wird gewöhnlich als $K_t = K_0 * (1 + p)^t$ geschrieben, wobei K das Kapital, p den Zinssatz in Prozent und t die Zeit, zum Beispiel in Jahren, bezeichnet.

1.1 Rekursionen

$$\gamma = (X_{t+1} - X_t) / X_t$$

Aus den Guthabensständen 103 und 106,09 errechnet sich also eine Wachstumsrate von

$$(106{,}09 - 103) / 103 = 0.03$$

In der Regel werden Wachstumsprozesse mithilfe von *Differenzgleichungen* erfasst. So die Zeitabstände zwischen den jeweils betrachteten Zeitpunkten t_0, t_1, t_2 ... aber als unendlich klein betrachtet werden können – was freilich bei empirisch (zum Beispiel jährlich) erhobenen Populationsgrößen oder Guthabensständen in der Regel *nicht* der Fall ist –, befasst sich damit die *Differentialgleichung*.

Wir haben oben davon gesprochen, dass Wachstumsprozesse, wie die des Sparguthabens oder auch die von (abstrahierten) Populationen, einer gleichbleibenden Zu- oder Abnahme pro Zeiteinheit unterliegen. Was in diesen Zu- oder Abnahmen allerdings gleichbleibt, ist nicht der Betrag, der von Zeitschritt zu Zeitschritt hinzugefügt wird (dies würde einen *linearen* Wachstumsprozess ergeben), sondern der *prozentuelle* Anteil des je erreichten Betrags. (Das Sparguthaben wächst nicht um 3 Euro pro Zeitschritt, sondern um 3 Prozent des je erreichten Betrags. Konstant dabei ist die Wachstumsrate, nicht der Zuwachs). Solche Wachstumsprozesse werden *exponentiell* genannt und lassen sich mithilfe der Exponentialfunktion berechnen, die so genannt wird, weil in ihr die Variable im Exponenten steht.

Normalerweise wird der Zins einem Sparguthaben einmal im Jahr gutgeschrieben. Es lässt sich aber auch vorstellen, dass der Zins öfters verrechnet wird. Je kleiner die Zeitschritte dieser Verrechnung dabei gewählt werden, desto mehr strebt der Auszahlungsbetrag gegen eine bestimmte Konstante. Wenn zum Beispiel 1 Euro mit 100 Prozent jährlich verzinst wird und jährlich abgerechnet wird, so ergibt dies nach einem Jahr den einen Euro als Guthaben plus einen Euro als Zinsen = 2 Euro. Wird dagegen halbjährig abgerechnet, so ergibt dies nach dem ersten halben Jahr 0.5 Euro Zinsen und diese stehen zusammen mit dem 1-Euro-Guthaben in der zweiten Jahreshälfte nun zur abermaligen Verzinsung bereit, was nach Ablauf des Jahres einen Euro Guthaben plus 1.25 Euro Zinsen, also insgesamt 2.25 Euro ergibt. Wird monatlich verrechnet, so ergibt dies bereits einen Endbetrag von 2.61 und bei wöchentlicher Verrechnung von 2.69 Euro. Je kürzer die Zeitabschnitte der Verrechnung gewählt werden, desto mehr strebt der Endbetrag der *Eulerschen Zahl* e = 2,718281828459... zu. Das heißt, e fungiert für diese Verkleinerung der Verrechnungsschritte als *Attraktor*. Aufgrund der leichteren Handhabbarkeit (weil $a^x = e^{x*ln(a)}$) wird deshalb in Exponentialfunktionen die *Eu-*

lersche Zahl zur Berechnung von *exponentiellem Wachstum* beziehungsweise *exponentiellem Zerfall* herangezogen. Die Formeln dafür lauten:

Abbildung 1.5:   *A:* Berechnungsformel und Graph für exponentielles Wachstum für die Werte $X_0 = 100$, $\gamma = 0.03$ und t von 0 bis 100

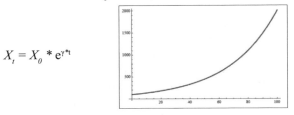

$$X_t = X_0 * e^{\gamma * t}$$

B: Berechnungsformel und Graph für exponentiellen Zerfall für die selben Werte wie in Abbildung 5 A

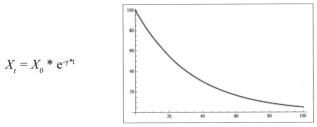

$$X_t = X_0 * e^{-\gamma * t}$$

wobei γ wieder die Wachstumsrate, also hier den Zinssatz, bezeichnet.

Ein bekanntes Beispiel für einen exponentiellen Zerfallsprozess liefert die *Halbwertszeit* von radioaktiven Materialien, als diejenige Zeit, innerhalb der die Strahlung auf die Hälfte abnimmt.

1.2 Feedbacks

Bereits bei *rekursiven* Prozessen wirken Entwicklungen, beziehungsweise ihr Ergebnis, in gewisser Weise *auf sich selbst zurück*. Ihr Verlauf hängt, anders gesagt, von den Ergebnissen ab, die sie selbst erzeugen. Die Entwicklungen generieren eine Rückwirkung, ein so genanntes *Feedback* auf sich selbst. Ihr *Output*, oder ein Teil davon, generiert oder beeinflusst die Bedingungen, die die Entwicklung oder den Prozess antreiben. Der Prozess erzeugt also gewissermaßen seine eigenen Stattfindensbedingungen. Etwas überspitzt ließe sich sagen, *er erzeugt sich selbst*.

Um dies zu veranschaulichen, können wir kurz an unsere Arbeit denken[10], in der wir zwar einerseits Lebensnotwendiges und damit Werte, die wir konsumieren, herstellen, in der wir andererseits aber oftmals auch „bleibende Werte", also Überschüsse oder auch „Mehrwerte" erzeugen – von Kleidung über Behausungen, Werkzeuge bis hin zu Kulturgütern und technischen Errungenschaften etc. Diese „geronnene Arbeit", wie sie Karl Marx nannte, steht uns sodann als Ausgangspunkt, zum Beispiel in Form von *Kapital*, aber auch etwa in Form des jeweils erreichten sozio-kulturellen oder ökonomischen Niveaus zur Verfügung, um unsere Arbeitsbedingungen in der je nachfolgenden Periode zu bestimmen. Weil also unsere historischen Vorfahren über ihre benötigten Lebensmittel hinaus doch auch unzählige „bleibende Werte" geschaffen haben, arbeiten wir als Mitglieder der modernen Gesellschaft heute grundsätzlich anders denn Jäger und Sammler oder prähistorische Landwirte. Unsere Arbeit hat unsere Arbeit verändert. Sie hat dabei die Bedingungen, unter denen wir heute arbeiten, *selbst geschaffen*. Der Arbeitsprozess hat gleichsam in einem *Feedback* seine eigenen Stattfindensbedingungen verändert und damit seine Entwicklung maßgeblich beeinflusst.

1.2.1 Die Pólya-Urne

Am einfachsten lässt sich die Wirkung von *Feedbacks* vielleicht anhand des berühmten *Pólya-Urnen-Beispiels* veranschaulichen, benannt nach dem ungarischen Mathematiker George Pólya.

---

10 Siehe ausführlicher dazu: Füllsack, Manfred (2009): Arbeit. Wien. UTB.

Dabei wird aus einer Urne, die zwei Kugeln unterschiedlicher Farbe enthält, blind eine davon gezogen und diese Kugel sodann zusammen mit einer weiteren Kugel derselben Farbe, die extern bereitgehalten wurde, in die Urne zurückgelegt. Wenn dieser Wahlprozess einige Male wiederholt wird, so erzeugen die in Reaktion auf die (anfänglich völlig zufällig) gewählten Kugeln (extern) hinzugefügten Kugeln mit der Zeit ein *Feedback*, das einer der beiden Farben deutlich mehr Wahlwahrscheinlichkeit gibt als der anderen.

Bei der ersten Wahl haben noch beide Farben die gleiche 50-Prozent-Chance gewählt zu werden. Dieses Verhältnis verändert sich allerdings – weil nun zwei Kugeln der einen und nur mehr eine der anderen Farbe in der Urne sind – schon nach dem ersten Durchgang auf 66,6 zu 33,3 Prozent. Sollte beim zweiten Durchgang erneut die gleiche Farbe wie bei der ersten Wahl gezogen werden, so erhöht die zusätzlich zurückgelegte Kugel die Chance dieser Farbe bei der dritten Wahl bereits auf 75 zu 25 Prozent. Bei der neunten Wahl beträgt das Verhältnis bereits 90 zu 10.

Nach nur wenigen Wahldurchgängen kann sich damit das ursprünglich ausgewogene Verhältnis zugunsten eines massiven Ungleichgewichts verschieben, das mit jeder zusätzlichen Wahl weitere Verstärkung erhält und bald kaum mehr rückgängig zu machen ist. Ursprünglich *zufällige* Prozesse können somit sehr schnell *determiniert* erscheinen, so als wären sie immer schon festgelegt gewesen.

Und sehr kleine Anfangsunterschiede können sich so zu enormen Differenzen auswachsen, die niemand mehr nur für die Folge von verstärkenden Feedbacks hält. Werden die Ergebnisse solcher Prozesse sodann ohne ihre Entwicklungsgeschichte betrachtet, so liegt es nahe, hinter ihnen so etwas wie Absicht, einen Plan etwa, ein „intelligentes Design", oder eine sonstige determinierende Kraft zu vermuten.

1.2.2 Ungleichgewichtsordnungen

Die Selbstverstärkung kleinster Anfangsunterschiede wird oftmals auch in Zusammenhang mit dem *Zweiten Hauptsatz der Wärmelehre* gesehen, jenem berühmten Prinzip, nach dem Wärme selbständig nur von Körpern höherer Temperatur zu Körpern niederer Temperatur fließt. Nach diesem Prinzip nimmt die *Entropie* in unserer Welt grundsätzlich zu. Das heißt, Energie wird abgebaut, Ordnung verfällt. Es stellt sich damit die Frage, wie höhere Ordnungen, das heißt höhere Energieniveaus (*Negentropie*) und somit Phänomene wie etwa Leben überhaupt zustande kommen können?

Maximale Entropie, die auch als *thermodynamisches Gleichgewicht* oder als „Wärmetod" bezeichnet wird, meint einen Zustand, in dem sämtliche Elemente, also etwa die Teilchen einer Flüssigkeit, gleiche Wahrscheinlichkeit haben, irgend-

1.2 Feedbacks

wo im System verteilt zu sein. Der Würfelzucker im Kaffee erreicht sein thermodynamisches Gleichgewicht, wenn er vollständig gelöst ist. Das Auftreten von Zuckermolekülen im Kaffee ist dann überall gleich wahrscheinlich. Und das heißt zugleich, dass auch die *Information* (nach Claude Elwood Shannon die „*Reduktion von Unsicherheit*", siehe dazu Zwischenbetrachtung II) über die Position der Zuckermoleküle, die zuvor im Würfelzucker sehr hoch war, gleich Null ist. Informationsgehalt und Entropie hängen also zusammen.

Wenn nun, wie im Pólya-Urnen-Beispiel, zunächst völlig gleich-wahrscheinliche Gegebenheiten mittels Selbstverstärkung (Feedback) in *Ungleichwahrscheinlichkeiten*, also in Wahrscheinlichkeiten zugunsten nur *einer* Option (zum Beispiel rote statt blaue Kügelchen) verwandelt werden, so entsteht eine Form von Ordnung, von Information. Es wird ein höheres Energieniveau erzeugt. *Negentropie* entsteht.

Ein Beispiel für die sich selbstverstärkende Bildung solcher Negentropie, sprich von Ungleichgewichten, liefern etwa die berühmten *Bénard-Konvektionen*, benannt nach dem Physiker Henri Bénard, der um 1900 Flüssigkeit zur Bildung rotierender Strukturen brachte, indem er sie mittels zweier Metallplatten von unten erhitzte und von oben kühlte. Die zuvor völlig gleich verteilten Teilchen der Flüssigkeit gerieten dadurch in ein Verteilungs*ungleichgewicht*, das sich, sobald kleinste Anfangsunterschiede gegeben waren, selbständig verstärkte. Es entstanden rotierende Strömungen, so genannte Bénard-Zellen, also eine gewisse Art von Ordnung, von Struktur und damit auch von Information in der Flüssigkeit. Mit anderen Worten, es entstand ein Zustand von thermodynamischem *Un*gleichgewicht. Ilya Prigogine sprach in den späten 1960er Jahren diesbezüglich von *dissipativen Strukturen*[11], von Ordnungen, die sich *fernab* des thermodynamischen Gleichgewichts bilden und, wenn auch nur temporär, stabil bleiben können.

1.2.3 Positive Feedbacks

Feedbacks, die Ungleichgewichte erzeugen, werden auch als *positive Feedbacks* bezeichnet. Sie neigen dazu, Entwicklungen oder Prozesse „aufzuschaukeln", das heißt die Richtung, in die die Entwicklung ursprünglich – sei es aufgrund von zufälligen oder extrem kleinen Anfangsunterschieden – von sich aus zu laufen scheint, *positiv zu verstärken*.

Positive Feedbacks sind deswegen unter bestimmten Umständen gefürchtet, weil sie dazu neigen, Prozesse recht schnell außer Kontrolle geraten zu lassen. Bekannte Beispiele dafür wären etwa sich schnell aufschaukelnde *Kettenreaktionen*,

---

[11] Vgl. u.a.: Nicolis, Gregoire / Prigogine, Ilya (1977): Self Organization and Nonequilibrium Systems. New York. Wiley.

etwa in Kernkraftwerken oder auf Aktienmärkten. Auch etwa die Schuldenfalle unterliegt diesbezüglich einer schnell unentrinnbar werdenden Rückkoppelung.

Abbildung 1.6: **Positives Feedback** auf eine Sinus-Schwingung

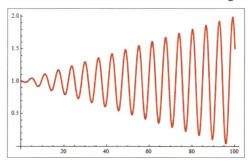

y = 1 - 0.01x * sin x, wobei 0.01 den prozentuellen Anteil der Verstärkung pro Zeiteinheit bezeichnet.

1.2.3.1 Matthäus- und Lock-In-Effekte

Ein berühmtes Beispiel für positive Feedbacks liefert der von Robert K. Merton 1988[12] für die Wissenschaftsgeschichte beschriebene *Matthäus-Effekt*, der dafür sorgt, dass Wissenschaftler, die bereits ein gewisses Maß an Aufmerksamkeit von anderen Wissenschaftlern erhalten, ungleich höhere Chancen haben, ihre Bekanntheit auch weiterhin zu steigern, als unbekanntere Wissenschaftler. „Wer hat, dem wird gegeben werden" lautet das in der Bibel markierte Prinzip. Wissenschaftliche Bücher oder Schriften zum Beispiel, die bereits vielfach zitiert werden, eignen sich für diejenigen, die mittels Zitation zeigen müssen, dass sie über den Stand ihres Fachgebiets informiert sind, besser als unbekannte, noch kaum zitierte Bücher. Damit steigt ihre Zitationswahrscheinlichkeit mit jedem weiteren Zitat und erhöht so auch beständig den Effekt des Zitats.

Ein einfacheres, aber dafür vermutlich vielen von uns vertrautes Phänomen betrifft die Entscheidung, in einer fremden Stadt ein Restaurant aufzusuchen, von dem nicht bekannt ist, welche Qualität die Speisen haben werden. Unsere Entscheidung richtet sich in solchen Fällen nur allzu oft nach der Anzahl der Gäste im Lokal. Ist das Lokal voll, muss es gut sein, jedenfalls besser als das leere nebenan. Wenn freilich alle Gäste, außer den ersten Zufallsgästen, nach diesem Prinzip

---

12 Merton, Robert K. (1988): The Matthew Effect in Science, II: Cumulative Advantage and the Symbolism of Intellectual Property; in: ISIS 79/1988, S. 607-623.

auswählen, so könnte das *positive Feedback* der bereits vorhandenen Gäste und nicht die Qualität der Speisen der Grund für den guten Besuch des Lokals sein.

In der Literatur werden solche Entscheidungen als *Choices with externalities* bezeichnet.[13] Abhijit V. Banerjee[14] hat daraus einen Begriff des „sozialen Lernens" abgeleitet, der darauf beruht, dass Individuen, die sich entscheiden müssen, zwar auch über „private" Informationen oder Vorlieben verfügen mögen, sich aber für ihre eigentliche Wahl an Mitgesellschaftern orientieren und damit „öffentliche" Informationen akkumulieren, die, selbst wenn sie zu Beginn nur wenig Gewicht haben, mit der Zeit „private" Informationen ausweigen können.

Abbildung 1.7: Simulation eines Lock-In-Effekts nach kurzer anfänglicher Unentschiedenheit.

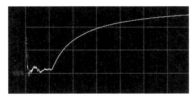

Ein diesbezügliches Beispiel wurde von William Brian Arthur 1989[15] unter dem Titel *Lock-In-Effekt* am Beispiel konkurrierender Video-Rekorder-Systeme beschrieben. Arthur nahm dazu an, dass sich Konsumenten, die einen Video-Rekorder zu kaufen beabsichtigen aber vorerst nichts über die Pro und Kontras der einen oder anderen Technologie wissen, zunächst rein gefühlsmäßig, im Prinzip also „zufällig" für eines der Produkte entscheiden. Schon die ersten nachfolgenden Konsumenten reagieren allerdings auf diese erste Kaufentscheidung und lassen sich, sobald ein zwar *zufällig entstandenes*, aber nun irgendwie erkennbares Ungleichgewicht zugunsten der einen oder anderen Technologie vorliegt, davon beeinflussen. Das heißt, sie entscheiden sich mit einer höheren Wahrscheinlichkeit für die

---

13 Vgl. u.a.: Schelling, Thomas C. (1973): Hockey Helmets, Concealed Weapons, and Daylight Saving: A Study of Binary Choices With Externalities; in: Journal of Conflict Resolution 17, p. 381-428.

14 Banerjee, Abhijit V., (1992) A simple model of herd behavior; in: Quarterly Journal of Economics 107, 797–817.

15 Arthur, W. Brian (1989): Competing Technologies, Increasing Returns, and Lock-In by Historical Events; in: Economic Journal 99, pp 116-131. Arthur, W. Brian (1990): Positive Feedbacks in Economy; in: Scientific American 262 (February), pp 92-99. Arthur, W. Brian (1994): Increasing Returns and Path Dependence in the Economy. Ann Arbor (University of Michigan Press)

von der Mehrheit gekaufte Technologie, und dies auch dann wenn sie rein gefühlsmäßig vielleicht der Technologie zugeneigt hätten, die nun nicht Marktführer ist. Wenn sodann zusätzlich vielleicht Video-Verleihketten oder ähnliches ebenfalls aufgrund der (zufällig entstandenen) Kundenvorlieben nur mehr Videobänder der marktführenden Technologie vorrätig halten, so werden die Kundenentscheidungen nahezu vollständig von *externalities* determiniert. Die Verlierer-Technologie hat, auch wenn sie sich vielleicht nachträglich doch als technisch besser herausstellt, keine Chance mehr am Markt.

Paul A. David beschrieb 1985[16] ähnliches für das QWERTY- (im deutschen Sprachraum QWERTZ) -Layout[17] von Schreibmaschinentastaturen und Computerkeyboards. Diese Tastatur-Layouts entstanden aus technischen Gründen in Zeiten der mechanischen Schreibmaschine und entsprechen in der Anordnung der Buchstaben nicht ganz der Häufigkeit des Vorkommens der Buchstaben in unserer Sprache. Als es mit dem Computer möglich wurde, alternative Tastenanordnungen zu realisieren, hatten freilich bereits Tausende von Menschen mit diesen Layouts zu schreiben gelernt. Die Vorteile alternativer Tastaturen konnten den Aufwand umzulernen nicht mehr auswiegen. Die *network externalities*, also die zunächst nicht als relevant betrachtete Faktoren, stabilisierten ein scheinbar irrationales Übergewicht einer „unökonomischen" Technologie.

1.2.3.2 Phasenübergänge

Unter dem Begriff *preferential attachments* werden wir in Kapitel VI auf ein weiteres Beispiel solcher Lock-In-Effekte eingehen. Interessant ist an ihnen vor allem der Umstand, dass sie ab einer bestimmten „kritischen Masse"[18] sehr schnell, mitunter nahezu schlagartig entstehen können. Die Komplexitätstheorie spricht in diesem Zusammenhang von *Emergenz* und nennt die Rasanz dieser Entwicklungen *rapid phase transition*, zu Deutsch *schnelle Phasenübergänge*. Wir werden auf den Begriff der Emergenz und ihre „Unmittelbarkeit" noch ausführlich zu sprechen kommen, wollen uns hier aber vorab kurz ein einfaches Modell näher ansehen, das der Komplexitätstheoretiker Stuart Kauffman 1996[19] vorschlug, um die Rasanz von Phasenübergängen zu veranschaulichen.

---

16 David, Paul A. (1985): Clio and the Economics of QWERTY; in: American Economic Review Papers and Proceedings 75(2), pp 332-337.
17 Die Buchstabenfolge ergibt sich aus den ersten sechs Buchstabentasten, beginnend rechts oben, auf dieser Art von Tastatur.
18 Vgl. dazu: Marwell, Gerald / Oliver, Pamela (1993) The Critical Mass in Collective Action: A Micro-Social Theory. New York: Cambridge University Press.
19 Kauffman, Stuart (1996): At Home in the Universe: The Search for Laws of Self-Organization and Complexity. Oxford/USA: Oxford University Press.

1.2 Feedbacks

In diesem Modell werden am Computer generierte, färbige Pünktchen paarweise zufällig in ihrer Farbe angeglichen. Pro Berechnungsschritt schließt sich ein Punkt irgendeinem zufälligen anderen Punkt an und nimmt seine Farbe an. Während so anfänglich nur isolierte Paare entstehen und damit ein sehr heterogenes Bild unterschiedlicher Farbpunkte vorherrscht, entstehen mit der Zeit immer mehr Dreier- und Vierer-Gruppen derselben Farbe, bis schließlich, wenn die Zahl der Verbindungen in etwa die Hälfte der Punktezahl erreicht (in der unten teilweise abgebildeten Simulation ab etwa dem 350sten Spielzug) fast schlagartig je eine Farbe zu überwiegen beginnt. Die Pünktchen schließen sich nun, einfach weil keine anderen Möglichkeiten mehr bestehen, sehr schnell zu einem Farb-Cluster zusammen. Nach zirka 700 Spielzügen ist diese „steile" Phase des Übergangs beendet. Der weitere Anschluss der wenigen noch unverbundenen Punkte verläuft wieder eher graduell.

Abbildung 1.8: Simulation eines Phasenübergangs mit 500 Punkten

Die Punkte gehen pro Iterationsschritt paarweise Verbindungen ein und gleichen dabei ihre Farbe an. Ab etwa dem 300sten Iterationsschritt (mittleres Bild) tritt der „Phasenübergang" ein. Die Kurve im Plotter rechts zeigt einen zunächst langsam anlaufenden Anstieg, der ab dem 300 Iterationsschritt in etwa sehr steil wird, um dann nach dem 700 Iterationsschritt wieder flacher auszulaufen.

Wir werden, wie gesagt, auf dieses Phänomen sehr schnell sich aggregierender Ordnungen noch ausführlich zu sprechen kommen. Einstweilen sei hier nur darauf hingewiesen, dass die Rasanz des Entstehens dieser Ordnungen den Entstehensprozess selbst „verschleiern" kann. Für einen Beobachter scheinen die entsprechenden Phänomene gleichsam von einem Moment zum anderen da zu sein. Gerade war der See noch eisfrei, plötzlich ist er dick zugefroren. Gerade waren nur einige Vögel am Himmel, plötzlich verdunkelt ihn ein riesiger Schwarm. Gerade war der Wechselkurs noch erwartbar, plötzlich geht alles wild durcheinander. Emergierende Phänomene scheinen gar keine Entwicklung zu haben. Wir vermuten deswegen nicht selten andere als evolutive Ursachen hinter ihrer Existenz.

1.2.4 Negative Feedbacks

Neben positiven Feedbacks gibt es allerdings auch *negative Feedbacks*, die eher dazu neigen, bereits laufende Prozesse und Entwicklungen abzuschwächen. Hier wird die Entwicklung in dem Maß, in dem sie fortschreitet, von ihren eigenen Ergebnissen, oder im Hinblick auf ihre eigenen Ergebnisse, gedämpft.

Abbildung 1.9: Negatives Feedback auf eine Sinus-Schwingung

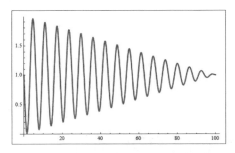

$y = 1 - (1 - 0.01x) * sin\ x$; 1 bezeichnet die Anfangsamplitude und 0.01 den prozentuellen Anteil der Dämpfung pro Zeiteinheit.

Ein sehr einfaches Beispiel für ein *negatives Feedback*-System liefert die Klimaanlage. Sie ist damit auch gleichsam zum Inbegriff eines *kybernetischen Regelkreises* geworden. Eine Klimaanlage hat die Aufgabe, als unangenehm empfundene Temperaturextreme oder -schwankungen abzuschwächen. Sie verfügt dazu zum einen über eine Heizanlage, die sich einschaltet, sobald ein bestimmtes, vom User oder von einem Ingenieur (etymologisch übrigens ein „Geist-Einhaucher") definiertes Temperaturminimum unterschritten wird. Und sie verfügt in der Regel auch über eine Kühlanlage, die zu kühlen beginnt, wenn ein vorgegebenes Temperaturmaximum erreicht wird. Bei jahreszeitlichen Temperaturwechseln zum Beispiel oszilliert die von ihr erzeugte Temperatur zwischen diesen Minimum- und Maximum-Werten. Das Gesamtsystem pendelt sich also *selbstregulierend* auf einen – innerhalb gewisser Grenzen – stabilen Zustand, auf Englisch einen *steady state*, ein. Man spricht diesbezüglich auch von einem *Gleichgewicht* oder der *Homöostase* des Systems.[20]

---

20 Allerdings sollte diese Homöostase nicht mit „Stillstand" verwechselt werden. Und auch der Begriff des Gleichgewichts ist missverständlich, wie wir im Abschnitt über Ungleichgewichtsordnungen

1.2 Feedbacks

Die Klimaanlage operiert somit, so könnten wir sagen, mithilfe von *Unterscheidungen*. Ihre „Welt" besteht aus Temperaturunterschieden und ihre Operationen beziehen sich darauf – und auf nichts anderes. Die Klimaanlage liefert damit auch ein bedenkenswertes Beispiel für die erkenntnistheoretischen Implikationen eines *konstruktivistischen Weltbildes*. Die Klimaanlage kann, was immer in ihrer „Welt" vorkommt oder geschieht, nicht anders, denn anhand ihrer Unterscheidungsmöglichkeiten wahrnehmen. Wenn das Haus, in dem die Klimaanlage steht, zu brennen beginnt, so wird sie diesen Umstand als Temperaturanstieg betrachten und – auch wenn dies aus anderer Perspektive (in der andere Unterscheidungsmöglichkeiten zur Verfügung stehen) unsinnig scheint – ihr Kühlsystem anwerfen. Sie kann nicht anders. Sie sieht nur, was sie eben mithilfe ihrer Unterscheidungsmöglichkeiten sehen kann. Sie sieht nicht, was sie nicht sieht – um eine berühmt Paraphrase von Niklas Luhmann zu zitieren.

Wenn wir – vielleicht nur versuchsweise – annehmen wollen, dass auch wir Menschen – freilich auf dem ungleich komplexeren Niveau unzähliger, *sich auch aufeinander beziehender* Unterscheidungen – unsere Welt im Prinzip mithilfe von Unterscheidungen ordnen und wahrnehmen, so finden wir hier eine nicht unplausibel scheinende Erklärung für eine Reihe von Phänomenen, die uns in unserer Geschichte als „Aufklärungsprobleme" begegnet sind. Der Umstand zum Beispiel, dass wir ökologische Probleme, Luftverschmutzung zum Beispiel, bis in die 1970er Jahre hinein als nicht sonderlich relevant wahrnahmen, erklärt sich dann als Mangel an entsprechenden Unterscheidungsmöglichkeiten. Auch dass wir eine Hälfte unserer Gesellschaft, die Frauen, bis vor kurzem als nicht in jedem Sinn gleichberechtigt angesehen haben, findet so eine Erklärung. Und auch, dass wir Probleme haben, Argumente, Regeln und Normen anderer Kulturen oder anderer Weltauffassungen in jeder Hinsicht zu verstehen, hat dann weniger mit Intoleranz, Dummheit oder Engstirnigkeit zu tun, als vielmehr mit einem Set von Unterscheidungsmöglichkeiten, mit dem manche Dinge zu sehen sind und viele andere eben nicht. Dies sei freilich nicht missverstanden. Denn anders als die Klimaanlage verfügen wir Menschen über die Fähigkeit unsere Unterscheidungsmöglichkeiten zu ändern. Oder anders gesagt, wir können *lernen*. Und dies ist in diesem Zusammenhang ein sehr entscheidender Unterschied. Wir werden uns mit diesem Umstand in Kapitel V ausführlich beschäftigen.

---

schon gesehen haben. Gelegentlich wird deshalb vorgeschlagen, von „Homöodynamik", von „dynamischer Stabilität" oder auch von einem „temporären Gleichgewicht von Ungleichgewichten" zu sprechen. Vgl. dazu u.a.: Luhmann, Niklas (1988): Die Wirtschaft der Gesellschaft, Frankfurt am Main, Suhrkamp, 1988, S. 54.

1.2.4.1 Bienenstock und Steuern

Ein Beispiel für eine natürliche Klimaanlage und zugleich für ein System negativer Feedbacks, das aufgrund eines simplen Umstandes etwas effektiver arbeitet als herkömmliche Klimaanlagen, liefert der Bienenstock. Bienen sind zur optimalen Brutpflege darauf angewiesen, dass die Temperatur in ihrem Stock innerhalb eines relativ schmalen Korridors bleibt. Die Bienen haben deswegen die Eigenschaft, sich bei kalten Temperaturen eng um die Brut zusammen zu gruppieren und durch eine bestimmte Art zu Summen den Stock zu wärmen. Bei zu warmen Temperaturen fächeln sie der Brut durch kollektives Schlagen ihrer Flügel kühle Luft zu. Die Bienen sind dabei aber nicht alle gleich geschaltet. Forschungen[21] haben vielmehr gezeigt, dass sich Bienen genetisch im Hinblick auf ihre Temperaturempfindungen unterscheiden. Das heißt, was für die eine Biene noch „Normaltemperatur" ist und kein Grund durch Summen oder Flügelschlagen zu intervenieren, kann für die andere Biene bereits „zu kalt" oder „zu warm" sein. Manche Individuen eines Stocks beginnen sogar bereits mit den Flügeln zu schlagen, also zu kühlen, wenn andere noch durch Summen zu wärmen versuchen. Was ökonomisch eher unsinnig erscheint, hat einen interessanten Effekt auf die Breite des Korridors, innerhalb dessen die Temperatur im Stock schwankt. Die individuell unterschiedlichen Temperaturempfindungen der Bienen sorgen für eine wesentlich schwächere Oszillation der Temperatur im Stock. Die genetische Heterogenität der Bienen generiert also gewissermaßen ein *zusätzliches* Feedback auf das Feedback der Bienen, das diese ihrerseits in Reaktion auf die Schwankungen der Temperatur erzeugen. Heterogenität, und das heißt *Ungleichheit* in Gesellschaften kann also in bestimmten Zusammenhängen durchaus wünschenswerte Effekte haben.

Ein weiteres wohl bekanntes Bespiel für negative Feedbacks liefert das Bemühen von Regierungen etwa, als zu groß empfundene Wohlstands- oder Einkommensunterschiede durch das Einheben von Steuern abzuschwächen. Eine progressive Einkommensbesteuerung zum Beispiel soll solche Unterschiede umso mehr dämpfen je größer sie werden. Die vieldiskutierte Tobin-Tax – benannt nach dem Wirtschaftswissenschafter James Tobin – soll durch Besteuerung von Spekulationsgewinnen, etwa auf Aktienmärkten, das allzu wilde Ausschlagen von Börsenwerten abschwächen. Und Öko-Steuern sollen das nicht-nachhaltige Ausbeuten unserer Naturressourcen eindämmen.

---

21 Fischer, Shira H. (2004): Bee Cool; in: Science Now 624, p. 3.

1.2 Feedbacks

Abbildung 1.10: Simulation der Temperaturschwankungen an einem Bienenstock

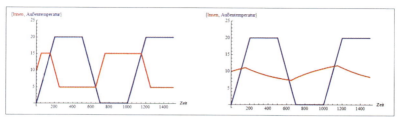

Blau = Außentemperatur, rot = Innentemperatur, links mit homogenen, rechts mit heterogenen Temperaturempfindungen der Individuen

Ein – freilich in den meisten Fällen bloß theoretisches – Problem ergibt sich dabei für Steuern, wenn sie über ihren Dämpfungseffekt hinaus auch etwa die Aufgabe haben, das Budget einer Regierung zu füllen. Negative Feedbacks können nämlich, gerade wenn sie im Hinblick auf ihre Dämpfungsaufgabe effektiv wirken, das, was gedämpft werden soll, also etwa die hohen Einkommensunterschiede, auch zum Verschwinden bringen. Steuern können sich damit gewissermaßen selbst unterminieren. Es gibt dann zwar keine zu großen Einkommensunterschiede mehr, aber gleichzeitig fließen auch keine Steuermittel mehr ins Budget. Unter Umständen werden überdies damit Anreize zerstört, ökonomisch tätig zu werden, was seinerseits negative Feedbacks auf die Wirtschaftsentwicklung erzeugen kann. Besteuerung ist deshalb ein heikles, und nicht zuletzt sozialphilosophisch heiß umstrittenes Thema.

1.2.4.2 Grenzzyklen

Eine interessante mathematische Möglichkeit, dem Problem der „Selbstunterminierung" negativer Feedbacks zu begegnen, bieten dabei so genannt *Grenzzyklen* oder auf Englisch, *Limit Cycles*.[22] Solche Zyklen – die im Prinzip schon in der Klimaanlage wirken – werden durch nichtlineare mathematische Funktionen erzeugt, die die Wirkung von positiven und negativen Feedbacks vereinen. Sie sorgen dafür, dass auf Entwicklungen, die zu hohe Werte generieren, ihr Feedback negativ wirkt und damit den weiteren Verlauf dämpft bis ein bestimmtes Maß erreicht ist.

---

22 Vgl.: Strogatz, Steven H. (2000): Nonlinear Dynamics and Chaos. Cambridge: Westview, p. 196f.

Und umgekehrt wirken sie auf Entwicklungen, die zu niedrige Werte generieren, verstärkend bis ebenfalls ein bestimmter Wert – der des *Limit Cycle* – erreicht ist.

Ein bekanntes Beispiel für einen solchen *Limit Cycle* stellt der so genannte *Van-der-Pol-Oszillator* dar, benannt nach dem niederländischen Physiker Balthasar van der Pol, der diesen 1927 bei Versuchen mit Vakuumröhren für Radiosignale entdeckte. Der mathematisch durch eine Differentialgleichung zweiter Ordnung $x'' - \mu * (1 - x^2) * x' + x = 0$, mit $\mu \geq 0$, ausgedrückte Van-der-Pol-Oszillator zeichnet sich durch eine Dämpfung aus, die für kleine Amplituden negativ ist und damit die Amplitude vergrößert. Ab einem bestimmten Wert der Amplitude wird die Dämpfung dann allerdings positiv und das System stabilisiert sich auf einem gleichbleibenden Wert, dem des *Limit Cycle*. Je nach Anfangswert vergrößert oder verkleinert sich die Schwingung also und läuft – einem elastischen Gummiband ähnlich – stets auf den selben Wert hinaus.

Abbildung 1.11: Van-der-Pol-Oszillation als Beispiel für einen Grenzzyklus

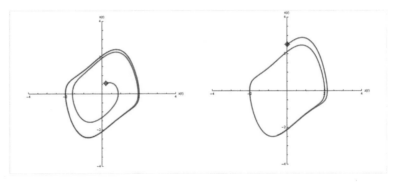

Links nähert sich die Schwingung ihrem *steady state*, dem Grenzzyklus, von „innen", das heißt, die Entwicklung wird verstärkt. Rechts nähert sie sich von „außen". Die Entwicklung wird abgeschwächt.

1.3 (In-)Stabilitäten

Entwicklungen können, getrieben von vielfältigen selbst- oder fremderzeugten Einflüssen, in höchst unterschiedlicher Weise verlaufen. Einerseits können die ihnen zugrundeliegenden Größen mit unterschiedlichen Geschwindigkeiten anwachsen oder auch dezimiert werden. Andererseits – und dies scheint hier der interessantere Fall – können Entwicklungen auch auf ein *Gleichgewicht*, auf einen so genannten *steady state*, zulaufen, einen Zustand also, der, sobald er erreicht ist, keine weiteren Veränderungen mehr zulässt. Der einfachste stabile Zustand dabei ist der Null-Zustand, man könnte sagen der „Tod" einer Entwicklung. Zahlreiche Entwicklungen laufen aber auch auf einen bestimmten *Grenzwert* hinaus. Darüber hinaus lassen sich aber auch periodisch schwankende oder zyklische Entwicklung als stabil betrachten. Zumindest ihre Periode, ihr Zyklus bleibt dabei stabil. Mitunter werden, wie wir im folgenden sehen werden, auch „wirklich" stabile und durch nichts zu erschütternde von so genannten „meta-stabilen" Zuständen unterschieden. Zweitere werden auch als „punktierte Gleichgewichte", als *punctuated equilibria* bezeichnet. Ihre Stabilität bezieht sich nur auf eine gewisse Bandbreite.

Und zuguterletzt finden sich auch so genannte *chaotische* Entwicklungen, deren Verlauf nicht abzusehen ist, das heißt mathematisch durch keine (endliche) Funktion zu erfassen ist.

1.3.1 Gleichgewichtspunkte

Gleichgewichtspunkte oder auf Englisch *steady states*, mathematisch auch *Fixpunkte* genannt, sind – etwas paradox formuliert – Punkte in einer Entwicklung, an denen keine Entwicklung mehr stattfindet, also etwa die Größe einer Population, deren Zustand sich nicht mehr weiter verändert.

Im oben beschriebenen Malthusschen Wachstumsmodell liegt ein Gleichgewichtspunkt beispielsweise – wenig faszinierend – bei einer Populationsgröße von Null, also beim „Ausgestorben-Sein" dieser Population.

Es gibt zwei Arten von Gleichgewichtspunkten, *stabile* und *instabile Gleichgewichte*. Ein stabiles Gleichgewicht ist „*attraktiv*". Das heißt, wenn sich eine Entwicklung „hinreichend nahe" an so einem *Attraktor* befindet, läuft sie früher oder später darauf hinaus.

Abbildung 1.12: Beispiel für ein stablies Gleichgewicht

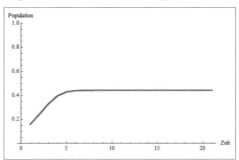

Entwicklung, die der Regel $X_{t+1} = \gamma * X_t * (1 - X_t)$ mit $\gamma = 1.8$ folgt und auf ein stabiles Gleichgewicht bei $X = 0.444$ für $t > 6$ hinausläuft.

Ein *instabiles Gleichgewicht* dagegen wirkt „abstoßend". Befindet sich der Zustand einer Entwicklung nahe (aber nicht genau) an einem instabilen Gleichgewicht, so entwickelt sie sich davon weg. Im Malthus-Modell ist Null ein instabiles Gleichgewicht. Tier- und Menschenpopulationen wachsen gewöhnlich und fliehen damit dem Nullzustand, ganz egal wie nahe sie sich an diesem instabilen Gleichgewichtspunkt befinden.

1.3.2 Die Umweltkapazität

Thomas Robert Malthus meinte in seinen Untersuchungen zur Entwicklung der menschlichen Population ein (von ihm so genanntes) „Naturgesetz" zu beobachten. Nach diesem Gesetz soll sich die menschliche Population mit geometrischer Ratio (also multiplikativ oder exponentiell) vermehren, ihre Nahrungsmittelproduktion dagegen aber nur mit arithmetischer (also additiver oder linearer) Ratio anwachsen.[23]

Das heißt, menschliche Populationen wachsen – wenn keine anderen Faktoren wie Kriege, Krankheiten etc. im Spiel sind – schneller als ihre Nahrungsmittelproduktion. Malthus sprach damit einen Umstand an, der seitdem als so genannte *Umweltkapazität* oder auch *carrying capacity* eines Entwicklungsstandes bezeichnet wird. Mit diesem Begriff wird ausgedrückt, dass die Entwicklung von Populationen in der Natur *nicht nur* von ihrer je eigenen Wachstumsrate bestimmt

---

23 „Population, when unchecked, increases in a geometrical ratio. Subsistence increases only in an arithmetical ratio." Malthus, Thomas R. (1985): An Essay on the Principle of Population (Including A Summary View of the Principle of Population). London, Penguin Books. p. 70.

1.3 (In-)Stabilitäten

wird, sondern auch von Umweltbedingungen, die ihrerseits entweder – wie bei der Umweltkapazität – von der Populationsentwicklung selbst, oder auch von anderen Entwicklungen beeinflusst werden können (die ihrerseits ebenfalls von wieder anderen Entwicklungen beeinflusst werden, usw.).

Menschliche und tierische Populationen wachsen also gemäß dieser Annahme nur bis zu einer Größe, die ihre jeweilige Umwelt zu „tragen", also etwa zu ernähren, in der Lage ist. Man spricht davon, dass die Populationsentwicklung in einer so genannten „Malthusschen Falle" gefangen ist. Sie kann nicht weiter wachsen, weil sie die Umweltressourcen, die sie dazu benötigt, bereits vollständig verbraucht.

Der historische Hintergrund dieser Überlegung war die zur Zeit Malthus' gehegte Befürchtung, dass die Umwelt der damaligen europäischen, insbesondere der englischen Bevölkerung ihre Umweltkapazität erreicht haben könnte und damit weiteren Bevölkerungszuwachs nicht mehr ernähren kann. Im geografisch engen europäischen Raum sorgte diese Befürchtung bekanntlich für nachhaltige Verteilungsdiskussionen, rechtfertigte die Erschließung der „Neuen Welt" und regte nicht zuletzt auch evolutionstheoretische Überlegungen, allen voran die von Charles Darwin, an.

Mathematisch fand die Umweltkapazität erstmals in den Überlegungen des belgischen Mathematikers Pierre François Verhulst ihren Niederschlag. In dem von ihm 1837 vorgeschlagenen Modell wird der Wachstumsrate aus dem Malthus-Modell ein zweiter Faktor, nämlich ein Bremsfaktor – so etwas wie eine „Aussterbe-Rate" – gegenübergestellt. Angenommen wird dabei, dass das Wachstum einer Population gewissermaßen von seinem eigenen Erfolg gebremst wird. (Es handelt sich also um ein *negatives Feedback*) Je größer die Population wird, umso mehr Nahrungsmittel benötigt sie und umso mehr strapaziert sie damit die Möglichkeiten ihrer Umwelt, sie zu ernähren. Ab einem bestimmten Punkt, eben dem der Umweltkapazität, findet die Population keine Nahrung mehr und kann nicht weiter wachsen.

Die Umweltkapazität lässt sich damit als *Möglichkeitsraum* für das Wachstum der Population auffassen und seine Grenzen, also die minimal und maximal mögliche Populationsgröße, auf die Werte 0 und 1 normalisieren. Der Bremsfaktor lässt sich sodann als Kompliment der Populationsgröße X zum Zeitpunkt t, nämlich als $(1 - X_t)$ annähern und die Gesamtentwicklung der Population somit als

$$X_{t+1} = \gamma * X_t * (1 - X_t)$$

berechnen. Diese Gleichung wird *Verhulst Gleichung* oder auch *Logistische Gleichung* genannt.[24]

---

24 Diese Form der Gleichung beschreibt die absolute Bevölkerungsentwicklung bis zur Umweltkapazitätsgrenze. So die Entwicklung relativ, also prozentuell in Bezug auf die die Kapazitätsgrenze

> „Normalisieren" meint in der Mathematik die Skalierung eines Wertebereichs auf einen anderen Bereich, der in der Regel zwischen 0 und 1 liegt.
> Der *Gini-Koeffizient* zum Beispiel, der zur Darstellung von Verteilungsungleichheiten in Populationen verwendet wird, normalisiert den Zustand absoluter Gleichverteilung einer bestimmten Ressource („alle haben das gleiche") als Null und den Zustand absoluter Ungleichverteilung („einer hat alles") als Eins. Die zwischen diesen Extremen liegenden Verteilungen werden sodann als Werte zwischen Null und Eins angegeben. Je näher also der Gini-Koeffizient bei Eins liegt, desto größer ist die Ungleichheit, zum Beispiel einer Einkommensverteilung. So hat zum Beispiel Europa einen Einkommens-Gini-Koeffizient von rund 0.3, die USA von rund 0.45.

Der Term X_{t+1} bezeichnet dabei, wie oben schon, die (normalisierte) Populationsgröße zum Zeitpunkt $t+1$, γ bezeichnet den Wachstumsfaktor, und $(1 - X_t)$ bezeichnet den (normalisierten) Bremsfaktor. Wenn die Population X_t sehr klein ist, also nahe bei null, so rückt der Bremsfaktor nahe an 1 und lässt damit den Wachstumsfaktor γ seine Wirkung weitgehend vollständig entfalten. Wenn die Population dagegen sehr groß ist, und (normalisiert) nahe bei 1 liegt, so reduziert dies den Bremsfaktor auf einen Wert nahe bei null und bremst damit das Wachstum massiv ein.

1.3.2.1 Beginnendes Chaos

Die Verhulstsche Methode zur Berücksichtigung von Umweltkapazitäten birgt eine spannende Konsequenz für die Theorie von beeinflussten Entwicklungen. Sie kann bei Wachstumsraten, die größer als 3 sind, zu *uneindeutigem* und bei Wachstumsraten, die größer als 3.57 sind, zu *chaotischem* Verhalten führen. Man spricht diesbezüglich von *deterministischem Chaos*.

Zunächst hat die Gleichung für Wachstumsraten, die kleiner oder gleich Eins bleiben (Abb. 1.13), einen stabilen Gleichgewichtspunkt, einen so genannten *Attraktor*, bei null. Das heißt, die Population stirbt über kurz oder lang aus. Sie kommt gleichsam nicht über eine Größe hinaus, die reichen würde, um ihren Fortbestand zu gewährleisten. Ein Grund dafür wäre zum Beispiel, dass ihre Mitglieder zu wenig Sexualpartner finden, um sich fortzupflanzen.

Erst bei Wachstumsraten zwischen Eins und Zwei (Abb. 1.13) nähert sich die Entwicklung monoton einem *Grenzwert* an, das heißt einem bestimmten immer gleichen Wert – eben jenem Wert, den die *carrying capacity* der jeweiligen Umwelt zulässt. Dieser Wert beträgt, unabhängig von der Anfangspopulation, $(\gamma - 1)/\gamma$. Die Bevölkerung kann nicht größer werden, als das Limit, das ihre Umwelt in Form von verfügbaren Ressourcen festsetzt, auch wenn sie sich noch so intensiv fortpflanzt.

---

gefragt ist, wird die Populationsgröße X in Bezug auf die Umweltkapazität K normiert: die Gleichung lautet dann $X_t+1 = \gamma * Xt * (1 - Xt/K)$.

Abbildung 1.13: Populationsentwicklungen nach Verhulst mit auf 0.1 normalisierter Anfangsgröße und verschiedenen Wachstumsraten γ

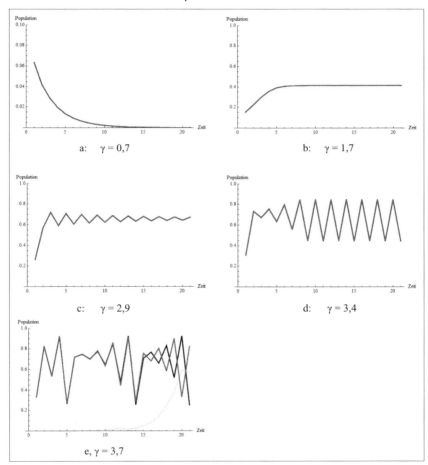

a: γ = 0,7

b: γ = 1,7

c: γ = 2,9

d: γ = 3,4

e, γ = 3,7

In Abbildung 1.13e tritt ab etwa der Hälfte der abgebildeten Entwicklung *„deterministisches Chaos"* auf. Zwei Kurven (rot und schwarz) mit einem Anfangsabstand von 0.0001 beginnen auseinanderzutreten und sich völlig unterschiedlich zu entwickeln. Die grüne Kurve im selben Plot indiziert Auftreten und Ausmaß der Divergenz.

Das gleiche gilt auch für höhere Wachstumsraten, wobei allerdings nun bei γ zwischen 2 und 3 (Abb. 1.13c) die Entwicklung mitunter so schnell verläuft, dass sie den möglichen Grenzwert kurzzeitig überschießt, nur um gleich darauf wieder unter den Wert zurückzufallen. Das heißt einige Mitglieder der Population sterben, weil sie keine Ressourcen finden, was seinerseits wieder kurzfristige Möglichkeiten für schnelles Wachstum bietet, mit dem dann der Grenzwert neuerlich überzogen wird. Der Grenzwert wird zwar letztendlich erreicht, aber die Annäherung findet nun nicht mehr monoton, sondern *oszillierend* (zwischen Überschießen und Zurückfallen) statt.

Abbildung 1.14: Logistic map: Zusammenschau sämtlicher von γ = 2.5 bis γ = 4.0 sich ergebender Entwicklungen

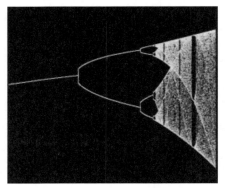

Ab einer Wachstumsrate von 3 (Abb. 1.13d) jedoch wird die Entwicklung uneindeutig. Eine *Bifurkation* bildet sich, das heißt die Entwicklungskurve teilt sich. Es lässt sich nicht mehr eindeutig sagen, auf welchen Wert die Entwicklung zusteuert. Und bei weiterer Steigerung der Wachstumsrate (ab etwa γ = 3,45) beginnen sich die *Bifurkationen* zu verdoppeln[25], bis sie bei γ = 3,57 ein *chaotisches* Ausmaß annehmen (Abb. 1.13e). Kleinste Unterschiede resultieren nun in völlig unterschiedlichen Entwicklungswerten. Die Entwicklung lässt sich nicht mehr abschätzen – ein Merkmal von so genanntem *deterministischem Chaos*, das wir im übernächsten Abschnitt ausführlicher besprechen werden.

---

25 Chaosforscher sprechen diesbezüglich auch von einer so genannten *period-doubling cascade*.

Bei Werten γ > 4 verlässt die Entwicklung das Intervall {0, 1} und divergiert für fast alle Anfangswerte.

So man sämtliche, mit unterschiedlichen Wachstumsraten möglichen Ergebnisse auf einem Graph aufträgt, dessen Abszisse die γ-Werte abbildet, so erhält man einen so genannte Logistischen Graphen, auf Englisch *Logistic map* (Abb. 1.14).

1.3.3 Räuber-Beute-Populationen

Während beim Malthus-Verhulst-Modell das *Feedback*, das die Entwicklung begrenzt, als *endogen*, also als von der Entwicklung selbst, generiert betrachtet wird, lässt sich die Beeinflussung von Entwicklungen auch *analytisch zerlegen* und zum Beispiel im Hinblick auf die – nun separiert betrachteten – Entwicklungen *zweier* Populationen betrachten. Die Ressourcen, also zum Beispiel die Nahrungsmittel der einen (zunächst betrachteten) Population, werden dabei – etwa wenn es sich um lebende Beutetiere handelt – als zweite Population gesehen, die ihrerseits einer (von der ersten Population) beeinflussten Entwicklung unterliegt. Die mathematische Fassung einer solchen Entwicklung wird als *Lotka-Volterra-System* bezeichnet.[26]

In den 1920er Jahren schlugen Alfred Lotka (1925) und Vito Volterra (1926) unabhängig voneinander ein mathematisches Modell zur Beschreibung der Entwicklung von Räuber-Beute-Verhältnissen vor, das die periodischen Schwankungen der Entwicklung als Kombination der folgenden zwei Gleichungen beschreibt:

$$X_{t+1} = X_t + (a*X_t - b*X_t*Y_t)$$
$$Y_{t+1} = Y_t + (-c*Y_t + d*X_t*Y_t)$$

wobei *X* die Bautepopulation und *Y* die Räuberpopulation darstellt, *a* die Wachstumsrate der Beute, *b* die Rate, mit der die Räuber die Beute dezimieren, *c* die Sterberate der Räuber und *d* die Rate, mit der sich die Räuber in Bezug auf ihren Verzehr von Beute vermehren.

Stellen wir uns diesbezüglich etwa die Lebensbedingungen zweier unterschiedlicher Tierarten vor, deren Existenz voneinander abhängt. Ein historisches Vorbild dafür liefern die Populationen von Schneehasen – als Beutetiere – und Luchsen – als Räuber. Ihre Entwicklung wurde zu Beginn des 20. Jahrhunderts über Jahre hinweg von Felltierjägern der kanadischen Hudson-Bay-Company relativ genau dokumentiert.

Beide Tierarten haben eine natürliche Fortpflanzungsrate. Sie vermehren sich, wenn sie nicht gestört werden, mit einer bestimmten Geschwindigkeit, die auch von der jeweils schon gegebenen Dichte der eigenen Art abhängt. Je mehr Schnee-

---

26 Freedman, Herbert I. (1980): Deterministic Mathematical Models in Population Ecology. Pure and Applied Mathematics. New York. M. Dekker edition.

hasen es bereits gibt, desto schneller vermehren sie sich. Das gleich gilt, für sich betrachtet, für die Luchse.

Abbildung 1.15: Simulation einer beeinflussten Populationenentwicklung nach *Lotka-Volterra*

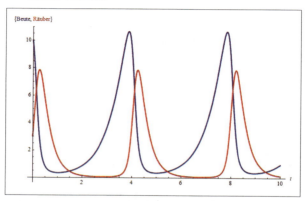

Blau die Beutepopulation mit einem Anfangswert von 10 Individuen, rot die Räuberpopulation mit einem Anfangswert von 3 Individuen, mit den Werten *a = 0,15, b = 0,1, c = 0,3* und *d = 0,1*.

Miteinander konfrontiert hängt die Entwicklung der Schneehasenpopulation aber davon ab, wie schnell sie von den Luchsen gefressen werden, also auch davon, wie viele Luchse in der Region leben. Und die Entwicklung der Luchse hängt ihrerseits davon ab, wie viele Schneehasen jeder von ihnen als Beute, als Nahrungsquelle, vorfindet.

Wenn nun einer eher großen Schneehasenpopulation (blaue Kurve in Abb. 1.15) anfänglich nur wenige Luchse gegenüberstehen, so werden die Luchse (rote Kurve in Abb. 1.15) reichlich Nahrung finden und sich entsprechend gut entwickeln. Die Zahl der Luchse wächst mit der Zeit an. Je mehr Luchse allerdings herum streifen, desto weniger Chancen haben die Schneehasen zu überleben. Irgendwann wird sich ihr Zuwachs einbremsen und ins Gegenteil umschlagen. Die Schneehasenpopulation schrumpft. Dies bedeutet freilich, dass nun auch die Luchse weniger Futter finden und ihre Zahl mit leichter zeitlicher Verzögerung ebenfalls sinkt. Die Populationen schrumpfen bis zu einem Punkt, an dem einigen wenigen verschont gebliebenen Schneehasen kaum noch Räuber gegenüberstehen und sie sich deswegen wieder besser vermehren können. Ist dies der Fall so wäre in etwa das Ausgangsniveau wieder erreicht und der ganze Entwicklungszyklus beginnt von neuem.

1.3.3.1 Wirt-Parasiten-Verhältnisse

Eine sehr ähnliche Entwicklung zweier sich wechselseitig beeinflussender Populationen betrifft das Verhältnis von *Parasiten* und ihren *Wirten*, also etwa von Viren, die bestimmte Zellen befallen, oder auch von Kleinstlebewesen wie Flöhen, Würmern, Läusen, Bakterien etc., die Säugetiere bewohnen.

Auch Parasiten peinigen ihren Wirt und können seine Populationsentwicklung reduzieren, sind aber gleichzeitig stets auch auf dessen Überleben angewiesen. Würde der Wirt aussterben, so hätte auch der Parasit keine Überlebenschancen. In der Natur lässt sich deshalb – wohlgemerkt bei jenen Arten, die überleben und deshalb für die Nachwelt *beobachtbar* sind – oftmals ein *Gleichgewicht* zwischen Parasiten und Wirten feststellen, das, unabhängig von den Anfangspopulationsgrößen, dazu neigt, auf ein stets gleiches Verhältnis von Wirt und Parasit hinauszulaufen.

Ein frühes mathematisches Modell zur Simulation solcher Wirt-Parasiten-Verhältnisse haben Alexander J. Nicholson und Victor A. Bailey[27] in den 1930er Jahren in Form des Gleichungssystems

$$W_{t+1} = a * W_t * e^{-b*P_t}$$
$$P_{t+1} = W_t * (1 - e^{-b*P_t})$$

vorgeschlagen – hier mit *W* für Wirt und *P* für Parasit. *a* steht für die Reproduktionsrate des Wirtes, *b* für die Zusammentreffwahrscheinlichkeit von Wirt und Parasit und *e* für die Eulersche Zahl (siehe oben). Es zeigt (in der hier nach Thomas Burnett modellierten Fassung) wie die Grünhausfliege *Trialeurodes vaporariurum* und ihr Parasit *Encarsia formosa* mit der Zeit ein konstantes Verhältnis ausbilden, das nur von der Reproduktionsrate des Wirtes und von der Wahrscheinlichkeit seines Zusammentreffens mit dem Parasiten, nicht aber von der Größe der jeweiligen Anfangspopulation abhängt. Von welchen Werten auch immer ausgegangen wird, die Populationen pendeln sich auf das selbe Verhältnis ein.

---

27 Nicholson, Alexander J./ Bailey, Victor A. (1935): The balance of animal populations; in: Proceedings of the Zoological Society of London 1, pp. 551-598.

Abbildung 1.16: Simulation eines Wirt-Parasiten-Verhältnisses nach *Nicholson-Bailey*

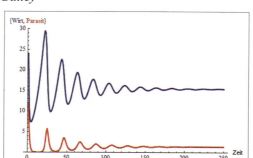

Blau die Wirtspopulation mit einem Anfangswert von 24 Individuen, rot die Parasitenpopulation mit einem Anfangswert von 12 Individuen, mit den Werten $a = 1.1$ und $b = 0.068$.

1.3.4 Artenvielfalt

In der Analyse von Räuber-Beute-, wie auch in der von Wirt-Parasiten-Verhältnissen werden die Entwicklungsverläufe *zweier* Populationen in Beziehung zueinander gestellt. Die einander gegenseitig beeinflussenden Prozesse laufen dabei nicht selten auf *steady states*, also auf stabile regelmäßige Verhältnisse hinaus – die Räuber-Beute-Beziehung auf ein gleichmäßig oszillierendes und die Wirt-Parasit-Beziehung auf ein unabhängig von den Anfangsgrößen stets gleich großes Verhältnis.

In der Natur stehen sich freilich kaum jemals nur zwei Populationen beeinflussend gegenüber. Die Verhältnisse, die unter natürlichen multiplen Bedingungen zueinander gebildet werden, sind deshalb in der Regel ungleich fragiler und können mitunter auch *chaotischen* Schwankungen unterliegen.

Schon die modellierte Wechselwirkung von *drei* Populationen – also etwa die von Schafen, Wölfen und dem Weidegras, das die Schafe benötigen, um zu überleben – gestaltet sich einigermaßen komplexer. Je nach gewählten Parametern kann die Wechselwirkung periodisch verlaufen, wie im einfachen Räuber-Beute-Modell (Abb. 1.17A) Sie kann sich aber auch, mit minimalst veränderten Parametern, sehr schnell aufschaukeln und entweder zum „Aussterben" aller Entwicklungen führen oder – dies freilich nur auf mathematischer Ebene – im Chaos, genauer in *deterministischem Chaos* enden (Abb. 1.17B). Die weitere Entwicklung lässt sich damit dann nicht mehr vorhersehen. Wir werden auf diesen Umstand unten unter Punkt 4 gleich näher eingehen.

1.3 (In-)Stabilitäten

Abbildung 1.17: A: Periodisch oszillierendes System mit drei Populationen

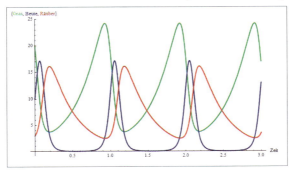

B: Sich aufschaukelnde Drei-Populationen-Entwicklung, die nach 24 Berechnungsschritten schließlich „unberechenbar" wird, das heißt *deterministisches Chaos* erzeugt

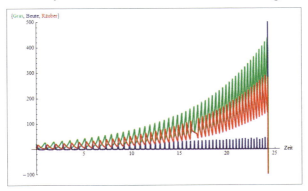

Interessanterweise ist es nicht immer ganz einfach zu sagen, ob sich die gegenseitige Beeinflussung mehrerer Populationen stabilisierend oder, im Gegenteil, eher destabilisierend auf das Gesamtverhalten eines solchen Systems auswirkt.[28] In Biologie und Ökologie wird heute vielfach davon ausgegangen, dass *Artenvielfalt*, also die wechselseitige Beeinflussung vieler Entwicklungen, dem System höhere *Resilience*[29] erlaubt, das heißt dem System mit höherer Wahrscheinlichkeit ermöglicht, im Falle von Störungen zu seinem *steady state*, seinem „Gleichgewicht" zu-

---

28 Ives, Anthony R. / Klug, Jennifer L. / Goss, Kevin (2000): Stability and Species Richness in Complex Communities; in: Ecology Letters 3: p. 399-411.

29 Holling, Crawford S. (1973): Resilience and Stability of Ecological Systems; in: Annual Review of Ecology and Systematics 4, p. 1-23.

rück zu finden. In der Regel wird deswegen heute, etwa bei der Wiederaufforstung von Wäldern oder der Renaturalisierung von Gewässern, eher auf Artenvielfalt, denn wie früher auf Monokulturen gesetzt. Gelegentlich wird diesbezüglich auch etwa in der Finanzwirtschaft die Einführung von einheitlichen Währungen – etwa dem Euro in den Ländern der EU – als problematische Monokultur kritisiert. Ein reichhaltigeres „Biotop" an Währungen, so heißt es, würde positiven Feedbacks, wie sie etwa im Fall von Währungsspekulationen zu tragen kommen, mehr Widerstand entgegensetzen können[30] – bei freilich infolge der Umtausch- und Umrechnungsnotwendigkeiten hohen Transaktionskosten.

1.3.4.1 Das Drei-Körper-Problem

Dieses Verhalten dreier, sich gegenseitig beeinflussender Dynamiken wird in der Physik als *3-Körper-* beziehungsweise allgemein als *n-Körper-Problem* diskutiert. Vor allem Astronomen und Mathematiker – darunter etwa Leonhard Euler, Joseph-Louis Lagrange und nicht zuletzt Henri Poincaré – hat dieses Problem in ihren Versuchen, den Bahnverlauf sich gegenseitig anziehender Himmelskörper zu erklären, immer wieder beschäftigt.

Das Problem besteht darin, dass zwar die Bahnen zweier, einander sich beeinflussender Himmelskörper – etwa Erde und Mond – leicht mithilfe der Keplerschen Gesetze berechnet werden können. Die Veränderung ihrer Distanz ergibt dann zum Beispiel eine Oszillation, die die Form einer Sinuskurve hat. Dagegen lassen sich die Bahnen von drei (und mehr) Himmelskörpern, die einander beeinflussen, infolge systematischer Bahnstörungen nicht mehr ohne weiteres berechnen. Sie zeigen mitunter überaus unregelmäßige Entwicklungen (Abb. 1.18).

Zwar können natürlich auch mehrere Himmelskörper (mehr oder weniger) stabile Gleichgewichte ausbilden – wie unser Sonnensystem anschaulich zeigt. Mitunter erzeugen die Bahnstörungen entfernter Einflüsse aber auch kleine, zunächst für vernachlässigbar gehaltene Unregelmäßigkeiten, die sich mit der Zeit zu unvorhersagbaren Entwicklungen aufschaukeln. Kleinste Unterschiede in den Anfangsbedingungen generieren dann sehr große Unterschiede in den Folgen – ein Zeichen für *deterministisches Chaos*.

---

30 Vgl. u.a.: Lietaer, Bernard (2001): The Future of Money. Beyond Greed and Scarcity. Random House. (deutsch: 2005: Das Geld der Zukunft. Riemann).

1.3 (In-)Stabilitäten

Abbildung 1.18: Simulierter Verlauf der Distanzen dreier sich gegenseitig beeinflussender Himmelskörper.

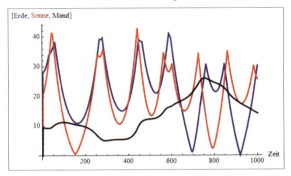

1.4 Chaos und Katastrophen

1.4.1 Der Schmetterlingseffekt

Anfang der 1960er Jahre bemühte sich der Meteorologe Edward N. Lorenz[31] darum, ein hydrodynamisches System in einem mathematischen Modell zu erfassen, das es ihm erlauben sollte, längerfristige Wettervorhersagen zu erstellen. Er formulierte dazu ein System von drei gekoppelten, nicht-linearen Gleichungen, die, mit entsprechenden Parametern, den mittlerweile berühmten *Lorenz-Attraktor* erzeugen, eine scheinbar unregelmäßig hin und her oszillierende Kurve, die mit der Zeit ein schmetterlingsartiges Gebilde generiert – einen so genannten *seltsamen Attraktor*.

Abbildung 1.19: Der Lorenz-Attraktor, mit den Werten $a = 10$, $b = 28$ und $c = 8/3$ (~2,6666)

In der hier durchgängig verwendeten Schreibweise lauten die Lorenz-Gleichungen:

$$X_{t+1} = X_t + (-a*X_t + a*Y_t)$$
$$Y_{t+1} = Y_t + (b*X_t - Y_t - X_t*Z_t)$$
$$Z_{t+1} = Z_t + (-c*Z_t + X_t*Y_t)$$

Das heißt, die Größen X, Y und Z verändern sich pro Iterationsschritt um die in Klammern gefassten Werte.

---

[31] Lorenz, Edward N. (1963): Deterministic Nonperiodic Flow; in: Journal of the Atmospheric Sciences. vol. 20, No. 2, pp. 130–141.

Lorenz konnte sein Gleichungssystem bereits mithilfe eines Computers berechnen. Weil die Eingabe von Nachkomma-Stellen aber mühselig war und viel Rechenzeit erforderte, betrachtete er allzu genaue Werte zunächst als entbehrlich. Bei Durchsicht seiner Ergebnisse musste er allerdings feststellen, dass dies große Unterschiede in den Wetterprognosen zur Folge hatte. Zu seinem noch größeren Erstaunen schien die nachträgliche Wiederberücksichtigung der Nachkomma-Werte an diesen Unterschieden nichts zu ändern. Selbst kleinste Variationen in den Anfangswerten – im sechsten oder noch größeren Nachkomma-Bereich – konnten sehr große Unterschiede in den Ergebnissen hervorrufen. Diese Beobachtung verleitete Lorenz zu dem berühmten Ausspruch, dass der Flügelschlag eines Schmetterlings in Brasilien einen Tornado in Texas auslösen könne.[32]

Der so genannte *Schmetterlingseffekt* erwies sich in Folge als charakteristisch für komplexe Systeme, deren Verhalten sich aus mehreren interagierenden Dynamiken aggregiert. Solche Systeme neigen zu *deterministischem Chaos*. Dieser Ausdruck steht dabei für ein Verhalten, das nicht einfach nur „völlig chaotisch" im alltäglichen Wortsinn, also zum Beispiel *völlig zufällig* verläuft. *Deterministisch* chaotische Entwicklungen laufen vielmehr tatsächlich *determiniert* ab, also im Sinn der bisher beschriebenen Prozesse *rekursiv* als Reaktion auf den je im Zeitschritt zuvor erreichten Zustand und einen bestimmten Veränderungsparameter. Das heißt, diese Entwicklungen lassen sich im strengen Sinn Schritt für Schritt *berechnen*, und sind damit – in jenen Grenzen, die der Computer zu bearbeiten vermag – auch der Simulation in Computerprogrammen zugänglich. Allerdings können sich in ihnen eben kleinste Unterschiede in den Anfangswerten im Lauf der Zeit exponentiell verstärken und somit die Grenzen des Berechenbaren schnell sprengen.

Da Anfangswerte, also zum Beispiel die je aktuelle Wetterlage, immer nur mit endlicher Genauigkeit festgelegt werden können, gerät diese Genauigkeit mit der Zeit *notwendig* in ein Missverhältnis zur Größe der sich sukzessive verstärkenden Abweichungen. Solche Systeme unterliegen – zumindest auf längere Sicht – einer *grundsätzlichen Unvorhersagbarkeit*, eben einem *deterministisch chaotischen* Verhalten.

1.4.1.1 Vorhersagbarkeit und Ljapunow-Exponent

Ein wesentlicher Aspekt von deterministischem Chaos ist, wie gesagt, der Umstand, dass sich kleinste Unterschiede in den Anfangswerten einer Entwicklung

---

32 „*Predictability: Does the flap of a butterfly's wings in Brazil set off a tornado in Texas?*" lautete etwa der Titel eines Vortrags, den Lorenz 1972 vor der *American Association for the Advancement of Science* hielt.

1.4 Chaos und Katastrophen

im Zeitverlauf zu sehr großen Unterschieden auswachsen können. Der Grund dafür ist das exponentielle Wachstum dieser Unterschiede – im Prinzip also neuerlich ein Feedback-Effekt. Die Unterschiede wachsen jeweils im Rekurs auf ihre im vorhergehenden Schritt bereits erreichte Größe. Je größer sie werden, umso schneller wachsen sie auch.

Abbildung 1.20: Anwachsen kleinster Anfangsunterschiede in der logistischen Gleichung $X_{t+1} = \gamma * X_t * (1 - X_t)$.

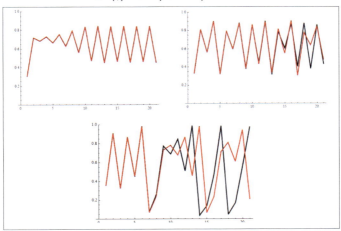

Der Unterschied der Anfangswerte von schwarzer und roter Entwicklung beträgt 0,0001. Oben links die Entwicklung mit $\gamma = 3,3$. Auch hier sind bereits unterschiedliche Anfangswerte gegeben. Da sich die logistische Gleichung (siehe oben) aber bei dieser Wachstumsrate noch nicht chaotisch verhält, divergieren die Entwicklungen nicht. Ihr Unterschied ist mit freiem Auge nicht zu bemerken. In der Abbildung oben rechts dagegen beträgt die Wachstumsrate $\gamma = 3,7$. Die Kurve zeigt deutlich chaotischen Verlauf und die rote und die schwarze Entwicklung divergieren erkennbar nach zirka 15 Iterationen. Die Abbildung unten zeigt die Entwicklungen mit $\gamma = 3,9$.

Dieses Anwachsen der Unterschiede misst der so genannte *Ljapunow-Exponent*[33], benannt nach dem russischen Mathematiker Alexander Michailowitsch Ljapunow. Dieser Exponent gibt die Geschwindigkeit an, mit der sich zwei zunächst nahe beieinanderliegende Werte voneinander entfernen. Beträgt der Unterschied der An-

---

33 Bei mehr-dimensionalen Entwicklungen kann es ein ganzes Spektrum an Ljapunov-Exponenten geben. Gewöhnlich wird der größte davon als Ljapunov-Exponent, beziehungsweise genauer als *Maximaler Ljapunov-Exponent* (MLE) bezeichnet.

fangswerte u_0, so lässt sich der Unterschied zum Zeitpunkt t als $|u_t| = e^{\lambda t} * |u_0|$ abschätzen. λ bezeichnet dabei den Ljapunow-Exponenten, der sich als $\lambda = \lim (1/t) * \ln |u_t/u_0|$ berechnet.

Der Ljapunov-Exponent gibt also an, wie schnell in einem komplexen System mehrerer, sich beeinflussender Entwicklungen mit deterministischem Chaos zu rechnen ist. Er, beziehungsweise sein inverser Wert, die so genannte *Ljapunov-Zeit*, erlaubt damit gewisse Rückschlüsse auf die *Vorhersagbarkeit* eines Systems.[34] Kennt man ihn, so lässt sich abschätzen, über welchen Zeitraum Entwicklungen halbwegs zuverlässig vorausgesagt werden können.

Im Hinblick auf die Lorenzsche Wetterprognose zum Beispiel wären mit einer Anfangsgenauigkeit, die von 1000 gleichmäßig über die Erde verteilten Messstationen geliefert wird, zuverlässige Vorhersagen für zirka vier Tage möglich. Für gleich zuverlässige Prognosen für 11 Tage wären allerdings bereits 100 Millionen Messstationen notwendig und für Vorhersagen über ein ganzes Monat würden 10^{20} Messstationen benötigt – eine pro 5 Quadratmillimeter Erdoberfläche.[35]

1.4.2 Katastrophen

Deterministisch chaotische Prozesse sind also Entwicklungen, die weder einfach nur stetig anwachsen oder schrumpfen, noch in irgendeiner Weise auf einen *steady state*, also einen stabilen Grenzwert zulaufen – sei dies ein einzelner Wert, also ein Fixpunkt, oder eine wie auch immer komplexe periodische Schwingung.

Um freilich unvorhersagbares, oder zumindest schwer vorhersagbares, sprich überraschendes Verhalten zu zeigen, ist nicht immer deterministisches Chaos notwendig. Komplexe Systeme können mitunter auch Gleichgewichte ausbilden, deren Stabilität nur *lokal*, das heißt nur in einem bestimmten Wertebereich des Systems besteht. Solche lokalen Stabilitäten werden oftmals als „*metastabil*" oder auch als „*punktierte Gleichgewichte*", englisch *punctuated equilibria*, bezeichnet. Unangenehm an solchen Zuständen ist der Umstand, dass aus der „Innensicht" von Beteiligten, also etwa aus der „Innensicht" eines Gesellschaftssystems, nicht immer zu erkennen ist, dass sich ihr Gleichgewicht unter Umständen bereits haarscharf an der Grenze zum Zusammenbruch bewegt. Die sozialen Umbrüche in Osteu-

---

34 Das ist die Zeit, die die Entwicklung des Anfangsunterschiedes braucht, um auf den Wert e, also 2, 71828 ... anzuwachsen.
35 Vgl.: Heiden, Uwe an der (1996): Chaos und Ordnung. Zufall und Notwendigkeit; in: Küppers, Günter (Hrsg.): Chaos und Ordnung. Formen der Selbstorganisation in Natur und Gesellschaft. Stuttgart (Reclam), S. 97-121.

ropa um das Jahr 1990 liefern ein beredtes Beispiel dafür.[36] Kaum einer der Beteiligten vermutete in den Jahren davor, dass das sozialistische System so schnell Geschichte sein würde.

1.4.2.1 Die Falten-Katastrophe

Ein eher theoretisches, wenngleich nicht weniger berühmtes Beispiel für solche metastabilen Gleichgewichte liefert der von Per Bak und Kan Sneppen 1993[37] untersuchte Sandhaufen. In diesem Experiment rieselt Sand gleichmäßig von oben auf immer dieselbe Stelle einer runden Platte und bildet mit der Zeit einen Sandhaufen. Alle Sandkörnchen, außer dem ersten, fallen dabei auf andere, bereits auf der Platte liegende Körnchen, rutschen ab und verteilen sich so gemäß einer „Gaussschen Glocke" um den Berieselungspunkt in Form eines Haufens. Mit der Zeit wächst dabei die Steigung an den Hängen des Haufens. Je steiler die Steigung wird, desto öfter rutschen die Sandkörnchen nun nicht mehr einzeln, sondern in Form von Lawinen nach unten, deren durchschnittliche Größe mit der Steigung der Hänge zunimmt.

Der *katastrophale* Aspekt dieses Umstands ist die Schwierigkeit, das konkrete Auftreten der Lawinen vorherzusagen. Die Zahl der bis zum Abgang einer Lawine hinzugefügten Sandkörnchen kann beträchtlich variieren. Das System bewegt sich ab einer bestimmten *Kritizität* eben nicht mehr gleichförmig und damit (halbwegs) vorhersagbar, sondern in Form von Niveau- oder Ordnungssprüngen. Mathematisch wird dies mithilfe der so genannten *Katastrophentheorie*, einer Theorie von Diskontinuitäten, beschrieben.

Eine der sieben von der mathematischen Katastrophentheorie beschriebenen Elementarkatastrophen ist die so genannte „Falten-Katastrophe", auf Englisch *Cusp Catastrophe*. In ihr wird das Verhalten einer Funktion, zum Beispiel der Form $y = x^4 + ax - x^2$ bei Veränderung des Parameters a beschrieben.

Um den Effekt der *Cusp Catastrophe* so anschaulich wie möglich zu beschreiben, können wir uns eine Kugel vorstellen, die auf der Kurve, die die Funktion beschreibt, platziert ist und gleichsam von ihr gehalten wird. Die Kugel befindet sich in Abbildung 1.21A in einem *lokalen Gleichgewicht*. Sie liegt relativ stabil

---

36 Vgl. dazu u.a. Lohmann, Susanne (1994) The Dynamics of Informational Cascades: The Monday Demonstrations in Leipzig, East Germany, 1989-91; in: World Politics 47, p. 42-101. Kuran, Timur (1989): Sparks and Prairie Fires. A Theory of Unanticipated Political Revolution; in: Public Choice 61, p. 41-74.
37 Bak, Per / Sneppen, Kan (1993): Punctuated Equilibrium and Criticality in a Simple Model of Evolution; in: Physical Review Letters 71/1993, S. 4083-4087.

auf der kleinen Plattform, einem „*lokalen Minimum*", das von der Kurve mit den Parametern $a = -0{,}55$ gebildet wird.

Abbildung 1.21: A. Veranschaulichung der „Falten-Katastrophe" anhand der Kurve $y = x^4 + ax - x^2$, $a = -0{,}55$

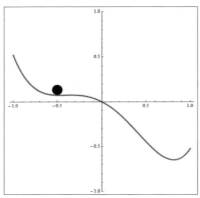

B. $a = -0{,}7$

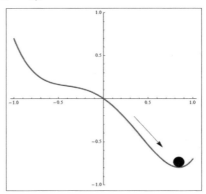

Wir verkleinern nun sukzessive die a-Werte. Die Kurve streckt sich dadurch ein wenig und vertieft ihr Minimum auf der rechten Seite. Sie verlagert gleichsam ihr Schwergewicht nach rechts. Die Kugel bleibt dabei aber auf der Plattform liegen.

1.4 Chaos und Katastrophen

Bei $a = -0,69$ hat sich ihre Position kaum verändert. Auf den ersten Blick scheint sie genauso stabil zu liegen wie bei $a = -0,55$. Verändern wir den Wert nun allerdings nur um ein Hundertstel weiter auf $a = -0,7$ (Abb. 1.21B), so überschreitet die Stabilität ihren *tipping point*[38] und die Kugel rollt in das neue, wesentlich tiefere Minimum auf der anderen, der positiven Seite der *x*-Achse. Eine minimale Veränderung, die sich in nichts von den anderen minimalen Veränderungen zuvor unterschied, hat also eine sehr große Wirkung, eine „Katastrophe" entfaltet.

Wenn wir nun den *a*-Wert sukzessive in die andere Richtung verändern, so müssen wir ihn bis auf $a = +0,7$ erhöhen, um die Kugel wieder zurück auf die linke Seite, also die negative Seite der *x*-Achse zu befördern. Zwischen $a = -0,69$ und $a = +0,69$ zeigt die Kugel im Hinblick auf ihre Positionierung links oder rechts vom Nullpunkt keine Reaktion. Wenn diese Positionierung unsere primäre Beobachtungsunterscheidung ist (also die Frage: *x* kleiner oder größer Null), so scheint uns die Beobachtung widersprüchliche Ergebnisse zu liefern: einmal liegt die Kugel links vom Nullpunkt, einmal rechts, und das bei den selben Werten, zum Beispiel bei $a = -0,69$, abhängig davon, ob wir uns ihnen von links oder rechts nähern.

1.4.2.2 Selbst-organisierte Kritizität

Kommen wir noch einmal zu unserem Sandhaufen zurück. Wenn wir weiter Sand darauf rieseln lassen, wird er mit der Zeit die gesamte Platte ausfüllen und die ersten Lawinen werden über ihre Ränder hinaus- und hinunter fallen. Wenn schließlich durchschnittlich so viele Sandkörnchen hinunterfallen wie oben dazu gegeben werden, so vergrößert sich der Sandhaufen nicht mehr. Das System hat seinen *kritischen Zustand* erreicht. Mathematisch zeichnet sich dies durch ein *Power law*-Verhältnis (siehe Kapitel 6.4.1) zwischen der Zahl der Sandkörner aus, die von jedem neuen Korn verschoben werden, und der Häufigkeit der Lawinen unterschiedlicher Größe.

Dieser *kritische Zustand* fungiert dabei als *Attraktor*. Wenn nämlich die Steigung der Hänge – vielleicht per Zufall – einmal über diesen Zustand hinauswachsen sollte, sich also ein so genannter „überkritischer Zustand" bildet, so werden die darauf folgenden Lawinen wesentlich größer als im kritischen Zustand. Es fallen deutlich mehr Sandkörnchen nach unten als hinzu gegeben werden. Der „überkritische" Haufen schrumpft daher bis er wieder die kritische Größe erreicht.

Auch wenn er sich dabei – ebenfalls per Zufall – einmal bis unter diese kritische Größe dezimieren sollte, wirkt sich dies auf die durchschnittliche Größe der

---

[38] Gladwell, Malcolm (2000) The Tipping Point: How Little Things Can Make a Big Difference. New York. Little Brown.

Lawinen aus. Sie werden relativ zur oben hinzugegebenen Menge an Sand kleiner, was seinerseits wieder ein Anwachsen des Sandhaufens bewirkt. Das System nähert sich also sowohl „von unten" wie auch „von oben" beständig seinem kritischen Zustand. Es organisiert seinen kritischen Zustand selbst. Man sprich deshalb von *selbst-organisierter Kritizität*, auf Englisch *self-organized criticality*.[39]

Dieses Prinzip wurde verschiedentlich zum Beispiel bei der Evolution von Tierarten beobachtet.[40] Die Phylogenese, also die Entwicklung zum Beispiel einer Tiergattung, verläuft demgemäß nicht graduell, sprich stetig und gleichmäßig schnell. Vielmehr wechseln sich in der Regel längere stabile Phasen im Bestand spezifischer Gattungsmerkmale mit kurzen bewegten Phasen ab. Nicht allmählicher Wandel in fortbestehenden Populationen, sondern eher kurze Episoden intensiver Artenbildung nach dem Prinzip des *punctuated equilibrium* bestimmen die Evolution. Die Übergänge zwischen den Tierarten sind deswegen nicht ausschließlich stetig. Zwischen Hund und Katze gibt es kein Kontinuum von Tieren, die mehr oder weniger „Hundkatzen" sind. Die Evolution scheint also doch auch Sprünge zu machen.

Wir werden in den folgenden Kapiteln noch des Öfteren von überraschenden, chaotischen und katastrophalen Entwicklungen hören, wollen aber hier abschließend noch einmal kurz zu den einander beeinflussenden Entwicklungen zurückkehren.

---

39   Bak, Per (1996): How Nature Works: The Science of Self-Organized Criticality. New York. Copernicus.
40   Eldredge, Niles / Gould, Stephen J. (1972): Punctuated Equilibria: An Alternative to Phylogenetic Gradualism; in: Schopf, Thomas J. M. (ed.): Models in Paleobiology, San Francisco.

1.5 Disseminationen

Wir haben oben bereits von Modellen zur Simulation von Wirt-Parasiten-Relationen gehört. Thematisch verwandt damit sind Modelle zur Erklärung und Simulation der Ausbreitung von ansteckenden Krankheiten. Auch in der Verbreitung von Infektionen, mit der sich die Epidemiologie befasst, können, je nach analytischer Tiefenschärfe, eine Vielzahl von Dynamiken unterschieden werden, die sich gegenseitig beeinflussen und damit eine mitunter überraschende, weil *kontraintuitive* Entwicklung generieren. Es dürfte leicht vorzustellen sein, dass Gesellschaften, zum Beispiel im Zusammenhang mit vorbeugenden Impf- und Schutzmaßnahmen, einigen Bedarf für Informationen über solche Entwicklungen haben. Der Versuch, sie zu erfassen, hat deswegen eine bereits längere Geschichte.

1.5.1 Zur Visualisierung von Zusammenwirkungen

Die Aufmerksamkeit für ansteckende Krankheiten steht den Erkundungen, in die hier unter dem Titel Komplexitätsforschung einzuführen versucht wird, auch in grundsätzlicher Hinsicht voran. Insbesondere die mit dem Ansatz verbundene *Visualisierung* komplexer Zusammenhänge bezog einen wichtigen Impuls aus der Epidemiologie, einen Impuls, der auf den Londoner Arzt John Snow und das Jahr 1854 zurückgeht. Snow musste damals Patienten betreuen, die an Cholera erkrankt waren, einer Seuche, von der man zu der Zeit annahm, dass sie durch so genannte Miasmen, durch „schlechte Luft" verbreitet würde. Um sich in seinem Distrikt zu orientieren, trug Snow die Wohnadresse seiner Patienten in einer Stadtkarte als Punkte ein und stellte dabei fest, dass sich diese um eine der öffentlichen Wasserpumpen des Stadtteils häuften. Diese frühe Form von *pattern recognition* veranlasste ihn dazu, die damals geläufige Krankheitsursache zurückzuweisen und stattdessen die heute übliche bakteriologische Infektion ins Auge zu fassen.[41] In seiner Nachfolge bemühen sich seither zahlreiche Forscher, die Ausbreitung von Krankheiten – und wie wir sehen werden im Anschluss daran auch von Gerüchten und

---

[41] Vgl. dazu u.a.: Johnson, Steven B. (2006): The Ghost Map: The Story of London's Most Terrifying Epidemic—and How it Changed Science, Cities and the Modern World. New York: Riverhead.

anderen Informationen – mithilfe mathematischer Modelle zu beschreiben und in gewissem Rahmen vorherzusagen.[42]

Abbildung 1.22: John Snow's Originalkarte mit Cholera-Fällen aus dem Jahr 1854

Nach den Anfangsbuchstaben der englischen Bezeichnungen für „ansteckbar" (*susceptible*), „ansteckend" (*infectious*) und „resistent" (*resistant* oder auch *removed* oder *recovered*) werden diese Modelle in der Regel als SIS- (für *susceptible-infectious-susceptible*), beziehungsweise als SIR-Modelle (*susceptible-infectious-resistant*) bezeichnet.

1.5.2 Das SIS-Modell

Die einfachere Variante dieser Modelle, das so genannte SIS-Modell, sieht keine Immunisierung der infizierten Bevölkerungsteile vor. Die Krankheiten, die hier betrachtet werden, sind, wie zum Beispiel ein Schnupfen, einfacher Natur. Das heißt, die Infizierten können sich nach Gesundung jederzeit wieder anstecken.

In diesem Modell bezeichnet S die Zahl der gesunden und damit „ansteckbaren" Individuen einer Gesellschaft mit der (hier als konstant angenommenen) Größe N. Und I bezeichnet die Zahl der bereits angesteckten und damit die Krankheit verbreitenden Personen. Der Parameter g bezeichnet die Zahl der Gesunden, die pro Zeiteinheit mit Kranken Kontakt haben. Er indiziert damit also die Dichte des Zusammenlebens der Gesellschaft. Der Faktor $g*I_t$ gibt somit die Zahl der möglichen Neuinfektionen an. Und der Parameter a schließlich bezeichnet die Wahr-

---

[42] Vgl. dazu u.a.: Bailey, Norman T. J. (1957). The Mathematical Theory of Infectious Diseases and Its Applications. London: Giffin, Bailey, Norman T. J. (1960): The Mathematical Theory of Epidemics. London: Griffin.

scheinlichkeit, mit der pro *möglicher* Ansteckung, also pro Kontakt, eine *tatsächliche* Ansteckung erfolgt. Der Faktor $a*g$ bezeichnet damit die durchschnittlichen Neuinfektionen pro Zeitschritt und Individuum.

Wenn wir zunächst annehmen, dass die bereits kranken Personen sehr schnell wieder gesunden, also jeder zum Zeitpunkt t Infizierte im Zeitpunkt $t+1$ wieder gesund ist, so lässt sich die Entwicklung der Zahl der Kranken mithilfe der Formel $I_t = (g*a)^t * I_0$ berechnen.

Abbildung 1.23: Epidemienverlauf diesseits (*links*) und jenseits (*rechts*) des *epistemic threshold*

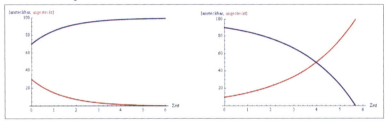

Nach dieser Formel würde zum Beispiel bei einer anfänglichen Krankenzahl, die größer als Null ist, einer Kontaktrate von $g = 5$ und einer Ansteckungswahrscheinlichkeit von $a = 0.1$ der entscheidende Faktor $(g*a)^t$ mit fortschreitender Zeit t sehr klein. Das heißt, die Krankheit verbreitet sich zu langsam und stirbt aus. Es besteht keine Gefahr einer Epidemie. Bei gleicher Krankenzahl, gleicher Kontaktrate, aber einer Ansteckungswahrscheinlichkeit von $a = 0.3$ hingegen würde der entscheidende Faktor $(g*a)^t$ schnell sehr groß. Eine Epidemie scheint wahrscheinlich. Dazwischen – hier bei $a = 0.2$ – liegt der so genannte *epidemic threshold*, jener Wert also, ab dem sich eine Krankheit zu verbreiten beginnt. Anders gesagt, wann immer eine Person im Schnitt mehr als eine andere Person ansteckt, ist der *epidemic threshold* überschritten. Die Krankheit breitet sich aus.[43]

Diese, zugegeben, noch nicht sehr aufregende Erkenntnis lässt sich nun durch zusätzliche Annahmen erweitern. Zum Beispiel könnten wir annehmen, dass die Zahl der möglichen Kontakte mit gesunden Personen, den *susceptibles*, vom (je noch verbleibenden) Anteil der Gesunden in der Gesamtpopulation abhängt. Wir könnten dann $i_t = I_t/N_t$ als prozentuellen Anteil der aktuell Infizierten an der Ge-

---

43 Wir haben ähnliches bereits oben beim Malthus'schen Populationsmodell gesehen: wann immer eine Person im Schnitt mehr als ein Kind bekommt, wächst die Population.

samtbevölkerung, $s_t = S_t/N_t$ als prozentuellen Anteil der aktuell Gesunden (also Ansteckbaren) und k als Gesundungsrate, also als Anteil derjenigen bezeichnen, die in jedem Zeitschritt gesunden.[44] Zusammengefasst ergibt dies das folgende Gleichungssystem:

$$i_{t+1} = i_t - k * i_t + a * g * s_t * i_t$$
$$s_{t+1} = s_t + k * i_t - a * g * s_t * i_t$$

Das heißt, unsere Gesellschaft hat $k * i_t$ Individuen, die in jedem Zeitschritt gesunden und damit von I, den Infizierten zu S, den Gesunden, damit aber wieder Ansteckbaren wechseln. Und sie hat $a * g * s_t * i_t$ Individuen, die in jedem Zeitschritt von S, den Ansteckbaren zu I, den Infizierten wechseln.[45]

Wenn also die Zahl der Infizierten schneller steigt als sinkt, ist offensichtlich der *epidemic threshold* überschritten. Dieser Schwellenwert berechnet sich demnach als $a * g * s_t / k$. Das heißt, wenn $k * i_t > a * g * s_t * i_t$ so werden mehr Personen infiziert als gesund, und wenn $k * i_t < a * g * s_t * i_t$ so werden mehr Personen gesund als infiziert.

Abbildung 1.24: SIS-System*

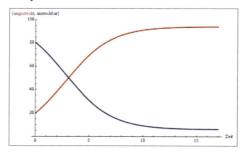

* mit den Werten k = 0.3, a = 0.1 und g = 5, das seinen *steady state* bei 15 Prozent der Bevölkerung findet

Wenn also $a * g * s_t / k > 1$ so verbreitet sich die Krankheit und der Anteil der Ansteckbaren wird im nächsten Zeitschritt kleiner. Umgekehrt, wenn $a * g * s_t / k < 1$ so stirbt die Krankheit aus, aber der Anteil der Ansteckbaren vergrößert sich.

---

44 Das heißt, wenn der Gesundungsprozess drei Zeitschritte dauert, so wäre $k = 1/3$.
45 Merke: Bei konstanter Population ist die Veränderung der Zahl der Infizierten immer gleich groß wie die der Zahl der Ansteckbaren: $S_t + I_t = S_{t+1} + I_{t+1} = N$

Der Kontaminationsprozess bewegt sich damit auf ein Gleichgewicht zu. Dieses Gleichgewicht, der *steady state*, liegt bei $a * g * s_t / k = 1$ oder bei $s_t = k / a * g$.

Auch in diesem Modell kann – wie schon oben im Verhulst-Modell oder auch im Räuber-Beute-Modell – eine zu geringe Zahl an Gesunden die Epidemie einbremsen und eine große Zahl kann sie beschleunigen. Das heißt, auch hier liefert die Zahl der verfügbaren Gesunden dem Prozess ein *Feedback*, das ihn, je nachdem, dämpft oder verstärkt. Auch hier „ent-linearisiert" dieses Feedback den Prozess und lässt ihn in bestimmten Bereichen zu *chaotischem* Verhalten tendieren. Wir sehen dies, wenn wir zum Beispiel $k = 1$ annehmen, anstatt s_t den gleichwertigen Term $(1 - i_t)$ schreiben und die obige Gleichung wie folgt umformen:

$$i_{t+1} = i_t - i_t * 1 + a * g * (1 - i_t) * i_t = a * g * (1 - i_t) * i_t$$

Wenn wir nun für $a * g = b$ einsetzen, so ergibt sich die logistische Gleichung $i_{t+1} = b * i_t * (1 - i_t)$.

1.5.3 Das SIR-Modell

Dieses etwas komplexere Modell – benannt nach dem Triplet *susceptible – infectious – resistent* (für letzteres alternativ auch *recovered* oder *removed*) – findet Verwendung, wenn angenommen werden kann, dass nach der Genesung von einer Krankheit (*recovered*) Immunität eintritt (*resistent*) und die betroffene Person damit im Ansteckungskreislauf nicht mehr relevant ist. Beispiele für solche Krankheitsverläufe wären etwa die Grippe oder die Windpocken (Feuchtblattern). Alternativ wird das Modell auch verwendet, wenn, wie früher im Fall von Cholera oder Aids, Kranke sterben und damit aus der Population ausscheiden (*removed*).

Zu den Parametern N_t für die Gesamtpopulation (die wir hier abermals als konstant annehmen), S_t für die Zahl der Gesunden (und damit Ansteckbaren) und I_t für die Kranken kommt hier noch der Parameter R_t für die Zahl der Wieder-Gesundeten hinzu. Prozentuell, das heißt als Anteile an der Gesamtpopulation betrachtet, können wir wieder $s_t = S_t/N_t$, $i_t = I_t/N_t$ und nun auch $r_t = R_t/N_t$ unterscheiden. Es gibt in diesem Modell niemanden, der nicht entweder gesund, krank oder bereits wieder-gesundet ist, das heißt $S_t + I_t + R_t = N_t$ und $s_t + i_t + r_t = 1$.

Erneut unterscheiden wir eine bestimmte Kontaktrate g und eine Wahrscheinlichkeit a, mit der jeder Kontakt zu einer Erkrankung führt. Der Faktor $g * a$ bezeichnet somit die durchschnittliche Zahl der möglichen Krankheitsübertragungen einer infizierten Person pro Zeiteinheit. Weil nur s_t Prozent der Bevölkerung ansteckbar sind (i_t ist bereits krank, und r_t immun), erzeugt jede kranke Person pro

Zeiteinheit einen Anteil an $g * a * s_t$ neuen Kranken. Das heißt, wie schon oben im SIS-Modell reduziert sich pro Zeiteinheit der Anteil der Gesunden s_t um den Faktor $a * g * s_t * i_t$

$$s_{t+1} = s_t - a * g * s_t * i_t \quad (1)$$

Wenn wir die Gesundungsrate abermals als k fassen, so vergrößert sich dagegen der Anteil der Immunisierten r_t pro Zeitschritt um den Faktor $k * i_t$.

$$r_{t+1} = r_t + k * i_t \quad (2)$$

Der Anteil der Kranken i_t verändert sich damit nach

$$i_{t+1} = i_t * (1 + a * g * s_t - k) \quad (3)$$

Wie schon oben gesehen und leicht nachzurechnen, wird i, also der Anteil der Kranken anwachsen, wenn der Faktor $(1 + a * g * s_t - k)$ größer als 1 ist, und er wird schrumpfen, wenn dieser Faktor kleiner als 1 ist. In beiden Fällen liegt kein Gleichgewicht, kein *steady state* vor. Der Faktor markiert also auch hier den *epidemic threshold*.

Wir könnten nun angesichts unserer Überlegungen zum SIS-Modell annehmen, dass ein Gleichgewicht bei $1 + a * g * s_t - k = 1$ gegeben wäre. Eine erste, wenngleich wenig interessante Möglichkeit dafür wäre gegeben, wenn i_t, also der Anteil der Kranken, gleich Null ist. Niemand ist krank, niemand kann angesteckt werden. Die zweite, interessantere Möglichkeit ist gegeben, wenn der Faktor $(1 + a * g * s_t - k)$ mit der Zeit geringer wird, wenn also $(1 + a * g * s_t - k)_{t+1} < (1 + a * g * s_t - k)_t$

Abbildung 1.25: Krankheitsverlauf nach dem SIR-Modell

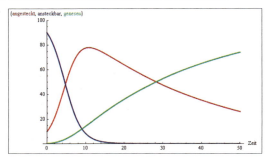

1.5 Disseminationen

Interessant ist hier der Faktor s_t, der Anteil der Gesunden in der Bevölkerung, der wie wir aus Gleichung (1) wissen, kleiner wird wenn i_t größer als Null ist, das heißt wenn es in der Bevölkerung bereits Kranke gibt. Wenn dies der Fall ist, so wird insgesamt aber auch der gesamte Faktor $(1 + a * g * s_t - k)$ geringer, solange $a * g$, also die Zahl der möglichen Krankheitsübertragungen positiv ist. Und dies heißt wiederum, dass i_t, also der Anteil der Kranken, mit der Zeit gegen Null tendiert. Anders gesagt, bei (hier angenommener) gleichbleibender Bevölkerungsgröße entzieht sich eine Krankheit, die Immunität erzeugt, auf längere Sicht ihre eigenen Existenzbedingungen. Die Krankheit verschwindet.

Diese Erkenntnis mag für sich genommen nicht allzu aufregend klingen. Sie liegt allerdings einer Reihe von weitergehenden interessanten Forschungen zugrunde. Zum Beispiel werden die Modelle zur Ausbreitung ansteckender Krankheiten recht erfolgreich auch zur Untersuchung der Ausbreitung von Informationen, zum Beispiel der Verbreitung von Gerüchten oder so genannten „urbanen Legenden" – im Internet etwa als *email-hoaxes* bekannt – herangezogen.[46] Solche Legenden – berühmt etwa die Geschichte eines New Yorker Angestellten, der bereits fünf Tage lang tot an seinem Schreibtisch gesessen haben soll, bis er seinen Kollegen auffiel – verbreiten sich in der Regel sehr schnell, haben also eine steile Wachstumskurve, um sodann, wenn ein gewisser Sättigungsgrad (sprich Immunität) erreicht ist, wenn also die Geschichte bereits zu stark zirkuliert um noch geglaubt zu werden, allmählich auszusterben. Angenommen wird, dass sich, wenn auch mit weniger steilen Verläufen, auch wissenschaftliche Wissensstände, Erkenntnisse, Paradigmen, Dogmen etc. in nicht ganz unähnlicher Weise verbreiten. Im Bereich des *Public Relation Management* von großen Firmen oder auch politischen Parteien spielen die Forschungen zur Informationsdiffusion deswegen heute eine nicht zu unterschätzende Rolle.

Einen interessanten Aspekt bildet der Umstand, dass immunisierte Personen so etwas wie eine Barriere für die Ausbreitung von Krankheiten oder die Diffusion von Informationen darstellen können. Werden Kontaktmöglichkeiten nicht als gleichmäßig verteilt angenommen, sondern als netzwerkartig strukturiert, so lässt sich nach Knoten in solchen Netzwerken suchen, die aufgrund ihrer großen Zahl von Verbindungen, Krankheiten oder Informationen eher verbreiten als andere. Im Fall von Schutzimpfungen zum Beispiel bietet es sich dann an, primär diese Knoten – zum Beispiel Krankenhauspersonal oder Lehrer – zu impfen, um Epidemi-

---

46 Vgl. dazu u.a.: Goffman, William / Newill, Vaun A. (1964): Generalization of Epidemic Theory: An Application to the Transmission of Ideas; in: *Nature* 204, p. 225-228. Daley, Daryl J. /Kendall, David G. (1964): Epidemics and Rumours; in: Nature 204, p. 1118. Vgl. auch etwa: Barthes, Roland (1964): Mythen des Alltags. Frankfurt/M.

en zu verhindern. Wir werden in Kapitel VI ausführlich auf Netzwerke und ihre Spezifika zu sprechen kommen.

Zwischenbetrachtung I – Komplexität

In Kapitel 1 haben wir gesehen, dass bereits die Wechselwirkung nur einiger weniger Dynamiken in einem System sehr komplexe Prozesse generieren kann – Prozesse, die mitunter sogar chaotisches Verhalten zeigen und sich damit in ihrer längerfristigen Entwicklung kaum vorhersehen lassen, die also viel Unsicherheit bergen. Nun leben wir allerdings in einer Welt voller Zusammen- und Wechselwirkungen, und dies bereits seit mehreren Tausenden von Jahren. Es könnte sich damit die Frage stellen, wie wir es denn bisher geschafft haben, in dieser Welt mit ihrer schier überwältigenden Vielfalt und Unsicherheit zurande zu kommen.

Die Antwort auf diese Frage berührt ein sehr grundsätzliches Problem, nämlich den Umgang mit Komplexität. Noch ohne hier gleich in allen Details zu definieren, was wir darunter verstehen wollen, könnten wir zunächst versuchen, uns dieser Frage auf Alltagsebene zu nähern. Was tun wir im Alltag, wenn wir es mit Zusammenhängen zu tun bekommen, die uns überwältigend kompliziert, unüberschaubar und vor allem unvorhersagbar erscheinen? Richtig, wir blenden einen Teil davon aus, wir ziehen den Kopf ein und versuchen nur diejenigen Aspekte zu betrachten, die uns in dieser Situation besonders wichtig und gerade noch fassbar scheinen. Wir tun dies in der Regel unbewusst, wir lassen einfach weg, was wir gerade nicht verarbeiten können, wir reduzieren die Zusammenhänge auf einige wenige, zur Zeit überschaubar scheinende Aspekte. Natürlich, wir schießen dabei nicht selten auch übers Ziel. Wir vereinfachen die Dinge in einer Weise, die uns hinterher oft dazu zwingt, zu zugestehen, dass die Dinge so einfach nicht sind. Im Alltag ist dies aber meist kein allzu großes Problem. Hauptsache wir sind der zu komplexen Situation zwischenzeitlich entgangen, wir haben einen Weg gefunden, mit ihr hier und jetzt zurecht zu kommen.

Auch Wissenschaftler tun – mehr oder weniger bewusst – nichts anderes. Sie selektieren aus einer überwältigenden Vielzahl von Daten diejenigen, die ihnen zum gegebenen Zeitpunkt relevant scheinen, weil sie das gerade untersuchte Phänomen für den Moment hinreichend genau darstellen. Sie tun dies, indem sie die Welt mithilfe bestimmter Unterscheidungen *beobachten* und sich sodann für eine

Seite dieser Unterscheidung als den gerade relevanten Weltausschnitt *entscheiden*.⁴⁷ Sozialwissenschaftler beobachten ihre Gesellschaft zum Beispiel nicht selten im Hinblick auf die Unterscheidung reicher und armer Gesellschaftsmitglieder und entscheiden sich sodann dafür, die Lebensbedingungen etwa der Armen zu untersuchen. Sie reduzieren damit den für sie gerade interessanten Weltausschnitt um die Lebensbedingungen reicher Menschen, sie vereinfachen, kurz gesagt, einen komplexen, schwer überschaubaren Zusammenhang ein Stück weit.

Auch Wissenschaftler schießen dabei oft übers Ziel und müssen hinterher nachbessern. In ihrem Alltag geschieht dies in der Regel dadurch, dass sie von anderen Wissenschaftlern, die andere Aspekte relevant (oder *auch* relevant bzw. relevanter) finden, ergänzt und verbessert werden. Genau in dieser beständigen Reduktion durch Selektion bei nachfolgender Ergänzung und Nachbesserung besteht im Prinzip der Forschungsprozess. Die einzelnen Wissenschaftler beobachten also die Welt, indem sie komplexe Zusammenhänge durch Unterscheidungen in relevante und aktuell gerade nicht so relevante Aspekte unterteilen und sich sodann jeweils *nur* auf die relevanten Aspekte konzentrieren. Erst die Wissenschaft als System (– wenn sie so funktioniert, wie wir das im Normalfall erwarten –) sorgt dagegen dafür, dass diese partikularen Weltausschnitte nachträglich revidiert werden, dass also *in the long run*⁴⁸ auch das in ihnen aktuell gerade Vernachlässigte zur Geltung kommen kann.

I-I Modelle und Systeme

Einen spezifischen Aspekt dieses Selektierens bildet das *Modellieren*. Wissenschaftler, aber auch Menschen in ihrem Alltag, erstellen *Modelle* ihrer Welt, in dem sie aus schwer- oder unüberschaubaren Zusammenhängen je aktuell relevant scheinende Aspekte auswählen und sich im weiteren in ihren Aktivitäten auf diese und nur diese Aspekte konzentrieren. Modellieren ist in diesem Sinn eine Lebensvoraussetzung. Wir kämen mit der Komplexität unserer Welt nicht zurande, wären wir nicht in der Lage, die gerade für uns relevanten Aspekte aus ihr zu selektieren und uns darauf – und nur darauf – zu konzentrieren.

Es mag vielleicht auf den ersten Blick überraschen, aber auch die Natur selbst verfährt nach diesem Prinzip – zumindest stellt sich dies anhand *unserer*

---

47   Vgl. dazu u.a. die mittlerweile berühmte Basisoperation *distinct and indicate*, die der Mathematiker Georg Spencer-Brown als grundlegendes Axiom seines erkenntnistheoretischen Kalküls vorschlägt. Vgl.: Spencer-Brown, Georg (1972): Laws of Form. New York. Siehe dazu ausführlicher auch Zwischenbetrachtung IV.
48   So die, zum Beispiel in der Denkrichtung des Pragmatismus vielgenutzte Phrase für Prozesse, die in ihren „größeren Zusammenhängen" zu betrachten versucht werden. Vgl. dazu u.a.: Nagl, Ludwig (1998): Pragmatismus. Frankfurt/New York.

I-I Modelle und Systeme

Beobachtungen so dar. Auch die Natur wählt evolutionär fortlaufend Aspekte aus schier überwältigenden Möglichkeitsräumen aus und konzentriert sich in weiteren, darauf bezogenen Aktivitäten dann auf diese und nur diese Auswahl. Die Natur schließt, so könnten wir sagen, gleichsam Zusammenhänge gegenüber anderen Zusammenhängen ab, sie generiert damit für eine bestimmte Zeit bestehende Strukturen, sie generiert *dissipative* Strukturen, oder mit einem anderen Wort, sie generiert *Systeme*.

Dieser simple Umstand hat weitreichende Folgen. Zwei einfache Beispiele aus Natur und Wirtschaft mögen dies kurz beleuchten. Für die Homöostase endothermischer Lebewesen, also den Temperaturhaushalt von Säugetieren zum Beispiel, stehen einfache Sinnesrezeptoren für Temperaturwechsel, das heißt einzelne Nervenzellen und ihre Funktionsweise bereit. Diese Nervenzellen haben ihrerseits eine Reihe von Aufgaben zu bewältigen, um zu funktionieren. Sie müssen sich etwa mit Nährstoffen versorgen, ihre Grenzen ziehen und -erhalten etc. Die Homöostase selbst allerdings hat für diese Details auf Ebene der Zelle keinen Bedarf. Sie würde – etwas flapsig formuliert – schlichtweg nicht funktionieren, sie wäre überfordert, müsste sie sich um all die, auf Ebene der Zellen relevanten Aspekte kümmern. Sie hat, kurz gesagt, keinen „Sensor" für diese Einzelaspekte. Sie selektiert andere Aspekte als wichtig. Das heißt, sie *beobachtet* die Welt anhand der *für sie* relevanten Aspekte grundsätzlich anders als es die einzelnen Nervenzellen tun. Die für die Homöostase relevanten Aspekte betreffen den Temperaturhaushalt und nicht die Versorgung der einzelnen Zellen. Der *Terminus technicus* lautet: die Homöostase ist ein Temperaturregelungs*system*, das „selbstreferentiell geschlossen" agiert. Das heißt, sie nimmt *nur* die *für sie* relevanten Aspekte der Welt *als solche wahr* und gewinnt erst damit – indem sie eben selektiert – ihre Operabilität.

Ähnlich die Märkte, denen ursprünglich wohl die Tauschbedürfnisse einzelner Überschuss-produzierender Individuen zugrunde liegen, die aber nicht so, wie wir dies kennen, funktionieren würden, müssten sie all die Details, die für diese Individuen relevant sind, ebenfalls prozessieren. Auch Märkte haben, kurz gesagt, keinen Sensor für diese Details. Ihre Funktionsweise bezieht sich auf eine andere Auswahl an Aspekten der Welt. Natürlich leiden die Marktteilnehmer oftmals an dieser „Entfremdung" und nehmen die Märkte als „unmenschlich" wahr. Gleichwohl funktionieren diese aber nur deshalb als Märkte, weil auf *ihrer* Funktionsebene die Einzelschicksale der Tauschenden nicht existieren. Für die Marktteilnehmer mag dies eine unzulässige, etwa „überzogen Nutzen-optimierende" Abstraktion sein, die durch entsprechende Maßnahmen „richtig" gestellt werden sollte. Für die

Märkte freilich ist ihre so genannte „*bounded rationality*"[49], wie dies Herbert Simon (1964)[50] nannte, funktional. Die Märkte als Tausch*systeme* operieren „selbstreferentiell geschlossen". Sie sehen nur, was sie anhand ihrer spezifischen Selektionsweise sehen können. Sie sehen nicht, was sie nicht sehen – um dies mit Niklas Luhmann auf den Punkt zu bringen.

I-II Möglichkeitsräume und ihre Einschränkung

Betrachten wir diesen wichtigen Umstand noch einmal aus etwas anderer Perspektive. Stellen wir uns dazu einen simplen einzelligen Organismus vor, der sich, sagen wir, auf der Suche nach Nahrung in unterschiedliche Richtungen fortbewegen kann. Diese Richtungen lassen sich als seine *Freiheitsgrade* bezeichnen. Wenn sich der Organismus pro Zeitschritt nur jeweils entweder nach links oder rechts bewegen könnte, so hätte er eine (zugegeben, noch nicht sonderlich komplexe) „Komplexität" von zwei Freiheitsgraden zu bewältigen. Sein Möglichkeitsraum besteht aus zwei Optionen. Das heißt, um eine Lösung für sein Nahrungsmittelproblem zu finden, beobachtet dieser Organismus seine Welt mithilfe der Unterscheidung links/rechts und entscheidet sich für eine der beiden Seiten. Um allen Möglichkeiten nachzugehen, wären somit zwei Suchbewegungen notwendig.

Wenn nun aber der Möglichkeitsraum dieses Organismus, statt nur zwei, vier Freiheitsgrade aufweist – zum Beispiel die Richtungen links, rechts, vor und zurück – so wären in Kombination dieser Möglichkeiten bereits acht Suchbewegungen notwendig, um alle Möglichkeiten zuverlässig zu überprüfen. Bei sechs Freiheitsgraden – links, rechts, vor, zurück, hinauf, hinunter – hätte er bereits 26 mögliche Suchbewegungen zu bewältigen. Und wenn wir noch zwei Freiheitsgrade – etwa vorher und nachher – hinzugeben, so wären insgesamt 80 Suchbewegungen nötig, um alle Möglichkeiten zuverlässig zu überprüfen. Dies wäre ein Aufwand, der sich in der Natur kaum noch bewähren würde. Eine Nahrungssuche, die wirklich stets alle Möglichkeiten durchprobiert, würde vermutlich nicht selten länger dauern, als der Organismus ohne Nahrung überleben kann.

In der Natur werden Freiheitsgrade deshalb in unterschiedlichster Weise *eingeschränkt*. Oder anders gesagt, der Möglichkeitsraum wird – im Hinblick auf die je aktuelle Situation und die in ihr anstehenden Probleme – verkleinert. *Seine Komplexität wird reduziert*, indem aktuell relevante Aspekte aus ihm ausgewählt

---

49　Der epistemologisch *für sie* selbstverständlich nicht „bounded" ist (und auch nicht „abstrakt", im Hinblick auf eine dahinter vermutete nicht-abstrakte Realität), sondern einfach *ihr* genuiner Horizont.

50　Simon, Herbert A. (1964): Models of Man. Mathematical Essays on Rational Human Behavior in a Social Setting. New York London. Vgl. dazu auch Kapitel IV.

werden und die Suchbewegung sich nur mehr auf diese Aspekte konzentriert. Eine allbekannte Möglichkeit dafür bietet Erfahrung. Wenn der Organismus in neun von zehn vergangenen Suchen Nahrung links-oben-vorne gefunden hat, so könnte es Sinn machen, die elfte Suche auf diese Richtung zu konzentrieren.

In der Natur wird diese Art von Erfahrung zum größten Teil zunächst nicht individuell, sondern Gattungsbezogen, also *phylogenetisch* gesammelt. Anders gesagt, die Natur wählt unbarmherzig diejenigen Individuen aus, die aufgrund von (zufälligen) Prädispositionen für die eine oder andere Entscheidung in ihrer Umwelt besser zurande kommen als andere. Im Hinblick auf das obige Beispiel würden in einer Umwelt, in der Nahrung mit signifikant höherer Wahrscheinlichkeit „links-oben-vorne" zu finden ist, alle Organismen, die wirklich gleichmäßig alle Möglichkeiten absuchen, schlechtere Überlebenschancen haben, als diejenigen, die eine, vielleicht zufällige Neigung zur Richtung „links-oben-vorne" haben. Wenn sie diese Neigung an ihre Nachkommen vererben können, entsteht mit der Zeit eine Population von „links-oben-vorne-Suchern".

Der entscheidende Aspekt dabei ist der Umstand, dass diese Population damit die Spezifität ihrer Umwelt, nämlich den Umstand, dass in ihr Nahrung eher „links-oben-vorne" vorkommt, „abbildet", dass sie gleichsam ein *Modell* der Umwelt bildet, das sie in diesem Beispiel selbst verkörpert. Wir werden in Kapitel V einen so genannten *Genetischen Algorithmus*, das heißt eine computertechnische Nachahmung eines Evolutionsprozesses betrachten, der diesen Umstand veranschaulicht. In Zwischenbetrachtung III kommen wir noch einmal etwas ausführlicher auf den Modellbegriff zu sprechen.

Die Population der „links-oben-vorne-Sucher" generiert gleichsam *Ordnung* in ihrer Welt. Sie spürt eine *Regelmäßigkeit*, nämlich das häufigere Vorkommen von Nahrung „links-oben-vorne", auf und macht sich diese zunutze, um eine *dissipative Struktur*, nämlich eine an das Nahrungsvorkommen angepasste Population zu schaffen. Diese „überlebt", weil sie sich viele nicht zum Ziel führende Suchbewegungen erspart. Aus der großen Zahl von Möglichkeiten Nahrung zu finden muss sie nicht mehr alle, sondern nur die, vor dem Hintergrund ihrer Angepasstheit relevanten durchsuchen.

Eine solche Abbildung schränkt also den Möglichkeitsraum ein, sie reduziert die Komplexität auf ein bearbeitbares Ausmaß und ermöglicht damit das (zumindest temporäre) „Überleben" in sonst unüberschaubaren und unvorhersagbaren Zusammenhängen. Vorgreifend sollten wir uns freilich schon hier auch gewahr sein, dass dieses „Lebensprinzip" *kostspielig* ist. In der beschriebenen Evolution werden zum Beispiel sehr viele schlecht angepasste Individuen „geopfert". Sie sterben aus. Die Natur fungiert in diesem Sinn *unbarmherzig*. Der verschwenderische

Umgang mit Ressourcen scheint ihr Prinzip. Wir werden in Kapitel V darauf noch ausführlich zurückkommen.

I-III Ordnung und algorithmische Komplexität

Auch in der Mathematik ist die Modellierung ein viel verwendetes Prinzip. Wie wir schon gesehen haben, werden zum Beispiel Entwicklungen, die sich etwa aus empirisch erhobenen Zahlenreihen ergeben, mithilfe von *Funktionen*, das heißt mithilfe von in Formeln gefassten Entwicklungsregeln zu erzeugen versucht. Eine Zahlenreihe wird dabei dann als *geordnet* betrachtet, wenn sich zu ihrer Erzeugung eine Regel, eine Formel finden lässt, die erstens die Zahlenreihe zuverlässig generiert und die zweitens dabei weniger Aufwand erfordert, sie zu memorieren, als es bedeuten würde, die Zahlenreihe selbst zu memorieren. (Wir können der Einfachheit halber auch davon sprechen, dass die Formel einfach kürzer sein sollte als die Reihe, die sie generiert. Wenn wir exakt sein wollen, müssten wir hier auf die, zur Darstellung von Formel und Zahlenreihe notwendige Information, gemessen in *Bit* (siehe dazu Zwischenbetrachtung II-V), verweisen.)

Die Zahlenreihen 0, 1, 2, 3, 4, 5, 6, 7, 8, 9 oder auch 2, 4, 8, 16, 32, 64, 128 können zum Beispiel durch die schon intuitiv einfacher zu handhabenden Regeln $n+1$, beziehungsweise 2^n zuverlässig generiert werden. Die Zahlenreihe 8, 5, 4, 9, 1, 7, 6, 3, 2, 0 dagegen scheint sich auf den ersten Blick durch keine kürzere Regel zuverlässig generieren zu lassen. Mathematiker würden im Hinblick auf die ersten beiden Reihen von geordneten und damit durch Regeln, durch Funktionen erzeugbare Reihen oder Entwicklungen sprechen. Im Hinblick auf die dritte Zahlenreihe würden sie vermutlich zögern. Freilich können aber auch solche Erzeugungsregeln beliebig lange und kompliziert sein. Das entscheidende Kriterium ist ihre *relative* Kürze. Wenn immer eine solche Formel kürzer oder einfacher ist, als das, was mit ihr generiert werden kann, so gilt ihr Output als geordnet. Im Hinblick auf die dritte Reihe ließe sich vermuten, dass ihre Regel mindestens genauso komplex wäre, wie die Reihe selbst. Mathematiker würden hier also *Unordnung* vermuten.

Im Computerzeitalter sind freilich nicht mehr nur mathematische Formeln dafür ausschlaggebend, ob eine Reihe oder Entwicklung als geordnet oder ungeordnet erscheint. Die Mathematiker Gregory J. Chaitin und Andrej N. Kolmogorov haben deshalb den Begriff der so genannten *algorithmischen Komplexität* vorgeschlagen, in dem anstelle einer Formel die Länge des kürzesten Computerprogramms betrachtet wird, das eine Reihe zu generieren, beziehungsweise eine Entwicklung abzubilden, in der Lage ist. Diese Länge lässt sich ebenfalls in der Maßeinheit von Informationen, in *Bit*, messen und wird, um die Unterschiede in der Leistungsfähigkeit von Computern mit zu berücksichtigen, in der Regel abstrakt in Bezug auf eine universelle Maschine betrachtet (das heißt kurz gesagt, ein Computer, der jeden anderen Computer simulieren kann).

Die Zahlenfolge 11111111111111 ließe sich zum Beispiel durch einen Programmbefehl „*repeat* 14 {*print* 1}" erzeugen, oder die Zahlenfolge 0101010101010101 durch den Befehl „*repeat* 8 {*print* 01}". Die Zahlenfolge 011010001101110100 dagegen scheint durch keinen Befehl reproduzierbar, der, gemessen in Bit, kürzer wäre als die Zahlenfolge selbst. Jeder Algorithmus, der diese Zahlenfolge generiert, wäre also mindestens ebenso komplex, wie die Zahlenfolge selbst.

Im Hinblick auf das obige Beispiel bedeutet dies, dass sich offensichtlich – im hier gerade betrachteten Kontext – in dieser Zahlenfolge keine *Regelmäßigkeiten* ausfindig machen lassen, die zur Erzeugung von Ordnung genützt werden können, die also so etwas wie eine Ersparnis an Suchbewegungen, eine *Reduktion von Komplexität* erlauben würden. Die Zahlenfolge bietet keine komplexitätsreduzierenden Anschlussmöglichkeiten, sie lässt sich – um dies ökonomisch zu formulieren – auf den ersten Blick nicht *produktiv* abbilden.

Wir haben freilich in Kapitel 1 schon darauf hingewiesen, dass Ordnung nichts ist, was unabhängig von jenem *Beobachter* besteht, der sie als solche *wahrnimmt*. Ordnung ist, kurz gesagt, *Beobachter-abhängig*. Die oben erwähnte Zahlenfolge 8, 5, 4, 9, 1, 7, 6, 3, 2, 0, von der wir angenommen haben, dass sie von Mathematikern vermutlich als ungeordnet klassifiziert würde, hat der Kybernetiker Heinz von Foerster[51] als Anschauungsbeispiel für diese Beobachter-Abhängigkeit vorgeschlagen. Wenn wir nämlich unser Bezugssystem wechseln und den Raum, in dem Mathematiker gewöhnlich nach Ordnung suchen, kurzzeitig verlassen, so könnte auffallen, dass diese Zahlenfolge einfach den englischen Zahlworten für die entsprechenden Ziffern entspricht – also *eight, five, four, nine, one* usw. Damit wäre schnell deutlich, dass diese Reihe als in sehr einfacher Weise geordnet wahrgenommen werden kann. Die Anfangsbuchstaben der Worte entsprechen dann nämlich einfach der alphabetischen Ordnung. Ein Beobachter, der diese Regel kennt, oder der sich im entsprechenden *Bezugssystem* (engl. *system of reference*) befindet, im *sozialen Kontext* also, der diese Regel nahelegt, wird die Ordnung erkennen können. Im Kontext der Mathematiker liegt sie nicht nahe – zumindest solange nicht, bis Heinz von Foerster die Mathematiker darauf aufmerksam macht.

---

51 Foerster, Heinz von (1993): Unordnung/Ordnung: Entdeckung oder Erfindung?; in: ders. Wissen und Gewissen. Versuch einer Brücke. (Hrsg. v. Siegfried J. Schmidt). Frankfurt/M, S. 134-148, S. 144.

Dieser Umstand, der gewissermaßen eine *Meta-Einschränkung* des Möglichkeitsraums impliziert, bildet eine Bedingung, der wir uns noch ausführlich zuwenden müssen.

I-IV Zeitliche Machbarkeit

Noch vor dieser Beobachter-Abhängigkeit lässt sich die Modellierbarkeit allerdings auch in Bezug auf ihre *zeitliche Machbarkeit* hin betrachten. Es dürfte leicht vorstellbar sein, dass sich Zusammenhänge finden lassen, die zwar Regelmäßigkeiten aufweisen und damit theoretisch auch Modellierbarkeit, also Komplexitätsreduktion erlauben, dass aber der Aufwand, der dazu nötig ist, die Regelmäßigkeit zu finden, so hoch ist, dass sie keine praktische Relevanz mehr hätte, wenn versucht würde, sie einfach *straight forward* zu finden. Dies ist zum Beispiel recht oft bei kombinatorischen Problemen der Fall, die zwar eindeutig endlicher Natur sind, also keine unendlichen Größen aufweisen, die allerdings doch, so wie das schnelle Anwachsen der Suchbewegungen bei Hinzufügung weiterer Freiheitsgrade, Zusammenhänge generieren können, die vollständig zu untersuchen selbst die schnellsten derzeit verfügbaren Computer auf Jahre hinaus beschäftigen würde.

Ein einfaches Beispiel dafür liefert das Problem der *Untermengensumme*. Bei diesem Problem ist eine Menge von Zahlen gegeben und die Aufgabe lautet, eine Untermenge, also eine Teilmenge dieser Zahlen zu finden, deren Summe genau (oder auch am ehesten) einer bestimmten vorgegebenen Zahl entspricht. Wenn wir also etwa die Zahlenmenge {-7, -3, -2, 5, 8} hätten und fragen, ob es eine Untermenge gibt, deren Summe Null ist, so würde die Antwort lauten „Ja, nämlich {-3, -2, 5}". So einfach dieses Beispiel scheint, so kompliziert wird es bei größeren Zahlenmengen, wie sie zum Beispiel in der Kryptographie an der Tagesordnung sind. Hier würden sich *brute-force*-Algorithmen, also solche, die einfach ohne zu differenzieren, alle Möglichkeiten durchprobieren, in Laufzeitordnungen der Größe $2^n * n$ bewegen, wobei n die Zahl der Elemente der Menge meint und 2^n die Zahl der möglichen Untermengen (also je zwei Zahlen miteinander kombiniert). Bei fünf Elementen wären dies bereits 160 Möglichkeiten. Wie das Beispiel allerdings zeigt probieren wir Menschen, anders als simple Rechenmaschinen, nicht einfach nur alle Möglichkeiten durch, sondern wählen gleichsam *intuitiv* schon die wenigen wirklich in Frage kommenden Kombinationen aus.

Das Problem der Untermengensumme entspricht dem vielleicht etwas anschaulicheren *Rucksack-Problem*, bei dem ein Rucksack, der eine begrenzte Tragkraft hat, mit Dingen, die unterschiedliche Gewichte und dabei auch verschiedene Werte haben, so zu füllen ist, dass der dann insgesamt im Rucksack enthaltene Wert optimiert wird. Anders gesagt, aus unterschiedlich schweren aber auch unterschiedlich wertvollen Dingen soll eine Auswahl getroffen werden, die im Gewicht begrenzt ist, aber im Wert maximal. Obwohl auch hier Lösungen für dieses Problem in der Praxis durch Herumprobieren schnell zu finden sind, ist kein Algorithmus bekannt, der das Problem in jedem Fall exakt und hinreichend schnell löst.

Ähnliches gilt für das Handelsreisenden-Problem, bekannter auf Englisch als *Travelling Salesman Problem*. Hier besteht die Schwierigkeit darin, die kürzeste Route durch eine Anzahl von Städten zu finden, bei der keine Stadt zweimal besucht und also kein Wegabschnitt wiederholt werden soll. Aufgrund der vielfältigen Kombinierbarkeit der Wegabschnitte generieren bereits relativ wenige Städte einen enormen Möglichkeitsraum. Während 5 Städte nur 12 unterschiedliche Routen erlauben, ermöglichen 10 Städte bereits 181 440 und 15 Städte schon über 43.5 Milliarden. Bei Größenordnungen von 200 Städten und mehr wird das Problem auf direktem Weg praktisch unlösbar, obwohl auch hier sämtliche beteiligten Größen nach wie vor nur endlicher Natur sind. Aktuell verfügbare Rechner würden Jahrtausende mit dem stupiden Durchprobieren sämtlicher Reiserouten beschäftigt sein.

I-V Komplexitätsklassen

Um sich in dieser Umgebung *algorithmischer Komplexität* zurechtzufinden – um also Ordnung in ihr zu schaffen – unterscheiden Komplexitätsforscher unterschiedliche *Komplexitätsklassen*, mit denen die Berechenbarkeit auf Computern klassifiziert wird. Die gerade beschriebenen Probleme werden zum Beispiel als *NP-vollständig* (engl. *NP-complete*) bezeichnet.[52]

Um zu verstehen, was dies bedeutet, ist es notwendig zunächst die einfachere Komplexitätsklasse *P* zu betrachten. Sie bezeichnet Entscheidungsprobleme (also mit Ja oder Nein zu beantwortende Fragen), die auf deterministischen sequentiell-arbeitenden Computern (also dem, was nahezu alle von uns zu Hause stehen haben) in *polynomialer Zeit* gelöst werden können. Zu *P* gehören alle grundlegenden arithmetischen Operationen (Addition, Subtraktion, Multiplikation, Division und Vergleiche) oder auch etwa das Berechnen des Größten Gemeinsamen Teilers und ähnliche Aufgaben. Im Jahr 2002 wurde festgestellt, dass auch die Berechnung, ob eine Zahl eine Primzahl ist, ein Problem der Klasse *P* ist.

Was bedeutet aber „polynomiale Zeit"? Die *polynomiale Zeit* meint die Laufzeit eines Computeralgorithmus, also die Zahl der Rechenschritte, die ein universeller (sagen wir vorläufig der Einfachheit halber: ein durchschnittlicher) Computer benötigt, um einen Algorithmus auszuführen, wenn diese Zahl der Rechenschritte nach oben durch ein *Polynomial* begrenzt wird, das der Größe des Inputs für den

---

[52] Vgl. dazu: Garey, Michael R. / Johnson, David S. (1979): Computers and Intractability. A Guide to the Theory of NP-Completeness. W.H. Freeman.

Algorithmus entspricht. Ein Polynomial ist in der Mathematik ein Ausdruck, der Variablen und Konstanten mittels Addition, Subtraktion und Multiplikation verbindet und dabei ausschließlich nicht-negative, ganzzahlige Exponenten verwendet. $x^2 - 4x + 7 = 0$ ist eine Polynomial-Gleichung. Es reicht vermutlich, sich zu merken, dass ein *Polynomial-Zeit-Algorithmus* als „durchführbar", als „effizient" betrachtet wird. Wenn also davon gesprochen wird, dass ein Algorithmus in *polynomialer Zeit* durchführbar ist, so bedeutet dies, dass er hinreichend „schnell" (jedenfalls nicht in astronomischen Zeitgrößen) berechnet werden kann.

Analog bezeichnet nun *NP* jene Komplexitätsklasse von Entscheidungsproblemen, die auf *nicht-deterministischen* Turing-Maschinen in polynomialer Zeit gelöst werden können. *NP* steht dabei für *nicht-deterministische polynomiale Zeit*.

Was ist eine *nicht-deterministische* Turing-Maschine? Wenn wir eine Turing-Maschine hier (merke: wir vereinfachen!) zunächst einfach als Computer betrachten, so wäre eine deterministische Turing-Maschine ein Computer, der Regeln befolgt, die nur eine Aktion pro gegebener Situation festlegen, also zum Beispiel die Regel: „Wenn du in Zustand A bist und ein x siehst, so multipliziere es mit 2". Eine *nicht-deterministische* Turing-Maschine dagegen kann Regeln haben, die verschiedene Aktionen pro gegebener Situation erlauben. „Wenn du in Zustand A bist und ein x siehst, so multipliziere es entweder mit 2 oder mit 3".

Die Komplexitätsklasse *NP* bezeichnet damit eine Klasse von Problemen, die zwar grundsätzlich entscheidbar sind, bei denen die Lösungssuche gegenüber der Klasse *P* aber wesentlich länger dauern kann. Unterschieden wird demgegenüber auch die Klasse *NP-schwer* (engl. *NP-hard*), die jene Probleme umfasst, die mindestens so schwer zu lösen sind, wie die schwersten Probleme in NP, wobei NP-schwere Probleme, anders als NP-Probleme nicht unbedingt auch entscheidbar sein müssen.

Die oben beschriebenen Beispiele sind zwar alle auch *NP-schwer*. Das berühmte *Halteproblem* zum Beispiel, das einen allgemeinen Algorithmus sucht, der zuverlässig für jedes erdenkliche Computerprogramm angeben könnte, ob es zu einem Ende gelangt, ist *NP-schwer* aber nicht *NP-vollständig*. Es ist (für Turing-Maschinen) unentscheidbar.

NP-vollständig werden nun Probleme genannt, deren Lösungen, so sie einmal vorliegen „schnell", und das heißt in polynomialer Zeit, verifiziert werden können. Allerdings bedeutet das Verifizieren von solchen Lösungen eben nicht schon gleichzeitig, dass diese Lösungen auch immer „schnell", nämlich in polynomialer Zeit zu *finden* sind. Im Gegenteil, das Hauptcharakteristikum von *NP-vollständigen* Problemen ist der Umstand, dass für sie kein „schneller" und dabei exakter Lösungsweg vorliegt. Nichtsdestotrotz gibt aber der Umstand, dass sich Lösungen „schnell" verifizieren lassen, Anlass für die These, auch Lösungen „schnell" aufzufinden. Deswegen werden NP-vollständige Probleme intensiv erforscht. Zur Zeit liegt allerdings kein Beweis für die These vor, dass Verifizieren und Finden miteinander zu tun haben. Das so genannte „*P = NP-Problem*" ist eine berühmte Frage der Computertheorie. Im Jahr 2010 kursierten Gerüchte, dass sie gelöst sei.[53]

Für unseren Zusammenhang bedeutet *NP*, beziehungsweise *NP-vollständig*, dass die Zeit, die benötigt wird, um Probleme dieser Klassen mit einem der aktuell bekannten Algorithmen exakt zu lösen, sehr schnell steigt, wenn die Größe des Problems wächst. Schon die Zeit, die nötig ist, um eher moderate Probleme dieser Art zu lösen, kann schnell astronomische Größenordnungen erreichen.

Vielfach bemühen sich aktuelle Lösungsversuche deshalb nicht so sehr darum, die *einzige exakte* Lösung zu finden. Vielmehr wird meist versucht, einfach nur *brauchbare*, das heißt *in Anbetracht der Umstände akzeptable* Lösungen zu finden. Die Lösungssuche setzt, anders gesagt, pragmatisch, und das heißt *kontextbezogen* an. Die Lösung soll für den, der sie sucht, in Anbetracht der Situation, in der er sich gerade befindet, brauchbar sein. Auch damit ist der *Beobachter* wieder im Spiel. Wir werden in Kapitel 6 sehen, wie zum Beispiel Künstliche *Neuronale Netze* und andere Verfahren das *Travelling Salesman Problem* zwar nicht exakt, aber doch überraschend schnell, jedenfalls brauchbar schnell, zu lösen im Stande sind.

---

[53] Vgl.: http://www.hpl.hp.com/personal/Vinay_Deolalikar/Papers/pnp12pt.pdf (13.8.2010)

Kapitel 2 – Automaten

2.1 Evolution mit offenem Ausgang?

Einen wichtigen weiteren Vorläufer für die aktuelle Komplexitätsforschung liefert die Theorie *Zellularer Automaten*. Was ist darunter zu verstehen?

2.1.1 Selbstreproduktive Maschinen?

In den 1940er Jahren ging der damals bereits recht bekannte Mathematiker, Spieltheoretiker und Computerpionier John von Neumann im *Los Alamos National Laboratory*, einem frühen Zentrum der Komplexitätsforschung, der Frage nach, ob sich Roboter selbst reproduzieren könnten, beziehungsweise ob und wie sich Roboter mithilfe anderer Roboter herstellen ließen. Er stieß dabei schnell auf zahlreiche Schwierigkeiten, unter anderem auch auf die hohen Kosten, die es verursachen kann, die Roboter mit den dafür benötigten Teilen zu versorgen. In einem Nachbarbüro studierte zur selben Zeit sein Kollege Stanislaw Ulam das Wachstum von Kristallen und verwendete dazu Modelle simpler Gitternetzordnungen auf Millimeterpapier. Ulam schlug Von Neumann eine ähnliche Abstraktion für sein Problem vor. Als Resultat entstand ein theoretisches Konstrukt, das als der erste *Zellulare Automat* in die Geschichte einging. Formal betrachtet handelte es sich um einen zwei-dimensionalen algorithmisch implementierten Selbst-Replikator mit kleiner (Von-Neumann-)Nachbarschaft, den so genannten *Von Neumann Universal Constructor*, der, wie gesagt, noch ohne Computer konzeptioniert wurde. Es handelte sich um ein rein theoretisches Konstrukt[54], das 29 verschiedene Zustände einnehmen konnte, die mittels eines Anleitungsbandes angesteuert wurden, um sich selbst, inklusive des Bandes, zu replizieren. Obwohl das recht komplizierte Konzept Von Neumanns später mehrmals verfeinert wurde, konnte bisher keine Konfiguration gefunden werden, die in der Lage wäre, Selbstreplikation wirklich in dem Sinn, wie es Von Neumann vorschwebte, zu gewährleisten.

Trotzdem wurde das Konstrukt aber von vielen als interessanter Denkanstoß gesehen. Im Raum stand damit nämlich die Möglichkeit einer künstlich initiier-

---

54 Von Neumann, John (1966): Theory of Self-Reproducing Automata (ed. and completed by Arthur W. Burks). Urbana and London (Univ. of Illionois Press) Eine Site dazu unter: http://www.sq3.org.uk/Evolution/JvN/

ten „Evolution mit offenem Ausgang". Es ging, anders gesagt, um die Möglichkeit einer Replikation, die nicht nur in der Lage wäre, ständig identische Replikas zu liefern, sondern sich in Variation ihrer Hervorbringungen (Mutation) auch selbst verändert und anpasst. Von Neumanns Einsicht, dass dafür eine Separierung des Konstruktors und seiner Beschreibung, dem Anleitungsband, notwendig ist, antizipierte im Prinzip das Konzept der DNA als genetische Information in biologischen Systemen und die Differenzierung von Hard- und Software in Computern. „Evolution mit offenem Ausgang" ist, wie seitdem bekannt ist, auf das Auftreten von Fehlern im Code der Beschreibung, auf Mutationen, angewiesen. Wir werden auf diese Prinzipien der *Artificial Life*-Forschungen noch ausführlich zu sprechen kommen.

2.1.2 Game of Life

Orientiert an Von Neumanns frühen Versuchen entwickelte der britische Mathematiker John Horton Conway in den 1960er Jahren ein „Spiel", das, ebenfalls zunächst noch ohne Verwendung eines Computers, einige der Ideen Von Neumanns aufgriff und weiterspann. Conway bezeichnete die dahinter steckende Mathematik als *recreational mathematics*. Sein Spiel, das er *Game of Life* nannte, beruht auf einem simplen Replikatoralgorithmus, der mittels eines Regelsets die Aktivitätszustände von Zellen auf einem Gitternetz – in einem zwei-dimensionalen *Zellularen Automaten* also – steuert.

In diesem Spiel hat jede Zelle – man stelle sich ein Kästchen auf einem Millimeterpapier vor – zwei Aktivitätszustände – „lebendig" oder „tot" (ein schwarzes oder weißes Kästchen) –, die sich von Generation zu Generation, das heißt von Spielzug zu Spielzug, nach zwei einfachen Regeln im Hinblick auf ihre acht umgebenden Nachbarzellen verändern. Man nennt diese Form der Nachbarschaft auch „Moore-Nachbarschaft". Die Regeln lauten:

1. Eine „tote" Zelle wird „lebendig" (wird "geboren"), wenn sie genau drei „lebendige" Nachbarn hat (oder kurz: Zur „Geburt" sind drei Nachbarn notwendig)

Die Zellkonstellation  würde also zu

2.1 Evolution mit offenem Ausgang?

2. Eine „lebendige" Zelle „stirbt", wenn sie weniger als zwei und mehr als drei „lebendige" Nachbarn hat. (oder kurz: zum „Überleben" sind zwei oder drei Nachbarn notwendig)

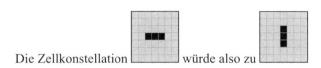

Die Zellkonstellation würde also zu

Das Spiel beginnt mit zufälligen oder vom „Spieler" festgelegten Ausgangskonstellationen, die sich diesen Regeln gemäß über mehrere Spielzüge hinweg entwickeln und dabei zum Teil sehr komplexe Muster und Konstellationen erzeugen (siehe Abbildung 2.1).[55]

Abbildung 2.1: Entwicklung im Game of Life

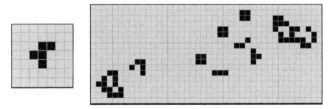

Links beginnend mit einer als *f*-Pentomino bekannten Konstellation (vergrößert), Rechts nach 71 Spielzügen. In der rechten Abbildung ist als zweite Konstellation von links ein sogenannter „*Glider*" (siehe unten) zu sehen. (erzeugt mit *Golly* siehe Fn. 55)

Obwohl es sich beim *Game of Life* um ein vollständig determiniertes System handelt – das heißt, es passiert nie etwas anderes, als durch die Regeln festgelegt ist –, ist es schon mit nur wenigen „lebendigen" Ausgangszellen mitunter unmöglich, vorherzusagen, welche Konstellationen und Muster nach einigen Spielzügen entstehen, beziehungsweise ob die Zellen irgendwann „aussterben" werden, einen *steady state* erreichen, in dem sie entweder oszillieren oder still stehen, oder ob sich fortwährend neue Konstellationen bilden. Das Spiel wird gerne als Beispiel dafür gesehen, wie aus relativ simplen, determinierten Ausgangssituationen

---

55 Das Internet ist voll mit Simulationen und Beschreibungen zum *Game of Life*. Die beste mir bekannte Simulation bietet die Open Source-Software *Golly* von Andrew Trevorrow und Tomas Rokicki, unter: http://golly.sourceforge.net/

hochkomplexe Ordnungen und Strukturen emergieren. Philosophen wie Daniel C. Dennett[56] oder auch Komplexitätstheoretiker wie Russ Abbott[57] diskutieren an seinem Beispiel die Möglichkeit der Evolution von hoch-komplexen Phänomenen wie „Bewusstsein" oder dem „freien Willen" aus ganz simplen Anfangszuständen. Wir werden darauf noch zu sprechen kommen.

In theoretischer Hinsicht konnte gezeigt werden, dass das *Game of Life* die Möglichkeiten einer *Universellen Turing Maschine* birgt.[58] Wir werden unter Kapitel 2.4 auf diesen Begriff gleich näher eingehen, halten einstweilen aber fest, dass dies impliziert, dass alles, was mit Hilfe von Algorithmen prozessiert werden kann, auch im Rahmen von *Game of Life* prozessiert werden kann. Die Konstellationen können also, so scheint es, wenn das Spielfeld hinreichend groß ist und lange genug gespielt wird, unbegrenzte Komplexität entfalten.

---

56   Dennett, Daniel C. (2003). Freedom Evolves. New York: Penguin Books.
57   Abbott, Russ (2006): Emergence explained; in: Complexity 12, 1, p. 13-26. Abbott, Russ (2009): The Reductionist Blind Spot; in: Complexity 2/2009.
58   Vgl. dazu: Adamatzky, Andrew (ed.) (2002): Collision-based Computing. London (Springer).

2.2 Eindimensionale Komplexität

Um diese Möglichkeit des Entstehens unbegrenzter Komplexität, das heißt also einer „Evolution mit offenem Ausgang", genauer zu verstehen, ist es sinnvoll, sich das Prinzip der Reproduktion in Zellularen Automaten zunächst am Beispiel eindimensionaler Automaten vor Augen zu führen. Einfacher im Ansatz, aber keineswegs simpel im Resultat, ermöglicht ihre Untersuchung – wie manche meinen – einen sehr grundsätzlichen Einblick in die Welt komplexer Zusammenwirkungen.[59]

Ein solches eindimensionales Zellulares Automaton lässt sich zunächst am Beispiel von Binärzahlen-Kombinationen veranschaulichen, die sich nach bestimmten Regeln verändern. Ein bekanntes und einfaches Beispiel dafür bilden *logische Operatoren* wie etwa der UND- oder der ODER-Operator.

UND-Operator				ODER-Operator			
1	1	→	1	1	1	→	1
1	0	→	0	1	0	→	1
0	1	→	0	0	1	→	1
0	0	→	0	0	0	→	0

Mit solchen Operatoren wird zum Beispiel festgelegt, dass die Kombination einer Null und einer Eins (in der Logik als „falscher" bzw. „wahrer" Sachverhalt interpretiert), gegeben den Fall, dass auf sie ein UND-Operator angewendet wird, eine Null ergibt (einen „falschen" Sachverhalt) und gegeben den Fall, dass auf sie ein ODER-Operator angewendet wird, eine Eins ergibt (einen „wahren" Sachverhalt). Die Operatoren legen also *Regeln* fest, nach denen sich die Kombinationen in jedem Rechenschritt verändern.

---

59   Von Neumann, John (1966): The Theory of Self-Reproducing Automata. University of Illinois Press. Wolfram, Stephen (1986): Theory and Application of Cellular Automata. World Scientific. Wuensche, A. / Lesser, M. (1992): The Global Dynamics of Cellular Automata. An Atlas of Basin of Attraction Fields of One-Dimensional Cellular Automata. Santa Fe Institute Studies in the Sciences of Complexity. Addison-Wesley, Reading, MA.

In der Theorie Zellularer Automaten wird allerdings nicht einfach nur die Kombination von Binärzahlen als regelbestimmend betrachtet. Im Hinblick auf mögliche „soziale" Interpretationen wird hier vielmehr, wie im *Game of Life*, die *Nachbarschaft* einer Zahl als entscheidender Aspekt angesehen. In der Binärzahlenkonstellation 010 zum Beispiel wird die mittlere 1 als aktuell gerade berechnete Zahl betrachtet (x_t), die ihren Zustand nach einer bestimmten Regel in Abhängigkeit ihrer beiden Nachbarn (hier 0 und 0) verändert. Diese Regel könnte etwa durch die folgende Zuordnungstabelle definiert sein:

Nachbar links	x_t	Nachbar rechts	→	x_{t+1}
0	0	0	→	0
0	0	1	→	1
0	1	0	→	1
0	1	1	→	0
1	0	0	→	1
1	0	1	→	0
1	1	0	→	0
1	1	1	→	0

Zu lesen wäre sie folgendermaßen: „1 Zeile: Wann immer eine Null zwischen zwei Nullen steht, bleibt diese Null auch im nächsten Rechenschritt eine Null. 2 Zeile: Wann immer eine Null links eine Null und rechts eine Eins zum Nachbarn hat, wird sie im nächsten Rechenschritt eine Eins. 3 Zeile: Wann immer ... usw."

In der Theorie Zellularer Automaten werden Regeln oftmals nach der Dezimalschreibweise der Binärzahl benannt, die von der Regel erzeugt wird. Die Zahlenfolge 00010110, die die obige Regel im Zeitpunkt *t+1* (von unten nach oben gelesen) erzeugt, entspricht in Dezimalschreibweise der Zahl 22. Die Regel wird deswegen als „*Regel 22*" bezeichnet.

Auch hier werden die Zustände der Zahlen gerne als „lebendig" (= 1) und „tot" (= 0) gedeutet und in eindimensionalen Visionalisierungen etwa als schwarze und weiße Zellen dargestellt. In Simulationen wird dabei die Zahl (Zelle) am linken Rand der Reihe als mit der Zahl (Zelle) am rechten Rand der Reihe benachbart vorgestellt, so dass jede Zahl (Zelle) genau zwei Nachbarn aufweist. Der Zellulare Automat bildet also eigentlich ein kreisförmig geschlossenes Band benachbarter Zellen. In der Mathematik wird dies *Torus* genannt.

Die folgende Reihe (in der ersten Zeile als Zahlen- und darunter als Zellenreihe dargestellt)

2.2 Eindimensionale Komplexität

| 1 | 1 | 1 | 0 | 0 | 1 | 0 | 0 | 0 | 0 | 0 | 1 | 1 | 1 | 0 | 1 | 1 | 1 | 0 | 0 |

würde sich also gemäß „*Regel 22*" in einem Zeitschritt in die folgende Reihe verwandeln

| 0 | 0 | 0 | 1 | 1 | 1 | 1 | 0 | 0 | 0 | 1 | 0 | 0 | 0 | 0 | 0 | 0 | 0 | 1 | 1 |

In 35 Zeitschritten (von oben nach unten nun mithilfe eines Computerprogramms errechnet) würde sich nach dieser Regel aus der obigen Anfangsreihe das linke Muster in der folgenden Abbildung ergeben. Zum Vergleich rechts davon das Muster, das die analog definierte „*Regel 30*" generiert:

Abbildung 2.2: Links: das Entwicklungsmuster der „Regel 22" über 35 Zeitschritte. Im Vergleich dazu rechts das Muster der „Regel 30" mit gleicher Ausgangskonstellation

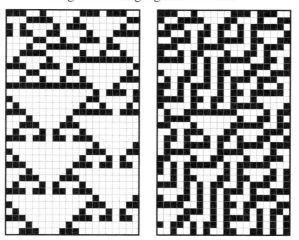

Wie deutlich zu erkennen ist, sind die entstehenden Muster keineswegs trivial. Die „*Regel 22*" erzeugt zum Beispiel ab dem 12 Zeitschritt dreiecksartige, sich über 13 Zellen erstreckende Konstellationen, die sich zu wiederholen scheinen. Wüssten wir nichts über ihr Zustandekommen, so würden wir sie vermutlich kaum als Wirkung einer Regel interpretieren, die nur das Verhalten einer Zelle in Abhängigkeit von zwei weiteren bestimmt, also eigentlich stets nur drei Zellen weit reicht. Eher würden wir vielleicht so etwas wie einen dahinter steckenden, geheimen Plan vermuten, der solche *Makrostrukturen* erzeugt. Nichtsdestotrotz ist hier nichts anderes im Spiel als eine *Mikroebenen-Interaktion*, die, wie von Adam Smith's *invisible hand* gesteuert, regelmäßige Ordnungen auf über-individueller Ebene generiert.

2.2.1 Rule 110

Betrachten wir diese Muster nun kurz als *Möglichkeitsräume*. Jede Zelle hat zwei Zustände – Eins oder Null, beziehungsweise schwarz oder weiß („lebendig" oder „tot"). In unserem Beispiel hier fassen wir Zellenreihen von 20 Positionen ins Auge. Das heißt, unser Gesamtsystem weist einen *endlichen* Möglichkeitsraum von 2^{20} (etwas mehr als eine Million) Konstellationen von Zellzuständen auf, oder anders gesagt, es sind 2^{20} unterschiedliche Reihen möglich. Dieser Möglichkeitsraum wird auch *state space* genannt.

Jede einzelne dieser Reihen wird aber streng deterministisch erzeugt. Das heißt, wann immer eine dieser Reihen zum zweiten Mal erzeugt wird, passiert danach genau dasselbe, wie schon beim ersten Vorkommen dieser Reihe. Alle nachfolgenden Reihen wiederholen sich. Wenn wir das System also lange genug laufen lassen – hier im Maximalfall 2^{20}-Mal, also über den gesamten *state space* hinweg –, so finden alle Abfolgen irgendwann einen Punkt, ab dem sie sich periodisch wiederholen, und zwar nicht nur zufällig, sondern notwendig. Die Entwicklung läuft unvermeidbar auf diesen Punkt hinaus. Dieser Punkt fungiert damit als *Attraktor*.

> Einfache, sich Schritt für Schritt wiederholende Zustände werden im Englischen als *point attractor* oder auch *steady states* bezeichnet, Zustandsfolgen (also sich in mehreren Schritten wiederholende Zustände) werden *cycle attractors* oder *state cycles* genannt. Die Menge der Zustände, die zu einem Attraktor hinführen, die also nötig sind, um ihn zu erreichen, nennt man *attractor basin* oder *basin of attraction*. Das *basin of attraction field* umfasst sämtliche Attraktoren im *state space*. Die spezifische Folge an Zuständen, die zu einem Attraktor hinführen, nennt man Pfad (*trajectory*). Nicht selten führen mehrere unterschiedliche Pfade zu einem Attraktor.

Das heißt: ein determiniertes endliches System muss sich irgendwann zu wiederholen beginnen. Die Frage ist nur, wann dies der Fall ist.

Mit der hier verwendeten Einschränkung, nur jeweils die unmittelbaren beiden Nachbarn einer Zelle als Determinanten ihres nächstfolgenden Zustandes zu betrachten, sind insgesamt 256 Regeln möglich. Manche davon – etwa die, dass jede beliebige Nachbarn-Konstellation eine Eins generiert – sind natürlich trivial und damit nicht sonderlich interessant. Manche dieser Regeln generieren aber auch

2.2 Eindimensionale Komplexität

überraschende und komplexe Muster. Der Mathematiker Stephen Wolfram[60] hat sich die Arbeit gemacht, alle 256 möglichen Regeln systematisch zu untersuchen und sie im Hinblick auf ihre Resultate in vier unterschiedliche Klassen einzuteilen. Die Regeln der Klasse 1 nach Wolfram generieren bereits nach wenigen Schritten homogene Entwicklungen mit identischen Zuständen aller Zellen (zum Beispiel „nur Einsen"). Die Regeln der Klasse 2 führen zu separierten Gruppen einfacher stabiler oder periodischer Muster. Die Regeln der Klasse 3 generieren dagegen bereits interessante, teilweise überraschende Muster. Die „*Regel 22*", ebenso wie die „*Regel 30*" zählen zu dieser Klasse. Und die Regeln der Klasse 4 erzeugen, in Abhängigkeit von der Anfangskonstellation, komplexe Strukturen mit unter Umständen sehr langen Verlaufsdauern. Es wird angenommen, dass die Regeln dieser Klasse *Turing-vollständig* sind, das heißt dass sie dazu herangezogen werden können, eine *Universelle Turing-Maschine*, oder kurz einen vollständigen Computer zu erzeugen. Wir kommen darauf weiter unten ausführlich zu sprechen.

Eine Regel, die nach Stephen Wolfram *class-4 behaviour* zeigt, ist die „*Regel 110*".[61] Ihre Zuordnungstabelle und das von ihr über 35 Iterationen generierte Muster sehen wie folgt aus:

Abbildung 2.3: Zuordnungstabelle und Entwicklungsmuster über 35 Iterationen der „Regel 110"

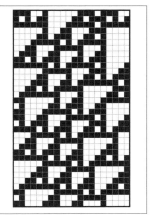

Nachbar links	x_t	Nachbar rechts	$\rightarrow$	x_{t+1}
0	0	0	$\rightarrow$	0
0	0	1	$\rightarrow$	1
0	1	0	$\rightarrow$	1
0	1	1	$\rightarrow$	1
1	0	0	$\rightarrow$	0
1	0	1	$\rightarrow$	1
1	1	0	$\rightarrow$	1
1	1	1	$\rightarrow$	0

---

60 Wolfram, Stephen (1984): Universality and Complexity in Cellulare Automata; in: PhysicaD 10, p. 1-35. Wolfram, Stephen (2002): A New Kind of Science. Wolfram Media, Inc.
61 Wolfram (vgl.u.a.: 2002: 4) sieht diese „Regel 110" als Beweis dafür, dass unser Universum im Prinzip aus simplen Prozessen hervorgeht, die solchen Regeln folgen.

Die Wolfram'sche Klassifikation hat freilich einen kleinen Haken. Die Entwicklungsmuster hängen nicht nur von der Regel selbst ab, sondern auch von der jeweils gewählten Anfangskonstellation. Manche Regeln können deshalb, je nach Anfangskonstellation, unterschiedlichen Klassen zugeordnet werden. Die Regel zum Beispiel, einfach nur immer den Zustand des linken Nachbars zu kopieren, würde, wie leicht zu sehen ist, mit der Anfangskonstellation 1111111111 zur Klasse 1, mit der Anfangskonstellation 1000000000 dagegen zur Klasse 2 zählen. Einmal ergibt sich ein homogenes, völlig uninteressantes Feld mit lauter Einsen, das andere Mal ein mäßig interessanteres Feld von Nullen, in dem eine Eins von links nach rechts wandert. Trotz solcher kleinen Ambiguitäten ist Wolfram's Analyse – auch wenn seine Art der Darstellung mitunter Kritik hervorruft[62] – ohne Zweifel ein überaus spannender Beitrag zum Verständnis komplexer Systeme. Das Internet ist voll von Darstellungen und weitergehenden Untersuchungen zum so genannten *class-4 behaviour* Zellularer Automaten.

2.2.2 Die Mehrheitsregel

Eine oftmals im Hinblick auf *soziale Interaktionen* interpretierte Regel in Zellularen Automaten stellt die *Mehrheitsregel* dar. Sie legt fest, dass sich der nächstfolgende Zustand einer Zelle („lebendig" oder „tot") nach der Mehrheit der Zustände in der „Nachbarschaft" der Zelle richtet. Die „Nachbarschaft" definiert sich dabei als jene Zellen, die sich, *einschließlich* der je betrachteten Zelle, innerhalb eines bestimmten Abstandes r von der Zelle befinden. In unseren bisherigen Beispielen war r stets 1, die „Nachbarschaft" damit also gleich 3. Nach der Mehrheitsregel würde eine Zelle damit sich selbst und ihre beiden unmittelbaren Nachbarn betrachten und sich sodann nach der *Mehrheit* der Zustände dieser drei Zellen richten. Sind zum Beispiel zwei davon „lebendig" (schwarz), wird oder bleibt sie ebenfalls „lebendig", andernfalls „stirbt sie, wird also weiß". In der bisherigen Darstellungsweise würde dies der „Regel 232" entsprechen.

Sozialwissenschaftlich interpretiert wird diese Regel in der Literatur gerne auch als „*Wähler-Regel*" bezeichnet, beziehungsweise als System, das Individuen nachbildet, die sich in ihrem Verhalten nach der Mehrheit ihrer sozialen Umwelt

---

62 Siehe u.a. Ray Kurzweils Rezension von Wolframs *A New Kind of Science*: http://www.kurzweilai. net/articles/art0464.html?printable=1 (24.8.2010). Immer wieder wurde auch eingewandt, dass sich Wolfram in seinem Buch als Entdecker von Phänomenen brüstet, die seit längerem hinlänglich bekannt sind. Andere Werke, wie etwa das weithin verwendete Programm *Mathematica* oder auch die Internetsuchmaschine *Wolfram|Alpha* (www.wolframalpha.com) werden dagegen unwidersprochen als großartige Leistung anerkannt.

2.2 Eindimensionale Komplexität 97

richten, die also zum Beispiel eine bestimmte Partei wählen, weil auch die Mehrheit ihrer Nachbarn diese Partei wählt.

Gerade im Hinblick auf dieses Verhalten lässt sich nun freilich vorstellen, anstatt nur die beiden unmittelbaren Nachbarn einer Zelle, auch größere Nachbarschaften ins Auge zu fassen. Größere Nachbarschaften ergeben andere und oftmals auch interessantere Entwicklungsmuster.

Unsere oben bereits verwendete Ausgangskonstellation ergibt hier zum Beispiel bei Nachbarschaften bis zur Größe 13, das heißt bei Berücksichtigung von nicht mehr als 6 Nachbarn auf beiden Seiten, nach wenigen Schritten homogene Blöcke von weißen und schwarzen Zellen. Die „Wahlgemeinschaften" polarisieren sich deutlich und bleiben als solche stabil. Bei Nachbarschaften der Größe 19 dagegen zeigt das Muster einen recht großen Anteil an „opportunistisch" ihre Wahlentscheidung von Mal zu Mal ändernden Zellen. Dieser Unterschied könnte zum Beispiel zu der These veranlassen, dass die politische Meinung von Personen, die in größere Bekanntschaftsnetzwerke eingebunden sind (oder die häufiger mit vielen anderen Meinungen konfrontiert werden), weniger stabil ist, als die von Personen mit kleinem sozialen Umfeld.

Abbildung 2.4: Entwicklungsmuster der „Mehrheitsregel" über 30 Zeitschritte

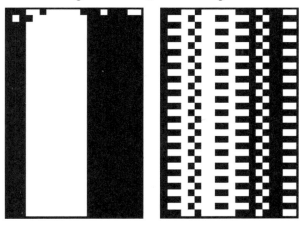

Links mit der Nachbarschaft 7 und rechts mit der Nachbarschaft 19 bei gleicher Ausgangskonstellation.

Natürlich sind solche Interpretationen mit größter Vorsicht zu genießen. Sie geben bestenfalls Hypothesen zur Hand, die sodann empirisch zu überprüfen wären. Unmittelbare Rückschlüsse auf reales menschliches Verhalten erlauben solche Simulationen nicht. Wohl aber können sie auf Unterschiede aufmerksam machen, die auch bei der Beobachtung menschlichen Verhaltens eine Rolle spielen. So scheint es zum Beispiel höchst unwahrscheinlich, dass Menschen ihr „Wahlverhalten" im hier beschriebenen Sinn alle *gleichzeitig* an ihrer Umwelt ausrichten. In der Realität würden sich wohl manche Akteure schneller beeinflussen lassen, während andere eher abwarten, weil sie im Moment vielleicht ganz andere Sorgen haben. Wenn sich nun aber manche „Wähler" früher orientieren und damit ihre politische Meinung schnell ändern, so finden die Nachkommenden, also diejenigen, die sich erst später entscheiden, eine bereits veränderte politische Umgebung vor. Die Entscheidungen der Spätentschlossenen sehen damit anders aus als sie zu jenem Zeitpunkt ausgesehen hätten, als sich ihre Nachbarn entschieden. Dieser Umstand spielt vor allem auch in der Spieltheorie eine wichtige Rolle. Wir kommen darauf in Kapitel 3 zurück.

2.3 Am Rande des Chaos

Nun lässt sich natürlich auch vorstellen, dass unsere Automatenzellen nicht nur zwei Zustände – 0 und 1, beziehungsweise weiß und schwarz – sondern gleich mehrere haben. Diese Annahmen liegen den Untersuchungen von Christopher Langton[63] zur *Entwicklung am Rande des Chaos* zugrunde.

Langton ging in seinen Versuchen ebenfalls von eindimensionalen Zellularen Automaten aus und blieb dabei auch bei der begrifflichen Übereinkunft, einen Zustand der Zellen als „tot" zu betrachten. Darüber hinaus zog er aber die Möglichkeit beliebig vieler unterschiedlicher „lebend"-Zustände in Betracht – dargestellt etwa durch Zahlen größer als Null oder durch unterschiedliche Farben. Er beschränkte seine Analyse dabei auf Automaten, in denen Zellen, wenn sie und ihre Nachbarn „tot" waren, auch in der nächsten Generation „tot" blieben. Die sonstigen Regeln konnten variieren.

Der Begriff „Regel" hat in diesem Zusammenhang allerdings eine etwas andere Bedeutung. Da hier keine Binärzahlen als Resultat eines Entwicklungsschritts vorliegen, werden die einzelnen Zuordnungsregeln nicht unter einem gemeinsamen Namen gefasst – wie oben zum Beispiel als „*Regel 22*".[64] Man spricht hier vielmehr von Regelsets, die nach der Anzahl der in ihnen zugelassenen Zellzustände und nach der jeweiligen Nachbarschaftsgröße unterschieden werden. Ein Regelset mit drei möglichen Zellzuständen – zum Beispiel 0, 1 und 2 (wobei 0 nach Langton als „tot" interpretiert würde) – und einer Nachbarschaft der Größe 3 hätte demnach 27 spezifische Zuordnungsregeln (3^3). Die ersten vier davon könnten zum Beispiel wie folgt aussehen:

---

[63] Langton, Christopher G. (1991): Computation at the Edge of Chaos: Phase Transitions and Emergent Computation; in: Forest, Stephanie (ed*.):* Emergent Computation. The MIT Press, p. 12-37. Langton, Christopher (ed.) (1989): Artificial Life. Addison-Wesley Publishing Company, Reading.

[64] Genaugenommen bestehen ja auch die oben beschriebenen Regeln aus solchen Regelsets, wie die Zuordnungstabellen verdeutlichen.

Nachbar links	x_t	Nachbar rechts	→	x_{t+1}
0	1	2	→	0
1	2	0	→	1
2	0	1	→	2
0	1	1	→	0
...	...	...	→	...

Es dürfte leicht einzusehen sein, dass, je nach Zahl der möglichen Zellzustände und der Größe der Nachbarschaften, die Zahl der Zuordnungsregeln sehr schnell sehr groß werden kann und damit natürlich auch wesentlich komplexere Entwicklungsmuster ermöglicht. Langton hat nun versucht, ungeachtet der konkreten Zahl der Zuordnungsregeln, eine Klassifikationsmöglichkeit für diese Regelsets zu finden. Er hat dazu nicht, wie Wolfram, die einzelnen Regelsets unterschieden, sondern vielmehr die einzelnen Zuordnungsregeln im Hinblick darauf, ob sie „tote" oder „lebende" Zellzustände generieren.

Langton hat dazu jenen Anteil der Regeln in einem Regelset, der „lebende" Zellen nach sich zieht (egal welcher Art von „Leben", also egal ob 1 oder 2, d.h. in der obigen Tabelle die Regeln in der zweiten und dritten Zeile) mit dem griechischen Buchstaben *Lambda* bezeichnet und auf einen Wert zwischen 0 und 1 normalisiert.[65] Er stellte dabei fest, dass Regelsets mit einem *Lambda*-Wert nahe bei null, also mit einer Mehrzahl an Regeln, die „Tod" („0") nach sich ziehen, sehr schnell zum „Aussterben" aller Zellen führen, also zu monotonen, langweiligen Null-Populationen. Langton bezeichnete diese Entwicklungen als hochgradig „geordnet". Regelsets mit einem *Lambda*-Wert nahe bei Eins dagegen (das heißt mit mehrheitlich „Leben"-generierenden Regeln) führen, so Langton, zu ungeordneten, sich zufällig zu entwickeln scheinenden Mustern, ähnlich dem Flimmern eines TV-Bildschirms, der gerade kein Programm empfängt. Auch sie, die er als „chaotisch" bezeichnete, schienen ihm im Hinblick auf die Frage, ob sich im Rahmen solch *streng deterministischer* Regelsysteme unerwartete, weil unvorhergesehene Strukturen bilden können, uninteressant.

Zwischen diesen beiden *Lambda*-Wertebereichen machte er nun eine Zone aus, in der interessante, weil weder völlig „tote", noch sich nur periodisch wiederholende Muster und andererseits auch nicht nur völlig zufällig scheinende Muster entstanden. Langton nannte Regelsets mit solchen *Lambda*-Werten den *„Rand des Chaos"*, englisch *the Edge of Chaos*.

---

65   Das gesamte Regelset wäre also der 100%-Wert und der Anteil der „Leben"-generierenden Regeln in diesem Set ist ein Prozentsatz, der normalisiert – also durch 100 dividiert – zwischen 0 und 1 liegt.

2.3 Am Rande des Chaos

Die folgende Abbildung zeigt drei mit unterschiedlichen *Lambda*-Werten generierte Muster eines Regelsets mit sieben möglichen Zellzuständen (hier durch unterschiedliche Farben dargestellt, der Zustand „tot" in Weiß) und einer Nachbarschaftsgröße von ebenfalls Sieben.[66] Wenn symmetrische Regeln nicht zweimal gezählt werden[67], so ergibt dies einen Möglichkeitsraum von 412 972 einzelnen Zuordnungsregeln. In der oberen linken Abbildung beträgt der *Lambda*-Wert 0.3743. Die Entwicklung führt nach wenigen Generationen zum „Tod" (weiß) nahezu aller Zellen. Eine kleine Gruppe etwas links von der Mitte bleibt am „Leben", zeigt aber ein periodisches, also „uninteressantes" Entwicklungsmuster. In der unteren Abbildung beträgt der *Lambda*-Wert 0.7089. Das Muster gleicht einem zufälligen, „chaotischen" Flimmern. Dazwischen, in der oberen rechten Abbildung bei einem Lambda-Wert von 0.3822, ergibt sich ein nicht völlig regelmäßiges, aber auch nicht völlig zufälliges Muster, eine *Entwicklung am Rande des Chaos*.

Abbildung 2.5: Entwicklung am „Rande des Chaos" nach Christopher Langton

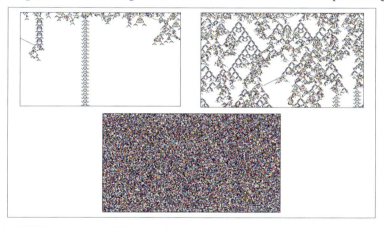

Links λ = 0.3743, Rechts λ = 0.3822, Unten λ = 0.7089. Die einzelnen Zellen haben hier aufgrund ihrer großen Zahl nur jeweils die Größe von einem Pixel.

---

66 Die Abbildung wurde mit dem von David J. Eck unter http://math.hws.edu/xJava/CA/EdgeOfChaosCA.html ausgestellten Applet generiert. Die Seite stellt auch eine hervorragende Einführung in die Theorie zellularer Automaten bereit.
67 Also etwa die so genannten „isotropischen" Zuordnungsregeln „0,1,2" und „2,1,0".

Allerdings ist der Langtonsche *Lambda*-Wert *keine universelle Konstante*. Er hängt vielmehr vom Suchpfad ab, der durch die Regelsets genommen wird, also von der Reihenfolge, mit der die Regeln modifiziert werden. Mit ihm lässt sich also nur die *Existenz* eines „Randes des Chaos" zeigen, nicht der konkrete Ort seines notwendigen Auftretens.

Trotzdem scheint diese Existenz darauf hinzudeuten, dass aus streng determinierten Entwicklungen doch auch Zusammenhänge evolvieren können, die wir, *als Beobachter*, für *nicht-determiniert* halten. Beim Anblick der mitunter bizarren Muster, die von Zellularen Automaten erzeugt werden, würden wir ohne Information über ihre Herkunft nicht spontan auf Determinismus tippen. Eine Reihe von Evolutionsbiologen ist sogar der Meinung, dass Systeme auch in der Natur beständig an diesen „Rand des Chaos" gedrängt werden. Die Evolution würde gleichsam von sich aus, jene Bereiche *suchen*, in denen interessante, weil komplexe Formen entstehen.[68]

2.3.1 Random Boolean Networks

In einem weiteren Schritt könnten wir nun annehmen, dass solche Regelsets nicht nur im ein-dimensionalen Raum wirken. Als Zellularen Automaten im zwei-dimensionalen Raum haben wir zuvor schon das *Game of Life* von John Horton Conway kennengelernt, auf das wir gleich noch zurückkommen. Darüber hinaus sind aber auch drei-dimensionale Zellulare Automaten vorstellbar. Es dürfte leicht einzusehen sein, dass sich die Komplexität der damit möglichen Entwicklungen weiter dramatisch erhöht. Eine zusätzliche Ausweitung erfährt unser Möglichkeitsraum allerdings auch, wenn wir nicht nur, wie in den bisher betrachteten Beispielen, die unmittelbaren Nachbarschaften der Zellen, sondern *Netzwerke* sich einander beeinflussender Zellen oder Akteure ins Auge fassen, das heißt also Akteure, deren Aktivitäten auch über größere Entfernungen auf lokale Entwicklungen einwirken.

Wir werden die Welt der Netzwerke in Kapitel 6 ausführlich besprechen. Einstweilen sei darauf hingewiesen, dass Netzwerke in unterschiedlichsten biologischen und sozialen Zusammenhängen eine wichtige Rolle spielen. Das vielleicht prominenteste, und für unsere Überlegungen hier relevanteste Beispiel eines biologischen Netzwerkes bietet das neuronale Netz unseres Denkapparates, das bekanntlich aus einer großen Zahl von Neuronen (*Knoten*) und einer noch viel größeren Zahl von Axonen (*Verbindungen*) besteht, an deren Enden über Synapsen Informationen mit anderen Neuronen ausgetauscht werden. Die Knoten unse-

---

[68] Vgl. dazu und zu Zellularen Automaten allgemein u.a. auch: Levy, Steven (1992): Artificial Life. Pantheon Books. Waldrop, M. Mitchell (1992): Complexity: The Emerging Science at the Edge of Order and Chaos. Simon and Schuster.

2.3 Am Rande des Chaos

res Denkapparates arbeiten dabei, so wie etwa auch Gene in ihrer Verweisstruktur, mithilfe von Aktivitätspotentialen. Das heißt, sie müssen, um Informationen weiter zu geben, jeweils einen *Schwellenwert* (Englisch: *threshold*) überschreiten. Nur dann kann die Aktivität des einen Neurons die eines damit verbundenen anderen Neurons beeinflussen. Die Neuronen tauschen ihre Informationen also nicht kontinuierlich, sondern diskret aus, gleichsam von Schwellenwertüberschreitung zu Schwellenwertüberschreitung. In gewisser Hinsicht ähneln sie damit Ein-Aus-Schaltern – ein Neuron feuert oder es feuert nicht. Vereinfachte Systeme solcher Ein-Aus-Schalter lassen sich damit als binäre Zellulare Automaten auffassen.

Im Hinblick auf diese Analogie hat der Komplexitätsforscher Stuart Kauffman[69] so genannte *Random Boolean Networks* untersucht, also Netzwerke von Knoten, die jeweils nur zwei Zustände (0 oder 1) annehmen können und dabei über logische Regeln (UND, ODER, ...) durch die Zustände anderer Netzwerkknoten determiniert werden. Auch Kauffman hat, wie schon Langton, seine Netzwerke nicht konkret, das heißt jeden Knoten für sich, erzeugt, sondern sie per Zufallsgenerator am Computer entstehen lassen. In einem Netz mit N Netzwerkknoten wird dabei jedem davon eine bestimmte, oder auch zufällig[70], um einen Mittelwert variierende Zahl K von Verbindungen zugewiesen, die den Knoten mit anderen Knoten verknüpfen. Jeder der N Knoten ist also über durchschnittlich K Verbindungen mit anderen Knoten, einschließlich sich selbst, verbunden. Diese Netzwerke werden auch als N-K-Netzwerke (gelegentlich auch Kauffman-Netzwerke) bezeichnet.

Die Art, wie sich die Knoten gegenseitig beeinflussen wird durch Regeltabellen, ähnlich logischer Operatoren, bestimmt, die den Knoten ebenfalls per Zufallsgenerator zugewiesen werden. Die Zustände der verbundenen Knoten – der „Verbindungsnachbarn" einschließlich des je eigenen Zustandes (auf Englisch der so genannten *ancestors*) – stellen den Input dieser Tabellen dar und der Zustand der beeinflussten Knoten (der *descendants)* den Output. Das „Updaten", also die eigentlichen Transformationsschritte finden synchron statt: alle Knotenzustände im

---

[69] Kauffman, Stuart A. (1969): Metabolic Stability and Epigenesist in Randomly Constructed Genetic Nets; in: Journal of Theoretical Biology 22, p. 437–467. Kauffman, Stuart A. (1993): The Origins of Order. Oxford University Press. Kauffman, Stuart (1995): At Home in the Universe: The Search for Laws of Self-organization and Complexity. Oxford: Oxford University Press. Kauffman, Stuart A. (2000): Investigations. Oxford: Oxford University Press.

[70] Bernard Derrida und Yves Pomeau (1986), an denen sich Kauffman orientiert, schlugen vor, N-K-Netzwerke in Betracht zu ziehen, bei denen nicht alle Knoten gleich, sondern nur im Durchschnitt gleich verküpft sind. Auch den binären Wert legen sie nur als Wahrscheinlichkeit fest – also mit einer Wahrscheinlichkeit p dafür 1 zu sein und einer Wahrscheinlichkeit $1 - p$ dafür 0 zu sein. Derrida, Bernard /Pomeau, Yves (1986): Random Networks of Automata: A simple annealed approximation; in: Europhysical Letters 1(2): p. 45–49.

Zeitpunkt *t+1* hängen von den Zuständen im Zeitpunkt *t* ab. Als Ausgangskonfiguration dient eine Zufallskonstellation.

Abbildung 2.6: Random Boolean Network*

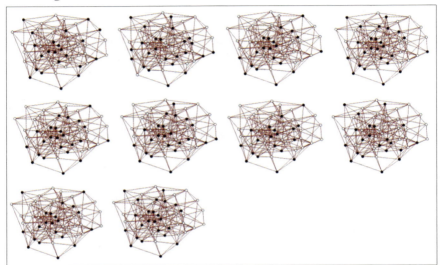

* Mit $N = 50$ und K durchschnittlich 4 in 10 (von links oben nach rechts unten) aufeinanderfolgenden Iterationsschritten. Während manche Knoten und Knotenkonstellationen – etwa im Zentrum des Netzwerks oder links unten – ihren Zustand weitgehend wahren, also ein eher „geordnetes Regime" befolgen (siehe dazu unten), oszillieren andere Teile – etwa links oben – relativ stark, folgen also eher einem „chaotischen Regime".

An diesen Netzwerken, oder auch an einzelnen Teilen davon, lassen sich nun unterschiedliche Zustände unterscheiden, die analog zu den *descendents* und *ancestors* der Knoten als *successor-* und *predecessor*-Zustände bezeichnet werden. Ein Netzwerkzustand hat dabei stets nur einen *successor* (es handelt sich ja um ein deterministisches System), aber unter Umständen mehrere *predecessors*. Das heißt unterschiedliche Netzwerkzustände können zu ein und demselben Resultat führen. Anfangszustände, also Zustände ohne *predecessor*, werden – einigermaßen prosaisch – *garden-of-Eden-state* genannt. Die Zeit, die ein Netzwerk oder ein Bereich eines Netzwerks, benötigt, um von seinem *garden-of-Eden-state* zu einem *attractor* zu gelangen (zu jenem Punkt also, ab dem sich die Zustände wiederholen), wird *transient time* genannt. Da es sich bei diesen Netzen wieder um binäre (also eben *Boolesche*) Automaten handelt (deren Zellen also nur zwei Zustände einnehmen können), ist diese *transient time* endlich und überschaubar. *N-K*-Netzwerke erreichen ihren *Attraktor* nach spätestens 2^N Zeitschritten. Die konkrete *transient time* hängt dabei aber nun von der Art der Vernetzung und ihrer Dichte ab.

In seinen Versuchen stellte Kauffman fest, dass sich in Netzwerken oder Netzwerkbereichen mit Knoten, die weniger als zwei Verknüpfungen mit anderen Knoten aufweisen ($K \leq 2$), recht schnell ein „geordnetes Regime" einstellt. Das heißt, die meisten Knoten finden ihren Attraktor – in der Regel einen konstanten Zustand – relativ schnell. In Netzwerkbereichen, in denen die Knoten mehr als drei Verbindungen aufweisen ($K \geq 3$), überwiegt dagegen ein eher „chaotisches" Regime" von Fluktuationen. Dazwischen, bei $K \approx 2$ liegt ein Bereich von kritischen Phasenübergängen vom geordneten zum chaotischen Zustand. Auch Kauffman spricht diesbezüglich von einem „Rand des Chaos".[71]

2.3.2 Robustheit

Zur Klassifikation der unterschiedlichen Entwicklungsregimes seiner Netzwerke zog Stuart Kauffman nun die Frage nach ihrer *Robustheit* heran. Wir werden in Kapitel 6 sehen, dass sich Netzwerke grundsätzlich durch ein besonderes Maß an Widerstandsfähigkeit gegen Perturbationen auszeichnen. Werden sie gestört, indem etwa die Zustände einzelner Knoten künstlich verändert oder auch neue Verbindungen gelegt, beziehungsweise bestehende gelöst werden, so stellt die Geschwindigkeit, mit der sich solche Störungen im Netz ausbreiten oder auch nicht ausbreiten, beziehungsweise wieder versanden, ein Maß für die Robustheit des Systems bereit, für seine *robustness to perturbations*.

Kauffman stellte fest, dass sich Störungen im „geordneten Regime", also in Netzwerkbereichen mit $K \leq 2$, in der Regel kaum ausbreiten, weil sie die Entfernungen zwischen den instabilen Inseln nicht überwinden. Ein „gestörtes" Netzwerk kehrt im „geordneten Regime" recht schnell wieder zu seinen normalen Pfad zurück. Anders im „chaotischen Regime". Hier tendieren Störungen dazu, sich auszubreiten. Kleine Störungen können – wir erinnern uns des Schmetterlingseffekts – große Auswirkungen haben. Störanfälligkeit scheint ein Charakteristikum von Netzwerken im „chaotischen Regime", was seine Ursache darin findet, dass die Störung bei mehr Verbindungen, also bei mehr Ausbreitungsmöglichkeiten, auch größere Effekte entfalten kann.

---

71 Vgl. z.B. Kauffman, Stuart A. (2000): Investigations. Oxford: Oxford University Press. S. 166f.

Dieser Umstand wird nun von Kaufmann und anderen Evolutionsbiologen[72] als Hinweis auf die Effektivität natürlicher Evolutionen gedeutet. Weil Systeme im „chaotischen Regime" sensibel sind, also auf Schäden stark reagieren, führen einzelne Mutationen oftmals zu stark veränderten Verhaltensweisen, was für die Evolution, etwa von Lebewesen, nicht unbedingt vorteilhaft ist. Radikale Verhaltensänderungen von Generation zu Generation erschweren deren Anpassung, wenn zum Beispiel Erfahrungen weiter gegeben werden könnten. Auf der anderen Seite des Spektrums, im „geordneten Regime", breiten sich Störungen dagegen kaum aus, was bei Mutation nur geringe Verhaltensänderungen bewirkt und damit für eher kontinuierliche Übergänge sorgt. Dies kann zwar evolutionär vorteilhaft sein, solange die Umwelt nur minimal variiert, erschwert es einem Organismus andererseits aber auch, seine „Fitnesslandschaft" zu verlassen. Das heißt, die Möglichkeiten zur Anpassung an sich stärker verändernde Umweltbedingungen bleiben unter Umständen zu gering. Der Organismus bleibt an ein Verhalten gebunden, das den neuen Gegebenheiten nicht mehr entspricht. Effektive Anpassung, die einerseits hinreichend Kontinuität bewahren kann, um Erfahrungen zu nutzen, andererseits aber trotzdem, wenn nötig, auch größere Umstellungen schafft, scheint also von Systemen begünstigt zu werden, die Perturbationen irgendwo *zwischen* „geordnetem" und „chaotischem Regime", also am „Rande des Chaos" verarbeiten. Die Evolution scheint diesen Rand gleichsam zu „suchen". Er verschafft ihr *ökonomische Vorteile*. Zwar könnten durchaus auch die „geordneten" oder die „chaotischen Regime" ähnliche Effekte erzeugen, die ersten bräuchten aber mehr Zeit dazu und die zweiten mehr Redundanz, um mit ihren Instabilitäten zurande zu kommen. In Bezug auf diese Ökonomie spricht Kaufmann von einer „kostenlosen Ordnung", auf Englisch einer *order for free*, die der „Rand des Chaos" bereitstellt und damit die Evolution begünstigt.

---

[72] Vgl. dazu u.a. auch: Conrad, Michael (1983): Adaptability. Plenum Press. Lewin, Roger (1992). Complexity: Life at the Edge of Chaos. New York: Macmillan Publishing Co.

2.4 Turing-Vollständigkeit und Turing-Maschinen

Einen anderen interessanten Aspekt Zellularer Automaten stellt der Umstand dar, dass manche Automaten für „Turing-vollständig" (*Turing-complete*) gehalten werden. Im Bereich der ein-dimensionalen Automaten wird dies etwa von Wolframs Regelsets mit *class-4-behavior*, also etwa von der „Regel 110", angenommen. Im Bereich der zwei-dimensionalen Automaten konnte vor einigen Jahren gezeigt werden, dass das *Game of Life* „Turing-vollständig" ist.[73]

Der Begriff – nach dem Mathematiker und Computertheoretiker Alan Turing benannt – bezeichnet den zunächst vielleicht nicht sonderlich aufregend klingenden Umstand, dass mit den entsprechenden Regelsets der Automaten (zumindest theoretisch) *Universelle Turing Maschinen* nachgebildet werden können. Anders gesagt, auf Grundlage dieser Regelsets kann – wenn auch nur mit ökonomisch kaum zu rechtfertigendem Aufwand – jede bisher bekannte Rechenmaschine gebaut und damit auch jede Art von Berechnung, die mit Computern möglich ist, durchgeführt werden. Da manche Theoretiker und AI-Forscher davon ausgehen, dass auch wir Menschen und unser gesamtes Universum im Prinzip nichts anderes als das Ergebnis eines einzigen gigantischen Rechenprozesses sind, würde diese These besagen, dass auf Grundlage der simplen Automatenregeln unser gesamtes Universum einschließlich unseres Daseins „errechnet" werden könnte. Sehen wir uns diese These etwas genauer an.

2.4.1 Die Universelle Turing Maschine

Die Universelle Turing Maschine wurde von Alan Turing in seiner berühmten Schrift *On computable Numbers, with an Application to the Entscheidungsproblem* (1937)[74] zunächst als bloßes Gedankenkonstrukt entworfen. Turing regte damit allerdings den bereits zu Beginn dieses Kapitels angesprochenen *Von Neumann Universal Constructor* an, der seinerseits zum Vorbild der heute gebräuchlichen

---

73 Rendell, Paul (2002): Turing Universality in the Game of Life; in: Adamatzky, Andrew (ed.): Collision-Based Computing. Springer, 2002.
74 Turing, Alan M. (1937): On Computable Numbers, with an Application to the Entscheidungsproblem; in: Proceedings of the London Mathematical Society 2 42, p. 230–65.

Rechnerarchitektur wurde. „Universell" meint im Sinne Turings einfach das, was wir heute unter „programmierbar" verstehen. Grundsätzlich ist eine Turing-Maschine keine physische Maschine, sondern ein auf dem Papier, also theoretisch, entworfenes logisches System aus einigen wenigen Vorschriften, das jede vorstellbare Berechnung ausführen können soll, also auch alle Berechnungen, die von Menschen ausgeführt werden können. So lautet die berühmte *Church-Turing-These*, benannt nach Alan Turing und dem Mathematiker Alonzo Church.

Im Detail besteht die Turing-Maschine aus einem unendlich langen „Band", das man sich – nach dem Vorbild ein-dimensionaler Zellularer Automaten – als Aneinanderreihung von Zellen vorstellen kann, in die Buchstaben eines Alphabets – also zum Beispiel die Zeichen 1 oder 0 – eingetragen sind. Auf diese Zellen greift eine Art „Schreib- und Lesekopf" zu, der sich auf dem „Band" Zelle für Zelle vor und zurück bewegen und dabei die Zeichen lesen und auch überschreiben kann. Darüber hinaus weist die Maschine unterschiedliche Zustände auf, für die ein Regelset – analog zu dem der Zellularen Automaten – festlegt, was die Maschine pro Zeitschritt tun soll, wenn sie ein bestimmtes Zeichen des Alphabets vorfindet – zum Beispiel, aus einer 1 eine 0 machen und den Lesekopf eine Zelle nach rechts bewegen.

Turings erste Beschreibung war eher umfangreich und kompliziert. 1962 schlug der AI-Forscher Marvin Minsky deshalb eine Universelle Turing-Maschine mit nur sieben Zuständen und einem vier-elementigen Alphabeth vor, die mit 28 Regeln auskam und damit 40 Jahre lang als die kleinste bekannte universelle Maschine galt. Im Jahr 2002 stellte Stephen Wolfram dann in seinem viel-diskutierten Buch *A New Kind of Science* eine Universelle Turing-Maschine mit nur zwei Zuständen und einem fünf-elementigen Alphabeth – als Farben dargestellt – vor, die somit nur 10 Regeln benötigte. Gleichzeitig konnte er zeigen, dass zwei Zustände und zwei Farben nicht ausreichten, um eine Turing-Maschine zu erzeugen. Wohl aber diskutierte er eine Maschine mit zwei Zuständen und drei Farben, von der er vermutete, dass sie Turing-vollständig sei. 2007 konnte dies bewiesen werden.[75]

Der eigentlich interessante Aspekt der Turing-Maschine ist, wie gesagt, der Umstand, dass sie hinreicht, um mit ihr jede erdenkliche mathematische Funktion zu berechnen. Sie liefert damit die Grundlage unserer heutigen Rechenmaschinen, die mittels einfacher binärer Schalter („Strom fließt / Strom fließt nicht") in der Lage sind, all das zu leisten, was wir von modernen Computern erwarten.

---

75 Vgl.: http://www.wolframscience.com/prizes/tm23/

2.4.2 Die Langton'sche Ameise

Der Terminus „Turing-vollständig" bezeichnet nun die Eigenschaft eines logischen Systems (wie etwa das Zellularer Automaten), in ihm alle Turing-berechenbaren Funktionen berechnen zu können, und das heißt, alle *vorstellbaren* Berechnungen, also auch alle, die ein moderner Hochleistungscomputer berechnen kann.

Um die Bedeutung dieser These zu veranschaulichen, sei kurz ein weiteres simples Regelset betrachtet, das im Jahr 2002 als „Turing-vollständig" bewiesen wurde.[76] Es handelt sich um das zwei-dimensionale Automaton namens „Langton'sche Ameise" (bekannt eher auf Englisch als *Langton's Ant*). Das Regelset für die „Ameise" lautet: „wenn du dich in einer weißen Zelle befindest, färbe sie schwarz, drehe dich 90 Grad nach rechts und gehe eine Zelle vorwärts. Wenn du dich in einer schwarzen Zelle befindest, färbe sie weiß, drehe dich 90 Grad nach links und bewege dich ebenfalls eine Zelle vorwärts". Überraschenderweise erzeugt dieses simple Regelset erstaunlich komplexe Muster. Bei Start in der Mitte des Spielfeldes (das in Abbildung 32 einheitlich weiß dargestellt ist, aber – unsichtbar – ebenfalls aus einem Gitternetz besteht) entsteht bis zum ungefähr 400-sten Iterationsschritt ein weitgehend symmetrisches Muster, das alsdann bis zum ungefähr 10000sten Schritt von einem weitgehend chaotisch scheinenden Muster abgelöst wird, nur um sodann neuerlich von eher gleichmäßig scheinenden Strukturen gefolgt zu werden.[77]

Abbildung 2.7: Langton's Ant

Links nach 400, rechts nach 11000 Iterationen.

Auch dieses einfache Automaton lässt sich heranziehen, um eine Universelle Turing Maschine, also einen Computer, zu erzeugen. Ein gängiger Weg, dies zu be-

---

76 Gajardo, Anahi / Moreira, Andres / Goles, Eric (2002): Complexity of Langton's Ant; in: Discrete Applied Mathematics 117, p. 41–50.
77 Für weitere interessante zellulare Automaten siehe auch *Wireworld* – http://de.wikipedia.org/wiki/Wireworld, oder *Wator* – http://de.wikipedia.org/wiki/Wator

weisen, besteht darin, mit dem System eine Turing-Maschine zu *emulieren*, sprich sie nachzubilden. – Wie geschieht dies im Detail?

2.4.3 Gliders, Eaters und logische Gatter

Betrachten wir noch einmal das unter 2.1.2 beschriebene *Game of Life*-Automaton. Bis die Nachbildbarkeit einer Turing-Maschine im *Game of Life* erkennbar wurde, mussten eine Reihe von Erkenntnissen über die spezifische Musterbildung in diesem „Spiel" gesammelt werden.

Eines der wichtigsten diesbezüglichen Muster ist der sogenannte *Glider*, eine Figur, die sich nach wenigen Spielzügen aus der Anfangskonstellation des erwähnten *f-Pentominos* ergibt und sich dadurch auszeichnet, dass sie, wenn sie nicht durch andere Muster gestört wird und wenn das Spielfeld unbegrenzt ist, unendlich in eine bestimmte Richtung weiterwandert, oder eben „gleitet". Der *Glider* verleiht dem *Game of Life* damit *class-4-behavior*.

Abbildung 2.8: Der *Glider* in den fünf seiner aufeinanderfolgenden Zeitschritten, mit Fortbewegungsrichtung nach rechts unten

In der Regel kollidiert der *Glider* auf einem zum Torus geschlossenen Spielfeld allerdings recht schnell mit anderen Mustern, die ebenfalls aus dem f-Pentomino hervorgehen, und löst sich dabei wieder auf. Nach zirka 1200 Iterationsschritten bleiben bei dieser Anfangskonstellation etwas über 100 lebende Zellen über, die allerdings nur statische Muster (so genannte *Blocks, Boats* und *Beehives*) oder bestenfalls oszillierende Konstellationen (*Blinker*) bilden. John Conway vermutete deswegen, dass keine Anfangskonstellation in seinem Spiel möglich sei, die unendlich weiterwachsen würde. Da er sich aber nicht ganz sicher war, schrieb er in den 1960er Jahren in der Zeitschrift *Scientific American* (in der Kolumne von Martin Gardner) einen Preis von 50 Dollar aus, für diejenige Zellkonstellation, die eine unendliche Raumausdehnung initiieren würde. Den Preis gewann 1970 Bill Gosper für eine Figur, die er *Glider gun* nannte, ein im Prinzip statisches Muster, das in regelmäßigen Abständen (alle 30 Spielzüge) einen *Glider* ausstößt.

2.4 Turing-Vollständigkeit und Turing-Maschinen

Abbildung 2.9: Glider gun, erzeugt mit *Golly*, siehe Fn. 55

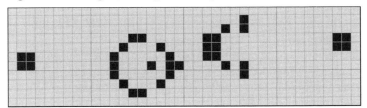

Ausgehend von dieser Figur sowie einem weiteren grundlegenden Muster, dem so genannten *Eater*, der die Eigenschaft hat, Glider mit denen er kollidiert, aufzulösen (zu „essen"), wurde es möglich, in geschickter Zusammenstellung solcher Figuren *logische Gatter* zu konstruieren, also Schaltungen zu erzeugen, die UND, ODER und NON-Operatoren entsprechen und die auch simple Memory-Funktionen erfüllen. Für ein NON-Gatter zum Beispiel werden zwei *Glider guns* im rechten Winkel zueinander positioniert und die *Glider*-Ströme so ausgerichtet, dass die Kollisionen einen zum Ausgangsstrom genau komplementären, also einen „verneinten" *Glider*-Strom erzeugen. Werden die *Glider* sodann als Einsen und die entstehenden Lücken zwischen ihnen als Nullen interpretiert, so ergibt dies eine binäre Zahlenfolge, die sich mit nachfolgenden logischen Gattern weiterprozessieren lässt.

Fügt man viele solche Gatter in geschickter Weise zusammen, so lässt sich damit im Prinzip ein, wenn auch sehr großer, umständlicher und auch überaus aufwendig zu bedienender, aber doch brauchbarer Rechner konstruieren, ein Rechner eben, der all das berechnen kann, was auch ein Computer berechnet, ein Rechner also, der *Turing-vollständig* ist. Im Jahr 2000 hat Paul Rendell einen solchen Rechner, also eine im *Game of Life* implementierte *Universelle Turing Maschine* skizziert und im Internet veröffentlicht.[78]

2.4.4 Das Halte- oder Entscheidbarkeitsproblem

Der entscheidende Punkt an dieser Entdeckung ist, dass sich das *Game of Life* damit als prinzipiell „unentscheidbar" herausstellte. Und zwar „unentscheidbar" in dem Sinn, dass nicht in jedem Fall gesagt werden kann, ob die Entwicklung des Systems irgendwann zu stehen kommen wird oder nicht – und dies trotz striktem

---

78 Eine Abbildung findet sich unter http://rendell-attic.org/gol/tm.htm. Eine genaue Beschreibung aller Teile findet sich in: Rendell, Paul (2002): Turing Universality in the Game of Life; in: Adamatzky, Andrew (ed.): Collision-Based Computing. Springer, 2002.

Determinismus und einer stets eher kleinen, vor allem aber endlichen Zahl von Zuständen und Regeln.

Wie schon erwähnt, erreicht zum Beispiel eine Entwicklung, die vom f-Pentomino ausgeht, nach zirka 1200 Iterationen einen statischen, beziehungsweise nur mehr mit Periode 1 oszillierenden Zustand. Viele andere Ausgangskonstellationen ermatten schon wesentlich früher. Manche Konstellationen können aber eben Entwicklungen generieren, die, soviel bis heute bekannt ist, keine sich in allen Bereichen wiederholenden Zustände erreichen. Ob sie dies jemals tun werden, ist *unentscheidbar*. Oder anders gesagt, es lässt sich nicht *berechnen*, und zwar nicht nur von uns nicht, sondern eben auch von den leistungsfähigsten Computern nicht. Dieser Umstand wird in der theoretischen Informatik als *Unentscheidbarkeit* bezeichnet.

Das berühmteste Beispiel dafür bietet das *Halte-Problem,* das ebenfalls auf Alan Turings erwähnte Arbeit aus dem Jahr 1936 zurückgeht. Turing wies darin nach, dass es keine Turing-Maschine – also eben auch keinen Computer – geben kann, der für *jeden* Input in eine (andere) Turing-Maschine berechnen kann, ob die Maschine mit diesem Input irgendwann zu rechnen aufhören wird, ob sie also „anhält".

Wohlgemerkt, diese Unentscheidbarkeit gilt keineswegs für *alle* Inputs, also für *alle* möglichen Ausgangskonstellationen. Viele davon mögen, wie im *Game of Life*, bereits nach nur sehr wenigen Entwicklungsschritten versanden und ihr Ende damit sehr leicht entscheidbar sein. Die Aussage gilt vielmehr für den gesamten Möglichkeitsraum an Ausgangskonstellationen. Sie zielt also auf Allgemeingültigkeit. Und da genügt eine einzige Konstellation, um die Frage unentscheidbar zu machen.

„Unentscheidbarkeit" steht damit für die Möglichkeit einer prinzipiell *in die Zukunft hin offenen Entwicklung*, also für einen offenen Ausgang der Evolution strikt deterministischer Systeme. Und diese Offenheit gibt Anlass anzunehmen, dass – zumindest theoretisch – unserem Dasein, unserem Leben, unserem Bewusstsein und all dem, was uns umgibt, auch nichts anderes zugrunde liegen könnte, als ein ganz einfaches, aber eben *Turing-vollständiges* determiniertes System. Eine Reihe von Denkern und Autoren, vom Computer-Pionier Konrad Zuse[79], über den schon erwähnten Mathematiker Stephen Wolfram bis hin zu Philosophen wie Daniel Dennett[80] halten diese These und die Annahme, dass die Theorie Zellularer Automaten einen interessanten Ausgangspunkt für die Erklärung unseres Universums darstellt, für durchaus plausibel.

---

79   Zuse, Konrad (1969): Rechnender Raum. Wiesbaden, Friedrich Vieweg u. Sohn.
80   Vgl. u.a.: Dennett, Daniel C. (1991): Consciousness Explained. Boston: Back Bay Books.

Zwischenbetrachtung II – Ordnung

Betrachten wir kurz die Emulation universeller Turing Maschinen in Zellularen Automaten wie dem Game of Life noch einmal aus etwas anderer Perspektive. Wie wir gesehen haben, werden für diese Nachbildung nicht die Regeln des Automatons selbst, sondern vielmehr die Muster und Zellkonstellationen verwendet, die sich aus diesen Regeln ergeben. Das heißt, die Turing Maschine wird genaugenommen nicht auf der Ebene der Regeln von Game of Life, sondern auf der Ebene seiner Formen erzeugt.[81] In den Regeln selbst ist keine Turingmaschine vorgesehen und sie ist damit auch nicht als Ziel des Erzeugungsprozesses formulierbar. Wir könnten sagen, die Regeln wissen nichts von einer Turing Maschine. Diese kommt erst durch uns, durch die Beobachter ins Spiel. Die Turing Maschine ist eine Art von Ordnung, die vom Beobachter, zwar schon in Bezug auf die Regeln des Spiels, aber eigentlich mithilfe der Resultate dieser Regeln, zu erzeugen versucht wird, und zwar mit der ebenfalls von uns eingebrachten Erwartung, dass dies gelingen könnte.

Der *Glider* zum Beispiel ist, wie wir gesehen haben, nichts anderes als eine Konstellation von einzelnen Zellzuständen, die sich über Regeln aus anderen Zuständen herleiten. Wenn wir ihn und andere Formen aus dem *Game of Life* zur Emulation einer Turing-Maschine verwenden, so *interpretieren* wir die Zustandskonstellationen, also eigentlich die einzelnen Zellen, als diese Formen. Das heißt, wir nehmen sie als *Formen* wahr, wir sehen die einzelnen Zellen bereits in einem Zusammenhang, in einer bestimmten Ordnung. Und Ordnung ist, wie wir in Zwischenbetrachtung I bereits festgestellt haben, immer etwas vom *Beobachter* erzeugtes, etwas, das nicht einfach „in der Welt" gegeben ist, sondern im Zuge des Beobachtens *als Welt* konstruiert wird. Sehen wir uns kurz einige Aspekte dieses „Welt-Konstruierens" etwas genauer an.

---

81 Vgl. dazu auch: Abbott, Russ (2006): Emergence explained. Getting epiphenomena to do real work; in: Complexity 12/1.

II-I Die In*form*ation des Beobachters

In den 1950er Jahren führte der Psychologe Fred Attneave[82] Untersuchungen zur Fehlerhäufigkeit bei Mustererkennungsversuchen durch. Er verwendete dazu eine Methode, die Warren Weaver und Claude E. Shannon[83] als „Ratespiel" entwickelt hatten. Attneave unterteilte dazu ein Schwarz-Weiß-Bild in kleine quadratische Zellen gleicher Größe und untersuchte, welche Ratefehler eine Versuchsperson macht, die, ohne das Bild zu sehen, herausfinden soll, was darauf abgebildet ist. Die Person hat die Aufgabe, die Zellen Zeile für Zeile durchzugehen und jedes Mal zu raten, ob eine Zelle gefüllt oder leer, also schwarz oder weiß ist. Nach jedem einzelnen Tipp erfährt der Proband, ob er richtig oder falsch lag.

Abbildung II.1: Gestalterkennung nach Fred Attneave

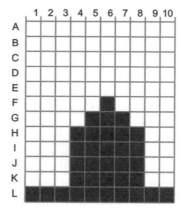

Die Versuchsperson hat, ohne das Bild zu sehen, zu raten, ob es sich um einen weißen Hintergrund oder einen schwarzen Figurteil handelt. Sie beginnt bei A1 und geht Zeile für Zeile vor. Nach anfänglichen Fehlern wird sie zunächst schließen, dass die nächstfolgenden Zellen „immer" weiß sind. Sie wird Redundanz im Bild entdecken und eine Zeitlang richtig auf „Weiß" tippen. Die Vermutung ist solange richtig, bis (bei F6) die Kontur der schwarzen Figur erreicht ist. Nun häufen sich vorübergehend wieder Fehler, bis entdeckt wird, dass die schwarzen Felder symmetrisch sind (spätestens bei I4). Von da ab könnten auch die Übergänge von Schwarz und Weiß richtig erraten werden. Erst bei L1 werden wieder Fehler auftreten.

---

82   Attneave, Fred (1954): Informational aspects of visual perception; in: Psychological Review, 61, p. 183–193.
83   Weaver, Warren / Shannon, Claude Elwood (1949): The Mathematical Theory of Communication. Urbana, Illinois (University of Illinois Press)

II-I Die Information des Beobachters

Wenn das Bild keinerlei Regelmäßigkeiten aufweist, so wird die Fehlerquote des Probanden der Zufallswahrscheinlichkeit entsprechen. Bei einer Wahrscheinlichkeit von 0.5 für schwarze oder weiße Zellen wird der Proband also im Schnitt halb so viele Fehler machen wie das Bild Zellen hat. Wenn das Bild dagegen eine Form enthält, etwa eine einfache geometrische Figur (siehe Abb. II.1), so könnte der Proband deren Regelmäßigkeiten aufspüren. Er könnte also, links oben beginnend, Häufungen von vorerst weißen Zellen als „Hintergrund" interpretieren und dies zum Anlass nehmen, zunächst weiterhin auf weiß zu tippen. Wenn plötzlich schwarze Zellen auftauchen, würde er kurzzeitig verunsichert sein und wieder Fehler machen, bis er dies als den Beginn einer schwarzen Figur interpretiert und dies zum Anlass nimmt, weiterhin eher auf schwarz zu tippen. Wird die andere Seite der Figur und damit wieder der weiße Hintergrund erreicht, so tritt neuerlich Verunsicherung ein. Erneut häufen sich Fehler bis kurz darauf wieder auf weiß getippt wird, usw.

Das hinter diesem erfahrungsgelenkten Raten steckende Prinzip wird in der Philosophie *Induktion* genannt[84] und meint, dass die bisher festgestellten Häufigkeiten eines Phänomens alle weiteren Prognosen über das Auftreten dieses Phänomens beeinflussen. Je genauer der Proband Regelmäßigkeiten erahnt, indem er zum Beispiel herausfindet, dass die Figur symmetrisch ist, desto geringer wird seine Fehlerquote.

Als Maßeinheit für diese Regelmäßigkeit bietet sich der *Grad der Überraschung* an, den die einzelnen Zellenfarben dem Probanden bereiten. Es dürfte leicht vorzustellen sein, dass sich die Versuchsperson von einer schwarzen Zelle nach bereits 10 vorhergehenden schwarzen Zellen weitaus weniger überrascht zeigen wird als von einer weißen Zelle. Die schwarze Zelle entspricht der im Verlauf von zehn aufeinanderfolgenden Tipps gewachsenen *Erwartung*, die weiße Zelle widerspricht ihr dagegen, sie irritiert diese Erwartung und schafft damit – zumindest vorübergehend, bis wieder Erwartung aufgebaut ist – *Unsicherheit*.

Formen, die eher für wenig Überraschungen sorgen, weil sie einfach und symmetrisch aufgebaut sind, haben eine recht hohe *Redundanz*. Das heißt, sie sorgen im Zuge des Attneave'schen Versuchs für vergleichsweise geringe Verunsicherung und damit für eine niedrige Fehlerquote. Formen mit hoher Varianz dagegen, also unregelmäßige kompliziertere Formen, sorgen für mehr Überraschungen, Verun-

---

[84] Anders als bei der *Deduktion*, bei der aus *zuvor* angenommenen Prinzipien auf das Zutreffen von Einzelereignissen (also gewissermaßen „*top down*") geschlossen wird, wird bei der *Induktion* aus einer Häufung von Einzelereignissen auf ein allgemeines Prinzip geschlossen („*bottom up*"). Das wohl bekannteste Beispiel dazu liefert das „Russelsche Huhn", das hundert Tage lang von der Hand des Bauern gefüttert wird und somit die Hand aufgrund seiner Erfahrungen für „gut" hält, nur um am 101 Tag von ihr geschlachtet zu werden.

sicherungen und damit Fehler. Sie haben niedrigere Redundanz und damit *höheren Informationswert*.

II-II Emergente Ordnungen

Bevor wir auf den Begriff der Information näher eingehen, kommen wir kurz noch zu unserem *Glider* zurück. Seine spezifische Form erweist sich in diesem Zusammenhang als eine *Interpretation*, die wir, die *Beobachter*, aufgrund wiederholter vorhergehender Beobachtungen – also so wie im Attneave'schen Experiment *induktiv* – als „konstante Identität" deuten – und dies obwohl der *Glider*, wie wir wissen, eigentlich aus nichts anderem als aus zwei symmetrischen, einander abwechselnden Zellenhaufen besteht, die sich über das Spielfeld „bewegen". Trotz dieses Wissens, können wir gar nicht anders, als den *Glider* als Identität wahrnehmen. Schon nach kurzem Hinsehen, sind wir überzeugt, es mit einer zeitlich konstanten, einer *invarianten* Form zu tun zu haben. Und wenn sich diese Form doch auflöst, so nur, weil sie mit einer anderen Form, einem *Eater* etwa, kollidiert – einer Form freilich, die ihrerseits nichts anderes ist, als eine Ansammlung von Zellen, die wir intuitiv, weil *induktiv*, als Identität wahrnehmen.

Mit Hinblick auf eine berühmte, aber mittlerweile leider etwas überladene Anmerkung von Aristoteles[85] können wir sagen, dass wir den *Glider* als „Mehr als die Summe seiner Teile" wahrnehmen. Wir *konstruieren* ihn gleichsam als Form, als Teil einer Ordnung, die uns hilft, die sonst *zu* verwirrende, weil komplexe Entwicklung im *Game of Life* zu überschauen. Ein bloßes Gewimmel an schwarzen Zellen würde uns kaum faszinieren. Erst wenn wir die unterschiedlichen Zellkonstellationen anhand ihres zeitlichen Bestandes unterscheiden und sie eben in Formen ordnen, denen wir Namen zuteilen, wird das Spiel überschaubar und damit interessant.

Eine solche Ordnung, die sich nicht aus den damit geordneten Bestandteilen ergibt, wird *emergent* genannt. Ihr Charakteristikum ist, dass sie sich eben nicht aus ihren einzelnen Bestandteilen, hier den Zuständen der Zellen, herleiten lässt. Sie wird diesen Bestandteilen vielmehr vom Beobachter „übergestülpt", sie wird ihnen „verpasst". Die Ordnung richtet sich also *nicht*, wie wir noch genauer sehen werden, nach den Bestandteilen, sondern nach den Möglichkeiten des Beobachters.

---

[85] In Metaphysik 1041b 10 (VII. Buch (Z)) heißt es (in der Übersetzung von Franz F. Schwarz Stuttgart 1970: Reclam) „Das, was in der Weise zusammengesetzt ist, daß das Ganze Eines ist, ist nicht wie ein Haufen, sondern wie eine Silbe. Die Silbe aber ist nicht dasselbe wie ihre Buchstaben, BA ist nicht dasselbe wie B und A […]." Es geht Aristoteles an dieser Stelle um das Wesen der Dinge und im Speziellen um das Wesen des Menschen.

Die Turing Maschine im obigen Beispiel ist damit eine *emergente Ordnung*, die ihrerseits aus der *emergenten Ordnung* der Formen erzeugt wird, die sich aus den *Game of Life*-Regeln ergeben. Die Turing Maschine ist damit, wenn man so will, Resultat mindestens zweier *Interpretationen*, die wir, die Beobachter, am Verlauf von *Game of Life* vornehmen. Sie wäre ohne uns Beobachter nichts anderes als eine sehr große Ansammlung schwarzer Zellen.

II-III Das „Zusammenspringen" von Ordnung

Schauen wir uns kurz den Mechanismus dieses Konstruierens etwas näher an. Der Attneave'sche Versuch zeigt, dass die Interpretation der Form als Folge einer sukzessiven Reduktion der Fehlerwahrscheinlichkeit beim Zellen-Erraten zustande kommt. Eine geläufige Methode, diese Reduktion – das heißt also die Induktion – zu schätzen, ist die der *relativen Häufigkeit*. Die Wahrscheinlichkeit, eine schwarze Zelle als solche zu erraten, bemisst sich dabei als Quotient der Zahl der bisher dafür sprechenden Erfahrungen – also etwa dem Umstand, dass schon die letzten 10 Zellen schwarz waren – und dieser Zahl plus der Zahl der möglichen Fälle – hier schwarz oder weiß. Als Formel geschrieben:

$$p = v / (v + n)$$

wobei *p* die Wahrscheinlichkeit richtig zu raten bezeichnet, *v* die Zahl der bisher dafür sprechenden Erfahrungen und *n* die Zahl der Möglichkeiten.

Wenn bisher nur eine vorhergehende Zelle schwarz war, so würde die Wahrscheinlichkeit, wieder eine schwarze Zelle vorzufinden, nach dieser Formel 1 / (1+2) = 0.333 betragen. Bei bisher 10 schwarzen Zellen würde sie bereits 0.833 betragen, und bei bisher 20 schwarzen Zellen läge unsere Gewissheit damit bei etwas über 0.9, also bei mehr als 90 prozentiger Gewissheit. Wir wären über eine nun folgende weiße Zelle einigermaßen überrascht.

Diese Anreicherungsweise bezieht sich freilich auf nur eine Form der Erfahrung, hier die der jeweils bisher geprüften Zellen. In der Regel bestätigen sich unsere Erkenntnisse aber eher aus verschiedenen Quellen. Manche Wissenschaftler gehen deswegen davon aus, dass sich die Wahrscheinlichkeiten, beziehungsweise die Reduktionen der Fehlerwahrscheinlichkeiten, die zum Entstehen „gerechtfertigter Erwartungen" führen, eher multiplizieren. Rainer Gottlob[86] zum Beispiel, der diesen Umstand *Multiplication of the Probabilities of Error* nennt, gibt dazu folgendes Beispiel (bei dem wir die Zahlen allerdings ändern, um es deutlicher zu

---
86 Gottlob, Rainer (2000): New Aspects of the Probabilistic Evaluation of Hypotheses and Experience; in: Studies in the Philosophy of Science, 14, pp 147-163.

machen): wenn wir einen Apfel wahrzunehmen meinen, so wirken dabei unterschiedliche Eindrücke zusammen. Wir könnten den Apfel zunächst, vielleicht aus einiger Entfernung, eher schlecht sehen und dabei einer Fehlerwahrscheinlichkeit von 0.7 aufsitzen.[87] Das heißt, zu 70 Prozent könnte es sich auch um eine Birne oder eine Apfelattrape handeln. Wenn wir den Apfel blind, aber vielleicht nur ganz kurz, ertasten, so könnten wir dabei ebenfalls mit 70 Prozent falsch liegen. Den Apfel kurz zu riechen, scheint etwas spezifischer, aber die Fehlerwahrscheinlichkeit könnte noch immer bei 60 Prozent liegen. Wenn wir nun freilich die Chance haben, diese drei Befunde zusammen zu fügen, die Fehlerwahrscheinlichkeiten also zu multiplizieren, so ergibt sich aus drei eher ungewissen Urteilen – alle drei sprechen mit über 50 Prozent für Fehler – insgesamt (mit 0.7 * 0.7 * 0.6) eine Fehlerwahrscheinlichkeit von nur 0.294 – und diese liegt nun deutlich unter 50 Prozent, das heißt, wir wären uns nun relativ sicher, es mit einem Apfel zu tun zu haben.[88]

Der Philosoph William Whewell[89] nannte dieses Prinzip *Concilience of Induction*, das man vielleicht locker als „Zusammenspringen der Überzeugung" übersetzen könnte. Whewell erklärte damit die Entstehung wissenschaftlicher Einsichten und Paradigmen, wenn sie durch Erkenntnisse unterschiedlicher Disziplinen bekräftigt werden. Die Bekräftigung addiert sich nicht nur, sondern multipliziert sich. Whewell stellte dazu fest, dass es in unserer Geschichte kaum wissenschaftliche Hypothesen gibt, die sich als falsch erwiesen, wenn sie von nur einer weiteren Hypothese bekräftigt wurden.

Gerade im Hinblick auf das Entstehen wissenschaftlicher Paradigmen wurde allerdings auch eingewandt, dass es sich dabei um Wirkungen weitaus komplexerer Bezüge handelt, die sich eher als *Netzwerke*, sprich als Verflechtungen von näheren und ferneren Wirkungen beschreiben lassen. (Wir kommen auf die interessante Form von Netzwerken in Kapitel 6 ausführlich zurück). Demzufolge würden sich bestätigende Erfahrungen nicht nur einfach multiplizieren. Insbesondere in sozialen Kontexten würden Gewissheiten vielmehr nach dem Prinzip von „Phasenübergängen" emergieren (siehe Kapitel 1.2.3.2). Das heißt sie entstehen, nach einer kleinen Anlaufphase, in der Regel eher *plötzlich*, fast *schlagartig*. Und mitunter verschwinden sie dann auch ebenso schlagartig wieder, wenn hinreichend Irritation vorliegt. Das Wahrnehmen (oder genauer das „Konstruieren")

---

87 Wahrscheinlichkeiten werden als reelle Zahlen zwischen 0 und 1 angegeben. 0 entspricht der absoluten Unwahrscheinlichkeit und 1 der absoluten Wahrscheinlichkeit, bezeichnet also Gewissheit.

88 Das *Kompliment* der Fehlerwahrscheinlichkeit, also die Wahrscheinlichkeit, einen Apfel vor uns zu haben, beträgt somit 1 − 0.294 = 0.716.

89 Whewell, William (1840): *The Philosophy of the Inductive Sciences, Founded Upon Their History.* (2.Bd.) London.

von Formen, beziehungsweise das Bilden von Ordnung, ihre *Emergenz* also, lässt sich damit als eine Art „Sprung" vorstellen, als „Fulguration", wie Konrad Lorenz dies nannte. Ordnungen „springen" gleichsam zusammen, entstehen fast schlagartig und verschleiern genau damit den Prozess ihres Entstehens. Der berühmte *Gestaltswitch* aus der Psychologie etwa, das Umschlagen der Wahrnehmung einer Ente in einen Hasen und umgekehrt, verdeutlicht diesen Prozess. Wenn wir Ordnung wahrnehmen, so erscheint sie uns deswegen oft als *gegeben*, sei es durch die Natur oder auch durch ein höheres Wesen. Der *Glider* ist gleichsam unmittelbar da, ebenso wie Leben oder Bewusstsein. Ihr Entstehen lässt sich nicht leicht beobachten und zwar schon deshalb nicht, weil wir – als Beobachter – in dieses Entstehen involviert sind.

II-IV Ordnungen in Ordnungen

Befördert wird dieses Zusammenspringen durch den Umstand, dass wir in der Regel stets *Ordnungen in Ordnungen* bilden, dass wir also, wie im Beispiel der Turing Maschine und der Formen von *Game of Life*, emergente Ordnungen nutzen, um weitere emergente Ordnungen damit zu erzeugen. Die bisher besprochenen Beispiele liefern dafür vielfältige Belege. So nutzt etwa die Computertechnologie auf einer (für sie) grundlegenden Ebene simple Unterschiede von Einsen (Strom-fließt) und Nullen (Strom-fließt-nicht), um im damit gegebenen Möglichkeitsbereich sodann die emergenten Ordnungen von Algorithmen zu generieren, die, zunächst vielleicht noch in Maschinencode geschrieben, ihrerseits die Möglichkeiten für Assembler- und sodann Hochsprachenalgorithmen bereitstellen, die als solche ihrerseits wieder jene grafischen User-Interfaces ermöglichen, die wir mittlerweile bei der alltäglichen Handhabung von Computern gewohnt sind.

Aber auch im Alltag etwa unserer Umgangssprache gründen wir wie selbstverständlich zum Beispiel die emergente Ordnung von Worten und Ausdrücken in jenem Möglichkeitsraum, den uns Silben und Laute zur Verfügung stellen, die ihrerseits wieder auf einzelnen Luftschwingungsfrequenzen beruhen. Oder im Bereich der Schrift etwa bilden wir die Ordnung von Sätzen im Raum der Worte und diese ihrerseits im Raum der Buchstaben, die wiederum im Raum von Tintenpartikel auf Papier oder von Pixel auf einem Bildschirm möglich werden. Und auch unser soziales Miteinander scheint sich einer derartigen Schachtelung von Möglichkeitsräumen zu verdanken. Wir werden uns in Kapitel 4 ausführlich der Kooperation als sozialer und, wie viele meinen, für höhere Lebewesen charakteristischen Verhaltensform widmen, die, wie wir sehen werden, sich ihrerseits einer Art von Ordnung zu verdanken scheint, die wir gewöhnlich eher als „egoistisch", denn „kooperativ" bezeichnen würden.

Diese fortgesetzte Schachtelung von Ordnungen lässt sich als aggregierte Einschränkung von Möglichkeitsräumen betrachten, die – und das ist der entscheidende Punkt dabei – Phänomene, die „für sich" genommen eher *unwahrscheinlich* erscheinen, wie etwa das Erkennen einer Form in einer bloßen Ansammlung von schwarzen und weißen Pixel, in wenigen Schritten *hinreichend wahrscheinlich* machen kann. Die aggregierte Einschränkung von Möglichkeitsräumen ermöglicht, anders gesagt, erst jene Welt und jene Realität, die wir im Alltag als so selbstverständlich gegeben wahrnehmen.

Um uns diesen Prozess der Einschränkung von Möglichkeitsräumen in aller Deutlichkeit vor Augen zu führen, sollten wir uns im folgenden kurz dem Begriff der *Information* widmen, wie er insbesondere von Claude Elwood Shannon 1948 gefasst und von Warren Weaver verallgemeinert wurde.

II-V Information

Die berühmte Shannon'sche Informationstheorie entstand in den 1940er Jahren im Zusammenhang der Nachrichtentechnologie und der damit entstehenden Frage, wie sich Daten verlustfrei über elektronische Kanäle übertragen lassen.

Auf der Suche nach einer Antwort unterteilte Shannon Nachrichten in eine Menge von Zeichen, zum Beispiel in die Buchstaben, die genügten, um eine Nachricht zu formulieren, und untersuchte – ähnlich wie Fred Attneave – die Wahrscheinlichkeiten, mit der diese Zeichen aus einem zugrunde gelegten Zeichenpool, zum Beispiel dem Alphabeth, gewählt werden, um die Nachricht zustande zu bringen. Den Informationsgehalt einer Nachricht schlug er vor, mit dem Logarithmus zur Basis 2 als $I = \sum p_i * -log_2(p_i)$ zu formalisieren, wobei p_i die Auftrittswahrscheinlichkeit der Zeichen der Nachricht bezeichnet.

Betrachten wir, um diesen Vorschlag zu verstehen, zunächst eine einfache binäre „Nachricht", das heißt eine Binärentscheidung (1 oder 0, Ja oder Nein), die nur aus dem zwei-elementigen Zeichenpool $\{0, 1\}$ auswählt. In diesem Pool haben beide Zeichen die gleich hohe Auftrittswahrscheinlichkeit $p = \frac{1}{2}$. Shannons Informationstheorie spricht diesbezüglich auch von *maximaler Ungewissheit* oder auch *maximaler Informationsentropie* im Hinblick auf diesen Zeichenpool. Um eindeutig eines der beiden Zahlen zu wählen, ist genau eine Entscheidung nötig, entweder „Ja" oder „Nein" (1 oder 0). Eine solche Binärentscheidung wird *Bit* genannt, für *basic indissoluble information unit*.

Der Zeichenpool unseres Alphabets, hier der Einfachheit halber nur mit den Kleinbuchstaben $\{a, b, c, d,...\}$ betrachtet, hat demgegenüber 26 Elemente. Die Auftrittswahrscheinlichkeit p eines einzelnen Buchstaben beträgt in ihm grundsätzlich[90] 1/26. Um aus diesem Pool eindeutig auszuwählen, bedarf es mehrerer solcher Binärentscheidungen. Wie viele genau, lässt sich leicht anhand eines *Entscheidungsbaumes* abschätzen, in dem wir durch Ja/Nein-Antworten den Suchraum für den je bezeichneten Buchstaben nach und nach einschränken. („Ist der Buchstabe in der ersten Hälfte des Alphabets?", „Ja", „Ist er in der ersten Hälfte dieser ersten Hälfte?", „Ja", usw.) Um einen Buchstaben in dieser Weise zuverlässig aus dem Alphabet der Kleinbuchstaben auszuwählen, brauchen wir fünf Ja/Nein-Entscheidungen. Das heißt, um 26 Elemente zuverlässig unterscheiden zu können, benötigen wir einen Binärzahlensatz, der mindestens 26 verschiedene Kombinationen von Einsen und Nullen zulässt.[91] Ein solcher Satz wird durch die Beziehung $2^5 = 32$ festgelegt, also durch die Binärentscheidung hoch der Zahl der Fragen, die notwendig sind, um die Elemente zuverlässig zu unterscheiden. Allgemein formuliert:

$2^I = N$, wobei *I* die Zahl der Fragen bezeichnet und *N* die Zahl der Zeichen

Dies lässt sich mit dem Logarithmus zur Basis 2 als $I = log_2 N$ anschreiben. Da *p*, wie gesagt, bei gleich wahrscheinlichen Elementen stets $1/N$ ist, lässt sich *N* sodann durch $1/p$ ersetzen, was die Zahl der Fragen damit auf $I = log_2 1/p$ festlegt. *I* bezeichnet somit den *Informationsgehalt* eines einzelnen Zeichens, beziehungsweise seinen Überraschungswert gemessen in *Bit*.

Wenn nun eine Nachricht einfach aus dem Wort „news" bestünde, so könnte die entsprechende Zeichenmenge {n, e, w, s} im Binärcode, das heißt als Folge von Binärentscheidungen dargestellt, wie folgt aussehen: {01110 00101 10111 10011}[92]. Würden wir annehmen, dass jeder Buchstabe dieser Nachricht völlig gleichwahrscheinlich im Zeichenpool auftritt, so würde ihr Informationsgehalt nach obiger Formel einfach die Summe der Auftrittswahrscheinlichkeit multipliziert mit ihrem negativen Logarithmus zur Basis 2 sein, also I = $1/26 * log_2(1/26)$ + $1/26 * log_2(1/26)$ + $1/26 * log_2(1/26)$ + $1/26 * log_2(1/26)$ = 0.723145.

---

90 Wenn angenommen wird, dass alle Zeichen genau gleich wahrscheinlich auftreten, was zum Beispiel in unserer Sprache, anders als im Alphabeth, natürlich nicht der Fall ist. Dazu gleich.

91 Zur Verdeutlichung: Binäre Zeichenfolgen mit 4 Stellen erlauben nur 2^4, also 16 unterschiedliche Kombinationen. Die nächsthöhere Stellenzahl erlaubt bereits 2^5= 32 unterschiedliche Zeichenfolgen, also 6 mehr als wir brauchen. Der Überschuss, genannt Redundanz, ist aber nötig, um *zuverlässig* unterscheiden zu können. Shannon unterschied in Bezug darauf einen Informationsgehalt *h'* des jeweiligen Kodierungsverfahrens vom Informationgehalt *h* der Zeichen selbst. Die Redundanz *r* berechnete er als $r = 1 - (h/h')$.

92 Der in der Computertechnologie gebräuchliche *American Standard for Information Interchange* (ASCII) verwendet dagegen sieben-stellige Zahlen und erlaubt damit 2^7, also 128 unterschiedliche Zeichen eindeutig darzustellen.

Allgemein gilt: Je größer die Auftrittswahrscheinlichkeit eines Zeichens, desto geringer sein Informationsgehalt. Und umgekehrt ist der Informationsgehalt eines Zeichens hoch, wenn es selten vorkommt. Sein Überraschungswert ist dann höher. Halten wir hier kurz inne und erinnern uns des oben angesprochenen Prozesses der Einschränkung von Möglichkeitsräumen. Wir haben es hier gleich mit zwei Möglichkeitsräumen zu tun. Der eine ist der der möglichen Antworten auf unsere Fragen. Er umfasst die beiden Elemente „Ja" und „Nein". Der zweite Möglichkeitsraum ist der der Elemente oder Zeichen des Alphabets, hier 26. Um zum Beispiel im Zuge einer Datenübertragung ein gewünschtes Zeichen zuverlässig zu übermitteln, müssen wir in diesen Möglichkeitsräumen alle aktuell gerade nicht gewünschten Zeichen *ausschließen*. Das heißt wir müssen nacheinander 25 Möglichkeiten mit „Nein" beantworten, um bei der 26-sten schließlich sicher sein zu können, ein „Ja" zu bekommen. Wir reduzieren also mit jeder der 25 Antworten etwas mehr *Unsicherheit* und schränken so den Möglichkeitsraum schließlich auf ein Maß ein, bei dem nur mehr eine Option übrig bleibt. Wir haben damit die relative Unwahrscheinlichkeit, aus 26 Zeichen gerade das eine, das wir übertragen wollen, wirklich auszuwählen, in hinreichend hohe Wahrscheinlichkeit, ja hier sogar Sicherheit, verwandelt.

II-VI Bedingte Wahrscheinlichkeiten

Nun treten in unserer Sprache die Zeichen allerdings niemals völlig gleichwahrscheinlich auf. Das *e* oder das *r* zum Beispiel kommen im Deutschen ungleich häufiger vor als das *y* oder das *z*. Darüber hinaus hängt die Auftrittswahrscheinlichkeit auch von der Auftrittswahrscheinlichkeit anderer Zeichen in der Nachbarschaft ab. Das *c* zum Beispiel ist nach einem *s* deutlich öfter zu finden als nach einem *t*. Und ein *s* und *c* in Folge lassen das *h* beinahe schon Gewissheit werden. (Abb. II.2) Daraus lassen sich Bedingungsketten erstellen. Das *s* bedingt eine etwas höhere Wahrscheinlichkeit für das darauffolgende *c* und dieses *c* eine schon sehr hohe Wahrscheinlichkeit für das darauffolgende *h*. Mathematisch werden solche Bedingungsketten als *Markow-Ketten* bezeichnet, benannt nach dem russischen Mathematiker Andrei Andrejewitsch Markow.

Abbildung II.2: Beispiel einer *Markow-Kette*

Für sich betrachtet hat das *s* in der deutschen Sprache eine Auftrittswahrscheinlichkeit von 0,0727. Das heißt, 7,27% aller Buchstaben sind im Durchschnitt ein *s*. Das *c* hat für sich betrachtet eine geringere Auftrittswahrscheinlichkeit von 0,0306. Nach einem *s* erhöht sich diese Auftrittswahrscheinlichkeit allerdings auf rund 0,165 (16,5%). Das *h* hat für sich betrachtet eine Auftrittswahrscheinlichkeit von 0,0476. Nach einem *sc* erhöht sich seine Auftrittswahrscheinlichkeit auf rund 0,997. Das heißt, mit nahezu 100% Sicherheit folgt auf ein *sc* im Deutschen ein *h*.

Die Bedingtheit der Zeichenauftrittswahrscheinlichkeiten in unserer Sprache lässt sich eindrucksvoll demonstrieren, wenn die Wahrscheinlichkeiten in einem zufallsgenerierten Text berücksichtigt werden. Während ohne diese Berücksichtigung abstruse Zeichenfolgen wie *xczztstr* wahrscheinlicher sind, als vertrauter scheinende Buchstabenfolgen wie etwa *eslen*, einfach weil die Zahl der Konsonanten in unserer Sprache höher ist als die der Vokale, lassen sich *mit* Berücksichtigung der Auftrittswahrscheinlichkeiten auch per Zufall schon halbwegs vertraut scheinende Texte erzeugen. Schon die Berücksichtigung der Bedingtheit von nur drei aufeinanderfolgenden Zeichen – man spricht von „Trigrammen" – erzeugt erstaunlich sprach-ähnliche Buchstabenfolgen. Der erste der beiden folgenden Zufallstexte berücksichtigt das Auftreten aller Zeichen als völlig gleich wahrscheinlich. Der zweite berücksichtigt die Wahrscheinlichkeit in Buchstabentripel, also in jeweils drei Kettengliedern.

yxbdkuie axsitesf yjwcmngzy sx uwfkh ondky

den zu hatosen mit so mang aben branz gannend

Zeichen, die häufig oder meist nur in bestimmten Verbindungen mit anderen Zeichen vorkommen, können deshalb bei ihrer Kodierung mit weniger Bits dargestellt werden als seltene Zeichen. Wie viele Bits konkret notwendig sind, hängt dabei von ihrem Verweisungszusammenhang ab, vom *Kontext*, in dem sie stehen.

In der Kryptologie werden Buchstabenhäufigkeiten und ihre Bedingtheit zum Entziffern von Codes verwendet. Kennt oder vermutet man zum Beispiel die einem

Code zugrunde liegende Sprache, so lässt sich die Auftrittswahrscheinlichkeit der Buchstaben dieser Sprache mit der der Zeichen im Code korrelieren und so – bei simplen Codes – der Text bereits einigermaßen entschlüsseln.

Die Zeichen unserer Sprache stellen sich also auch *gegenseitig* Information zur Verfügung. Oder anders herum formuliert, sie schränken sich ihre Möglichkeitsräume auch *gegenseitig* ein, sie reduzieren wechselseitig die Unsicherheit ihres Auftretens, verwandeln also gewissermaßen ihre relative Unwahrscheinlichkeit schon selbst in Wahrscheinlichkeiten, die für sich zwar vielleicht noch nicht zur Sicherheit reichen, aber doch deutlich höher sein können, als bei völlig gleich wahrscheinlichen Zeichen. Wie das Beispiel der Buchstabenfolge *sch* zeigt, kann damit aus relativ hoher Ungewissheit, beziehungsweise Unwahrscheinlichkeit, sehr schnell, fast schlagartig – „fulgurativ" – hohe Wahrscheinlichkeit für das Auftreten bestimmter Zeichen entstehen, eine Wahrscheinlichkeit, die hinreicht, dass seinerseits sehr unwahrscheinliche Phänomene – wie hier etwa schriftliche Kommunikation – realisiert werden können.

II-VII Sinn

Allerdings wird der Möglichkeitsraum der Zeichen, die wir in unseren Kommunikationen verwenden, natürlich nicht nur durch ihre sich wechselseitig bedingende Wahrscheinlichkeit eingeschränkt. Eine wesentlich effektivere Methode zur Reduktion von Unsicherheit in Bezug auf sprachliche oder schriftliche Kommunikation bietet die *Bedeutung* der Zeichen, der *Sinn* also, den sie für uns implizieren.

Im obigen Beispiel der zufallsgenerierten Zeichenfolgen ist kein Sinn zu erkennen. In der folgenden Zeichenfolge sorgt dagegen die Bedeutung, die wir den Zeichen zumessen, dafür, dass wir die durch falsche Abstandsetzung und Kleinschreibung verzerrte Nachricht wohl schnell ohne allzu große Probleme stimmig neuordnen können.

Li ebe skindko m mge hmi tmi rga rsch ön espie lespie lich mi td i r

Der Sinn versteckt sich in diesem Beispiel, so könnten wir sagen, ein wenig hinter den Zeichen. Im Normalfall des alltäglichen Lesens nehmen wir aber viel eher ihn, denn primär die Zeichen wahr. Das heißt, wir achten weniger auf die Zeichen, überlesen mitunter auch Rechtschreibfehler und ähnliches und bewegen uns gedanklich primär auf der Ebene des Sinns eines Textes.

Gegenüber der Ebene der Zeichen – darauf soll das obige Beispiel hinweisen – ist Sinn freilich ein *next-order*-Phänomen, eines, das auf der emergenten Ebene der Zeichen selbst gar nicht zu finden ist. Er entsteht erst auf einer nächst höheren emergenten Ebene und wirkt von da offensichtlich auf die Ebene der Auswahl der Zeichen zurück. Manche Forscher sprechen diesbezüglich von *downward causation*[93], andere, vielleicht etwas präziser, von *downward entailment*[94]. Wir werden noch sehen, dass dies vor dem Hintergrund der Debatten um die wissenschaftstheoretische Denkrichtung des Reduktionismus keineswegs unproblematische Unterstellungen sind. Hier halten wir einstweilen fest, dass wir Sinn-geleitet offenbar in der Lage sind, Zeichen eben „sinnvoll" zu ordnen. Sinn stellt, anders gesagt, auch eine Ordnungsebene bereit, mit der wir den Möglichkeitsraum, in diesem Fall den der Kommunikation mit Zeichen, effektiv einschränken.[95] Das *next-order*-Phänomen Sinn bietet damit in seinem Verhältnis zur Ebene der Zeichen ein Beispiel für jene „Verschachtelung" von Ordnungen, die wir oben angesprochen haben. Sinn ist ein emergentes Phänomen, das seinerseits Emergenz ermöglicht, indem es Möglichkeitsräume auf ein Ausmaß einschränkt, in dem (andere) emergente Phänomene hinreichend wahrscheinlich werden können.

---

93 Andersen, Peter Bøgh / Emmeche, Claus / Finnemann, Niels Ole / Christiansen, Peder Voetmann (eds.) (2000): Downward Causation. Minds, Bodies and Matter. Århus: Århus University Press.
94 Abbott, Russ (2006): Emergence explained; in: *Complexity* 12, 1, p. 13-26. Abbott, Russ (2009): The Reductionist Blind Spot; in: Complexity 2/2009.
95 Vgl. dazu vor allem auch: Luhmann, Niklas (1984): Soziale Systeme. Grundriß einer allgemeinen Theorie. Frankfurt/M. Suhrkamp, S. 92ff.

Kapitel 3 – Simulationen

Die vielfach noch auf Millimeterpapier und nicht am Computer begonnenen Untersuchungen *Zellularer Automaten*, wie wir sie in Kapitel 2 kennengelernt haben, intensivierten sich mit den Möglichkeiten, die die Informationstechnologie seit etwa den 1960er Jahren in breiterem Ausmaß zur Verfügung stellte. Mit den Erkenntnissen aus den ersten, aus heutiger Sicht oft eher simplen Computerexperimenten lag es bald nahe, auch konkretere Entwicklungen und Prozesse, als sie die regelgeleitete Abfolge von weißen und schwarzen Zellen auf einem Spielfeld darstellen, ins Auge zu fassen. Insbesondere traditionell bereits mathematisch orientierte Disziplinen wie die Ökonomie und ihre zu dieser Zeit gerade entstehende Erweiterungsform, die Ökologie, sahen in der neuen Computertechnologie schnell eine Möglichkeit, um zum einen Zusammenhänge schärfer ins Auge zu fassen, die sich einer Analyse bislang als zu komplex widersetzten. Zum anderen, und dies vielleicht mit größerer Folgewirkung, verlockten die neuen Medien auch dazu, die Beobachtung von Entwicklungsverläufen immer mehr auf die *Vorhersage* zukünftiger Gegebenheiten auszudehnen. Insbesondere in der Ökonomie fanden computergestützte Versuche, historisch beobachtete Entwicklungen zu extrapolieren und daraus Diagnosen und Prognosen für die Zukunft zu erstellen, schnell weite Verbreitung.

Die Geschichte dieser Unternehmungen hat die Entwicklung der Simulationstechnologie in den letzten Jahrzehnten nicht unwesentlich geprägt. Wir wollen uns im folgenden kurz einige Eckpunkte dieser Geschichte ansehen.

3.1 Zur Geschichte der Simulation

Als vielleicht bekanntestes Beispiel eines frühen Computer-gestützten Prognoseversuchs kann die berühmte *Club-of-Rome*-Studie „Die Grenzen des Wachstums" (*The Limits to Growth*) aus dem Jahr 1972 gelten.[96] Die Studie zog zur Analyse ökonomischer und vor allem ökologischer globaler Entwicklungen Methoden heran, die der Systemtheoretiker Jay W. Forrester in den Jahren zuvor unter dem Titel *System Dynamics*[97] entwickelt hatte.[98] Eine Reihe von Forschern um Dennis L. Meadows, einem Studenten von Forrester, berechnete Ende der 1960er Jahre mithilfe dieser Methode das Verhalten eines komplexen Welt-Modells ökonomischer und ökologischer Dynamiken, das sie *World3* nannten. Die informatisch interessante Studie bezog sich dabei allerdings auf eine eher fragwürdige empirische Datenbasis und löste damit eine Lawine kritischer Diskussionen aus, die nicht zuletzt auch die Bemühungen um die neue Simulationsmethode einigermaßen diskreditierten. Die anfängliche Euphorie um diese Methode erlosch.

Noch vor den *Limits to Growth* war in den 1960er Jahren unter dem etwas missverständlichen Titel *Mikrosimulation*[99] versucht worden, aus der Computer-berechneten Entwicklung großer Zufallssamples von Individuen, Haushalten und Unternehmen Informationen zur Orientierung politischer Maßnahmen abzuleiten. In entsprechenden Versuchen wurden zum Beispiel Populationsentwicklungen simuliert, um daraus auf Besteuerungsmöglichkeiten oder die Durchführbarkeit sozialstaatlicher Maßnahmen zu schließen. Ebenfalls zu dieser Zeit wurden unter dem Titel *Simulmatics* auch Möglichkeiten untersucht, das Wahlverhalten von US-Bürgern in Reaktion auf politische Maßnahmen zu simulieren. Zur Untersuchung

---

96 Meadows, Dennis L. / Meadows, Donella H. / Randers, Jørgen / Behrens, William W. III (1972): The Limits to Growth. Universe Books.
97 Es handelt sich bei dieser Methode im wesentlichen um eine, mittels grafischer User-Interfaces vereinfachte Methode zur Zusammenstellung mehrerer Differentialgleichungen, wie wir sie in Kapitel 1 etwa im Zusammenhang der Räuber-Beute-Systeme oder auch der Lorenzschen Wetterprognose-Gleichungen besprochen haben. Das Internet ist mittlerweile voll von einfacheren und weniger einfachen Hilfsprogrammen, die die Methode der *System Dynamics* auch für mathematische Laien zugänglich macht.
98 Forrester, Jay W. (1968): Principles of Systems. Pegasus Communications.
99 Orcutt, Harriet G. / Merz, Joachim / Quinke, Hermann (eds) (1986): Micronalystic Simulation Models to Support Social and Financial Policy. Amsterdam. Elsevier Science Publishers B.V.

der Auswirkungen eines Vorschlags von John F. Kennedy, in Teilen der USA das Trinkwasser zu fluorisieren[100], wurden zum Beispiel 50 simulierte Individuen, so genannte *Agenten*, mit Informationen aus unterschiedlichen Quellen ausgestattet und mit der Möglichkeit versehen, untereinander zu kommunizieren. In der Annahme, dass politisch eher extrem eingestellte Akteure sich weniger Informationsinteressiert zeigen, wurden Auswirkungen auf das Wahlverhalten der Agenten unter anderem von ihrer (simulierten) politischen Einstellung abhängig gemacht.

Das wohl ambitionierteste, frühe Projekt zur Simulation ökonomischer und sozialer Entwicklungen wurde in den 1970er Jahren unter Präsident Salvador Allende in Chile geplant. Unter Leitung des britischen Kybernetikers Stafford Beer sollte unter dem Projektnamen *Cybersyn* die gesamte verstaatlichte Unternehmensstruktur Chiles mit Computern erfasst werden.[101] Sämtliche Marktdynamiken und Produktionsabläufe der Fabriken und Unternehmen Chiles sollten über einen computerisierten Monitoring- und Planungsapparat vernetzt werden, um so nach Wunsch Allendes einen „Cyber-Sozialismus" zu verwirklichen, der keine „kapitalistischen" Markt- und Gesellschaftsdefizite mehr kennt. Allerdings wurde das Projekt vorrangig zunächst in jenen Teilen realisiert, die sich zur Kontrolle der Bevölkerung nutzen ließen – etwa zur Überwachung von elektronischen Mitteilungen, damals Telefaxes, während einer Streikperiode im Jahr 1972. Stafford Beer beklagte diesen Missbrauch. Der Sturz Allendes 1973 beendete das Unternehmen vorzeitig und trug damit ebenfalls zur Diskreditierung des Einsatzes von Computern bei Administration und Planung sozialer Unternehmungen bei.

Neben ihren oft überambitionierten Anliegen unterlagen Unternehmungen wie *Cybersyn* oder *The Limits to Growth* natürlich auch den technischen Beschränkungen ihrer Zeit. Computersimulationen beliefen sich damals in der Regel darauf, eine überschaubare Zahl von Dynamiken in Form von Differenz- oder Differentialgleichungen miteinander zu verbinden und mithilfe von Rechnern iterativ zu lösen. Mit zunehmender Leistungsfähigkeit der Computer lockerten sich diese Beschränkung allerdings. Vor allem Physiker und Mathematiker begannen die sich nun bietenden Möglichkeiten zur Analyse spezifischer Materie-Eigenschaften zu nutzen, etwa dem Studium von Magneten, von Turbulenzen in Flüssigkeiten, des Wachstums von Kristallen oder der Erosion von Böden. Aus der aufkommenden *Artificial Intelligence-* (AI) und später *Distributed Artificial Intelligence*-Forschung (DAI) kam in den 1980er Jahren die Möglichkeit hinzu, Computerprogramme gewissermaßen „autonom" interagieren zu lassen. Und die Chaos- und Komplexitäts-

---

100 Sola Pool, Ithiel de / Abelson, Robert (1961): The Simulmatics Project; in: *Public Opinion Quarterly* 25, p. 167-183.
101 Medina, Eden (2006): Designing Freedom, Regulating a Nation: Socialist Cybernetics in Allende's Chile; in: Journal for Latin American Studies 38, p. 571–606.

forschung schufen Aufmerksamkeit für die nichtlinearen Dynamiken und emergenten Ordnungen, die sich dabei ergaben. Allmählich begannen sich so auch die Sozialwissenschaften für die Simulation zu interessieren. Erste Untersuchungen, wie etwa die von Joshua Epstein und Robert Axtell zur *Sugarscape* (siehe Kapitel 3.3.1) oder die von Robert Axelrod zur „Evolution von Kooperation" (siehe Kapitel 4.5), fanden große Aufmerksamkeit und begründeten schließlich eine Simulationsmethode, die heute als *agent-based* so genannten *Multi-Agenten-Systemen* (MAS) zugrunde liegt. Ihre Methode der virtuellen *Interaktion autonomer Agenten* mit stochastisch gestreutem Verhalten erlangte insbesondere mit dem Aufkommen des Internets und seiner Bedrohung durch Computerviren mittlerweile auch in außerwissenschaftlichen Kreisen einige Bekanntheit. Ergänzt von verschiedenen Techniken des Maschinenlernens (Kapitel 5) und erweitert durch die schnell wachsenden Disziplin der Netzwerkanalyse (Kapitel 6), findet sie heute, außer in der Forschung, bei so verbreiteten Anwendungen wie Internetsuchmaschinen, sozialen Netzwerken, virtuellen Computerwelten, selbständig agierenden *Shopping bots* oder auch etwa bei der Planung öffentlicher Gebäude, der Regulierung des Straßenverkehrs, der Optimierung des Luft- und Landeverkehrs um große Flughäfen, der Administration von Containerterminals und vielem mehr ihren Einsatz.

Betrachten wir nun einige Beispiele aus der Geschichte der Multi-Agenten-Simulation etwas genauer.

3.1.1 Segregation

Ein berühmtes Beispiel, das Zellularen Automaten wie dem *Game of Life* noch sehr nahe steht, dabei aber doch auch schon die Möglichkeiten der Multi-Agenten-Simulation veranschaulicht, wurde zunächst gar nicht für den Computer erdacht. Der Ökonom Thomas Schelling untersuchte um 1970 herum die Niederlassungsvorlieben von Einwohnern unterschiedlicher ethnischer Herkunft in US-amerikanischen Großstädten und schlug zur Erklärung der dabei festgestellten Segregation ein einfaches Modell vor.[102] Auf einem Schachbrett verteilte er in zufälliger Anordnung Münzen zweierlei Größen (*Pennies* und *Dimes*) und legte sodann jede einzelne Münze entsprechend der Zahl ihrer unmittelbar angrenzenden Nachbarmünzen um. Wenn eine Münze weniger als einen festgelegten Prozentsatz Nachbarn der eigenen Art hatte, wurde sie auf ein freies Feld verlegt und dies solange für alle Münzen wiederholt, bis nach dieser Regel keine Münze mehr bewegt werden konnte. Als Resultat ergab sich auch bei relativ „toleranten" Nachbarschafts-

---

102 Schelling, Tom C. (1971): Dynamic Models of Segregation; in: Journal of Mathematical Sociology 1/1971, p. 143-186.

vorlieben von unter 50 Prozent der eigenen Art eine trennscharfe Segregation in unterschiedliche Münzdistrikte.

Auch bei diesem Vorgehen hängt, ähnlich wie beim eingangs erwähnten *Page-Ranking* (siehe ausführlicher Kapitel 6.4.3), die „Entscheidung" einer Münze für eine Position, beziehungsweise eines Einwohners für seinen Umzug, von den „Entscheidungen" seiner Nachbarn ab. Und diese Entscheidungen werden wieder – zirkulär – von der Entscheidung dieser Münze beeinflusst. Es gibt also auch hier keine „Erstentscheidung", die allen anderen zugrunde liegen oder sie bedingen würde. Alle Entscheidungen werden gewissermaßen *gleichzeitig ungleichzeitig* getroffen, nämlich durch *iteriertes Ausprobieren* bis die Bedingungen erfüllt sind.

Es dürfte leicht erkennbar sein, dass dieses iterierte Ausprobieren auf einem Schachbrett mit nur wenigen Münzen eher umständlich und langwierig ausfallen kann, dass es aber für Computer, selbst mit vergleichsweise geringer Leistung, kein großes Problem darstellt. Es lag daher nahe, das Schellingsche Segregationsmodell am Computer zu simulieren. Abbildung 3.2 zeigt Ausgangskonstellation und Ergebnis einer solchen Simulation.

Erwähnenswert sind dabei vorerst zwei Umstände. Zum einen lässt sich ein Computer-generiertes „Spielfeld", anders als das Schachbrett, an den Rändern zu einem *Torus* verbinden. Das heißt, der Computer behandelt die Münzen – hier Agenten genannt –, die am Rande des Spielfeldes positioniert sind, so, als wären sie mit den Münzen (Agenten) auf der je gegenüberliegenden Seite des Spielfelds benachbart. Rechts schließt an Links an, und Oben an Unten. Alle Agenten haben daher stets gleich viele Nachbarn.

Zum zweiten werden diese Nachbarschaften wie schon im Zusammenhang der Zellularen Automaten zahlenmäßig unterschieden. Nachbarschaften, die nur aus den vier Feldern im „Norden", „Osten", „Süden" und „Westen" eines Agenten bestehen, werden „*Von-Neumann*-Nachbarschaften" genannt, benannt nach dem Mathematiker John von Neumann. Und Nachbarschaften, die zusätzlich auch die Felder im „Nord-Osten", „Süd-Osten", „Süd-Westen" und „Nord-Westen" umfassen, werden „*Moore*-Nachbarschaften" genannt.[103]

---

[103] Darüber hinaus besteht die Möglichkeit, die Zellen auf einem Spielfeld zum Beispiel als Hexagone oder auch in anderen Formen zu modellieren, was jeweils andere Nachbarschaften ergibt.

3.1 Zur Geschichte der Simulation

Abbildung 3.1: Nachbarschaften in Multi-Agenten-Simulationen

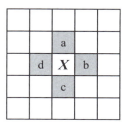 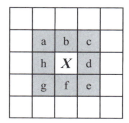

Links Von-Neumann, rechts Moore.

Ein Beispiel für Strukturen, die das Schellingsche Segregationsbeispiel, mit Moore-Nachbarschaft generiert, zeigt die folgende Abbildung.

Abbildung 3.2: Simulation einer Schelling-Segregation mit 40-prozentiger „Toleranz"

Links: initiale Zufallsverteilung, rechts: nach 20 Iterationsschritten.

Das Beispiel führt einen Umstand vor Augen, dem wir bereits wiederholt begegnet sind. Obwohl auf „Mikro-Ebene" der individuellen Nachbarschaftsvorlieben keiner der Münzen übermäßige „Intoleranz" angelastet werden kann – die Münzen bleiben an ihrem Ort, wenn nur mindestens 40 Prozent ihrer Nachbarn von der eigenen Art sind – so ergibt sich auf „Makro-Ebene"[104] doch ein Muster, das eher starke Durchmischungsresentiments vermuten lässt. Die Aggregation verteilter

---
104 Vgl.: Schelling, Tom C. (1978): Micromotives and Macrobehavior. New York. Norton.

Individualdynamiken erzeugt eine *emergente Ordnung*, die, wie schon unter II-II erwähnt, die Aristoteles zugeschriebene Äußerung assoziiert, wonach das Ganze mehr als die Summe seiner Teile sei.[105] Oder anders gesagt, das Resultat des Umlegeprozesses der Münzen lässt nicht auf die zugrundeliegenden Ursachen schließen. Ohne die Versuchsanordnung zu kennen, würde man andere Ursachen für das markante Segregationsmuster vermuten.

---

105 Weitere berühmte Beispiele aus den Sozialwissenschaften wären etwa die Diskrepanz zwischen Gebrauchs- und Tauschwerten in der Ökonomie, die Debatten um die *invisible hand* von Adam Smith, um das *fait sociale* von Emil Durkheim, die *unanticipated consequencies of purposive social actions* von Robert K Merton, die Cournot-Effekte, die Eigenlogik selbstreferentiell geschlossen operierender Systeme und vieles mehr.

3.2 Ontogenese statt Ontologie

Wie schon in unseren Überlegungen in Kapitel 1 deutlich wurde, besteht ein wesentlicher Aspekt der Theorie komplexer Systeme im Vorhaben, Phänomene nicht so sehr in ihrem *Sein*, das heißt wie in der klassische Philosophie in ihrer *Ontologie*, sondern in ihrem *Werden*, in ihrer *Ontogenese* zu betrachten. Als Mittel dazu dient uns die Computer-Simulation, die es erlaubt, Prozesse, die *von ihrem Ergebnis her* kaum auf die ihnen zugrunde liegenden Regeln schließen lassen, *in ihrem Ablauf*, in ihrem *Werden* zu beobachten.

Die Umstellung von Ontologie auf Ontogenese betrifft viele Phänomene, die wir im Alltag, aber auch in der Forschung unseren Erkundungen oftmals voraussetzen, ohne überhaupt auf die Idee zu kommen, sie auf ihren Entstehungszusammenhang zu hinterfragen. Lange Zeit gehörte dazu auch das vielen Forschungsansätzen zugrunde liegende „Ich", die „Ich-Identität", das klassische „Subjekt", das in der Philosophie gerne mit der berühmten Descartschen Äußerung vom *Cogito ergo sum* begründet wird. Für Descart führte sich dieses *Cogito* bekanntlich auf seine „Methode" des all umfassenden Zweifels zurück. *De omnibus dubitandum est*, hatte er postuliert, und dabei festgestellt, dass, wenn wirklich alles bezweifelt würde, auch das Zweifelnde selbst, also eben das Subjekt, das „zweifelnde Ich" bezweifelt werden müsste. Genau damit wäre aber dem Zweifel die Grundlage genommen. Der klassischen Philosophie erschien das „Ich", das philosophische Subjekt damit als „unvordenkbar". Sie wies ihm deshalb einen gleichsam *absoluten*, allem anderen *vorausgesetzten* Ort zu, von dem aus es schließlich auch zum „Vorbild" dessen wurde, was den Sozialwissenschaften als *homo oeconomicus* und im weiteren schließlich der Spieltheorie und den hier besprochenen Computersimulationen als *Akteure* oder *Agenten* wie „Elementarteilchen" zugrunde zu liegen scheint. Wir werden im folgenden kurz auf die Geschichte und die Implikationen des *homo oeconomicus* zu sprechen kommen, wollen aber zuvor das ihm zugrundeliegende Subjekt als Paradebeispiel für jenes Phänomen markieren, das wir im Titel dieses Buches als *gleichzeitige Ungleichzeitigkeit* ansprechen.

Aus dieser Sicht erscheint nämlich das „Ich" keineswegs immer schon vorgegeben und allem anderen vorausgesetzt. Wir gehen vielmehr im Anschluss an die Entwicklungspsychologie, davon aus, dass sich, was wir als Ich-Identität wahrnehmen, erst im Laufe des Heranwachsens einer Person in wiederholter, sprich *iterativer* Reaktion auf Reize einer Umwelt bildet[106], die ihrerseits, wie dies unter anderem Heinz von Foerster[107] betont, nicht als *Vorausgesetztes* betrachtet wird, sondern ebenfalls erst im Zuge unzähliger Erfahrungen und Auseinandersetzungen *iterativ* entsteht. Erst im Zuge einer solchen Genese emergieren also *gleichzeitig ungleichzeitig* einerseits „Ich" und andererseits „Nicht-Ich" in unzähligen Eigen- und Fremdzurechnungen zu dem, als was wir sie im Alltag wahrnehmen. Das Ich und seine Welt, angefangen von seinen Eltern, seinen sozialen Normen, seinen materiellen Bedingungen und vielem mehr, bilden damit eine Verweisstruktur, in der es – so wie der Page-Rank im *World Wide Web* – in vielfältigen *gleichzeitig ungleichzeitigen* Beziehungen eingewoben ist. Das „Ich" ist kein Vorausgesetztes, sondern ein emergentes Phänomen, das erst in *Beziehung zu Anderem*, zu anderen „Ichs" und anderen „Nicht-Ichs", – oder mit Descartes, *im Zuge* des Zweifels, verstanden hier als Auseinandersetzung mit seinen Verweisen – entsteht. In diesem Sinn werden wir im folgenden, auch wenn wir dies nicht immer explizit betonen, auch den *homo oeconomicus*, beziehungsweise seinen spieltheoretischen Offspring, den Agenten, betrachten.

3.2.1 Der homo oeconomicus

Der *homo oeconomicus* bezeichnet, kurz gesagt einen theoretischen Idealtypus menschlichen Verhaltens, der sich erstens durch rigorose, auf sich selbst bezogene Nutzen-Optimierung auszeichnet und zweitens dabei stets vollständig über alle Aufwendungen und Kosten, die ihm dabei erwachsen könnten, informiert ist. Sein Verhalten wird deshalb gerne als *egoistisch* und *rational* bezeichnet. Obwohl sich Wissenschaftler einig sind, dass sich kein realer Mensch jemals in dieser Weise verhält, spielt der *homo oeconomicus* in zahlreichen wissenschaftlichen Disziplinen, angefangen von Bereichen der Philosophie, über die Wirtschaftstheorie, die Spieltheorie bis hin zu unserem Themengebiet eine schwer verzichtbare Rolle.

Im Vordergrund seines Verhaltens, wie auch der Kritik daran[108], steht der *Eigennutz*, der schon in der Antike als wichtiger politischer Impuls für die Bedeutung von Eigentum und Gemeingütern diskutiert wurde[109], in vielen frühen Texten

---

106 Vgl. dazu etwa die Entwicklungspsychologie von Jean Piaget.
107 Foerster, Heinz v. (1993a): Gegenstände: greifbare Symbole für (Eigen-)Verhalten. In: ders.: Wissen und Gewissen. Versuch einer Brücke. (Hrsg. v. Siegfried J. Schmidt), Frankfurt am Main, S. 103-115.
108 U.a.: Green, Donald / Shapiro, Ian (1994): Pathologies of Rational Choice Theory: A Critique of Applications in Political Science. Yale University Press. New Haven.
109 Vgl.: Aristoteles: Politik Buch II, Teil V, (Pol. 1262 b 22-23).

freilich eher als moralischer Vorbehalt einem umfassenderen menschlichen Verhaltensbild gegenübergestellt wurde. Erst in der neuzeitlichen Wissenschaft schält sich das Konzept nach und nach aus seinen konkreten Bezügen, auch hier freilich noch vorwiegend qua Negation. Für Thomas Hobbes etwa ist Eigennutz ein zwar „natürliches" Verhalten, das allerdings kaum noch irgendwo unverfälscht aufzufinden ist, weil es in der Zivilisation von normativen und rechtlichen Abmachungen überformt wird. Nur im Naturzustand sei der Mensch dem Menschen ein Wolf – *Homo homini lupus*. Mit dem Sozialvertrag wird er zum *zoon politicon*. Erst die rechtliche Rahmung seines Eigennutzes ermöglicht ihm soziales, also eigentlich „unnatürliches" Verhalten, das seine Konturen allerdings nur anhand des unterstellten „natürlichen" erkennen lässt. Obwohl empirisch nicht auffindbar, wird der Eigennutz also zum analytischen Hintergrund, anhand dessen sich in Folge eine Reihe von Theoretikern – von Adam Smith, über Jeremy Bentham oder etwas später auch John Stuart Mill bis hin zu John Ingram und Vilfredo Pareto – der weiteren Abstraktion des egoistisch-rationalen *economic man*, oder wie er dann im 20. Jahrhundert genannt wird, des *homo oeconomicus*, widmet.

Vor allem die entstehende Wirtschaftstheorie kann den Begriff in seiner Abstraktheit gut brauchen, lassen sich doch zentrale Aspekte ihrer Disziplin damit quantifizieren und so scheinbar auch „objektivieren". Zwar tauchen bald kritische Einwände gegen die Idealität des Konzepts auf. Insbesondere die neoklassische Wirtschaftstheorie beruft sich aber auf die statistische Streuung, in deren Folge sich individuelles Verhalten, das von dem des *homo oeconomicus* abweicht, in großen Settings, wie sie Ökonomen betrachten, den idealtypischen Annahmen wieder anpassen sollte.

Obwohl sich mittlerweile Hinweise häufen, dass sich in der statistischen Streuung eher „Irrationalitäten", denn Rationalitäten akkumulieren – wir kommen in Kapitel 4.3.6 darauf zurück – liefert einerseits die einfache Quantifizierbarkeit des Konzeptes Gründe dafür, es wirtschafts- und entscheidungstheoretischen, aber auch etwa spiel- und komplexitätstheoretischen Untersuchungen zugrunde zu legen. Und andererseits erlaubt mit der Zeit die Rechenleistung moderner Computer auch die Berücksichtigung von „irrationalen", etwa emotional-beeinflussten oder von *bounded rationality* (siehe 4.3.6.1) bedingten Abweichungen vom idealtypischen Verhalten – sei es mittels Techniken wie Fuzzy-Logik, oder durch Versuche, die Agenten selbst erst als im Zuge ihrer Interaktionen konstituiert zu betrachten. Beispiele dafür werden wir in den folgenden Kapiteln näher betrachten. Einstweilen halten wir fest, dass insbesondere kooperatives, altruistisches oder solidarisches Verhalten, also eine Art von Verhalten, das von dem des abstrakten *homo oeconomicus* eigentlich diametral abweicht, mittlerweile sehr schlüssig auf

Basis egoistisch-rational handelnder Akteure erklärt wird. Wir werden darauf in Kapitel 4 ausführlich eingehen.

3.3 From the bottom up

Wir betrachten das klassische philosophische Subjekt, und damit den *homo oeconomicus* und seinen Offspring, den *Agenten* computertechnischer Simulationen, hier also als emergentes Phänomen, das Untersuchungen, die sich dieser Technik bedienen, zwar zugrunde liegt, dabei aber nicht als vorausgesetzt, sondern als seinerseits *konstruiert* angesehen wird. Sowohl das philosophische Subjekt, wie auch der *homo oeconomicus* werden dabei nicht von ihrem Ergebnis her, also gleichsam *top down* gesehen, sondern im Hinblick auf ihren Entstehungsprozess, ihre *Ontogenese*.

Dieses Prinzip liegt dem hier behandelten Forschungsansatz zugrunde. Wie schon erwähnt, zeigen viele soziale, aber auch etwa physikalische, biologische, psychologische und kognitive Phänomene eine Art regelmäßigen Verhaltens, das, wenn es von seinem Resultat her auf seine Ursachen hin befragt wird, also eben *top down* betrachtet wird, oftmals Erklärungsansätze nahelegt, die sich von denen, die den Entstehungsprozess in Betracht ziehen, die also das Phänomen *from the bottom up* betrachten, diametral unterscheiden können. Das Problem dabei ist allerdings, dass sich die *bottom-up*-Genesen in der Natur selten genau beobachten lassen. Entweder liegen ihnen evolutionäre Zeiträume, also Jahrhunderte oder Jahrtausende zugrunde, die wir als eher kurzlebige Wesen nicht erfassen können. Oder wir sind, wenn sie schneller ablaufen – wie etwa im Fall der Kommunikation oder beim Entstehen sozialer Normen –, in ihren Prozess in einer Weise involviert, die es uns schwerfallen lässt, (An-)Teilnahme und Beobachtung zu trennen. Eine Möglichkeit, diesen beiden Schwierigkeiten zu begegnen, bietet die Simulation solcher Prozesse, der Versuch also, komplexe Interaktionsprozesse kontrolliert und wiederholbar ablaufen zu lassen.[110]

---

110 Mittlerweile liegt eine recht umfangreiche Palette von vorgefertigter Multiagenten-Simulations-Software vor, die Forschern einen erheblichen Teil der Programmierarbeit ersparen. Die bekanntesten (Stand 2010) sind: die *Open-Source*-Programme *Netlogo* (http://ccl.northwestern.edu/netlogo/), *Repast* (http://repast.sourceforge.net/), *Ascape* (http://ascape.sourceforge.net/9, *Swarm* (http://www.swarm.org/index.php/Swarm_main_page), *Mason* (http://cs.gmu.edu/~eclab/projects/mason/), und das proprietäre, also kostenpflichtige *Anylogic* (http://www.xjtek.com/anylogic/why_anylogic/)

3.3.1 Sugarscape

Zu diesem Zweck gingen die beiden Komplexitätsforscher Joshua M. Epstein und Robert Axtell in den 1990er Jahren in Santa Fe – einem weiteren wichtigen Zentrum der Komplexitätsforschung – daran, sich ein computergestütztes „Labor" für soziale Experimente, ein „Computerrarium" wie sie es nannten, zu basteln. Sie schufen sich dazu am Computer eine artifizielle Ökonomie, die sie *Sugarscape* nannten[111] und die sie daraufhin anlegten, komplexe soziale und ökonomische Zusammenhänge mit möglichst einfachen Annahmen, eben *from the bottom up* zu simulieren.

In der Modellwelt *Sugarscape* interagieren virtuelle, autonome Agenten mit spezifischem, über veränderbare Parameter bestimmbaren Verhalten auf einem „Spielfeld", einem Gitternetz aus 50 mal 50 Feldern. Ihre Hauptaufgabe, ihre „Arbeit", ist es dabei, eine ungleichmäßig auf dem Spielfeld verteilte Ressource, den so genannten *Sugar* (später auch *Spice*), zu finden und zu „ernten". Diese Ressource dient zur Aufrechterhaltung ihrer Existenz, stellt also gewissermaßen ihr Nahrungsmittel dar. Wenn der *Sugar* „geerntet" wird, wächst er nach bestimmten Regeln, den so genannten *growback rules*, nach bis die auf dem jeweiligen Feld maximal mögliche Menge wieder erreicht ist.

Abbildung 3.3: Sugarscape-Simulation

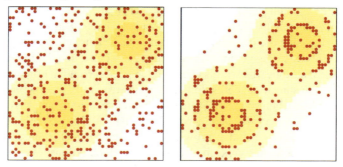

Links: Ausgangssituation mit *Sugar* in nach Konzentration unterschiedenen Gelbtönen auf zwei „Sugar-Bergen" angeordnet und zufällig verteilten Agenten (rot). Rechts: nach 100 Spielzügen (Iterationsschritten).

Die Agenten verfügen über individuelle, per Zufallsgenerator vergebene Metabolismen, mit denen festgelegt ist, wie schnell sie die Nahrung verarbeiten, die sie

---

111 Epstein, Joshua M. / Axtell, Robert (1996): Growing Artificial Societies: Social Science From the Bottom Up. Cambridge, MA: MIT Press.

ernten, beziehungsweise wie viel sie davon pro Spielzug benötigen, um zu „überleben". Finden sie nicht genug *Sugar*, so „sterben" sie, das heißt ihr Symbol, ein roter Punkt, wird vom Spielfeld entfernt. Das Verhältnis von *Sugar* und Populationszahl, beziehungsweise von Nachwachsrate und Stoffwechselrate, definiert die *carrying capacitiy* (siehe 1.3.2) der *Sugarscape*-Landschaft, also die Maximalgröße, die die Agentenpopulation unter den gegebenen Umweltbedingungen erreichen kann.

Darüber hinaus verfügen die Agenten über eine spezifische, ebenfalls vom Zufallsgenerator zugeteilte Sichtweite (*vision*), die darüber bestimmt, wie weit ein Agent bei seinen Versuchen *Sugar* zu finden auf dem Spielfeld sehen kann. Nach neoklassischen wirtschaftstheoretischen Annahmen, die mit absoluter Markttransparenz rechnen, würde diese Sichtweite das gesamte Spielfeld umfassen. Unter Annahme von *bounded rationality* (siehe 4.3.6.1), also von *myopisch* agierenden Agenten, ist sie entsprechend verkürzt. Die Agenten verfügen überdies über ein Konto, dessen Stand darüber Auskunft gibt, wie viel *Sugar* der Agent bereits gesammelt hat. Fällt dieser Stand auf null, so stirbt der Agent. Nach oben ist das Konto vom Verbrauch des Agenten und den insgesamt vorhandenen Ressourcen begrenzt.

Bei ihrer Suche nach *Sugar* halten die Agenten nun soweit es ihre Sichtweite zulässt auf dem Spielfeld in nördlicher, westlicher, südlicher und östlicher Richtung nach jenem freien Feld Ausschau, das den meisten *Sugar* enthält. Falls es innerhalb dieses Bereichs mehrere Felder mit gleich viel *Sugar* gibt, wählen sie das jeweils nächste, bewegen sich dorthin und sammeln den gesamten dort befindlichen *Sugar* ein, konsumieren den Teil, den ihr Metabolismus vorsieht, und bewahren den Rest auf. Diese existenzielle Basisaufgabe stellt den Ausgangspunkt für eine Reihe von Variationen dar, in denen Epstein und Axtell den Agenten und der Umwelt zunehmend spezifischere Verhaltensmöglichkeiten zugestehen.

So variieren die Autoren zum Beispiel die Wachstumsraten der Ressourcen nach Jahreszeiten, unterschieden nach Nord- und Südhemisphäre. Agenten mit hinreichend großer Sichtweite wandern in diesem Setting in den Sommer, Agenten mit kleiner Sichtweite und niedrigem Stoffwechsel überwintern, während Agenten mit kleinem Blickfeld und hohem Stoffwechsel aussterben.

Auch Umweltverschmutzung als Nebenfolge der Agentenarbeit, also des Sammelns von *Sugar*, lässt sich so simulieren. Wenn die Verschmutzung zum Beispiel von ihrem jeweiligen Herd aus in angrenzende Felder diffundiert, so richten die Agenten ihre Bewegung mit der Zeit nach dem Verhältnis von vorhandenem *Sugar* und dem Verschmutzungsgrad aus.

Eine weitere Variante sieht vor, die Agenten altern zu lassen und ihnen beschränkte Lebenszeiten zu gewähren. Die Agenten können sich überdies, so sie bei ihrer Nahrungssuche erfolgreich sind, vermehren. Epstein und Axtell unterscheiden sie dazu nach Geschlecht und Alter, beziehungsweise Geschlechtsreife. Ihr Stoffwechsel, ebenso wie ihre Sichtweite vererben sich nach Mendelscher Genetik, sodass nach einigen Generationen begünstigte Nachfahren mit weitem Blickfeld und niedrigem Metabolismus evolvieren.

In einer weiteren Variante wird das vorhandene Vermögen, also die gesammelte und selbst nicht konsumierte *Sugar*-Menge in unterschiedlichen Settings vererbt. Wird dieses Erbe zum Beispiel gleichmäßig unter allen Agenten verteilt, so verlangsamt dies – erwartbar – die Selektion. Wird das Erbe dagegen individuell vergeben, so steigt der *Gini*-Koeffizient (siehe 1.3.2) der Gesellschaft, das heißt, die soziale Ungleichheit wächst.

In einem weiteren Szenario unterscheiden Epstein und Axtell kulturelle Zugehörigkeiten. Dazu werden die Agenten mit „kulturellen" Binärcodes ausgestattet, mit 11-stelligen, individuell zugewiesenen Zahlenfolgen aus Einsen und Nullen. Ein Agent mit mehr Nullen als Einsen in seinem Kulturcode wird zu einer „blauen Kultur" gezählt, einer mit mehr Einsen als Nullen zur „roten". Wenn Nachbarn, denen jeweils eine bestimmte Stelle im Kulturcode entspricht, an der analogen Stelle ihres eigenen Codes eine unterschiedliche Zahl aufweisen, so werden sie „kulturell beeinflusst". Eine Eins in ihrem Code wird zur Null und umgekehrt. Ein einzelner Agent kann damit die kulturelle Orientierung seines Nachbarn zwar nur minimal beeinflussen. Er verändert immer nur eine von 11 Ziffern. Schon eine Gruppe von sechs Agenten kann aber – konzertiert oder nacheinander – Einfluss ausüben, der zum Kulturwechsel führt (also zum Beispiel den Binärcode 00000000000 in 11111100000 verwandelt).

Mit dieser Variation von *Sugarscape* lassen sich nun, leicht vorstellbar, soziale Entwicklungsgeschichten simulieren, die in einiger Hinsicht Entwicklungen gleichen, wie sie auch menschliche Gesellschaften durchlaufen haben könnten. Ihren Ausgangspunkt nimmt diese Entwicklung in einer „Ursuppe" zufällig verteilter Agenten, von denen es einige mit der Zeit schaffen, sich vor dem Verhungern auf die *Sugar*-Berge zu retten. Mit dem üppigen Nahrungsangebot, das sie dort vorfinden, vermehren sie sich und beeinflussen sich gegenseitig kulturell, bis sich auf beiden Bergen Stämme jeweils nur einer Kultur gebildet haben. Lässt die Wachstumsrate des *Sugar* dies zu, so können diese Stämme so groß werden, dass sie einander über das Tal zwischen den *Sugar*-Bergen hinweg nahe kommen und damit beginnen, sich kulturell zu beeinflussen. Dies kann zu kurz- oder längerfristigen Dominanzen der einen Kultur über die andere führen. Ob eine der beiden, und wenn welche, freilich obsiegt, unterliegt der zufälligen Konstellation der unterschiedlichen Parameter. Unter Umständen entwickeln sich auch dynamische, aber stabile Zyklen einander abwechselnder kultureller Hegemonien. Darüber hinaus lassen sich nun Kriege und das Erobern fremder Ressourcen simulieren und, in einer friedlicheren Version, auch der Handel mit *Sugar* und einer zweiten Ressource namens *Spice*. In dieser Version zeigt sich zum Beispiel, dass durch den Handel zwar der Wohlstand der Gesellschaft insgesamt steigt, sich zugleich aber notwendig auch soziale Ungleichheiten einstellen.[112]

3.3.2 Ein dritter Forschungsweg

Die Entwicklungen in *Sugarscape* sind zwar modelltheoretisch abstrakt und ihre Ergebnisse nur mit gewissen Vorbehalten auf tatsächliche soziale Entwicklungen umzulegen. Trotzdem scheinen sie in einiger Hinsicht illustrativ, gedankenanregend und wissenschaftlich gehaltvoll. Vor allem liegt ihnen eine Herangehensweise zugrunde, die traditionelle wissenschaftliche Methoden in ein neues Licht stellt. Bisher standen der Forschungspraxis im wesentlichen zwei grundlegende Methodiken offen. Zum einen konnte sie *deduktiv* verfahren, also von allgemeinen Gesetzen oder Prinzipien auf die Entwicklung oder das Verhalten spezifischer Einzelfälle schließen, in etwa nach dem Prinzip: alle Menschen sind sterblich, Sokrates ist ein Mensch, also ist Sokrates sterblich. Der Nachteil dieses Verfahrens besteht darin, dass bei komplexeren Zusammenhängen die Allgemeingültigkeit der Prinzipien nicht so ohne weiteres abgeschätzt werden kann. Wäre es zum Beispiel zulässig, aus den beiden Prinzipien „Alle Menschen sind soziale Wesen" und „Kooperation ist ein soziales Phänomen" den Schluss abzuleiten „Alle Menschen kooperieren"?

Zum zweiten verfahren die Wissenschaften oft *induktiv*, das heißt sie versuchen, von einzelnen Beobachtungsdaten auf allgemeine Prinzipien zu schließen. Demokrit, Epikur, Sokrates, Platon, Pythagoras … sind tot, sie alle waren Menschen, also sind alle Menschen sterblich. Der Nachteil dieser Herangehensweise liegt im Problem, nicht immer genau zu wissen, wie viele Beobachtungsdaten ausreichen, um allgemein gültige Prinzipien daraus abzuleiten. Ein berühmtes Beispiel, das wir bereits unter II-I erwähnt haben, liefert das von Bertrand Russel beschriebene Huhn, das hundert Tage lang von der Hand des Bauern Futter erhält und am hundert-ersten Tag von dieser Hand geschlachtet wird.

Die *bottom-up*-Methode der Simulation verfährt demgegenüber weder ausschließlich deduktiv, noch induktiv. Sie scheint vielmehr irgendwo dazwischen anzusetzen. Zum einen ist sie natürlich auf Hypothesen, auf angenommene Prinzipi-

---

112 Sugarscape wurde mittlerweile von einer Reihe von Autoren nachprogrammiert und weiter ausgebaut. Vgl. u.a.: Flentge, Felix / Polani, Daniel / Uthmann, Thomas (2001): Modelling the Emergence of Possession Norms using Memes; in: JASSS – Journal of Artificial Societies and Social Simulation vol. 4, no. 4.

en angewiesen. Schon um ein Agenten-Modell wie etwa *Sugarscape* zu basteln, sind gewisse Erwartungen und Annahmen darüber, wie sich das Modell verhalten wird, unumgänglich. Zwar gilt es natürlich, diese Annahmen, diese Prämissen anhand des Modells zu überprüfen. All jene Möglichkeiten, die ein System sonst noch bergen mag, die aber in den Annahmen nicht berücksichtigt wurden, können mit diesem Modell dann nicht überprüft werden. Ein Simulationsmodell ist also immer nur so gut, wie seine Prämissen. Es ist Hypothesen-abhängig. Es mag noch so gut programmiert sein und noch so schnell laufen, wenn die zugrundeliegende Hypothese, also das Prinzip, aus dem ein Verhalten abgeleitet wird, nichts taugt, so erbringt auch das Modell keine Erkenntnis.

Das heißt, das Modell wird *deduktiv* erstellt, im Hinblick auf eine Reihe von expliziten Annahmen. Aber anders als die Deduktion versucht es diese nicht zu beweisen, sondern generiert Daten, so etwas wie Einzelfälle, die dann *induktiv* analysiert werden. Wobei diese Einzeldaten allerdings, anders als in der Induktion, eben von einem genau spezifizierten Regelset kommen und nicht aus einer empirischen Beobachtung oder Vermessung der Welt.

Die Computersimulation vereint also Deduktion und Induktion. Da sie weder rein deduktiv, noch rein induktiv verfährt, wurde für sie der Terminus *generativ*[113] vorgeschlagen und die Simulation als „dritter Forschungsweg" propagiert.[114] Gelegentlich wird, in Abgrenzung, etwa von der *in vitro*-Forschung, auch von *in silicio*-Forschung gesprochen. Und gelegentlich findet sich dazu auch die Behauptung: *If you did'nt grow it, you did'nt explain it.*[115]

3.3.3 The Artificial Anasazi Project

Ergänzend zu diesen methodischen Fragen sollte hier erwähnt werden, dass sich die Agenten-basierte Simulation bei der Erstellung ihrer Modelle mittlerweile in vielen Disziplinen sehr stark an empirischen Untersuchungen orientiert. Ein anschauliches Beispiel für solche gemischten Herangehensweisen liefert Joshua Epstein, einer der Autoren von *Sugarscape*, selbst mit einer an *Sugarscape* anschließenden Nachfolgeuntersuchung, die als *Artificial Anasazi Project*[116] bekannt wurde.

---

113 Epstein, Joshua M. (2006): Generative Social Science. Studies in Agent-based Computational Modeling. Princeton Princeton UP, S. 247-270, S. 1ff.
114 Vgl. u.a.: Axelrod, Robert (2002): Advancing the Art of Simulation in the Social Sciences; in: Rennard, Jean-Philippe (Ed.): *Handbook of Research on Nature Inspired Computing for Economy and Management*, Hersey, PA: Idea Group.
115 Epstein, Joshua M. (2006): Generative Social Science. Studies in Agent-based Computational Modeling. Princeton Princeton UP, S. xii.
116 Vgl.: Epstein 2006.

3.3 From the bottom up

In diesem multi-disziplinären Projekt wurden archäologische Daten zu den Lebensumständen und zur soziohistorischen Entwicklung der Kultur der *Kayenta Anasazi*, eines nordamerikanischen Stammes, der von etwa 1800 v.u.Z. bis 1300 u.Z. im nordöstlichen Arizona, im so genannten *Longhorn Valley* lebte, in einer Multi-Agenten-Simulation verwendet. Ein Ziel des Projektes war es, Hypothesen zum relativ plötzlichen Verschwinden der Kultur um das Jahr 1300 zu erklären. In akribischer Detailarbeit wurden dazu unzählige Daten zur Fruchtbarkeit und zu den klimatischen Bedingungen der Region, zur Kultur der Anasazi, ihren Siedlungs-, Ernährungs- und Lebensgewohnheiten in das Computermodell eingegeben und sodann mit variierten Parametern, über die die Archäologen zwar Vermutungen, aber keine genauen Angaben hatten, vielfach durchgespielt. Die Untersuchung wies darauf hin, dass vor allem klimatische Veränderungen um das Jahr 1250 einigen Einfluss auf das Verschwinden der Population im Longhorn Valley gehabt haben könnten und lieferte damit den Archäologen wichtige Anhaltspunkte, in welche Richtung sie ihre weiteren Forschungen konzentrieren sollten.

Abbildung 3.4: Simulation des Siedlungsverhaltens der Anasazi im US-amerikanischen Longhorn-Valley

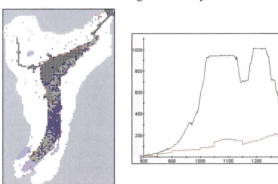

Links Besiedelung im Jahr 1150, rechts Plot der simulierten Populationsentwicklung vom Jahr 800 bis zum Jahr 1350.

Um das Jahr 2010 herum arbeitete Epstein übrigens an der Entwicklung so genannter *Large-Scale Agent Models*, die zum Beispiel zur Simulation von Pandemien Agenten-Populationen in der Größe der Weltbevölkerung, also von einigen

Milliarden Agenten, vorsehen.[117] Ein Modell mit 300 Millionen Agenten wurde bereits erfolgreich zur Simulation der Ausbreitung von Krankheiten in den USA eingesetzt.[118]

3.3.4 Glühwürmchen und Herzzellen

Kehren wir vorerst, um die theoretische Bedeutung der Simulation noch besser kennen zu lernen, zu einfacheren Zusammenhängen zurück. Ein weiteres berühmtes Beispiel zu den Konsequenzen sich selbst-organisierender *bottom-up*-Prozesse liefert das interessante Phänomen synchron blinkender *Glühwürmchenschwärme*, wie sie seit dem 17. Jahrhundert in Berichten erstaunter europäischer Reisender beschrieben werden. An Flüssen im Süden Thailands, so wurde erzählt, würden Glühwürmchenschwärme von mehreren Tausend Exemplaren völlig synchron, im Takt gleichsam, blinken. Aus traditioneller Sicht fielen Erklärungen für dieses Phänomens zunächst schwer. Während frühe Deutungen zu wissenschafts-externen Faktoren Zuflucht nahmen, allem voran einem Schöpfergott, vermuteten noch Anfang des 20. Jahrhunderts Wissenschaftler zum Beispiel versteckte „Dirigenten" unter den beteiligten Glühwürmchen, die allen anderen den Takt vorgeben. Andere glaubten eher an den Zufall oder gaben dem Zwinkern der eigenen Augen die Schuld. Eine schlüssige wissenschaftliche Erklärung blieb vorerst aus.

In den 1960er Jahren begannen sich allerdings dann Hinweise auf ähnliche Synchronisationsphänomene zu häufen. Auch Herzzellen etwa, oder synchron feuernde Neuronen im Gehirn, aber auch etwa im gleichen Takt ihre Zange schwenkende Winkerkrabben, ja sogar ihre Menstruation synchronisierende Mädchen in Internaten, lieferten mehr und mehr Beispiele für Synchronisationen, die sich nur schwerlich auf zentralistisch „dirigierte" Vorgaben zurückführen ließen.[119] Mehr und mehr gewann die These Gewicht, es mit spontan sich selbst organisierenden Zusammenwirkungen zu tun zu haben, mit emergenten Ordnungen also, die sich der komplexen Aggregation *gleichzeitig ungleichzeitiger* Dynamiken verdanken.

Mithilfe von Computersimulationen lässt sich mittlerweile zeigen, dass solche Synchronisationsphänomene auf der Wirkung miteinander interagierender Oszillatoren beruhen. Dazu werden einfache „Agenten", das heißt autonom agierende Programmteile modelliert, die – orientiert etwa am Beispiel der Glühwürmchen – einem Uhrwerk ähnlich, gleichmäßig von 1 bis 10 zählen und, immer wenn sie

---

117 Vgl.: http://www.brookings.edu/interviews/2008/0402_agent_based_epstein.aspx (4.2.2010)
118 Epstein, Joshua M. (2009): Modelling to contain pandemics; in: Nature 460, p. 687.
119 Für diese und weitere Beispiele und für genaue mathematische Analyse, siehe: Strogatz, Steven (2003): Sync. How Order emerges from Chaos in the Universe, Nature and Daily Life. New York: Hyperion.

von 10 auf 1 zurückstellen, eine Zählzeit lange ihre Farbe wechseln, also gleichsam ein „Licht" aufblinken lassen. Die Agenten beginnen dabei anfänglich per Zufallsgenerator zu völlig unterschiedlichen Zeiten zu zählen. Wenn allerdings ein anderer Agent in ihrer unmittelbaren Nähe, also in einem gewissen, eher geringen Abstand blinkt, so stellen sie ihr Zählwerk auf 1 zurück. Da sich die Agenten, echten Glühwürmchen gleich, dabei auf der „Spielfläche" bewegen und durchmischen, reicht dieser simple Mechanismus aus, um mit der Zeit alle Agenten zu synchronisieren, sie also im selben Rhythmus zählen und damit auch blinken zu lassen.

Abbildung 3.5: Simulation der Synchronisation sich bewegender Oszillatoren nach dem Beispiel von Glühwürmchenschwärmen

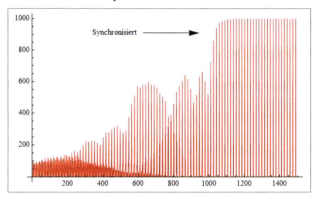

Die Höhe der Ausschläge zeigt die Zahl der bereits synchronisierten Agenten an.

3.3.5 Boids

Das möglicherweise mittlerweile bekannteste Beispiel für die Relevanz von *bottom-up*-Erklärungen aus dem Bereich der Simulation liefern die Bemühungen, die Bewegung von Tierschwärmen, im bekanntesten Fall von Fledermäusen, für die Darstellung in Hollywood-Filmen zu modellieren. Für eine Szene im Film *Batman Returns* aus dem Jahr 1992 wollte der Regisseur Tim Burton einen Fledermaus-Schwarm möglichst realistisch, aber doch dem Drehbuch entsprechend und damit also vorhersagbar, durch eine Höhle fliegen lassen. Er konsultierte dazu Computerfachleute, die zunächst, der traditionellen Denkweise entsprechend, versuchten, den Schwarm gewissermaßen *top down* zu programmieren, ihn also einem zentral gelenkten Wesen gleich in seinen Bewegungen „von außen" zu dirigieren. Da realistisches Schwarmverhalten allerdings ein beständiges Fluktuieren der Gesamtmasse erfordert, gleichsam ein unregelmäßiges „Ausfransen" an den Rändern, ein flexibles Pulsieren des Schwarmkörpers, wirkten die Bewegungen, solange sie in dieser Weise programmiert wurden, nicht realistisch genug. Und auch die Rechnerkapazität reichte nicht aus, um dem Fledermausschwarm das gewünschte Aussehen zu geben.

Bereits ein paar Jahre zuvor, 1987, hatte der Computertechniker Craig Reynolds mit einem Algorithmus experimentiert, den er, nach dem New Yorker Slang-Ausdruck für „Birds", *Boids* nannte.[120] Das Prinzip hinter diesem Zugang folgte einer Überlegung des Evolutionsbiologen William D. Hamilton zur Bildung von Tierherden.[121] Hamilton hatte festgestellt, dass sich Herden unter anderem dann zusammenfinden, wenn Tiere vor Feinden fliehen und dabei versuchen, sich „Flankenschutz" zu verschaffen, indem sie sich zwischen schützende größere „Massen" drängen. Mitunter können diese Massen auch einfach Bäume oder Felsbrocken sein. In der Regel fungieren aber vor allem die eigenen Artgenossen als Flankenschutz. Da dabei stets alle Tiere in einer bestimmten Umgebung in derselben Weise versuchen, sich zwischen ihre Artgenossen zu drängen, bildet sich auf diese Weise eine Herde. Und ihre spezifischen Fluktuationen, die für die Batman-Programmierer *top down* so schwer zu simulieren waren, entstehen durch den beständigen Austausch von Tieren, die vom Rand ins Zentrum der Herde wollen, und anderen Tieren, die dadurch (temporär) an den Rand gedrängt werden.

Graig Reynolds simulierte dieses Prinzip anhand dreier einfacher Regeln für Computer-generierte, zufällig verstreute (hier *nicht* an einem Schachbrett-artigen Raster ausgerichtete) Agentenpopulationen. Die Regeln lauten:

1. *Cohesion*: Jeder Agent einer Population berechnet aus den Positionen einiger weniger (meist um die fünf) *lokaler* (das heißt naher) Nachbarn eine Durchschnittsposition und bewegt sich auf diese zu.
2. *Alignment*: Da sich damit alle bewegen, lässt sich auch eine durchschnittliche Bewegungsrichtung dieser lokalen Nachbarn berechnen. Diese dient zusätzlich als Bewegungsorientierung der Agenten.
3. *Separation*: Um freilich nicht zu kollidieren, halten alle in ihren Bewegungen aber gleichzeitig auch einen gewissen Mindestabstand zu ihren Nachbarn ein.

---

120 Reynolds, Craig (1987): Flocks, herds and schools: A distributed behavioral model; in: SIGGRAPH '87: Proceedings of the 14th annual conference on Computer graphics and interactive techniques (Association for Computing Machinery) p. 25-34.
121 Hamilton, William D. (1971): Geometry for the Selfish Herd; in: Journal of Theoretical Biology 31, p. 295-311.

Abbildung 3.6: Zwei-dimensionale Schwarm-Simulation

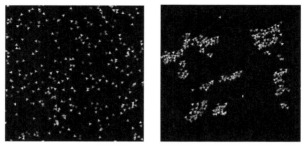

Links: zufallsverteilte Ausgangspopulation. Rechts: nach zirka 500 Iterationsschritten.

Mit diesen drei simplen Regeln, die relativ leicht zu programmieren sind, lässt sich erstaunlich realistisches Schwarmverhalten simulieren[122], das sich zur Animation in Filmen nutzen lässt. Außer in *Batman Returns* wurde das Prinzip mittlerweile auch in Filmen wie *Lord of the Rings* oder dem Disney-Film *König der Tiere* eindrucksvoll eingesetzt und gehört mittlerweile zum Standardrepertoire filmischer Animation. Die Regeln werden dabei eben nicht „von oben" (*top down*) der Herde oder dem Schwarm als Ganzem, sondern den einzelnen Agenten als „autonomes" Verhalten einprogrammiert, das dann von jedem von ihnen gleichermaßen befolgt wird und so im Zusammenwirken aller Einzelhandlungen, also „von unten her" (*bottom up*), die emergente Ordnung des Schwarms erzeugt.

Wie wir in Kapitel 1.4 gesehen haben, folgt die Interaktion mehrerer Körper nichtlinearen Dynamiken und erzeugt damit mitunter „deterministisches Chaos". In größeren Zusammenhängen wirken allerdings die Interaktionen gleichzeitig auch in Form negativer Feedbacks dämpfend auf die Entwicklungen zurück. Genau diese Wechselwirkung von chaotischem und damit unvorhersagbarem und doch infolge der Feedbacks regelgeleitetem, also geordnetem Verhalten erzeugt nun das charakteristische Fluktuieren von Schwärmen. Obwohl keine zentrale Instanz existiert, die das Verhalten steuert oder vorgibt, und obwohl alle Beteiligten stets nur mit dem Verhalten einiger weniger (*lokaler*) Nachbarn interagieren, zeigt der Schwarm oder die Herde als Ganzes eine regelmäßige, geordnete Bewegung, die wir – vom Ergebnis her betrachtet – oftmals als „gesteuert" wahrnehmen.[123]

---

122 Für eine Simulation von Reynolds selbst siehe: http://www.red3d.com/cwr/boids/
123 Vgl. dazu auch etwa die V-förmige Flugformation bei Zugvögeln, die aus einem ganz leichten Luftwiderstandsvorteil am Ende der Flügelspitzen des Vorausfliegenden resultiert. Vgl. dazu auch: Sawyer, Robert Keith (2001): Emergence in Sociology: Contemporary Philosophy of Mind and some Implications of Sociological Theory; in: American Journal of Sociology 107: 551-585.

Die Herde erscheint uns als gemeinsam sich bewegende Einheit. *From the bottom up* generiert, wissen wir freilich, dass diese Einheit aus dem unkoordinierten Verhalten eigennütziger Individuen emergiert.

Sawyer, Robert Keith (2005): Social Emergence: Societies As Complex Systems. Cambridge University Press.

3.4 Ungleich-Verteilungen

Ein weiteres interessantes Phänomen, von dem heute angenommen werden darf, dass es *bottom up* entsteht, das aber insbesondere in sozialpolitischen und sozialphilosophischen Kontexten oftmals für *top-down*-generiert gehalten wird, stellen Allokationen dar, die aus bestimmter Perspektive als suboptimal erscheinen. Typische Beispiele wären etwa Wohlstands- oder Einkommensverteilungen oder auch Nutzungsschwankungen bei bestimmten Ressourcen.

Ein berühmtes Beispiel für eine solche Ungleichverteilung stellt die *Pareto-Verteilung* dar, auch als „80-20-Regel" bekannt und benannt nach dem italienischen Ökonomen Vilfredo Pareto, der Anfang des 20. Jahrhunderts feststellte, dass 80 Prozent des Landbesitzes in Italien in den Händen von nur 20 Prozent der Bevölkerung sind. Auf diese spezifische Ungleichverteilung aufmerksam geworden, fand Pareto analoge Verteilungen auch für Einkommens- und Wohlstandsverhältnisse und schlug als Konsequenz den Banken vor, ihre Geschäftstätigkeit primär auf die 20 Prozent der Wohlhabenden zu konzentrieren. Sie würden so mit geringstmöglichem Mitteleinsatz den größtmöglichen, nämlich 80-prozentigen Teil der verfügbaren Vermögenswerte erreichen.

Mittlerweile zeigen zahlreiche Studien, dass sowohl die Welt-Wohlstandsverteilung, wie auch viele andere Phänomene auf eine solche 80-20- oder auch *Power law*-Verteilung (siehe Kapitel 6.4.1) hinauslaufen. Das berühmte Zipf'sche Gesetz zum Beispiel, benannt nach dem Linguisten George Zipf, besagt, dass ein eher kleiner Teil der Worte unserer Sprache sehr häufig Verwendung findet, während ein großer Teil dagegen sehr selten benutzt wird, dass also die Frequenz der Worte in der Sprachverwendung umgekehrt proportional zu ihrem Rang in einer Frequenzauflistung ist. Auch für die Verteilung der Einwohner auf Städte wurde festgestellt, dass einige wenige Mega-Cities sehr große Einwohnerzahlen aufweisen, während sich ein eher kleiner Teil der Bevölkerung auf sehr viele Kleinstädte verteilt. Und auch die Aktivitäten in der künstlichen *Sugarscape*-Ökonomie von Epstein und Axtell zeigten, dass Wohlstand und sonstige Ressourcen dazu neigen, sich gleichsam *bottom up*, also schon vor etwaigen „böswilligen" *top-down*-Einflüssen einzelner Akteure, *ungleich* zu verteilen und damit zum Auslöser sozialer Spannungen zu werden.[124]

3.4.1 Allokationsprobleme

Ein mit der Ungleichverteilung verwandtes Problem stellt die optimale Allokation und Nutzung nachgefragter Ressourcen dar.[125] Die grundsätzliche Problematik ungünstiger Allokationen beschrieb bereits Tom Schelling anhand eines öffentlichen Badestrands, der seinen Besuchern, solange er nicht zu stark besucht wird, einen netten Badetag verspricht. Wenn freilich zu viele Personen auf einmal baden wollen und sich gegenseitig die Strandplätze streitig machen, so bietet der Strandbesuch wenig Vergnügen.

Das eigentliche Allokationsproblem kommt dadurch zustande, dass dieser Umstand gleichermaßen für alle gilt und sich alle im Nichtwissen über die aktuelle Auslastung des Strandes mehr oder weniger gleichzeitig entscheiden, zum Strand zu fahren oder nicht. Sonnenhungrige, die am ersten warmen Wochenende des Jahres zum Strand fahren, könnten feststellen, dass er mit Menschen übervölkert ist, die sich ebenfalls ein nettes Wochenende erwartet haben. Sie alle werden in der darauffolgenden Woche kaum neuerlich an den selben Strand fahren. Da dies aber eben alle gleichermaßen tun, könnte der Strand am darauffolgenden Wochenende nahezu leer bleiben. Die Nachricht vom menschenleeren Strand könnte dann freilich in der übernächsten Woche wieder alle gleichzeitig zum Strand locken, um sie sodann erneut feststellen zu lassen, dass der Besuch überlaufener Strände kein Vergnügen ist.

Mit anderen Worten, wenn alle Sonnenhungrigen aufgrund der gleichen Überlegung den Strand besuchen oder eben nicht besuchen, so wird der Strand niemals optimal genutzt. Er ist an einem Wochenende überfüllt, am darauffolgenden nahezu leer, nur um am darauffolgenden Wochenende erneut übervölkert zu sein.

Der Komplexitätsforscher Brian Arthur[126] hat diese Problematik mit einer Computersimulation untersucht, in der er die Auswirkungen unterschiedlicher Strategien zur Vorhersage der Ressourcenauslastung testete. In seiner Version

---

124 Vgl.: Epstein, Joshua M. / Axtell, Robert (1996): Growing Artificial Societies: Social Science From the Bottom Up. Cambridge, MA: MIT Press. S. 208.
125 Vgl. dazu auch grundsätzlich die Problematik der Allokation von Gemeingütern: Tiebout, Charles M. (1956): A Pure Theory of Local Expenditures; in: Journal of political Economy 64, p. 416-424. Miller, John H. /Page, Scott E. (2007): Complex Adaptive Systems. An Introduction to Computational Models of Social Life. Princeton. Princeton University Press. S. 17f.
126 Arthur, W. Brian (1994): Inductive Reasoning and Bounded Rationality; in: American Economic Review 84, p. 406–411. Vgl. auch Gintis, Herbert (2009): Game Theory Evolving. Princeton: Princeton University Press, p. 134.

3.4 Ungleich-Verteilungen

vertritt den Strand eine Bar namens *El Farol*, in der sich die Wissenschaftler des nahegelegenen Santa Fe-Instituts zur Erforschung komplexer adaptiver Systeme Donnerstag abends gerne trafen, um sich bei Irischer Musik an einem Bier zu erfreuen. Die El Farol-Bar ist freilich, so wie der Strand, nur dann attraktiv, wenn weniger als 60 von 100 möglichen Besuchern anwesend sind, das heißt wenn die Bar nur zu maximal 60 Prozent ausgelastet ist. Andernfalls gilt sie als überfüllt und bietet wenig Vergnügen.[127]

Das Problem ist, dass die Barbesucher vorab nicht wissen, wie viele Besucher sich zum jeweiligen Donnerstag einfinden werden. Die einzige Information, die ihnen zur Verfügung steht, betrifft die Barbesuche der vergangenen Wochen, eine Zahlenfolge also, die eine Extrapolation in die Zukunft erlaubt, dabei aber in unterschiedlicher Weise gedeutet werden kann. Welche Interpretation die richtige ist, ist nicht bekannt. Das heißt, die Besucher entscheiden *induktiv* mit beschränktem Wissen, sie agieren unter *bounded rationality* (siehe 4.3.6.1). Würden sie aufgrund der Besuchszahlen alle die selbe Extrapolation vornehmen, also alle zu der selben Entscheidung kommen, die Bar zu besuchen oder nicht zu besuchen, so würde die Bar, wie schon der Strand, niemals optimal genutzt. Ist sie an einem Donnerstag überfüllt, so bleibt sie am nächsten leer, um sodann am darauffolgenden Donnerstag wieder überfüllt zu sein, usw.

Die Simulation von Brian Arthur geht nun davon aus, dass die Barbesucher die vorliegenden Informationen individuell extrapolieren, dass sie also unterschiedliche Erwartungen zur jeweils nächsten Barfrequentierung ausbilden. Das heißt, sie stellen individuell unterschiedlich mehrere Regeln zur wahrscheinlichen Barauslastung auf und überprüfen diese in folgenden Barbesuchen auf ihre Stimmigkeit. Diejenige Regel, die der tatsächlichen Besuchszahl am nächsten kommt, wird sodann ausgewählt, um sich an ihr für den nächsten Barbesuch zu orientieren. Beispiele für solche Regeln wären etwa die folgenden:

Die Bar besuchen:
- gleich viele, wie letzte Woche (entspricht einer 1-Wochen-Zyklus-Vorhersage)
- die an 50 gespiegelte Zahl der letzten Woche
- der Durchschnitt der letzten vier Wochen

---

127 Eine einfachere Variante des El-Farol-Beispiels liefert das von Yi-Cheng Zhang and Damien Challet 1997 im Anschluss an Arthur vorgeschlagene „Minderheiten-Spiel", bei dem Agenten eine binäre Entscheidung treffen (das heißt zwischen 0 und 1 auswählen) und dann „gewinnen", wenn sie die selbe Wahl wie die Minderheit ihrer Population getroffen haben. Vgl.: Challet, Damien / Zhang, Yi-Cheng (1997): Emergence of Cooperation and Organization in an Evolutionary Game; in: Physica A 246, p. 407-428.

- der Trend der letzten 8 Wochen, begrenzt von 0 und 100
- gleich viele, wie vor 2 Wochen (entspricht einer 2-Wochen-Zyklus-Vorhersage)
- gleich viele, wie vor 5 Wochen (entspricht einer 5-Wochen-Zyklus-Vorhersage)
- der Gesamtdurchschnitt aller bisherigen Besuche

usw.

In der Simulation zeigt sich, dass sich das Verhalten der Agenten, einer Ökologie gleich[128], abhängig von der Zahl der von ihnen berücksichtigten Regeln einer durchschnittlichen Barbesuchszahl von 60 Prozent annähert. Wie Abbildung 3.7 zeigt lässt sich dabei ein Optimum an unterschiedlichen Regeln feststellen. Eine Ökologie mit nur 2 Regeln reicht nicht, um die Ressource optimal zu nutzen. Und eine Ökologie mit zu vielen unterschiedlichen Regeln oszilliert zu stark um den optimalen Wert, schließt also eher größere Zahlen von Barbesuchern regelmäßig von der optimalen Nutzung aus.

Abbildung 3.7: Simulation des El Farol-Problems nach Brian Arthur

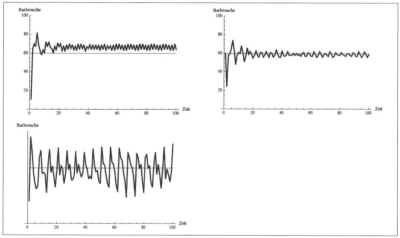

Links mit 2 unterschiedlichen Strategien, rechts mit 5 und unten mit 10 unterschiedlichen Strategien.

---

128   Würden zum Beispiel 70 Agenten längere Zeit eine Auslastung über 60 vorhersagen, so würden für diese Zeit im Schnitt nur 30 die Bar besuchen. Dieser Umstand würde aber Vorhersagen höher punkten lassen, die die Besuchszahlen mit 30 festlegen, und damit zum Barbesuch anregen. Die Besuche würden steigen und sich so mit der Zeit eben um die 60 Prozent einpendeln.

Im Durchschnitt sagen allerdings bei mehr als zwei individuell unterschiedlichen Erwartungen stets 40 Prozent der Agenten eine Besuchszahl über 60 voraus, und 60 Prozent eine Besuchszahl unter 60. Allerdings wechselt die Mitgliedschaft in diesen beiden Vorhersagegruppen ständig. Das heißt, die einzelnen Agenten finden *für sich* keine optimale Vorhersagestrategie, sie liegen mit ihren Erwartungen durchschnittlich falsch. Nur *ihr Kollektiv* schafft es, die Bar optimal auszulasten. Arthur beschreibt dies mit dem Bild eines Waldes, dessen äußere Kontur über Jahrhunderte dieselbe bleibt, obwohl sich die einzelnen Bäume beständig erneuern. Das Ganze bleibt gleich, die Teile verändern sich. Die einzelnen individuellen Vorhersagen mögen falsch sein, *im Gesamt* ergeben sie aber ein für die Auslastung der Bar stimmiges Resultat. Das Kollektiv scheint intelligenter als der einzelne Agent.

Kurz gesagt, sobald nicht alle Akteure die selbe Vorhersageregel verwenden, sondern ihre Regeln im Hinblick auf sich temporär erfüllende Erwartungen variieren, kann sich das System als Ganzes *bottom up* an das vorgegebene Optimum adaptieren. Wie schon beim Beispiel des Bienenstocks (siehe 1.4.2.1), der seine Innentemperatur selbst-organisiert regelt, kann also heterogenes Verhalten unter Umständen sozial durchaus wünschenswerte Effekte nach sich ziehen.

3.4.2 Vorhersagbarkeit

Das El-Farol-Beispiel birgt eine wichtige Implikation für die Vorhersagbarkeit komplexer Dynamiken. Es führt anschaulich vor Augen, dass Vorhersagen, sobald sie komplexere Zusammenhänge betreffen, grundsätzlich dazu neigen, sich selbst zu unterminieren, sprich ihren eigenen Erfolg *gerade aufgrund dieses Erfolgs* zu schmäler. Wenn sich nämlich im El-Farol-Beispiel eine der möglichen Vorhersageregeln bewährt und tatsächlich eine Zeitlang gut approximierte Besuchszahlen liefert, so wenden sich mit der Zeit immer mehr Agenten dieser Vorhersageregel zu. Genau damit entscheiden dann aber wieder fast alle nach der *selben* Regel und besuchen gleichzeitig die Bar, beziehungsweise bleiben gleichzeitig zuhause. Die Bar wird wieder suboptimal genutzt, ihre Frequentierung also *nicht* korrekt vorhergesagt. Die Vorhersage unterläuft sich in ihrem Erfolg selbst.

Eine analoge Selbstbezüglichkeit und damit das selbe Problem findet sich auch in der bekannten *Efficient Market Hypothesis*, die darauf abzielt, dass Märkte ihre Unkalkulierbarkeit selbst-regulierend (*bottom up*) aufrechterhalten. Die These beruht auf dem Umstand, dass die Frage, ob mit dem Handel oder der Herstellung eines Produktes am Markt aktuell gerade Gewinn zu machen ist, wesentlich davon abhängt, wie viele andere Personen aktuell auf diesem Markt versuchen, mit dem Handel oder der Herstellung des Produkts Gewinn zu machen. Bin ich der einzige, der dies versucht, und besteht überdies eine gewisse Nachfrage nach meinem Produkt, so ist es nicht sonderlich schwer vorherzusagen, dass mein Unternehmen von Erfolg gekrönt sein wird. Gerade weil dies aber leicht vorherzusagen ist, werden schnell auch andere Akteure versuchen, mit diesem Produkt Gewinn zu machen. Das heißt, die Zahl der Akteure, die dies versuchen, wächst an, ein Konkurrenzkampf entsteht, und damit eine Situation, in der es keineswegs mehr leicht ist, sicheren Gewinn vorauszusagen.

Wird nun andererseits das Risiko auf diesem Markt dadurch zu hoch, so werden sich Anbieter von ihm zurückziehen und damit unter Umständen die Vorhersagbarkeit wieder etwas erleichtern – bis zu dem Punkt, wo dies neuerlich Marktakteure anzieht, die ihr Glück versuchen und damit abermals die Vorhersagbarkeit schmälern.

Leider ist dieser Effekt in komplexen Zusammenhängen auf längere Sicht unentrinnbar. Kurzzeitig mag es mithilfe avancierter Analyse- und Vorhersagetechniken – Künstlichen Neuronalen Netzen etwa, wie sie zur Prognose von Aktienkursen herangezogen werden (siehe Kapitel 6) – möglich sein, in bestimmten, isolierten Zusammenhängen halbwegs brauchbare Vorhersagen zu machen. Sobald der Erfolg dieser Vorhersagen auf die vorhergesagte Entwicklung zurückwirkt, weil sich immer mehr Akteure dieser Methode bedienen, wird die Vorhersage hinfällig. Komplexe Systeme entziehen sich ihrer eigenen Vorhersagbarkeit – und dies gilt, wie wir in der nächsten Zwischenbetrachtung noch ausführlicher besprechen werden, auch und besonders für Versuche, dazu Simulationen heranzuziehen.

3.4.3 Rebellion

Trotzdem werden solche Versuche aber natürlich unternommen, und stellen nicht selten auch einen wichtigen Grund dar, eine Simulation überhaupt ins Auge zu fassen. Insbesondere Politiker haben oft großes Interesse, die Folgen von Maßnahmen zu kennen, die sich ob ihrer Komplexität schwer abschätzen lassen, die aber – etwa wie Steuererhöhungen im Fall hoher Staatsverschuldung – gerade notwendig erscheinen. Politiker würden in solchem Fall einiges dafür geben, vorhersagen zu können, unter welchen Bedingungen zum Beispiel soziale Unzufriedenheit in offene Rebellion umschlägt.

Obwohl dies, wie schon gesagt, in auch nur annähernd realitätsnahen Dimensionen nicht möglich ist, lassen sich mithilfe von Simulationen doch in bestimmten Grenzen auch recht interessante Aufschlüsse zu einigen Bedingungen sozialer Unrast beziehen. Ein unter dem Titel *Rebellion* bekannt gewordenes Beispiel dafür liefert ein Versuch von Joshua Epstein (2002)[129], den Ausbruch von zivilem Ungehorsam zu modellieren. Epsteins Modell sieht eine Population von Agenten vor, deren größerer Teil von einer (virtuellen) Zentralmacht unterdrückt wird und sich darüber in individuell unterschiedlichem Ausmaß unzufrieden zeigt. Das heißt, jeder Agent besitzt einen spezifischen Grad an Unzufriedenheit U, der zum einen von einer individuell wahrgenommenen Not N, bedingt zum Beispiel durch Hunger oder Unterdrückungsmaßnahmen, und zum anderen von der allgemeinen Legitimität L abhängt, die die Zentralmacht genießt. Die Unzufriedenheit bemisst sich dabei nach der Formel $U = N * (1 - L)$, was der Überlegung folgt, dass hohe (normalisierte) Regierungslegitimität (L nahe 1), wie sie etwa die Britische Regierung während der deutschen Angriffe im Zweiten Weltkrieg genoss, die Notwahrnehmung abschwächt und damit wenig revolutionäre Unrast hervorruft, während niedrige Legitimität die Notwahrnehmung verstärkt und damit auch hohe Unzufriedenheit erzeugt.

Der zweite kleinere Teil der Population besteht aus Exekutivorganen, Polizisten, die eine Rebellion zu verhindern suchen, indem sie Rebellen verhaften.

Agenten werden zu Rebellen, wenn ihre Unzufriedenheit einen Schwellenwert S übersteigt und gleichzeitig die Wahrscheinlichkeit P, im Fall der Rebellion verhaftet zu werden, gering bleibt. Die Wahrscheinlichkeit P basiert dabei auf der Zahl der Polizisten und der Zahl bereits rebellierender anderer Agenten innerhalb der spezifischen Sichtweite eines Agenten, berechnet nach der Formel $1 - exp[-k * (C/A)]$, wobei (C/A) das Verhältnis von Polizisten (*cops*) zu rebellierenden Agenten bezeichnet und k eine Konstante darstellt, die einen plausiblen Wert für den Fall sicherstellt, dass sich genau ein Polizist und ein Rebell in der Sichtweite des Agenten befinden. Das eigentliche Netto-Risiko N verhaftet zu werden, bestimmt sich sodann über die Verhaftungswahrscheinlichkeit P multipliziert mit einer individuellen Risiko-Aversion R, die jedem Agenten per Geburt zugewiesen wird.

Wenn nun $U - N$ eines Agenten, also seine Unzufriedenheit minus seinem Netto-Risiko verhaftet zu werden, größer ist als der Schwellenwert S, so beginnt der Agent zu rebellieren. Rebelliert er bereits und $U - N$ wird kleiner als S, etwa weil mehr Polizisten in seinem Blickfeld auftauchen, beziehungsweise das Verhältnis von Polizisten zu Rebellen größer wird, so beendet er seine Rebellion bis wieder $U - N > S$ gilt.

In jeder Iteration der Simulation, in jedem *step*, bewegen sich die Agenten nun zufällig auf ein freies Spielfeld innerhalb ihrer Sichtweite, überprüfen, ob ihr Un-

---

[129] Epstein, Joshua M. (2006): Modeling Civil Violence: An Agent-based Computational Approach; in: Epstein, Joshua M. (2006): Generative Social Science. Studies in Agent-based Computational Modeling. Princeton Princeton UP, S. 247-270.

zufriedenheitsgrad das Netto-Risiko verhaftet zu werden übersteigt und rebellieren, wenn dies der Fall ist, beziehungsweise beenden ihre Rebellion wieder, wenn sie bereits aktiv waren und ihre Unzufriedenheit unter das Netto-Risiko sinkt. Auf dem Display der Simulation in Abbildung 3.8 wird dies durch Veränderung der Farbe des Agenten ausgedrückt. „Ruhige" Agenten sind blau dargestellt, aktive in rot. Auch die Polizisten, symbolisiert als hellblaue Dreiecke, bewegen sich in gleicher Weise über das Spielfeld und halten innerhalb ihrer Sichtweite nach Rebellen Ausschau. Wenn sie fündig werden, verhaftet je ein Polizist pro Iteration einen Rebellen und nimmt seinen Platz ein. Der Verhaftete wird mit weißer Farbe markiert und bleibt für die Dauer der Haftstrafe unberücksichtigt.

Abbildung 3.8: Simulierter Rebellionsausbruch mit nachfolgender „Verhaftungswelle"

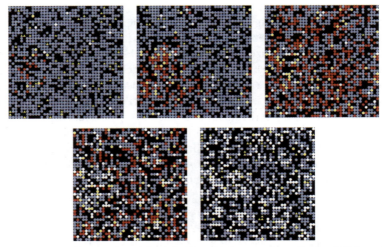

„Ruhige" Agenten als blaue Punkte, aktive (rebellierende) Agenten als rote Punkte, Polizisten als gelbe Dreiecke und inhaftierte Agenten als weiße Punkte

Mit einer Sichtweite von sieben Feldern, einer Legitimität von 82 Prozent, einer Polizistendichte von vier Prozent und einer Haftdauer von 30 Spielzügen zeigt das Modell, trotz seiner Einfachheit, interessantes Verhalten. Die Agenten zum Beispiel scheinen in gewisser Hinsicht ihre revolutionäre Stimmung vor den Polizisten zu „verstecken". Auch wenn ihre Unzufriedenheit revolutionäres Ausmaß hat,

3.4 Ungleich-Verteilungen

bleiben sie „ruhig" – ihre Farbe bleibt blau – solange, beziehungsweise sobald sich ein Polizist in ihrer Nähe aufhält. Entfernt sich dieser aus dem Bereich der Sichtweite, beziehungsweise sinkt die Ratio von Polizisten und anderen rebellierenden Agenten unter ein bestimmtes Niveau, so rebellieren die betroffenen Agenten. Das heißt, die Unzufriedenheitsäußerungen der Agenten aggregieren sich nicht allmählich, sondern treten eher spontan auf. In Regionen des Spielfelds mit (zufällig gerade) geringer Polizistendichte kann dies die Polizisten/Rebellen-Ratio unter ein Niveau senken, das auch die nur mittelmäßig unzufriedenen Agenten in diesem Bereich zur Rebellion treibt. Die Folge ist eine Art Autokatalyse von Rebellionsausbrüchen, die Ähnlichkeiten zur *selbst-organisierten Kritizität* der berühmten Sandhaufen-Katastrophen aufweist (siehe 1.4.2.2).

Epstein deutet in seinen Analysen an, dass die Frequenz der einzelnen Ausbrüche tatsächlich der Logik „punktierter Gleichgewichte" folgen könnte, also unter Umständen ein Charakteristikum aufweist, das für ein Erkennungszeichen komplexer Systeme gehalten wird. Die Frequenz und Stärke der Rebellionsausbrüche scheinen einer *Power law*-Verteilung zu folgen. Revolutionäre Ausbrüche, die wirklich die gesamte Bevölkerung umfassen, kommen sehr selten vor, kleinere Unzufriedenheitsausbrüche, die schnell wieder versanden, passieren dagegen sehr häufig.[130] Wenn dies auch für reale soziale Situationen zutrifft, so wäre dies ein Hinweis darauf, dass auch Phänomene wie Revolutionen, die bislang eher unmittelbar dem Willen und der Intention der beteiligten Akteure zugeschrieben werden, Regelmäßigkeiten aufweisen, die sich dem „intentionslosen" Zusammenwirken sich selbstorganisierender Dynamiken verdanken und damit in gewissem Sinn *hinter dem Rücken* der Akteure ablaufen und nicht in jeder Hinsicht von diesen beeinflusst werden.

3.4.4 Des Kaisers neue Kleider

Dass dies in größerem Umfang der Fall sein könnte, als uns bisher bewusst ist, zeigen auch eine Reihe von Untersuchungen zu den Umbrüchen in den ehemaligen sozialistischen Ländern um das Jahr 1990. In einer einflussreichen Studie beschrieb zum Beispiel Susanne Lohmann[131] das Zustandekommen der Leipziger Montagsdemonstrationen gegen Ende des DDR-Regimes als Konsequenz der sich reziprok

---

130 Wie in Kapitel 6 erläutert, spricht man von einer solchen Verteilung, wenn die Anzahl eines Objektes oder auch die Frequenz eines Ereignisses als Potenz eines Attributes dieses Objektes oder Ereignisses variiert. Die Rebellionen wären also dann *Power-law*-verteilt, wenn die Häufigkeit ihres Auftretens als Potenz ihrer Stärke variiert.
131 Lohmann, Susanne (1994) The Dynamics of Informational Cascades: The Monday demonstrations in Leipzig, East Germany, 1989-91; in: World Politics 47, p. 42-101.

verstärkenden Aggregation Gleichgesinnter. Noch davor führte Timur Kuran[132] mit analoger Argumentation die Stabilität des kommunistischen Regimes in der Sowjet Union auf die Angst der Gesellschaft vor Denunziationen vermeintlich regimegetreuer Nachbarn zurück, die ihrerseits Zustimmung zum Regime vortäuschten, weil auch sie sich reziprok vor den Denunziationen ihrer Nachbarn fürchteten. Obwohl also individuell eigentlich schon niemand mehr an das Regime glaubte, konnte es lange Zeit stabil bleiben, weil die privaten Einstellungen von den überindividuellen sozialen Bedingungen überformt wurden.

Damon Centola, Robb Willer und Michael W. Macy[133] erinnern diesbezüglich an das Andersen'sche Märchen „Des Kaisers neue Kleider", in dem das Volk nahezu geschlossen vorgibt, die angeblich aus besonderem Gewebe gewirkten, aber real nicht vorhandenen Kleider des Kaisers zu sehen, weil jeder vom anderen meint, dass dieser den Vorgaben des Kaisers zustimmt. Erst ein Kind, das über den nackten Kaiser lacht, bringt eine Kaskade von Meinungswechsel ins Rollen. In einem an diesem Bild anschließenden Simulationsmodell untersuchen Centola, Willer und Macy diese Art von – wie sie es nennen – *self-enforcing norms*.

Sie konstruieren dazu eine virtuelle Gesellschaft, die aus zwei Teilen mit unterschiedlichen Glaubensüberzeugungen besteht. Der eine Gesellschaftsteil glaubt fest an eine bestimmte religiöse Wahrheit oder an eine politische Ideologie und stellt damit eine Gruppe „wahrer Gläubiger" dar, die, in ihrer Überzeugung unerschütterlich, versuchen, andere Gesellschafter von ihrer Meinung zu überzeugen. Der zweite Teil stellt eine Gruppe von „Ungläubigen" dar, die ebenfalls versuchen, ihre Mitgesellschafter zu überzeugen, die allerdings in ihrem „Unglauben" etwas weniger überzeugt sind als die „wahren Gläubigen. Ihre Überzeugungskraft S (die anfangs per Zufallsgenerator von $0 < S < 1$ variiert vergeben wird) ist deshalb gegenüber der der „wahren Gläubigen" ($S = 1$) schwächer ausgeprägt. Wenn sie mit „wahren Gläubigen" konfrontiert werden, „verlieren" sie in der Regel im „Überzeugungswettstreit", das heißt sie werden überzeugt und können damit unter Umständen sogar (je nachdem wie hoch sie „verlieren") dazu gebracht werden, ihrerseits andere Agenten vom Glauben der „wahren Gläubigen" zu überzeugen. Diese Art der Überzeugungsarbeit bezeichnen Centola, Willer und Macy als „falsche *pro*-Überzeugung". Wenn „Ungläubige" dagegen mit anderen „Ungläubigen" konfrontiert werden, überzeugen sie „richtig", das heißt, gemäß ihrer eigenen Überzeugung.

---

132 Kuran, Timur (1989): Sparks and Prairie Fires. A Theory of Unanticipated Political Revolution; in: Public Choice 61, p. 41-74. Kuran, Timur (1995): Private Truths, Public Lies. The Social Consequences of Preference Falsification. Cambridge Mass.: Harvard UP.

133 Centola, Damon / Willer, Robb / Macy, Michael W. (2005): The Emperor's Dilemma. A Computational Model of Self-Enforcing Norms; in: American Journal of Sociology Vol 110(4), p. 1009-1040.

3.4 Ungleich-Verteilungen

In dem Modell bestehen demnach drei Möglichkeiten der Überzeugungsarbeit:
1. eine *pro*-Überzeugung durch „wahre Gläubige" (die ihrem Glauben ungetrübt anhängen)
2. eine *kontra*-Überzeugung durch „Ungläubige" (die *nicht* glauben), und
3. eine „falsche *pro*-Überzeugung" durch „Ungläubige" (die *selbst nicht* glauben, aber *von anderen* dazu gebracht werden, den Glauben zu propagieren)

Im Ablauf der Simulation werden die Agenten – wie im vorigen Beispiel – auf einem zwei-dimensionalen Spielfeld miteinander konfrontiert. In jedem Spielzug beobachten sie ihre Nachbarschaft dahingehend, wie viele „wahre Gläubige" und wie viele „Ungläubige" darunter sind und wie viele davon *pro* und wie viele *kontra* überzeugt werden. Jede Überzeugung kommt dabei als binäre Wahl zu stehen, wobei *pro* als 1 und *kontra* als -1 gewichtet werden. Der „soziale Druck", den die Nachbarschaft auf einen Agenten ausübt, ist damit nun durch die Summe der durch Überzeugung bewirkten Wahlen definiert. Jeder Nachbar, der *pro* überzeugt wird, erhöht den Druck auf den Agenten, seinerseits *pro* zu agieren, und jeder der *kontra* überzeugt wird, mindert diesen Druck, beziehungsweise erhöht den Druck, seinerseits *kontra* zu agieren. Um also „Ungläubige" zu „falscher *pro*-Überzeugungsarbeit" zu bringen, ist positiver sozialer Druck von Seiten der Nachbarn notwendig. Wenn dieser hoch genug ist und die Überzeugung des Agenten schon zuvor relativ hoch *pro* war, sein „Unglaube" also nur schwach ausgeprägt war, so kann ein „Ungläubiger" unter Umständen zu einem „Quasi-wahren Gläubigen" konvertieren. Es gibt in dieser Population damit neben „wahren Ungläubigen", die „falsch" überzeugen, auch „falsche Gläubige", die „nicht glauben", sich aber aufgrund des sozialen Drucks wie „Gläubige" benehmen. Wird ihrer Überzeugung allerdings im Unterschied zu der der „wirklich wahren Gläubigen" (die auf 1 fixiert bleibt) zumindest die Möglichkeit zur Variation gegeben, so können gerade sie zu „Opportunisten" werden, die sich mit dem Wind drehen.

Allerdings nehmen Centola, Willer und Macy an, dass „falschen Gläubigen" die „falsche *pro*-Überzeugungsarbeit" doch schwerer fällt als „wahren Gläubigen". Sie leisten die *pro*-Überzeugungsarbeit nur aufgrund des sozialen Drucks. Ihre Überzeugungsarbeit verursacht damit *Kosten*, die die Schwelle zu „falscher *pro*-Überzeugungsarbeit" etwas höher legt, als die, bloß „falscher Gläubiger" zu sein. Private Überzeugungen bremsen „falsche Überzeugungsarbeit", während sie „wahre Überzeugungsarbeit" befördern.

Außerdem wird angenommen, dass die Bereitschaft von „falschen Gläubigen" zur „falschen *pro*-Überzeugung" geringer ist, wenn wenig Nachbarn anderer Meinung sind. Diese „Bremse" wird in die Verhaltensmöglichkeiten der Agenten einberechnet, indem ihnen ein Faktor K für die Kosten der Überzeugungsarbeit auferlegt wird. Der Faktor K unterscheidet damit zwischen der Schwelle zum Gesinnungswandel und dem Beginn eigener Überzeugungsarbeit (ab einer bestimmten Beeinflussung wandeln die Agenten also ihre Gesinnung und erst ab dieser Beeinflussung + K beginnen sie selbst zu beeinflussen)

Die Ergebnisse von Centola, Willer und Macy (2005) zeigen, dass dieses Szenario im Extremfall ein Gleichgewicht ermöglicht, in dem der Glauben stabil bleibt, obwohl überhaupt niemand mehr glaubt, obwohl die Bevölkerung also zu 100 Prozent aus Ungläubigen besteht. Allerdings muss die Simulation dazu mit nahezu ausschließlich „*pro*-überzeugenden Ungläubigen" initialisiert werden, von denen keiner hinreichend Anreize erhält, seine Orientierung zu wechseln. Die *pro*-Überzeugung bleibt in diesem Fall aufrecht, selbst wenn es überhaupt keine „wahren Gläubigen" gibt.

Interessanter als dieser Extremfall ist freilich die Frage, wie viele „Gläubige" unter welchen Bedingungen notwendig sind, um den vorherrschenden Glauben in einer vorwiegend skeptischen, aber eben nicht homogen festgelegten Gesellschaft aufrecht zu halten, beziehungsweise zu verbreiten. Wie die Versuche von Centola, Willer und Macy zeigen, bleibt die Wirkung der „Gläubigen" im unteren Bereich des Verhältnisses von „wahren Gläubigen" zu „Ungläubigen" (etwa bei 1 zu 99, oder auch noch bei 5 zu 995) zu gering, um selbst rückgradlose Ungläubige (also solche mit sehr niedrigem Überzeugungsgrad S) folgenreich zu überzeugen. Zwar gelingt es, einige von ihnen zu drehen, aber diese beginnen nicht selbst in hinreichendem Ausmaß *pro* zu überzeugen. Bei steigendem Gläubigenanteil beginnt sich das Bild jedoch schnell zu wandeln. Immer mehr „Ungläubige" werden nun überzeugt, ihrerseits „falsch" *pro* zu überzeugen. Bei Annäherung der Zahl der „Gläubigen" an ein Drittel der Population werden Gesinnungswechsel*kaskaden* wahrscheinlich, die sich lawinenartig auf die gesamte Bevölkerung ausbreiten.[134] Dieser Effekt verstärkt sich noch, wenn die Agenten nach dem Prinzip, Gleiche ziehen Gleiche an, ihrem Glauben entsprechend in Gruppen platziert werden. Ein „Ungläubiger" hat es so nicht mehr nur mit dem Einfluss eines einzelnen „Gläubigen" zu tun, sondern mit dem einer ganzen Gruppe. Und dieser Einfluss aggregiert sich mitunter zu hoher Überzeugungskraft, die den Glauben lawinenartig auf die gesamte Population ausgreifen lässt.

---

134 Diese Schwelle des Verhaltenswechsels eines Systems wird „Phasenübergang" (siehe 1.2.3.2) genannt und gleicht in der hier beschriebenen Form etwa dem Verhalten der bekannten Buschfeuer-Simulation (u.a. Miller, John H. /Page, Scott E. (2007): Complex Adaptive Systems. An Introduction to Computational Models of Social Life. Princeton. Princeton University Press. S. 102f) bei der Buschbrände unterhalb eines bestimmten Schwellenwertes der Dichte des Unterholzes mit großer Wahrscheinlichkeit versanden, sich oberhalb dieses Schwellenwerts aber mit hoher Wahrscheinlichkeit kaskadenartig ausbreiten. Der Übergang von Versanden zu Ausbreiten findet dabei nicht linear, sondern nahezu sprunghaft (eben *nichtlinear*) statt.

3.4 Ungleich-Verteilungen

Abbildung 3.9: Simulation von Überzeugungsinteraktionen nach Centola, Willer und Macy

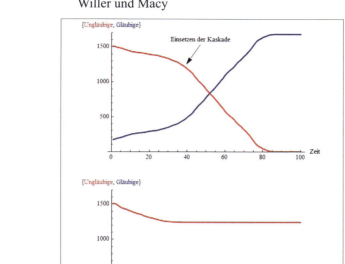

Die rote Kurve bildet die Entwicklung der „Ungläubigen" ab, die blaue die der „Gläubigen". Oben eine Kaskade, die nach anfänglich zögerlichem Verlauf ab etwa 40 Iterationen relativ schnell die gesamte Population zu erfassen beginnt. Unten ein nach zirka 30 Iterationen versandender Überzeugungsprozess.

Interessanterweise kann, solange die Agenten nicht nach Glauben gruppiert werden, die Wahrscheinlichkeit für solche Kaskaden bei steigendem Gläubigenanteil auch wieder fallen. Wenn nämlich der Anteil der „wahren Gläubigen" über die 50-Prozent-Marke steigt, so bedeutet dies auch eine hohe Zahl gleichartiger Überzeugungen und vermindert damit das Bedürfnis zu überzeugen. Die Überzeugungsdynamik erweist sich in diesem Fall als *selbst-begrenzend*.

Darüber hinaus ist das Modell von Centola, Willer und Macy auch in der Lage, sich gewissermaßen selbst zu immunisieren. Wenn nämlich den „falschen Gläubigen" die Möglichkeit gegeben wurde, zu „wahren" zu konvertieren, und diese nach einem ersten, nicht restlos erfolgreichen „Angriff" die Seiten wechseln, so fehlt es in der zweiten Welle unter Umständen bereits an „rückgradlosen Weichlingen", die leicht zu überzeugen sind. Die Überzeugungskaskade zeigt das zweite Mal keine vergleichbare Wirkung. Der Glauben kann sich in diesem Szenario gerade deswegen nicht etablieren, weil in einer ersten Überzeugungswelle zu viele „Ungläubige" zu „Gläubigen" konvertierten.[135]

3.4.5 Die Ausbreitung von Kultur

Eine ähnliche Fragestellung zur Ausbreitung von Überzeugungen, Glaubensannahmen und sozialen Normen untersucht ein Simulationsmodell von Robert Axelrod zur „Ausbreitung von Kultur"[136]. Axelrod geht in diesem Modell der Frage nach, warum, wenn Menschen versuchen, sich gegenseitig in ihrem Verhalten, ihren Glaubensannahmen und Einstellungen zu überzeugen, kulturelle Unterschiede nicht irgendwann einmal verschwinden, warum sich kulturelle Unterschiede also nicht mit der Zeit auflösen und Differenzen verschwinden.

Als Kultur betrachtet er dabei sehr allgemein – und absichtlich etwas paradox formuliert, aber ganz im Sinne unseres Zugangs – Einflüsse, die soziale Einflüsse beeinflussen. Kultur wird also als ein, sich wechselseitig bedingendes Phänomen betrachtet, das keinen Ursprung hat, keine erste oder Ur-Kultur und schon gar keine „beste" Kultur kennt, auf die sich Agenten „rational" einigen könnten. Kultur emergiert vielmehr iterativ über reziproke Beeinflussungen und es hängt von einer Vielzahl struktureller Aspekte ab, wie dieser Emergenzprozess im Einzelnen verläuft.

Um dies zu zeigen, fasst Axelrod die Bestandteile von Kultur in seinem Modell abstrakt als spezifische Eigenschaften (*features*) – zum Beispiel die Farbe eines Kleidungsstücks –, die jeweils unterschiedliche Formen (*traits*) – also etwa die unterschiedlichen Farben des Kleidungsstücks – aufweisen können. Er generiert dazu Agenten, denen eine bestimmte Zahl solcher Eigenschaften programmtechnisch als „Liste" zugewiesen wird, deren Einträge ihrerseits jeweils eine bestimmte „Form", dargestellt als Zahl, annehmen können. Ein Agent könnte demnach etwa folgende fünf Eigenschaften besitzen, deren spezifische Formen durch einen der zehn Zahlenwerte zwischen 0 und 9 bestimmt werden: [8, 2, 3, 3, 0]

Agenten mit identischen Eigenschaften gehören der selben Kultur an. Unterschiede bestimmen kulturelle Ähnlichkeit oder Nähe, beziehungsweise Ferne. Je größer der Unterschied, (die Stellen der Nicht-Übereinstimmung in der Liste), umso unwahrscheinlicher ist eine Interaktion der betroffenen Agenten. Sie spre-

---

135 Eine weitere Variation des Settings, in der die Wahrscheinlichkeit von Zustimmung und Überzeugungsversuchen als kumulative logistische Funktion des Einflussgrades definiert wurde, zeigte, dass die Kaskaden „falscher *pro*-Überzeugungen" sogar ohne „wahre Gläubige" ins Rollen kommen. Offenbar reichen dazu auch Zufallsfluktuationen unter wankelmütigen Ungläubigen.
136 Axelrod, Robert (1997): The dissemination of Culture. A model with local convergence and global polarization; in: Journal of Conflict Resolution 41, p. 203-226.

chen nicht die selbe „kulturelle Sprache". Umgekehrt gilt: je geringer die Unterschiede, desto wahrscheinlicher die Interaktion.

Im Ablauf der Simulation interagieren die Agenten, ohne sich auf dem Spielfeld zu bewegen, zunächst mit ihren Von-Neumann-Nachbarn (siehe 3.1.1) mit einer Wahrscheinlichkeit, die ihrer Ähnlichkeit mit einem dieser Nachbarn entspricht. Interagieren bedeutet, eine nicht–übereinstimmende Eigenschaft des Nachbarn ausfindig zu machen und deren Form zu übernehmen. (Verändert wird damit immer der jeweils aktive Agent, und nicht sein Nachbar[137]). Wenn also der jeweils aktive Agent die Eigenschaften [8, 2, 3, 3, 0] aufweist und einen Nachbarn wählt, der mit [6, 7, 4, 3, 0] zwei in der Form übereinstimmende Eigenschaften aufweist (die letzten beiden), so könnte der aktive Agent nach der Interaktion zum Beispiel die Eigenschaften [6, 2, 3, 3, 0] aufweisen. Er hätte dann die erste Eigenschaft von seinem Nachbarn übernommen. Die Übereinstimmungsrate der beiden wäre damit von 40 Prozent auf 60 Prozent gestiegen. Die Wahrscheinlichkeit für zukünftige Interaktionen wäre damit gestiegen.

Die Agenten beeinflussen sich in dieser Weise wechselseitig, und das heißt, dass unter Umständen eine Veränderung, die zum Beispiel von einem nördlichen Nachbarn im Spielzug n vorgenommen wird, vom südlichen Nachbarn im Spielzug $n + 1$ wieder rückgängig gemacht wird, oder eventuell auch weiter verstärkt wird, um sodann die Wahrscheinlichkeit für die Interaktion mit anderen Nachbarn zu verändern usw. Die Einflussnahme gestaltet sich damit schnell recht komplex[138], sorgt aber trotzdem dafür, dass sich im Ablauf der Simulation mit der Zeit einige wenige „kulturelle Regionen" bilden, das heißt Regionen mit Agenten, die identische Eigenschaften aufweisen.

Eines der interessanten Ergebnisse der Axelrodschen Untersuchung besteht darin, dass die Zahl dieser Regionen steigt, wenn die Zahl möglicher Formen bei gleichbleibender Zahl an Eigenschaften angehoben wird – was sich erwarten lässt, da größere kulturelle Unterschiede, mehr kulturelle Regionen vermuten lassen –,

---

137 Axelrod (209) meint, dass dies für die Gleichwahrscheinlichkeit der Auswahl notwendig ist. Außerdem würde die Simulation stets nur eine Interaktion pro step erlauben, um „synchrones updaten" zu vermeiden, welches von Huberman und Glance 1993 als problematisch festgestellt wurde. Huberman, G. C./Glance, N.S. (1993): Evolutionary Games and Computer Simulations; in: Proceedings of the National Acedemy of Sciences 90, p. 7716-7718.
138 Mathematisch lässt sich das Model, wie Axelrod in Fußnote 6 seines Textes anspricht, als „Markov-Prozess mit absorbierenden Zuständen" auffassen. Die mathematischen Mittel, um einen solchen Markov-Prozess zu analysieren (Eigenwert-Analyse), wären aber mit den hochkomplexen Dynamiken überfordert. Schon das einfache Modell mit 100 Agenten, 5 Eigenschaften und 10 Formen hat 10 hoch 500 („Zahl der möglichen Formen" hoch „Zahl der Eigenschaften" mal „Zahl der Agenten") mögliche Zustände, also mehr als es Atome im Universum gibt. Rein analytische Herangehensweisen scheitern an dieser Komplexität, und liefern damit Argumente für die Methode der Multi-Agenten-Simulation.

dass aber umgekehrt, wenn die Zahl möglicher Formen gleich belassen wird (etwa auf 10), dafür aber die Zahl der Eigenschaften erhöht wird (von 5 auf 10 und auf 15), die Zahl der Regionen sinkt und gegen 1 konvergiert. Dies scheint eher kontraintuitive, würde man doch auch hier erwarten, dass eine höhere Zahl von Eigenschaften die Konvergenz schwieriger macht. Allerdings steigt mit der Zahl der Eigenschaften auch die Wahrscheinlichkeit, dass zumindest eine davon mit einer des Nachbar-Agenten übereinstimmt und damit Interaktion möglich wird. Weniger Eigenschaften bei gleichzeitig mehr möglichen Formen beschränken demgegenüber die Wahrscheinlichkeit der Interaktion.

Darüber hinaus erweist sich in dieser Hinsicht auch die Dauer des Beeinflussungsprozesses als relevant. Zunächst ließe sich angesichts Axelrods Modell vermuten, dass die Interaktionsmöglichkeiten der Agenten aufgrund ihrer Eigenschaften von Anfang an festgelegt sind. Größe und Form der endgültigen Regionen stehen gleichsam schon bei Vergabe der Eigenschaften an die Agenten fest, unterliegen also einer „Pfadabhängigkeit", die sich nicht mehr durchbrechen lässt. Im Lauf der Simulation findet nur mehr ein „Kampf" der miteinander kompatiblen (also interagierenden) Agenten statt. Längere Verlaufszeiten zeigen allerdings, dass sich die kompatiblen Agenten mitunter in einer Weise gegenseitig beeinflussen, die sie auch für zunächst unerreichbare andere Agenten zu kompatiblen Agenten werden lässt. Damit verschieben sich bei längeren Laufzeiten die Regionengrenzen und geben beständig anderen Agenten die Möglichkeit zu interagieren.

Trotz dieser Verschiebung von Interaktionsmöglichkeiten läuft der Beeinflussungsprozess im Durchschnitt eher auf Polarisationen einiger kultureller Regionen, denn auf Konvergenz, sprich auf eine einheitliche Kultur hinaus, und dies, obwohl die einzige Dynamik in dem Model auf Konvergenz abzielt. Die Polarisationen führen sich dabei auf „Lock-Ins" zurück (siehe 1.2.3.1), das heißt auf zufällig relevant werdende Unterschiede der Interaktionswahrscheinlichkeiten und nicht auf irgendwelche qualitativen Vorteile der einen über die andere Kultur. Kulturelle Heterogenität, ebenso wie die oft übertrieben scharf scheinende Abgrenzung der einen von der anderen Kultur, erscheinen aus dieser Perspektive als *emergent*, und nicht so sehr als rational gewählte oder geplante Phänomene. Was wir nicht selten gerne als Rahmenbedingung unseres Daseins betrachten, die mit viel Aufklärungsarbeit und Engagement optimiert wurde, entpuppt sich unter der Luppe der Simulation als in wesentlichen Teilen *hinter unserem Rücken* entstehende, also eigentlich kaum von uns im gemeinhin angenommenen Sinn beeinflusste Kultur.

Zwischenbetrachtung III – Vorhersagbarkeit

Betrachten wir an dieser Stelle nun kurz einige erkenntnistheoretische Aspekte des vorangegangenen Kapitels. Es ging um eine mit der Computertechnologie neu entstandene Methode, die als solche den Anspruch stellt, Phänomene und Zusammenhänge greifbar und verstehbar zu machen, die sich anderen wissenschaftlichen Methoden nicht oder nicht in diesem Ausmaß erschließen. Die Simulation lässt Dinge sichtbar werden, so nahmen wir an, die anders so nicht zu sehen wären.

Tatsächlich scheint schon der Umstand, dass die Simulation heute bereits nahezu in allen wissenschaftlichen Disziplinen eine Rolle spielt und auf vielfache Weise angewandt wird, darauf hinzuweisen, dass darin ein Mehrwert gegenüber herkömmlichen analytischen Mitteln gesehen wird. Zur Vorsicht sei allerdings gleich vorweg auf die Wechselwirkungen verwiesen, denen auch dieser Umstand unterliegt. Gerade weil mit Simulationen neue Aspekte und Zusammenhänge sichtbar werden, erhöht sich auch die Komplexität unserer Fragen und Forschungen. Es bleibt von der Perspektive abhängig, was dabei letztendlich als Mehrwert stehen bleibt.

Trotzdem sind Computersimulationen für Wissenschaftler, wie auch für die Mitglieder moderner Gesellschaften im allgemeinen, zweifellos attraktiv. Sie stellen eine spezifische Form von *Modellen* bereit, mit deren Hilfe wir unser Leben orientieren. Betrachten wir diesen Umstand kurz etwas grundsätzlicher.

III-I Dynamische Modelle

Computersimulationen werden gelegentlich als „dynamische Modelle" bezeichnet, in denen ein Prozess durch einen anderen imitiert wird.[139] Der Modellbegriff hat dabei in unserem Rahmen eine eigene interessante Bedeutung. Abstrakt betrachtet dienen Modelle komplexen Systemen – wie auch die Wissenschaft eines darstellt – als Mittel, um sich in ihren Umwelten zurecht zu finden und zu behaupten. Sehen wir uns dazu kurz den Versuch eines einfachen Organismus an, seinen Stoffwechsel in einer Welt zu gewährleisten, die ihre Ressourcen mit saisonaler Periodizi-

---

139 Hartmann, Stephan (1996): The World as a Process: Simulations in the Natural and Social Sciences; in: Hegselmann, R. et.al. (eds.), Simulation and Modelling in the Social Sciences from the Philosophy of Science Point of View. Theory and Decision Library. Kluwer: Dordrecht 1996, pp. 77-100.

tät bereitstellt. Wenn dieser Organismus über keinerlei Information zu dieser Welt verfügt, so wird er sich schwer tun, die „Winter", also die „Nullzeiten" der Ressourcenverfügbarkeit, zu überstehen. Wenn er nicht weiß, dass nach dem „Winter" auch wieder üppigere Jahreszeiten kommen, so wird er kaum jemals versuchen, sie „durchzustehen". Steht ihm dagegen so etwas wie ein *Modell*, ein Konzept also der saisonalen Abfolge von Ressourcenvorkommen zur Verfügung, so könnte er so etwas wie Vorratshaltung ins Auge fassen und sich durch Aufteilung seiner gespeicherten Ressourcen ein Überleben ermöglichen. Er könnte also – vor die Wahl gestellt, die gerade verfügbaren Ressourcen zur Gänze gleich jetzt zu konsumieren oder doch etwas für später zu „sparen" – *in seinem Modell*, das heißt also *virtuell* und damit noch ohne wirklich viel zu riskieren, ausprobieren, was im einen und was im anderen Fall geschieht. Er könnte damit sein Verhalten den erst damit erkennbaren Regelmäßigkeiten seiner Umwelt anpassen und in ihr überleben.

Das heißt, das Modell der Umwelt dieses Organismus könnte ihm dabei helfen, ressourcenlose Zeiten zu *antizipieren*.[140] Das Modell wird für ihn damit zu dem, was Roger Conant und Ross W. Ashby[141] einen *Good Regulator* nannten, das heißt das Modell wird zu einem *Kontrollsystem*, das Umweltkomplexität in Eigenkomplexität verwandelt und damit dem Organismus neue Anschlussmöglichkeiten eröffnet. Anders gesagt, sein Weltmodell dient dem Organismus zur Steigerung seiner Effizienz. Modelle sind in diesem Sinn systemeigene Komponenten, die einem System, wenn alles gut läuft, Stabilität verleihen und es mit seiner Umwelt zurande kommen lassen. Wenig verwunderlich, dass auch die Wissenschaft auf Modellbildung setzt.[142]

Je erfolgreicher allerdings Modelle zum Bestand eines Systems beitragen, umso attraktiver wird ihr Einsatz. In allen Abstraktionsgraden – von festverdrahteten Verhaltensunterschieden bei Insekten in Bezug etwa auf Tag-Nacht-Abfolgen bis hin zu hochkomplexen, etwa das Magnetfeld der Erde nutzenden Orientierungskonzepten von Zugvögeln etc. – entpuppen sich Modellbildungen evolutionär als überaus effiziente Maßnahmen, die allerdings – wie wir dies unter 3.4.2 schon im Hinblick auf die *El Farol*-Problematik oder die *Efficient Market Hypothesis* erwähnt haben – gerade aufgrund ihres Erfolgs ihren eigenen Erfolg unterspülen können. Je mehr Modelle Verwendung finden, umso mehr wird auch das, was durch sie modelliert wird, verändert. Gerade der Erfolg der Modellbildung dynamisiert auch die zu modellierende Umwelt und generiert damit einen auf Dauer

---

140 Vgl.: Rosen, Robert (1985): Anticipatory Systems. Oxford. Pergamon Press.
141 Conant, Roger C. / Ashby, Ross, W. (1970): Every Good Regulator of a System must be a Model of that System; in: International Journal of Systems Sciences, vol. 1, No. 2, pp. 89-97.
142 Vgl. diesbezüglich etwa die starke Aufmerksamkeit zum Beispiel der Ökonomie für *model building* seit Ende des 19. Jahrhunderts.

gestellten Bedarf für immer komplexere Modelle. Jede Komplexitätsreduktion erhöht gleichzeitig auch Komplexität und macht damit stets weitere Komplexitätsreduktion notwendig.[143]

In diesem Sinn ließe sich auch davon sprechen, dass erst der zunehmende Einsatz analytischer Modelle in den Wissenschaften, etwa in der Physik oder insbesondere in der Ökonomie, die Forschungen und ihre Gegenstandsbereiche in einer Weise dynamisiert hat, die heute Computersimulationen nahezu schon unentbehrlich werden lassen. Erst als durch den Einsatz analytisch-mathematischer und im Anschluss daran graphischer Methoden gesehen werden konnte, was sich damit nicht mehr sehen, nicht mehr erfassen lässt, wurden neue Methoden, neue, nun eben *dynamische Modelle* notwendig. Analytisch-mathematische Modelle, die im Vergleich zu Simulationen statisch bleiben, versagen bereits bei der Lösung vieler gewöhnlicher Differentialgleichungen (so genannter ODEs = *ordinary differential equations*) und bei fast allen partiellen Differentialgleichungen (PDEs = *partial differential equations*). Interaktionszusammenhänge, wie etwa die der Schellingschen Segregation, der sich synchronisierenden Glühwürmchen, der Fledermausschwärme oder der rebellierenden Agenten liefern Beispiele für solche komplexen Differentialgleichungssysteme. Mit analytischen Methoden ist ihnen nicht beizukommen. Hier punktet die Computersimulation. Sie erlaubt es, analytisch in Bereiche vorzustoßen, die sonst unzugänglich blieben.

Allerdings, und dies ist der springende Punkt in diesem Zusammenhang, dynamisiert ihr Erfolg notwendig auch ihren Gegenstand, sprich das, was mithilfe von Simulationen erfasst werden soll. Die Komplexität steigt unvermeidbar mit ihrer Reduktion. Und auch dieser Umstand liefert ein Beispiel für *gleichzeitige Ungleichzeitigkeit*.

III-II Prognosen

Die seltsame Tendenz der Modellbildung, ihren eigenen Erfolg zu unterminieren, schränkt, wie gesagt, die Stimmigkeit von Vorhersagen auf einen oftmals enttäuschend kleinen Bereich ein. Zwar dienen Modelle, wie unser Beispiel vom vorratshaltenden Organismus zeigen sollte, der Vorhersagbarkeit, gleichzeitig reduzieren sie sie aber auch. Und genau dies zieht stets weitere Versuche nach sich, die Vorhersagbarkeit neuerlich ein Stück weit in die Zukunft auszudehnen.

Natürlich stellt die Computersimulation mit ihrer Möglichkeit, vergleichsweise viele Parameter zu berücksichtigen und damit den Anschein zu erwecken, einer „Abbildung der Wirklichkeit" schon recht nahezukommen, ein verlockendes In-

---

143 Vgl. dazu immer wieder Niklas Luhmann, u.a.: Luhmann, Niklas (1984): Soziale Systeme. Grundriß einer allgemeinen Theorie. Frankfurt/M., S. 48ff.

strument zur Prognose bereit. In Zusammenhängen, in denen die Prognose nicht oder kaum auf das Prognostizierte zurückwirkt, scheint sie mitunter auch durchaus erfolgreich. Ein Beispiel dafür liefert die Meteorologie. Zumindest auf ein paar Tage im Voraus schaffen es Meteorologen heute, das Wetter passabel zu prognostizieren. Mitunter wird der Simulation aufgrund solcher Erfolge die explizite Aufgabe zugesprochen, Vorhersagen zu ermöglichen.[144] Ihren Sinn und Zweck findet die Simulation aber auch in abstrakteren Bereichen der Forschung, zum Beispiel da, wo der zeitliche Maßstab der Zusammenhänge zu groß oder zu klein ist, um empirische Beobachtungen oder auch Berechnungen vorzunehmen. Ersteres wäre etwa bei Evolutionsprozessen der Fall. Zweiteres betrifft zum Beispiel Aspekte der Teilchenphysik. Darüber hinaus punktet sie, wo die Kosten für empirische und analytische Untersuchungen oder auch für Optimierungs- und Trainingsprogramme zu hoch sind, etwa im Bereich von Flugsimulationen, simulierten Crash Tests, von Motor und Chassis Tuning in der Formel 1, der Simulation militärischer Einsätze etc., oder auch in Bereichen, die, wie etwa die Epidemiologie oder die Genforschung beträchtliche gesundheitliche oder ökologische Risiken bergen, oder für die die notwendigen Teilnehmerzahlen oder auch Teilnahmebereitschaften nicht aufzubringen wären. Gerne werden Simulationen auch genutzt, um den Möglichkeitsraum realer Experimente voreinzuschränken und damit brauchbare Ergebnisse wahrscheinlicher zu machen, sowie Kosten und Zeit zu sparen. In Chemie, Medizin und Pharmazie werden etwa Substanzen virtuell vorab ausgesondert, um sich sodann auf die vielversprechenderen verbleibenden Kandidaten zu konzentrieren. Und nicht zuletzt dient die Simulation der Hypothesenbildung. Vielfach lassen sich erst durch Simulationsanalysen Regelmäßigkeiten ausmachen, die zur Basis der Prämissen weiterer Modelle taugen.

Als Prognosetool dagegen birgt die Simulation, wie schon erwähnt, zum einen die Schwierigkeit, hinreichend exakte Ausgangsdaten zur Verfügung zu haben, um stimmige Vorhersagen zu erlauben. Erinnert sei diesbezüglich an den Lorenzschen Schmetterlingseffekt, den wir in Kapitel 1.4.1 besprochen haben. Und zum anderen steht ihr auf grundsätzlicher Ebene eben die Eigenschaft komplexer Systeme entgegen, jedes noch so stimmige Prognoseinstrument durch Einbeziehung in die eigene Systemdynamik tendenziell unbrauchbar zu machen. Selbst wenn es zum Beispiel gelingen sollte, mit hinreichend exakten Ausgangsdaten und einem präzisen Algorithmus verlässliche Vorhersagen zur Entwicklung von Wertpapieren an der Börse zu machen, so wäre – und dies auch ohne jegliche Simulation – vorhersagbar, dass diese Methode in kürzester Zeit von vielen angewandt würde.

---

144 Vgl. u.a.: Bratley, Paul / Fox , Bennett L. / Schrage , Linus E. (1987): A Guide to Simulation. New York, Springer.

Genau damit würden sich die Börsen dann aber garantiert anders verhalten, als die Methode dies vorhersagt. Auch die präziseste Simulation hat keine Chance, dieser Selbstbezüglichkeit zu entgehen.

III-III Robust Planning

Die spricht freilich nicht dagegen, die *Grenzen* der Vorhersagbarkeit auszuloten. Mitunter werden dazu zum Beispiel Bereiche einer so genannten *deep uncertainty*[145], also jener Zukünfte, in denen jede Prognose aufgrund des exponentiellen Anwachsens möglicher Entwicklungen unseriös wird, von Bereichen unterschieden, in denen Entwicklungen linearer zu verlaufen scheinen. Unter dem Titel *Robust Planning* wird dazu die Simulation gegenwärtig mit Methoden verknüpft, die sich an den Mechanismen adaptiver Evolution und natürlicher Lernprozesse orientieren.

Naheliegend, und auch schon länger angewandt, besteht eine Möglichkeit dazu in der Differenzierung von Entwicklungsszenarien und dem Versuch, die Wahrscheinlichkeiten abzuschätzen, mit denen sie auftreten. Nicht zuletzt als Folge der Desillusionen nach der *Limits to Growth*-Studie von 1972 werden Einschätzungen ökologischer oder auch ökonomischer globaler Entwicklungen heute in der Regel mit mehreren Szenarien präsentiert[146], die nach der Wahrscheinlichkeit ihres Auftretens gelistet und sodann je nach Risiko-Bereitschaft der zuständigen Instanz ausgeschlossen werden. Die Europäische Union zum Beispiel adaptierte diesbezüglich im Zuge ihrer Verhandlungen über das Kyoto-Protokoll ein so genanntes *precautionary principle*, in dem nach dem Grundsatz „*better safe than sorry*" Worst-case-Szenarien vermieden werden sollen. In den USA wird demgegenüber eher versucht, die Kosten zur Vermeidung von Schäden in Bezug auf die Wahrscheinlichkeit ihres Auftretens zu gewichten. Nach dieser Politik werden etwa zur Vermeidung von Umweltschäden, die mit 50-prozentiger Wahrscheinlichkeit eintreten und 100 000 Euro Kosten verursachen, Maßnahmen im Wert von 50 000 Euro gesetzt. Zwar ermöglicht diese Strategie prinzipiell unzweideutige Handlungsan-

---

145 Vgl.: Lempert, Robert J. / Popper, Steven W. / Bankes, Steven C. (2003): Shaping the Next One Hundred Years. New Methods for Quantitative Long-Term Policy Analysis. Santa Monica. RAND, S. 3.

146 1995 präsentierte zum Beispiel eine *Global Scenario Group* des Stockholmer *Environment Insitutes* 1995 drei Szenarien einer möglichen Weltzukunft, in der einem „*Conventional Worlds*"-Set mit marktorientierter und nur leichter staatlicher Regulation, die Wirtschaftswachstum ohne Umweltprobleme gewähren würde, ein „*Barbarization*"-Set, in dem Gewalt und Armut ausbrechen, und ein „*Great Transition*"-Set gegenüberstanden, in dem die Welt sich entscheidet, ökologiefreundliche soziale Werte zu adoptieren. Die *Global Scenario Group* ging davon aus, dass das erste Set an möglichen Zukünften plausibel aber nicht garantiert sei und die Welt, um Set 2 zu vermeiden, Set 3 in Erwägung ziehen solle. Zit nach: Popper, Steven W. / Lempert, Robert J. / Bankes, Steven C. (2005): Shaping the Future; in: Scientific American.com, March 28, 2005.

weisungen, was in der Politik in der Regel hoch geschätzt wird. In der Realität stehen allerdings selten präzise Einschätzungen zur Verfügung. Auch hier können kleine Unwägbarkeiten große Unterschiede bewirken. Im Anschluss an Herbert A. Simons Annahme (siehe auch 4.3.6.1), dass Menschen Entscheidungen selten nach Art des *homo oeconomicus* optimieren („*maximizing*"), sondern eher nach Verhaltensorientierungen suchen, die *in Anbetracht der Umstände gut genug* sind („*satisfizing*"), wird deshalb in den entsprechenden Forschungsunternehmen nicht nach optimalen, sondern nach *robusten* und *adaptiven* Handlungsanweisungen gefahndet. Die Überlegung dahinter folgt dem Prinzip: Morgen könnte ich mehr Information haben als heute, deswegen plane ich heute schon, meinen Plan morgen zu überdenken.

Entsprechende Simulationsmodelle werden dazu mit möglichst vielen unterschiedlichen, plausiblen und weniger plausiblen Parametern oftmalig durchgespielt, um einen möglichst breiten Raum des möglichen Modellverhaltens zu erfassen. Dieses *Exploratory modeling*[147] führt dazu, dass mittlerweile auch in sozial- und politikwissenschaftlichen Forschungen die Computer, wie in der Physik schon seit langem, oft mehrere Stunden, mitunter auch über Nacht laufen, um den untersuchten *Behavior space* eines Modells zu erkunden. In solchen Unternehmungen wird dann oftmals gar nicht primär auf mögliche Zukunftsszenarien geachtet, sondern beispielsweise herauszufinden versucht, welche initialen Parameterbereiche halbwegs stabile Entwicklungen vermuten lassen, und wo dagegen mit chaotischen Dynamiken zu rechnen ist. Schon die Vorhersage, dass in bestimmten Bereichen auch kurzfristige Vorhersagen mit großer Wahrscheinlichkeit problematisch sind, gelten diesem Ansatz als relevant.

Vor allem zielt das *Robust planning* aber nach dem Vorbild natürlicher Lern- und Adaptionsprozesse darauf ab, die Vorhersageaktivität gewissermaßen auf Dauer zu stellen und dabei die selbstbedingten Einflüsse auf das vorhergesagte Verhalten beständig mit einzubeziehen. Ein entsprechender Ansatz wurde zum Beispiel von Russell Knight und seinen KollegInnen unter dem Titel *CASPER* vorgeschlagen, einer Abkürzung für *Continuous Activity Scheduling Planning Execution and Replanning*.[148] In diesem Ansatz werden Vorhersagen, oder genauer die jeweils aktuellen Gegebenheiten, sowie das vorliegende Modell erwarteter Zukunftsgegebenheiten und der daraus abgeleitete Plan, wie ein Ziel zu erreichen sei, als jeweils nur einzelner Schritt einer Abfolge von Vorhersageszenarien betrachtet, in deren Verlauf die einzelnen Parameter, wie auch sonst in Simulationen, iterativ upge-

---

147 Bankes, Steven (1993): Exploratory Modeling for Policy Analysis; in: Operations Research 41, p. 435-449.
148 Knight, Russell / Rabideau, Gregg / Engelhardt, Barbara / Chien, Steve (2001): Robust Planning with Imperfect Models; in: AAAI Technical Report SS-01-06.

datet werden, und zwar im Hinblick auf im Zuge dieses Prozesses identifizierte Konflikte mit dem ursprünglich angepeilten Ziel. In diesem Prozess eines *Adaptive Problem Solving* ist die Vorhersage also in gewissem Sinn selbst daran beteiligt, das, was sie vorhersagt, in Bezug auf das Nicht-Eintreffen der Vorhersage zu modifizieren, um sich damit doch, allerdings prozessual, also adaptiv, weitgehend zu verifizieren. Die Vorhersage gleicht damit einem auf Dauer gestellten Lern- oder Anpassungsprozess, der niemals zur Ruhe kommt und seine eigentlichen Prognosen stets nur als interimistische, im nächsten Schritt sofort wieder revidierte Aussagen betrachtet. Wir werden solche flexibilisierten Adaptions- und Lernprozesse in Kapitel 6 ausführlicher kennenlernen.

III-IV Vorhersage-Märkte

Eine etwas anders orientierte, wenn gleich nicht minder interessante Methode, zumindest ein Stück weit in die Zukunft zu blicken zu versuchen – die wir hier abschließend kurz ansprechen, um zu unserem nächsten Kapitel überzuleiten –, stellen so genannte *Vorhersage-Märkte* dar, englisch *Prediction Markets*. Ihre Möglichkeiten werden gegenwärtig unter anderem von den Experimentalökonomen Kay-Yut Chen, Lesley R. Fine und Bernado Huberman in den HP-Laboratories unter dem Titel *BRAIN* erforscht.[149] BRAIN steht dabei für *Behaviorally Robust Aggregation of Information in Networks* und versucht ein Prognoseproblem zu behandeln, das typisch zum Beispiel für Wirtschaftsunternehmen mit mehreren, dezentral arbeitenden Abteilungen oder Arbeitsteams ist.

Solche Unternehmen sind, um zum Beispiel stets die optimale Menge an Rohstoffen für ihre Produktion vorrätig zu halten, darauf angewiesen, relativ genau zu wissen, wie viele ihrer Produkte sie etwa im nächsten Quartal verkaufen werden. Werden zu wenige Rohstoffe bestellt, so kommt die Produktion zu stehen, werden zu viele bestellt, bleibt unter Umständen zu viel auf Lager liegen. Die dezentralisierten Unternehmen, die in der Regel nicht einfach *top down* planen können, unterhalten deshalb meist eigene Abteilungen, die solche Prognosen erstellen und dabei – meist durchaus zu recht – annehmen, dass die unmittelbar am Produktionsprozess beteiligten Angestellten in den einzelnen Teams für ihren jeweiligen Bereich am besten wissen, was in ihm an Output zu erwarten ist. Sie sind diesem Produktionsabschnitt gleichsam am nächsten. Die Prognoseabteilung hat sodann die Aufgabe, die vielen Teilinformationen der einzelnen Teams zusammenzufügen, um damit die Rohstoffbestellungen zu optimieren.

---

149 Vgl. dazu u.a.: Chen, Kay-Yut / Fine, Lesley R. / Huberman, Bernado (2001): Foercasting Uncertain Events with Small Groups; in: Proceedings of the ACM Conference on e-commerce, October 2001.

Das Problem dabei liegt allerdings darin, dass die Angestellten und Teamleiter, wenn sie einfach direkt befragt werden, in der Regel sehr viele Gründe haben, ihr Wissen nicht gänzlich und wahrhaftig preiszugeben. Ein Mitarbeiter könnte zum Beispiel gerade seinen Vorgesetzten beeindrucken wollen und deshalb höhere Zahlen angeben, als er selbst für realistisch hält. Der andere könnte sie niedriger ansetzen, weil er hofft, so seiner Abteilung mehr finanzielle Mittel zu verschaffen usw. Kurz, die vorhandene Information über den Output der Abteilungen unterliegt einer systematischen Verzerrung durch eine Reihe zusätzlicher Anreize für die Befragten, ihre Informationen nicht zur Gänze preiszugeben.

Die Unternehmungen im Rahmen von *BRAIN* zielen nun darauf ab, diese Verzerrung dadurch zu verhindern, dass die privaten Anreize der Befragten durch andere, höhere Anreize dafür überboten werden, die „Wahrheit" zu sagen. Die Angestellten werden dazu gebeten, auf ihre eigenen Prognosen „Wetten" abzuschließen. Sie kaufen dazu Anteile, so etwas wie *futures*, ihrer jeweiligen Prognosen und erhalten, wenn sich diese als hinreichend nahe zum tatsächlichen Ergebnis erweisen, einen entsprechenden Geldgewinn. Liegen sie dagegen falsch, erhalten sie nichts. Im Detail bittet das *BRAIN*-Team dazu die Angestellten zunächst, auf fiktive ökonomische Szenarien zu wetten, um dabei die individuelle Risikobereitschaft beziehungsweise -Aversion der Probanden festzustellen. In der darauffolgenden Wette auf die tatsächlichen Produktionsoutputs wird ihr Verhalten dann mit diesen Informationen gewichtet. In den Versuchen zeigt sich, dass die Vorhersagen dieser Methode erstaunlich nahe, und jedenfalls wesentlich näher als die der traditionellen Methoden, an die tatsächlichen Ergebnisse herankommen. Auch zur Zukunftsprognose scheint sich also die Aufmerksamkeit für *bottom-up*-Aggregationen, in diesem Fall die der verteilten Informationen unterschiedlicher Firmenabteilungen, zu bewähren.

III-V Das Wissen der Vielen

Ähnliche Methoden werden mittlerweile auch recht erfolgreich zur Prognose der Ergebnisse politischer Wahlen herangezogen. Auf der Website des *Iowa Electronic Market*[150] der *Iowa State University* kann zum Beispiel mit bis zu 500 US-Dollar Einsatz auf den Ausgang US-amerikanischer Präsidenten- oder auch Kongresswahlen gewettet werden. Die dabei gesammelten Informationen werden herangezogen, um die Wahlausgänge zu prognostizieren. Die so aggregierten Vorhersagen kommen mitunter bis auf wenige Kommastellen genau an das tatsächliche

---

150 http://www.biz.uiowa.edu/iem/index.cfm (17.6.2010)

Ergebnis heran und liegen in der Regel wesentlich richtiger als die Prognosen aus herkömmlichen Opinionpolls.[151]

Die Grundlage dieser Methode bilden die von Robin Hanson um 1990 herum vorgeschlagenen *Idea Futures*[152], die ursprünglich eigentlich für den Bereich der Wissenschaften erdacht wurden[153], wo ja in der Regel ebenfalls eine Vielzahl „privater" Anreize dafür sorgt, dass Ideen, auch wenn sie gut und verfolgenswert scheinen, nicht aufgegriffen werden – etwa weil zuständige Forscher lieber ihren eigenen Interessen nachgehen, weil Konkurrenz vermieden werden soll, weil administrative oder organisationelle Interessen dagegen sprechen etc. Hanson schlug deswegen vor, einen Wett-Pool auf umstrittene wissenschaftliche Fragen einzurichten, in dem die Gewinnchancen das Ausmaß des aktuellen wissenschaftlichen Konsens zu diesen Fragen widerspiegeln. Der Umstand, dass damit Geld gewonnen werden kann, würde, so seine Überlegung, gleichsam die „wahre" vorliegende Information zu den entsprechenden Fragen zum Vorschein bringen.

Wie auch immer realistisch dieser Vorschlag in den Wissenschaften sein mag, die sich daran anschließende Idee von Vorhersage-Märkten hat sich seitdem weit verbreitet. Auf die Zukunft zu wetten und die Einsätze als Prognose zu interpretieren, ist, insbesondere im Internet, zum Massenphänomen geworden.[154] Sogar das US-amerikanische Verteidigungsministerium hat schon versucht, damit Vorhersagen zur Wahrscheinlichkeit terroristischer Anschläge zu generieren.[155]

Zugrunde liegt diesen Versuchen die Annahme, aus der Aggregation verteilter Informationen stimmigere Aussagen über den Verlauf von Entwicklungen machen zu können, als dies aus der herkömmlichen Beobachtung des in Frage stehenden Phänomens selbst möglich wäre. Wie wir im nächsten Kapitel sehen werden, liegt genau diese Annahme auch der spieltheoretischen Aufmerksamkeit für komplexe Zusammenwirkungen zugrunde.

---

151 Vgl. dazu auch das populäre Buch: Surowiecki, James (2004): The Wisdom of Crowds. Why the Many Are Smarter Than the Few and How Collective Wisdom Shapes Business, Economies, Societies and Nations. Little, Brown.
152 Vgl. dazu u.a. die überaus kurzweilige Prognose zum „Superscattering" in: Hanson, Robin (1992): Idea Futures: Encouraging an Honest Consensus; in Extropy 3(2), p. 7-17.
153 Vgl. u.a.: Hanson, Robin (1990): Could Gambling Save Science? Encouraging an Honest Consensus; in: Proceedings of the Eighth International Conference on Risk and Gambling. London 1990.
154 Vgl. u.a.: http://www.betfair.com/
155 Coy, Peter (2003): Betting on Terror. PR Disaster, Intriguing Idea; in: BusinessWeek 25.8.2003.

Kapitel 4 – Spiele

4.1 Kooperation

Ein Phänomen, das vor dem Hintergrund unserer bisherigen Erkundungen als *emergent* betrachtet werden kann, ist das der *Kooperation* sozialer Lebewesen, der Umstand also, dass Lebewesen in ihren Handlungen und Entscheidungen offensichtlich nicht ausschließlich ihren je eigenen Vorteil verfolgen, sondern auch kooperatives, altruistisches, solidarisches, kurz *soziales*[156] Verhalten zeigen. Emergenz impliziert hier, Kooperation als *next-order*-Phänomen zu betrachten. Das heißt, gegenüber der Ebene erster Ordnung, auf der soziale Akteure als *eigennützige rationale Wesen* agieren, wie dies zahlreiche Einzelwissenschaften in ihren Forschungen annehmen, würde Kooperation eine „höhere" Ordnungsebene markieren, auf der sie *für den Beobachter* als „mehr als die Summe der einzelnen Teile" erscheint.

Dieses etwas mystische „Mehr" (- wir werden den *mystery gap* zwischen zugrundegelegter und emergenter Ebene in Zwischenbetrachtung V ausführlich besprechen -) erfordert natürlich Erklärung. Es stellt sich die Frage, wie eine Kooperation von eigennützigen rationalen Wesen überhaupt zustande kommen kann. Warum sollten egoistisch, auf den eigenen Vorteil bedachte Wesen diesen Vorteil plötzlich zurückstellen und sich kooperativ, altruistisch oder solidarisch verhalten? Warum sollten sie sich gegenseitig unterstützen, sich helfen? Warum sollten sie mitunter gar, wie dies auch im Tierreich bereits zu beobachten ist, ihre eigene Existenz opfern, um die ihrer Artgenossen zu sichern?

---

156 Gemeint hier im Sinne von André Kieserlings „moralisierter Vokabel". Kieserling schlägt vor, zwischen alltagssprachlicher und wissenschaftlicher Bedeutung von Begriffen wie „sozial" oder „Sozialisation" zu unterscheiden. In der Alltagssprache steht dem „sozialen" Sachverhalte der „unsoziale" entgegen. Sozial heißt hier so viel wie „nicht-selbstbezogen", „nicht-egoistisch". In der Sprache der Soziologen dagegen würden „sozialen" Sachverhalten eher psychische oder organische gegenüberstehen. Hier heißt eine Handlung oder Ordnung sozial, weil sie organische oder psychische Gegebenheiten überschreitet. Vgl. Kieserling, André (2004): Selbstbeschreibung und Fremdbeschreibung. Beiträge zur Soziologie soziologischen Wissens. Frankfurt/M. Suhrkamp, S. 294.

4.1.1 Mutual Aid

Die Aufmerksamkeit für nicht-eigennützige Kooperation im Tierreich findet sich, vielleicht überraschend, bereits bei Charles Darwin, der als Begründer der heute gebräuchlichen Evolutionstheorie[157] gewöhnlich eher mit dem „egoistischen" Prinzip des *Survival of the Fittest* assoziiert wird. Zwar argumentiert Darwin tatsächlich über weite Strecken seines Werks eher individualistisch. In Kapitel 7 seines Buches *Origin of Species*[158] erwähnt er allerdings soziale Insekten und den Umstand, dass die Selektion hier eher auf der Ebene von Familien und nicht auf der von Individuen anzusetzen scheint. Das Überleben des Einzelnen ist in diesem Zusammenhang nur *eine* Komponente des Reproduktionserfolges. Wichtiger scheint hier das Überleben der Sozietät. Und genauso wichtig sind Aspekte wie das Finden und die Umwerbung potentieller Partner oder auch die Aufzucht des Nachwuchses und andere altruistisch orientierte Aktivitäten. Schon Darwin bringt hier also Aspekte ins Spiel, die heute im weiten Forschungsfeld der Soziobiologie untersucht werden und ein Verhalten in den Vordergrund stellen, das nicht primär auf das *Survival* des einzelnen Individuums zielt.

Den vielleicht berühmtesten frühen Einwand gegen das individualistische Prinzip des *Survival of the Fittest* stellt das Buch *Mutual Aid* des russischen Geografen und Anarchisten Peter Kropotkin[159] dar. In ihm führt Kropotkin an einer Vielzahl von Beispielen aus dem Pflanzen-, Tier- und Menschenreich vor, welche grundlegenden Vorteile die Kooperation, die Zusammenarbeit und die gegenseitige Hilfe auch im Sinne der Darwinschen Evolutionstheorie bietet. Zwar liegen Kropotkins Studien auch politische Anliegen zugrunde – die Effektivität natürlicher Kooperation sollte den (russischen) Staat als unnütz erweisen. Nichtsdestotrotz zeigen sie eindrucksvoll, dass gerade diejenigen Pflanzen und Tiere, die ihren individuellen Existenzkampf nachhaltig reduziert und die Praxis gegenseitiger Hilfe am weitesten entwickelt haben, einerseits zahlenmäßig am stärksten vertreten sind, und sich andererseits damit auch hohe Anpassungsfähigkeit sichern. Kooperation hat – so Kropotkins Pointe – auch individuelle Vorteile und steigert, obwohl sie Kosten verursacht, die Fitness des Einzelnen.

Was bei Kropotkin freilich noch eher außen vor bleibt, ist der Umstand, dass Kooperation dafür anfällig ist, von nicht-kooperativen Akteuren, Parasiten etwa, ausgenützt zu werden. Die Frage, was Individuen daran hindert, von der Kooperation ihrer Mitgesellschafter zu profitieren, indem sie sich dieser einseitig *nicht* anschließen, stellte sich im ausgehenden 19. Jahrhundert noch nicht in dem Aus-

---

157 Stearns, Steve / Hoekstra, Rolf (2000): Evolution. An Introduction. Oxford University Press.
158 Darwin, Charles (1859/1963): Die Entstehung der Arten durch natürliche Zuchtwahl, Reclam.
159 Kropotkin, Peter (1902/1998): Mutual Aid: A Factor of Evolution. London: Freedom Press.

maß, wie dies im 20. Jahrhundert dann im Rahmen der Spieltheorie der Fall war. Wie wir im folgenden sehen werden, ist diese Frage im Grunde gleichbedeutend mit der nach den Ursachen dafür, dass Kooperation zu einem *stabilen* sozialen Phänomen werden kann. Im Hinblick auf unsere Überlegungen in den vorhergehenden Kapiteln erklärt sie, warum im Zuge der Evolution kooperative, und das heißt vor dem Hintergrund der Evolutionstheorie eigentlich *unwahrscheinliche* Handlungsweisen wahrscheinlicher werden als nicht-kooperative. Die zentrale Frage dieses Kapitels lautet also: was bringt uns dazu, im Kontext sozialer Interaktionen aus dem Raum unserer Handlungsmöglichkeiten *zuverlässig* eher kooperative denn egoistische Handlungsweisen zu wählen? Oder allgemeiner formuliert: wie stabilisiert sich Kooperation?

Eine erste Antwort darauf versucht die Theorie der so genannten „Verwandtschaftsselektion", der *Kin selection*, zu geben.

4.1.2 Verwandtschaftsselektion

Mit dem Aufkommen der Genforschung im 20. Jahrhundert erhielt der Begriff der Fitness eine neue Bedeutung. Die Aufmerksamkeit galt nun nicht mehr so sehr der Fitness des Individuums, sondern vielmehr der seiner Gene. Das *Survival of the Fittest* bestimmte sich nun über die Zahl der erfolgreich an die nächste Generation weitergegebenen Gen-*Kopien*. Dasjenige Individuum gilt seitdem als optimal angepasst, das am meisten Kopien seiner Gene streuen kann. Der Eigennutz des „egoistischen Gens"[160] bezieht sich auf seinen reproduktiven Erfolg.

Allerdings werden Gene nicht ausschließlich von demjenigen Individuum, das sie primär trägt, verbreitet, sondern, wenn auch in geringerem Ausmaß, auch von näheren Verwandten wie Schwestern, Brüdern, Töchtern, Söhnen oder auch Cousinen und Cousins etc. Die Theorie der „Verwandtschaftsselektion", der *Kin selection*, wie sie 1964 von William D. Hamilton[161] vorgeschlagen wurde, sucht diesem Umstand mit dem Begriff der „inklusiven Fitness" zu berücksichtigen, einer Variante der Darwinschen Fitness, die sich aus der eigenen Fitness des Individuums, das heißt dem relativen Anteil seiner fertilen Nachkommen *plus* der Fitness genetisch verwandter Individuen ergibt. Ein Verhalten, das sich gegenüber Verwandten uneigennützig zeigt, kann diese inklusive Fitness steigern. Zumindest unter näher verwandten Individuen sollte kooperatives, altruistisches Verhalten also evolutive Vorteile erbringen.

---

160 So der Titel ein berühmten Buches von Richard Dawkin. Vgl.: Dawkins, Richard C. (1976): The Selfish Gene. Oxford: Oxford University Press.
161 Hamilton, William D. (1964): The Genetical Evolution of Social Behaviour I/II, Journal of Theoretical Biology, Vol. 7, S. 1-52.

So nun angenommen wird, dass sich Kooperation aufgrund dieser Vorteile als stabile soziale Handlungsorientierung etabliert und sich damit auch Gene oder Gen-Komplexe für altruistisches Handeln entwickeln, so würden diese umso positiver selektiert, je näher der Verwandtschaftsgrad r zum unterstützen Individuum ist. Hamilton formalisierte diesen Umstand in einer mittlerweile berühmten Regel, nach der der Nutzen, B, des Rezipienten einer altruistischen Handlung multipliziert mit dem Verwandtschaftsgrad r größer als die Kosten C des altruistischen Individuums sind.

$$\text{Hamilton-Regel:} \quad B * r > C$$

Der Altruismus (die Kooperation) muss sich dabei aber nicht auf genetisch verwandte Individuen beschränken. Wie zum Beispiel Studien zum Verhalten von Murmeltieren zeigen[162], warnt deren Pfeifen – mit dem sie freilich ihre eigene Position preisgeben und sich so „Kosten" verursachen – nicht nur die verwandten Tiere im Umkreis, sondern auch die anderen Mitglieder der Population. Der Schutz der eigenen Gene wird dabei gleichsam probabilistisch gestreut. Altruismus wäre demnach eine Folge wahrscheinlichkeitsorientierter inklusiver Fitness.

Obwohl dieses Konzept vor allem im Kontext der Evolution sozialer Insekten ausführlich untersucht und auch weitgehend bestätigt wurde[163], sprechen sich doch zahlreiche Forscher dafür aus, auch andere Gründe für die Etablierung von Kooperation als stabile Handlungsorientierung ins Auge zu fassen. Insbesondere unter Menschen sei Kooperation ein wesentlich komplexeres Phänomen, das in vieler Hinsicht eher mit *reziproken Erwartungshaltungen* zu tun habe, als mit genetischer Fitness. Unter Menschen sollte sich eine Erklärung für Kooperation eher auf sozio-kultureller Ebene erschließen, und zwar in Bezug auf die *Reziprozität* ihres Handelns.

Das Konzept des „reziproken Altruismus"[164] geht davon aus, dass sich Kooperation dann etablieren kann, wenn hinreichend hohe Wahrscheinlichkeit besteht, dass Individuen die Kosten eines Aktes der Hilfeleistung oder der Unterstützung durch reziproke Leistungen anderer, von denen sie dann ihrerseits profitieren, refundiert bekommen. Diese „zurückgegebene" Leistung muss dabei nicht unbe-

---

162 Sherman, Paul W. (1977): Nepotism and the evolution of alarm calls; in: Science 197, p. 1246-1253.
163 Vgl. u.a.: Trivers, Robert L. / Hare, Hope (1976): Haplodiploidie and the Evolution of Social Insects, Science, Vol.191, p. 249-263.
164 Vgl. u.a.: Trivers, Robert L. (1971): The Evolution of Reciprocal Altruism; in: Quarterly Review of Biology 46, p. 35-57. Trivers. Robert L. (2002): Natural Selection and Social Theory: Selected Papers of Robert Trivers. New York: Oxford University Press.

dingt gleichzeitig und auch nicht vom unterstützten Individuum selbst erfolgen. Sie wirkt damit – wenn sie wirkt – weitaus indirekter als inklusive Fitness und sie ist auch weitaus störanfälliger. Auf theoretischer Ebene gehorcht der „reziproke Altruismus" allerdings dem Prinzip des *ökonomischen Tauschhandels* und eignet sich damit als Gegenstand von spieltheoretischen Untersuchungen und Agenten-basierten Simulationen.

Um uns also einer Erklärung für die Emergenz von Kooperation zu nähern, werden wir uns im folgenden einige Aspekte der Spieltheorie ansehen.

4.2 Spieltheorie

Die mathematisch-orientierte Disziplin der Spieltheorie geht auf Möglichkeiten zurück, die im 19. Jahrhundert mit der abstrakten Figur des *homo oeconomicus* als Grundlage entscheidungstheoretischer Fragen entstanden. Im Unterschied zur individualistisch ansetzenden, also primär auf *einen* Akteur bezogenen, Entscheidungstheorie, auf Englisch *Rational-Choice-Theory*, untersucht die Spieltheorie allerdings Situationen, in denen der Erfolg von Entscheidungen nicht nur vom je eigenen Handeln, sondern auch von den Handlungen anderer sozialer Akteure abhängt. In ihrem theoretischen Zentrum steht damit also die *Interaktion* sozialer Wesen. Ihre Initialzündung als wissenschaftliche Disziplin erfuhr diese Theorie durch das 1944 erschienene Buch *Theory of Games and Economic Behaviour* von John von Neumann und Oskar Morgenstern.[165]

4.2.1 Pay-offs und Strategien

In seiner einfachsten Form besteht ein „Spiel" in dieser Theorie aus zwei Akteuren (Agenten), die *gleichzeitig* eine von zwei möglichen Entscheidungen treffen müssen und damit einen „Erlös", einen *Pay-off* lukrieren. Dieser *Pay-off* hängt dabei aber eben nicht nur von der jeweiligen Einzelentscheidung eines der Akteure ab, sondern vom *aggregierten* Ergebnis der Entscheidungen beider, das heißt von den *Folgen des gleichzeitigen Zusammenwirkens* der Entscheidungen. Für den einzelnen Akteur – dies hier vorweg – besteht damit das eingangs erwähnte Problem einer „gleichzeitigen Ungleichzeitigkeit". Er müsste *gleichzeitig* bereits wissen, was er erst *ungleichzeitig* wissen kann. Er müsste, um das Resultat seiner Entscheidung zu optimieren, wissen, wie sich sein Gegenüber entscheidet. Da dies für beide Akteure gleichermaßen gilt, müssen sie sich *gleichzeitig* im Hinblick auf *Ungleichzeitiges* entscheiden. Ohne zusätzliche Informationen agieren sie also in höchstem Grad *unsicher.*

Nehmen wir, um einen ersten Eindruck zu gewinnen, an, ein Spieler, wir nennen ihn *Anton*, verbringt seine Freizeit gerne mit seiner Freundin, *Berta*, der

---

[165] Von Neumann, John / Morgenstern, Oscar (1944/2004): Theory of Games and Economic Behavior. Princeton NJ, Princeton University Press.

zweiten Spielerin. Anton geht gerne ins Theater, während Berta eher das Kino bevorzugt. Beide gehen dabei aber lieber miteinander aus, als auf ihrer Vorliebe zu beharren und alleine im Theater oder im Kino zu sitzen. Das heißt, der individuelle Nutzen, spieltheoretisch der *Pay-off*, den Anton und Berta aus ihrem Verhalten ziehen, hängt von der eigenen *und* der Entscheidung des Partners ab.

Solche sozial beeinflussten Pay-offs werden spieltheoretisch in einer sogenannten *Pay-off-Matrix* dargestellt, die in diesem Fall wie folgt aussehen könnte:

		Berta	
		wählt Option a: Theater	wählt Option b: Kino
Anton	wählt Option a: Theater	2 / 1	0 / 0
	wählt Option b: Kino	0 / 0	1 / 2

Die Matrix besagt, dass, wenn Spieler *A* Option *a* wählt, während gleichzeitig Spieler *B* ebenfalls *a* wählt, Spieler *A* einen *Pay-off* von zwei Punkten und Spieler *B* einen *Pay-off* von einem Punkt erhält. Wenn Spieler *A* Option *b* wählt, während gleichzeitig Spieler *B* Option *b* wählt, so erhält (umgekehrt) Spieler *A* einen Pay-off von einem Punkt und Spieler *B* einen *Pay-off* von zwei Punkten. Wenn aber Spieler *A* Option *b* wählt, während gleichzeitig Spieler *B* Option *a* wählt, so erhalten beide Spieler einen Pay-off von null Punkten. Das heißt, der eine sitzt im Theater, der andere im Kino und sie ärgern sich beide, weil sie nicht miteinander ausgegangen sind. Das Szenario stellt ein typisches Koordinationsproblem dar und ist spieltheoretisch unter dem Titel *Battle of the Sexes* bekannt. Ein analoges Beispiel würde etwa die Belegschaft einer Firma liefern, die sich darüber einig ist, zusammenzuarbeiten, um einen neuen Auftrag für ihre Firma zu erhalten, dabei aber uneinig darüber, wie dieses Ziel am besten zu erreichen ist.

Die Kombination der Entscheidungen, die A und B treffen, wird spieltheoretisch *Strategie* genannt.[166] Die Strategien (*a / a*) und (*b / b*) im obigen Fall bringen beiden Spielern Gewinn, während sich die Strategien (*a / b*) und (*b / a*) als suboptimal erweisen.

Wenn die Spieler ihre Entscheidungen stets mit 100-prozentiger Wahrscheinlichkeit treffen, so wird von *reinen Strategien* gesprochen. Wenn die Spieler eine

---

166 Gelegentlich werden in der Literatur auch die einzelnen Optionen, die eine Strategie bietet, bereits als Strategien bezeichnet. Wir werden hier allerdings streng zwischen Option (als Entscheidung *eines* Spielers) und Strategie (als Optionen-Kombination) unterscheiden.

Option dagegen mit, sagen wir, nur 70-prozentiger Wahrscheinlichkeit und die andere mit 30-prozentiger Wahrscheinlichkeit wählen, so handelt es sich um eine *gemischte Strategie*.

In vielen Spielen – nicht aber im hier angeführten Beispiel – addieren sich die Pay-offs der Entscheidungen, also die Zahlen in den Kästchen der aggregierten Optionen, zu Null. Solche Spiele werden *Nullsummen-Spiele* genannt. Das heißt, des einen Spielers Gewinn ist des anderen Spielers Verlust. Der eine erhält +5 Punkte, der andere -5 Punkte. Münzen-Werfen oder Würfeln zum Beispiel, so wie auch viele sportliche Wettkämpfe sind Nullsummen-Spiele. Nur ein Spieler gewinnt, der andere verliert. Es gibt, anders als im *Battle of the Sexes*, keine *win-win*-Situation.

In Nullsummen-Spielen ist Kooperation eher unwahrscheinlich. Es ist kaum vorzustellen, dass etwa beim Fußball die Mannschaften zusammenarbeiten, um eine davon gewinnen zu lassen (Sollte trotzdem einmal ein Unentschieden von beiden angestrebt werden, so sind zusätzliche Faktoren im Spiel). Reale Interaktionssituationen sind in aller Regel allerdings *keine* Nullsummen-Spiele, auch wenn wir sie oftmals als solche wahrnehmen. Schon Würfeln oder sportliche Wettkämpfe sind nur idealtypisch, also im Hinblick auf ihren nominellen Spielausgang, Nullsummen-Spiele. Wird zum Beispiel das Vergnügen, das sie bereiten, oder auch der Ärger, wenn jemand ein schlechter Verlierer ist, in Betracht gezogen, so entpuppen sie sich meist schnell als so genannte *Spiele mit nicht-konstanten Summen*.

4.2.2 Spielziele

Die Rede von Strategie wirft nahezu unweigerlich die Frage nach der jeweils „besten" Strategie auf. Welche Strategie ist die „Beste" in einem Spiel? Leider gibt es darauf keine einfache Antwort. Die Spieltheorie kennt unterschiedliche Lösungskonzepte für die Frage nach dem „optimalen" Ergebnis sozialer Interaktionen.

Wie schon gesagt, wird der einzelne Spieler in der Spieltheorie in der Regel als *homo oeconomicus* betrachtet, der stets diejenige Handlungsoption wählt, die seinen Pay-off maximiert. Für ihn besteht ein einfacher „bester Ausgang" eines Spiels trivialerweise im „Gewinnen". Allerdings ist „Gewinnen" nicht immer der einzige „beste Ausgang". Es lassen sich Situationen vorstellen, in denen ein Spieler beim besten Willen nicht gewinnen, sondern nur verlieren kann. Auch die Höhe seines Pay-offs im Fall des Verlusts könnte sich aber je nach gewählter Option unterscheiden. Wenn der Spieler dies im Vorhinein weiß, so wird er danach trachten, noch aus seinem „Verlieren" das jeweils Beste herauszuholen. Der „beste Ausgang" wäre für ihn damit derjenige, der das Resultat seines Verlierens maximiert.

Eine solche Lösung, die das *Maximum der Minima* anstrebt, wird *Maxmin-Lösung* genannt und wurde von John von Neumann ursprünglich als optimales Lösungskonzept vorgeschlagen. Soziale Akteure sollten, so meinte er, ihre Entscheidungen auf längere Sicht so treffen, dass in der Interaktion dieser Entscheidungen zumindest der jeweils beste der schlechten Pay-offs für sie herausschaut. Im *Battle of the Sexes* wäre die Strategie (b / b) für Spieler A zwar schlechter als (a / a), aber immer noch besser als (a / b) oder (b / a). (b / b) wäre also für A eine solche Maxmin-Strategie.

Die Maxmin-Strategie ist allerdings nicht *stabil*. Das heißt, sie bleibt nicht für alle Fälle die optimale Lösung. Wenn nämlich Spieler B im obigen Beispiel die Option a wählt, dann wäre Spieler A natürlich besser beraten, ebenfalls die Option a zu wählen, und das erbringt ein anderes Ergebnis. Die Maxmin-Strategie ist daher spieltheoretisch kein überaus populäres Lösungskonzept. Eine Variation davon stellt die Minmax-Strategie dar, die die maximal möglichen Verluste zu minimieren sucht, sprich also die Verluste so gering wie möglich zu halten versucht.

Stabil wäre eine Option für einen der Spieler dann, wenn ihr Pay-off, ungeachtet der Optionen, die die anderen Spieler wählen, *immer* höher ist, als der, den alle anderen für ihn möglichen Optionen erbringen. Man spricht dann von einer *dominanten Option*. Wenn also Spieler A, egal was B tut, für die Option a immer mehr erhalten würde als für Option b, so wäre a, und das heißt sowohl die Strategie (a / a), wie auch die Strategie (a / b), für ihn *dominant*.

4.3 Soziale Dilemmata

In vielen Spielen, allen voran in Nullsummenspielen, ist freilich „das Beste" für einen Akteur gleichzeitig „schlecht" für den Mitspieler. Ein Spiel*beobachter* – oder auch ein *altruistischer* Spieler (der damit kein *homo oeconomicus* mehr wäre) – könnte deswegen auch an jener Strategie interessiert sein, die eine „beste" Lösung in *sozialer* Hinsicht, das heißt im Hinblick auf den für die *Gemeinschaft* der Spieler optimalen Spielausgang bietet. In diesem Fall wäre die Strategie gesucht, die die höchste *Summe* der Pay-offs der Spieler erbringt, die also auf das *höchst mögliche Gemeinwohl* abzielt. In der obigen Matrix wären dies die Strategien (a / a) und (b / b). Vor allem gesellschaftstheoretisch scheint diese Lösung interessant.

Das Problem der Gemeinwohl-Lösung ist allerdings wieder der Umstand, dass sie nicht stabil sein muss. Und das betrifft nun fundamental unsere Frage nach der Entstehung von Kooperation.

Der Gemeinwohl-Lösung liegt ein so genanntes *soziales Dilemma* zugrunde, das Problem nämlich, dass die individuellen Entscheidungen der beteiligten Akteure mit hoher Wahrscheinlichkeit zugunsten einer Option ausfallen, die ein für die Gemeinschaft und damit schlussendlich auch für sie selbst *suboptimales* Resultat liefert. In Situationen sozialer Dilemmata ist es, anders gesagt, wahrscheinlich, dass Akteure ein Verhalten wählen, das ihren Nutzen auf längere Sicht *nicht* optimiert. (Das Wort Dilemma meint im griechischen wörtlich einen „Zwei-Weg", einen sich aufspaltenden, sich gabelnden Weg)

Ein erstes anschauliches Beispiel dafür beschreibt Jean-Jacques Rousseau 1755 in seiner Schrift über die Ursprünge der Ungleichheit[167]. Er beschreibt darin Jäger, die gemeinsam einen Hirschen jagen wollen, und nur dann in der Lage sind, das als Nahrungsressource sehr einträgliche Großwild zu stellen, wenn wirklich alle von ihnen konzentriert bei der Sache und das heißt an den ihnen zugewiesenen Treibjagdpositionen bleiben. Einen Hasen zu erlegen, würde demgegenüber auch alleine gelingen und das Auskommen des einzelnen Jägers schlecht und recht sichern. Sichtet ein Hirschjäger also auf seiner Pirsch einen Hasen, so besteht großer Anreiz, den individuellen, unmittelbaren Jagderfolg dem eher ungewissen kollektiven

---

167 Rousseau, Jean-Jacques (1755/1964): Discours sur l'Origine et les Fondements de l'Inégalité, Seconde Partie, 3 Oeuvres Complètes (Jean Starobinski ed.) Paris: Pléiade.

vorzuziehen und damit die Hirschjagd scheitern zu lassen. Da dies für alle Jäger gleichermaßen gilt, stehen die Chancen der kooperativen Hirschjagd schlecht. Ihr liegt also ein *soziales Dilemma* zugrunde: sie erbringt zwar höheren Nutzen, bindet diesen aber an das ungewisse Verhalten von Individuen, die in der *Unsicherheit* über das Verhaltens der je Anderen großen Anreiz haben, „egoistisch" und damit letztendlich eigentlich *sub-optimal* zu handeln.

Ein etwa moderneres und spieltheoretisch intensiv beforschtes Beispiel für ein analoges Dilemma liefert das so genannte *Gemeinwohl-Spiel*.

4.3.1 Das Gemeinwohl-Spiel

Dieses Spiel liefert ein Beispiel für die so genannte *experimentelle Spieltheorie*. Das heißt, es ist kein rein formales, nur mathematisch berechnetes oder am Computer simuliertes Spiel, sondern eines, das als real durchgeführtes Experiment (oftmals mit Studenten) in mehreren Wiederholungen – auch in unterschiedlichen Kulturräumen – durchgespielt wird.

Beim Gemeinwohl-Spiel wird einer Gruppe von Versuchspersonen ein Startkapital ausgehändigt, das sie verdeckt gesamt oder teilweise und ohne sich zu verständigen in einen gemeinsamen Fond – einfach einen im Raum aufgestellten Behälter – investieren können. Der Versuchsleiter verdoppelt sodann die insgesamt investierte Summe und verteilt diesen Betrag wieder gleichmäßig an alle Versuchspersonen. Wenn also zum Beispiel vier Spieler je 10 Euro Startkapital erhalten und alle die gesamten 10 Euro investieren, so befinden sich im Gemeinschaftstopf 40 Euro die, vom Versuchsleiter verdoppelt, 80 erbringen und damit für jeden Spieler einen Endbetrag von 20 Euro ergeben.

Wenn allerdings nun ein Spieler statt 10 Euro nur 6 investiert, während die anderen wie zuvor ihr gesamtes Startkapital einbringen, so ergibt dies im Topf 36 und verdoppelt 72 Euro und damit einen Endbetrag von 18 Euro für die drei Spieler, die 10 Euro investiert haben. Der Spieler der nur 6 Euro investiert hat, erhält ebenfalls 18 aus dem Gemeinschaftstopf, hat aber dazu noch die 4 nicht-investierten Euro in seinem Besitz und damit einen Endbetrag von 22 Euro. Aus dem Blickwinkel des *homo oeconomicus* erscheint es in diesem Spiel also *zunächst* sinnvoll, nichts zum Gemeinschaftstopf beizutragen.[168]

---

[168] Etwas andere Spielergebnisse werden erzielt, wenn die möglichen Gewinne nicht kontinuierlich von Null bis zum Maximum fließen, sondern erst ab einer bestimmten erreichten Stufe verteilt werden. Güter oder Werte, die dieser Logik folgen, werden *step-level public goods* genannt. Vgl. dazu u.a.: Schram, Arthur / Offerman, Theo / Sonnemans, Joep (2008): Explaining the Comparative Statics in Step-level Public Goods Games; in: Plott, Charles R. / Smith, Vernon L.

4.3 Soziale Dilemmata

In entsprechenden Experimenten mit wiederholten Spielverläufen, bei denen sich die Spieler überdies nicht verständigen dürfen, zeigt sich, dass dieser Einzelvorteil in der Regel schnell Vorbildwirkung entfaltet und nach einigen Wiederholungen kein Spieler mehr in den Gemeinschaftstopf investieren will. Das Nicht-Investieren fungiert gewissermaßen als *Attraktor*, es stellt ein so genanntes *Nash-Equilibrium* dar. Wir kommen unter 4.4.2 gleich ausführlicher darauf zu sprechen. Wenn freilich niemand investiert, gibt es auch keinen Gewinn. Jeder steigt mit den anfänglich zugewiesenen 10 Euro aus, weiß dabei aber, dass er eigentlich auch 20 gewinnen hätte können, wenn alle investiert hätten. Das heißt, die Spieler bringen sich aufgrund ihres egoistisch-rationalen Verhaltens selbst um das optimale Resultat, das dann vorliegen würde, wenn sie *kooperieren* und Alle Alles investieren, wenn sie also ein *Gemeingut* (ein *public good*) – hier eben den Gemeinschaftstopf – schaffen.

Die Spieler könnten also durch *Kooperation* ihre eigene Situation und gleichzeitig die ihrer Mitspieler verbessern. Oder anders herum formuliert: sie könnten ihre Situation verbessern, ohne gleichzeitig die ihrer Mitspieler zu verschlechtern, sie könnten – so die spieltheoretische Bezeichnung – eine *Pareto-Verbesserung* vornehmen (auch dazu gleich unten mehr).

Der Kooperation steht allerdings das (zunächst) näher liegende Eigeninteresse im Wege. Das Eigeninteresse konfligiert mit dem Interesse der Gemeinschaft. Genau dies erzeugt das *soziale Dilemma* und verhindert – wenn keine sonstigen Faktoren im Spiel sind – das Entstehen von Gemeingütern.

4.3.2 Gemeingüter ...

In ökonomisch-rechtlicher Hinsicht sind Gemeingüter Güter, die zum einen durch den Konsum einzelner Mitglieder einer Gemeinschaft nicht in einer Weise dezimiert werden, die den Konsum anderer einschränkt. Dieses Prinzip wird „Nicht-Rivalität im Konsum" genannt, oder auf Englisch *jointness of supply*. Das vielleicht offensichtlichste Beispiel dafür stellt die Ressource Wissen dar. Wissen wird gewöhnlich nicht weniger, wenn es weitergegeben und von anderen ebenfalls genutzt wird. In gewisser Hinsicht lässt sich sogar davon sprechen, dass sich Wissen durch Weitergabe eher vermehrt. Eine Reihe von Wissenschaftlern neigt deswegen dazu, Wissen als Gemeingut zu betrachten und Formen der eigentümlichen Zuschreibung von Wissen, etwa Patent- und Urheberrechte (*Intellectual Property Rights*), auf ihre Legitimität zu hinterfragen.[169]

(Eds): Handbook of Experimental Economics Results. Amsterdam: North Holland, Vol. 1, Part 6, p 817-824.
169 Vgl. ausführlicher: Füllsack, Manfred (2006): Zuviel Wissen? Zur Wertschätzung von Wissen und Arbeit in der Moderne. Berlin. Avinus, S. 289f.

Zum anderen zeichnen sich Gemeingüter dadurch aus, dass Akteure von ihrem Konsum schlecht, und das heißt nicht zu vertretbaren Kosten, ausgeschlossen werden können. Dieses Prinzip wird „Nicht-Ausschließbarkeit von der Nutzung", englisch *impossibility of exclusion* genannt.[170] Naheliegende Beispiele dafür wären etwa der Konsum reiner Luft, die Nutzung öffentlicher Parkanlagen, des öffentlich-rechtlichen Rundfunks oder auch wissenschaftlicher Ideen etc..

Gemeingüter bergen allerdings die Möglichkeit für „Trittbrettfahrer", so genannte *Free rider*, ihren eigenen Pay-off auf Kosten der Mitspieler zu optimieren und genau damit das Gemeinwohl, also den kollektiven Pay-off, zu schmälern. Da dies dabei alle („rationalen") Spieler gleichermaßen tun, dezimieren sie letzten Endes auch ihren eigenen Pay-off. Das heißt, Kooperation und Gemeingut sind – in diesem idealtypischen Setting – höchst unwahrscheinlich. Ihrem Entstehen steht ein *soziales Dilemma* im Wege.

Das Problem wird seit etwa den 1960er Jahren intensiv diskutiert. Mancur Olson erwähnt es beispielsweise 1965[171] als Hürde für die Gründung von Gewerkschaften. Garrett Hardin beschrieb 1968[172] diesbezüglich die „Tragödie", die etwa das eigennützige Überweiden gemeinschaftlicher Weidegründe für solche Gemeingüter bedeutet, im Englischen bekannt als *Tragedy of the Commons*. Elinor Ostrom untersuchte dazu internationale Gewässer, in denen Fischer unterschiedlicher Nationen agieren, und diskutierte die Bedeutung der damit verbundenen Problematik auch für die Ressource Wissen, die, wie schon gesagt, mit einigem Recht als Gemeingut betrachtet werden kann.[173]

4.3.3 ... und die Problematik ihres Entstehens

Abstrakt, aber damit vielleicht zugleich anschaulicher, lässt sich die Problematik des Gemeinwohl-Spiels anhand des Verhaltens einer Kugel verdeutlichen, die auf einer wellenförmigen Oberfläche zu liegen kommt und, der Schwerkraft folgend, in das ihr nächstliegende Tal rollt, mathematisch in ein *Minimum* der Oberfläche, das eine *suboptimale Lösung* des Spiels repräsentiert. Die Kugel steht für das Investitionsverhalten der Spieler, das infolge der Vorbildwirkung und der Enttäuschung über die mangelnde Kooperationsbereitschaft der anderen Spieler gegen

---

170 Vgl.: Barry, Brian / Hardin, Russell (Eds.). (1982): Rational Man and Irrational Society? Beverly Hills, CA: Sage.
171 Olson, Mancur Jr. (1965): The Logic of Collective Action: Public Goods and the Theory of Goods.. Cambridge Massachusetts, Harvard University Press.
172 Hardin, Garrett (1968): The Tragedy of the Commons; in: Science 162, 1243-1248.
173 Hess, Charlotte / Ostrom, Elionor (2007): Understanding Knowledge as a Commons: From Theory to Practice. Cambridge Mass. / London: MIT Press.

4.3 Soziale Dilemmata

Null strebt. Die Oberfläche des Gemeinwohl-Spiels hat allerdings zwei *Minima*. Zum einen ist dies das nur *lokale Minimum*, in dem Nichts mehr investiert wird und alle daher schlechter aussteigen als sie könnten, wenn alle Alles investieren. Die Kugel findet hier ein so genanntes *meta-stabiles Gleichgewicht*, das Spiel eben eine nur *suboptimale Lösung*. Darüber hinaus gäbe es allerdings auch noch das so genannte *globale Minimum*, in dem Alle Alles investieren und die Kugel damit ein (für diese Situation) endgültiges oder „wahres" Gleichgewicht, ein *Optimum*, finden würde.

Abbildung 4.1: Tendenz des Spielverlaufs im Gemeinwohl-Spiel

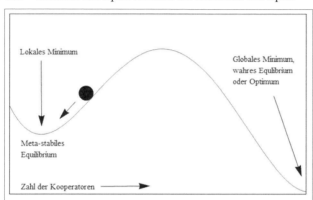

Zwischen diesem optimalen globalen Minimum und dem nur suboptimalen lokalen Minimum liegt allerdings ein relativ steiler Berg an höchst unwahrscheinlichen Investitionskonstellationen. Es dürfte leicht vorstellbar sein, dass Spieler, die nicht miteinander kommunizieren dürfen, wohl aber wissen, dass sie, wenn Alle Alles investieren, besser aussteigen könnten, vom lokalen Minimum aus, also von der suboptimalen Situation aus, immer wieder versuchen werden, doch zumindest ein wenig in den Gemeintopf zu investieren, um ihren Gewinn zu steigern. Solange dies aber nicht alle gleichzeitig und in gleicher Höhe tun, steigen sie dabei regelmäßig schlechter aus, als die die nichts investieren. Die Enttäuschung, „betrogen" zu werden, also zu investieren und dabei *Free-rider* zu finanzieren, wird damit verlässlich dafür sorgen, dass die Kugel immer wieder ins lokale (suboptimale) Minimum zurückrollt, dass die Spieler ihre Kooperationsversuche also immer wieder enttäuscht aufgeben. Das meta-stabile Gleichgewicht des lokalen Minimums erweist sich als unangenehm beharrlich. Es stellt sich die Frage, wie die Kugel jemals über den Berg kommen soll, wenn die Wahrscheinlichkeit dafür so gering ist.

4.3.4 Strafen

Ein naheliegendes, und sowohl in tierischen, wie auch menschlichen Gesellschaften oft zu findendes Mittel dazu stellt die Möglichkeit dar, unkooperative Mitspieler – die „Trittbrettfahrer" – zu *bestrafen*. Strafen können äußerst effektiv dafür sorgen, unkooperatives Verhalten zu minimieren.[174] Die Bestrafung birgt allerdings selbst ein Problem: sie ist, je nach Effektivität, mit der sie wirken soll, mit unter Umständen recht hohen Kosten verbunden. Unter anderem erfordert Bestrafung *Kontrolle*, also ein gewisses *Monitoring* des Interaktionsablaufs, das, wenn die Interaktion komplex wird, selbst schnell sehr aufwendig werden kann. Gedacht sei nur etwa an die vielfältigen Aufgaben von Judikative, Legislative und Exekutive in menschlichen Gesellschaften, mit deren Hilfe Bestrafung ausgeführt wird.

Da Kontrolle selbst ein überaus interessantes Problemfeld der Komplexitätsforschung aufspannt, wollen wir uns dem Thema kurz etwas ausführlicher zuwenden.

4.3.4.1 Exkurs: *Requisite Variety*

Stellen wir uns, um uns dieses Problem in seiner Tragweite vor Augen zu führen, zunächst einen Prozess in einer Welt A vor, der eine gewisse Periodizität aufweist, zum Beispiel eine Abfolge von jahreszeitlichen Temperaturschwankungen, deren Mittelwerte – das heißt die durchschnittlichen Frühlings-, Sommer-, Herbst- und Wintertemperaturen – im Normalfall im Rahmen dessen liegen, was als *regelmäßig* wahrgenommen wird. Entsprechende Regelungssysteme – zum Beispiel eine Klimaanlage – und ihre Maßnahmen – also etwa ihr Kühlen oder Heizen – benötigen, nachdem sie einmal angepasst wurden, keine zusätzlichen Kontrollmechanismen. In Welt A sieht Temperaturregelung einfach vor, im Sommer zu kühlen, im Winter zu heizen und im Frühling und Herbst nichts zu tun.

In Welt B dagegen kommt es zu Abweichungen von dieser Regelmäßigkeit. Gelegentlich weisen die Sommer längere Kältephasen oder die Winter längere Wärmephasen auf. Die Temperaturen schwanken in Welt B nicht ganz so regelmäßig wie in Welt A. Eine Klimaanlage, die diesem Umstand Rechnung trägt, be-

---

174 Vgl. u.a.: Clutton-Brock, T. H. / Parker, G. A. (1995): Punishment in animal societies; in: Nature 373, p. 209-216. Axelrod, Robert (1986): An evolutionary approach to norms; in: American Political Science Review 80, p. 1095-1111. Fehr, Ernst / Gächter, Simon (2000): Cooperation and Punishment in Public Goods Experiments; in: American Economic Review 90, p. 980.

4.3 Soziale Dilemmata

nötigt in Welt B ein Kontrollsystem[175], das die gelegentlichen Abweichungen im Auge behält und gegebenenfalls darauf mit regelnden Eingriffen reagiert. Es ist also so etwas wie ein zusätzliches Sensorium nötig, das die Abweichungen von der Regelmäßigkeit als solche *wahrzunehmen* in der Lage ist, das also wie etwa ein Thermostat, wenn die Maßnahmen, die sich in Welt A bewähren, nicht reichen, entsprechende außersaisonale Temperaturregelungen vornimmt.

Dieser Thermostat, als zusätzlicher Bestandteil, lässt das System aber komplexer werden. Offensichtlich erfordern also komplexere Bedingungen auch komplexere Regelungssysteme, sprich mehr Kontrolle. Im Regelfall steigt die Komplexität der Kontrolle mit der Komplexität des zu kontrollierenden Prozesses. Und damit steigt auch die Komplexität des Gesamtzusammenhangs.

Diesen Umstand thematisiert das „Gesetz der erforderlichen Variabilität", auf Englisch *Law of Requisite Variety*, oder auch *Ashby's Law* (1956)[176], das besagt, dass ein kontrollierendes System, um effektiv zu kontrollieren, in der Lage sein muss, jeden Zustand, den das kontrollierte Systems annehmen kann (seine Variabilität), zu berücksichtigen. Das kontrollierende System muss dazu die notwendige (*required* = *requisite*) Variabilität, die *Requisite variety* aufbringen. Es müsste also, um *wirklich* effektiv zu kontrollieren, sogar variabler sein, als das zu kontrollierende System.

Dies birgt freilich das energetische Problem, dass ein kontrollierendes System, wenn es so umfassend oder sogar umfassender, weil variabler, wäre als das von ihm kontrollierte System, den Nutzenvorteil, den es durch die Ermöglichung der Reaktion auf Unregelmäßigkeiten einfährt, durch die Kosten, die Aufwendungen, die es verursacht, wieder verliert. Kontrolle zahlt sich also, streng genommen, nur innerhalb desjenigen Rahmens aus, in dem der Nutzen des Kontrollsystems seine Kosten gerade noch übersteigt und die Variabilität des Kontrollsystems deshalb *geringer* ist als die des kontrollierten Systems. Ein Kontrollsystem berücksichtigt deshalb *niemals* alle möglichen Zustände des kontrollierten Systems. Es *selektiert* vielmehr die je relevanten Zustände, es wählt mache dieser Zustände als „wichtig" aus und ignoriert andere, beziehungsweise nimmt sie gar nicht erst wahr. Mit anderen Worten, das Kontrollsystem *reduziert die Komplexität* des kontrollierten Systems, indem es eine Auswahl, eine Selektion, aus seinen möglichen

---

175 Conant und Ashby meinen, dass ein „*good regulator*" stets ein Modell des Systems sein *muss*. Ein Kontrollmechanismus müsse nämlich zusätzlich stets auch „*wissen*", auf welche Störung er mit welcher Kontrollvariation reagiert. Je mehr Variation der Regulator also zu bearbeiten in der Lage ist, umso größer auch sein „Wissen". Und dies verschafft ihm Modellcharakter. Vgl.: Conant, Roger C. / Ashby, Ross, W. (1970): Every Good Regulator of a System must be a Model of that System; in: International Journal of Systems Sciences, vol. 1, No. 2, pp. 89-97.
176 Ashby, William Ross (1956): Introduction to Cybernetics. London. Chapman and Hall.

Zuständen vornimmt und nur diese – zumindest für den jeweiligen Zeitpunkt – als „relevant" wahrnimmt. Diese Auswahl kann dabei „glücklich" getroffen sein, wie im Fall einer gut funktionierenden Klimaanlage eben. Sie kann aber freilich auch Aspekte des zu kontrollierenden Systems „beschneiden", die – aus anderer Sicht, und das heißt hier von einem anderen „Kontrollsystem", von einem anderen *Beobachter* also – als durchaus relevant für den Gesamtzusammenhang erscheinen mögen. Staatliche und geheimdienstliche Kontrolle in totalitären Staaten zum Beispiel, oder auch schon zu strenge Maßnahmen in Schulen[177] oder auch in sozialpolitischer Hinsicht, werden diesbezüglich oftmals – von außen – als Form von Kontrolle wahrgenommen, die ihren Nutzen selbst unterwandert und für entsprechend kontraproduktive Effekte sorgt.[178] Dies kann in verschiedener Weise auch für Bestrafungen gelten.

4.3.5 Altruistische Strafe

Kehren wir damit zu unserem sozialen Dilemma zurück. Die Wahrscheinlichkeit für Kooperation steigt, so haben wir gesagt, wenn *Free Rider* bestraft werden. Dies birgt nun freilich die Frage, wer die Kosten für diese Bestrafung übernimmt. Interessanterweise steckt hinter dieser Frage ein weiteres Gemeinwohl-Dilemma. Denn einerseits hätten alle etwas davon, wenn *Free Riding* verhindert wird. Andererseits wird aber die Kosten dafür niemand gerne übernehmen. Die Bestrafung der Free-Rider stellt in diesem Sinn ein *Second-order public good* dar.

Um zu untersuchen, wie dieses Dilemma von Menschen gelöst wird, ließen die Experimentalökonomen Ernst Fehr und Simon Gächter[179] 240 Studenten in Vierer-Konstellationen geteilt in zwei Gruppen das Gemeinwohl-Spiel spielen. Die Studenten wiederholten das Spiel mehrmals, wurden dabei aber so aufgeteilt, dass niemand zweimal mit den selben Mitspielern konfrontiert war. Die eine der Gruppen erhielt die Möglichkeit, Mitspieler, die nach Meinung der anderen zu wenig investierten, zu bestrafen. Die Strafe, die nach dem jeweiligen Spieldurchgang festgesetzt wurde, sah mehr oder weniger hohe Gewinnabzüge für den *Free-rider* vor, kostete dabei aber auch dem Spieler, der die Bestrafung vorschlug, einen Teil seines Gewinns. Da die Gruppenkompositionen von Spiel zu Spiel verändert wur-

---

177 Vgl. dazu zum Beispiel Michael Robinson's berühmte Studie zur Restriktion im Klassenzimmer. Robinson, Michael (1979): Classroom control: Some cybernetic comments on the possible and the impossible; in: Instructional Science vol. 8, No 4, p. 369-392.
178 Vgl. dazu u.a.: Glanville, Ranulph (2010): Error; in: Trappl, Robert (ed.): Cybernetics and Systems 2010. Vienna: Austrian Society for Cybernetic Studies, p. 142-147. Vgl. auch Glanville (1994): Variety in Design; in: Systems Research vol. 11, No 3.
179 Fehr, Ernst / Gächter, Simon (2002): Altruistic Punishment in Humans; in: Nature 415, p. 137-140.

den und somit kein Spieler zweimal auf dieselben Mitspieler traf, brachte die Strafe dem Bestrafer selbst keinen unmittelbaren Nutzen. Er hatte direkt nichts von der Bestrafung. Sie war in diesem Sinn rein „altruistischer" Natur.

Im Ergebnis zeigt sich allerdings, dass zum einen trotzdem bestraft wurde und zum anderen die Bestrafung auch deutliche Wirkung zeigte. Während das Verhalten in der Gruppe ohne Strafmöglichkeit auf das suboptimale lokale Minimum des Nicht-Investierens hinauslief, ging die Tendenz zum *Free-riding* in der Gruppe mit Bestrafungsmöglichkeit deutlich zurück. Wer einmal bestraft wurde, neigte in weiteren Spielen zu höheren Investitionen. Und auch wer nur miterlebte, wie andere bestraft wurden, tendierte zu höheren Investitionen. Da dies das Investitionsverhalten in der Gruppe insgesamt positiv beeinflusste, erhielten die Bestrafer ihre zunächst „altruistisch" auf sich genommenen Kosten für die Bestrafung über diesen Umweg zurück. Die Bestrafung, auch wenn sie zunächst etwas kostete, zahlte sich auf längere Sicht auch für die Bestrafer selbst aus.

4.3.6 Irrationales Verhalten?

Punktuell und für sich betrachtet, scheint die „altruistische Bestrafung" allerdings „irrational" und damit der Annahme zu widersprechen, dass ein *homo oeconomicus* seinen Gewinn nicht schmälern würde, um der Gemeinschaft Vorteile zu verschaffen.[180] Wie zahlreiche spieltheoretische, ökonomische und psychologische Untersuchungen[181] mittlerweile zeigen, verhalten sich Menschen in sozialen Interaktionen in der Regel tatsächlich eher *nicht rational*. Sie lassen sich vielmehr – stärker als dies die neoklassische Ökonomie annahm – von Gefühlen, unterschiedlichsten Vor-annahmen und Unsicherheiten, und nicht selten auch von diesbezüglich dann einfach *beliebig* herangezogenen Orientierungen in ihren Entscheidungen beeinflussen.

---

180 Fehr und Gächter führen diese „kostspielige Bestrafung" auf „negative Emotionen" seitens der Akteure gegenüber *Free-Ridern* zurück, die sie in Befragung ihrer Probanden erhoben. Nach ihren Befunden löst *Free-Riding* starke „negative Emotionen" aus und befördert damit „altruistisches Bestrafen". Da sich auch die Bestraften dessen bewusst sind, reagieren sie in der Regel schnell auch bereits auf die bloße Möglichkeit, bestraft zu werden. Vgl. zur Untersuchung des Einflusses von Gefühlen auf Entscheidungen auch etwa: Staller, Alexander / Petta, Paolo (2001): Introducing Emotions into the Computational Study of Social Norms: A First Evaluation in: Journal of Artificial Societies and Social Simulation vol. 4, no. 1, <http://www.soc.surrey.ac.uk/JASSS/4/1/2.html>

181 Allen voran etwa die Studien von Amon Tversky und Daniel Kahnemann, u.a.: Tversky, Amon / Kahneman, Daniel (1981): The framing of decisions and psychology of choice; in: Science, 211, p. 453-458. Kahneman, Daniel / Tversky, Amon (Eds.), (2000): Choices, Values and Frames, Cambridge University Press, Cambridge.

Ein bekanntes Beispiel, das dies vor Augen führt, liefert das so genannte *Ultimatum-Spiel*, in dem einer Versuchsperson eine größere Summe Geld unter der Bedingung geschenkt wird, dass sie einem Mitspieler – der ebenfalls über den Spielverlauf informiert ist – einen Teil davon abgibt, den dieser als legitim akzeptiert. Lehnt der Mitspieler den angebotenen Teil als zu niedrig ab, so erhält auch der erste Akteur nichts. Dem Prinzip des *homo oeconomicus* folgend wäre es für den Mitspieler rational, jede erdenkliche Teilsumme zu akzeptieren. Sogar ein Cent wäre ja mehr als gar nichts. In der Regel akzeptieren Menschen unseres Kulturkreises aber erst ein Angebot, das der 50-Prozent-Marge nahekommt. Sie verhalten sich diesbezüglich also *nicht* wie der theoretische Idealtypus des *homo oeconomicus*.

Vielleicht noch deutlicher macht diesen Umstand das sogenannte *Vertrauensspiel*[182], bei dem von zwei Spielern einer per Zufallsentscheidung als Investor und der andere als Vertrauensperson, englisch *Trustee*, bestimmt wird. Der Investor erhält vom Spielleiter eine bestimmte Summe, zum Beispiel 10 Euro, die er „investieren" kann. Investieren bedeutet hier, dem *Trustee* entweder die ganze Summe, einen Teil davon oder gar nichts zu geben. Was immer der *Trustee* erhält, wird sodann vom Spielleiter mit einem bestimmten Faktor, zum Beispiel mit drei multipliziert. Der Trustee kann sodann den Gewinn zur Gänze, einen Teil davon oder gar nichts an den Investor zurückgeben.

Auch dieses Spiel wird im Experiment *double blind* gespielt, das heißt es wird so gestaltet, dass Investor, Trustee und Spielleiter völlig anonym bleiben und somit keiner der Spielteilnehmer mit späteren Revanchen oder Heimzahlungen zu rechnen hat. Obwohl also eigentlich weder die Investoren den *Trustees*, noch diese den Investoren einen Teil ihrer Spielsummen geben müssten, und es zumindest für Zweitere auch deutlich „rationaler" wäre, nichts von der ihnen anvertrauten Summe zurückzugeben, zeigt sich im Experiment sehr deutlich, dass Vertrauen in der Regel erwidert wird. Im Schnitt erhalten diejenigen Investoren am meisten zurück, die mehr als die Hälfte der Spielsumme in ihre *Trustees* investieren. Die Investoren, die am meisten Vertrauen zeigen, gehen also auch mit dem höchsten Gewinn aus dem Spiel hervor.

Dieses Ergebnis wird von einer interessanten Variation dieses Spiels bestätigt, das in der Literatur als *Arbeitgeber-Arbeitnehmer-Spiel* bekannt ist. Ernst Fehr, Georg Kirchsteiger und Arno Riedl[183] haben dazu Anfang der 1990er Jahre Studenten per Zufall in zwei ungleich große Gruppen geteilt und auf zwei separate Räume verteilt, in denen sie die je andere Gruppe nicht sehen und sich mit

---

182 Vgl. dazu: Berg, Joyce / Dickhaut, John / McCabe, Kevin (1995): Trust, Reciprocity and Social History; in: Games and Economic Behavior 10(1), p. 122-142. Oder auch: Ostrom, Elinor 2005: Understanding Institutional Diversity. Princeton, Princeton UP, S. 72.
183 Fehr, Ernst / Kirchsteiger, Georg / Riedl, Arno (1993): Does Fairness Prevent Market Clearing? An Experimental Investigation. Quarterly Journal of Economics CVIII. S. 437-460.

ihr nicht direkt verständigen konnten. Die größere Gruppe repräsentierte „Arbeitnehmer", die, wenn sie ein Lohnangebot eines Vertreters der anderen Gruppe, der „Arbeitgeber", akzeptierten, angestellt wurden und damit eine Arbeitsleistung in Form eines Teils ihres Lohns erbringen mussten, die sie, oberhalb einer festgelegten Mindestleistung, selbst bestimmen konnten.

Die Mitglieder der Gruppe der „Arbeitgeber" begannen das Spiel mit telefonischen Lohnangeboten an die „Arbeitnehmer". Auch die Lohnangebote konnten frei gewählt werden, mussten sich aber ebenfalls über einem Mindestlohnniveau bewegen. Wer immer aus der Gruppe der Arbeitnehmer ein Lohnangebot akzeptierte, erhielt einen bindenden Vertrag und wurde angestellt.

Wenn alle Vakanzen vergeben waren, wurden die Arbeitnehmer aufgefordert anonym festzulegen, wie viel Leistung sie über die Mindestleistung hinaus für ihren jeweiligen Lohn zu erbringen bereit waren. Ihr Leistungsangebot wurde dabei nur ihren jeweiligen Arbeitgebern übermittelt und sah, falls es niedrig war, keine wie auch immer gearteten Sanktionen oder Folgewirkungen vor. Die Leistung wurde, verklausuliert über einen Umrechnungsfaktor, in Form von Geld erbracht, das ihnen von ihrem Lohn wieder abgezogen wurde. Den Spielern selbst wurde dabei nicht mitgeteilt, dass es sich um Arbeitsleistungen handelt, sondern dass sie die Möglichkeit hatten, das Angebot der Arbeitgeber zu gewichten. Hohe Gewichte bedeuteten hohe Abzüge, interpretiert als Leistung.

Nach neoklassischen Annahmen sollten eigentlich beide Seiten, also sowohl Arbeitgeber wie auch Arbeitnehmer, versuchen ihre Kosten zu minimieren, sprich so wenig wie möglich Lohn und Leistung anbieten. Da die Arbeitnehmer mehr waren als vakante Stellen zur Verfügung standen, wurden sie obendrein durch das Wissen der Möglichkeit überhaupt leer auszugehen zur schnellen Annahme der Angebote gezwungen. Die Arbeitgeber konnten dies nutzen, um nur den Mindestlohn zu bieten. Tatsächlich zeigte das Experiment aber, dass einerseits die Arbeitgeber im Schnitt um 40 Prozent mehr als den Mindestlohn zu bieten bereit waren, und dass andererseits in Reaktion darauf auch die Arbeitnehmer rund viermal so viel Leistung erbrachten, wie die Standardtheorie des *homo oeconomicus* vorhergesagt hätte.[184] Die Wirtschaftstheorie schließt sich deshalb in letzter Zeit mehr und mehr Theorien

---

[184] Vgl. dazu auch: Fehr, Ernst / Falk, Armin (1999): Wage Rigidity in a Competitive Incomplete Contract Market. Journal of Political Economy 107. S. 106-134. Bewley, Truman (1999): Why Wages Don't Fall during a Recession. Harvard University Press, Harvard. Und für einen Versuch unter bulgarischen Studenten mit etwas anderem Ausgang: Koford, Kenneth 2003: Experiments on Trust and Bargaining in Bulgaria. Paper prepared for presentation at the ISNIE 7th Annual Meeting, Budapest, September 11-13, 2003. im Internet unter: http://www.umbc.edu/economics/seminar_papers/koford_paper.pdf (16.5.2010)

wie der so genannten *Fair-wage/Effort-Hypothese* von George Akerlof und Janet Yellen[185] an, die der neoklassischen These vom *homo oeconomicus* widersprechen.

4.3.6.1 Bounded Rationality

Obwohl viele Theoretiker heute der Meinung sind, dass der primäre Entscheidungsmodus des Menschen tatsächlich eher *irrationales* Verhalten nach sich zieht[186], wird in der Spieltheorie und in den an sie anschließenden Versuchen, Interaktionen mithilfe von Computermodellen zu simulieren, eher von einer „bedingten Rationalität", denn von Irrationalität ausgegangen. „Bedingt rational" bedeutet hier, dass dem Verhalten des Menschen die Kosten für den Bezug der Informationen, anhand derer er seine Entscheidungen trifft, in Rechnung gestellt werden. Angenommen wird, dass Menschen ihren Nutzen stets nur in jenem *Rahmen* zu maximieren suchen, der ihnen aktuell zu vertretbaren Kosten zugänglich ist. Menschen betreiben diesbezüglich eher „*satisficing*", wie dies Herbert Simon[187] nannte, denn „*maximizing*". Sie versuchen sich zwar im Sinne des *homo oeconomicus* über die Situation, in der es sich zu entscheiden gilt, möglichst vollständig zu informieren. Wenn ihnen der Bezug dieser Informationen aber mehr Kosten verursacht, als eine entsprechend informierte Entscheidung an Nutzen erbrächte, so brechen sie ihren Informationsversuch ab und agieren nur „bedingt rational". Oder wie Herbert Simon dies genannt hatte: sie agieren unter *bounded rationality*.[188]

Dies betrifft insbesondere auch zeitliche Horizonte. Der je aktuelle Nutzen unserer Entscheidungen liegt uns näher als ein möglicher zukünftiger. Wir agieren mit „Zeitpräferenz". Intuitiv werten wir zukünftige Gewinne, auch wenn sie zahlenmäßig gleich hoch sind, geringer als aktuelle. Manche Wirtschaftstheoretiker gehen davon aus, dass dies der Grund dafür ist, dass Kredite Zinsen abwerfen. Zinsen wären gleichsam der Preis für den Verzicht eines Kreditgebers, den Gegenwert des Kredits schon im Hier und Jetzt zu konsumieren.

Wie das Beispiel und die mittlerweile selbstverständlichen Berechnungen von „diskontiertem" erwarteten Nutzen, von so genannter *Subjective expected utility*[189], zeigen, lassen sich auch diese Aspekte, die dafür sorgen, dass menschliches Ver-

---

185   Akerlof, George A. / Yellen Janet L. (1990): The Fair Wage-Effort Hypothesis and Unemployment; in: Quarterly Journal of Economics, 105/2, p. 255-283.
186   Vgl. u.a. dazu die Literatur in Fn. 181.
187   Simon, Herbert A. (1964): Models of Man. Mathematical Essays on Rational Human Behavior in a Social Setting. New York London.
188   Vgl. dazu auch: Gigerenzer, Gerd / Selten, Reinhard (2002): Bounded Rationality. Cambridge: MIT Press. Kahneman, D. (2003): Maps of Bounded Rationality: Psychology for Behavioral Economics; in: The American Economic Review. 93(5). p. 1449-1475.
189   Savage, Leonard J. (1954): The Foundations of Statistics. New York, Wiley. Samuelson, Paul A.(1937): A Note on Measurement of Utility, in: Review of Economic Studies,4, p. 155-161.

halten vom ursprünglich unterstellt rationalen des *homo oeconomicus* abweicht, mehr oder weniger quantifizieren. Die zeitgenössische Entscheidungstheorie, beziehungsweise ihre Erben, die Spieltheorie und die Multi-Agenten-Simulation, bemühen sich deshalb heute mithilfe der Computertechnologie Spezifika menschlichen Verhaltens zu erfassen, die vor nicht allzu langer Zeit noch als „emotional", „Affekt-geleitet", beziehungsweise eben als „irrational" und damit als quantitativen Methoden unzugänglich galten.[190]

---

190 Vgl. dazu u.a.: Sousa, Ronald de (1987): The Rationality of Emotion. Cambridge, MA: MIT Press. Frank, Robert H. (1988): Passions with Reason. The Strategic Role of the Emotions. New York (Norton). Russell, Stuart J. (1997): Rationality and intelligence; in: Artificial Intelligence, Special Issue on Economic Principles of Multi-Agent Systems, 94 (1-2). p. 57-77.

4.4 Spiellösungen

Für sich und punktuell betrachtet, ließe sich also auch ein Spielverhalten, bei dem die Spieler des Gemeinwohl-Spiels ihre gesamte Spielsumme investieren, um damit zwar nicht individuell, dafür aber kollektiv den höchsten Gewinn einzustreichen, als „irrational" betrachten. Einer Einmal-Entscheidung eines *homo oeconomicus*, der keine Zukunft berücksichtigt, ist der Nutzen eines solchen Verhaltens nicht zugänglich. Er bleibt im rational nicht erreichbaren Teil des Entscheidungsraums. Erst *antizipierende* Akteure erreichen diesen Raum. Erst *wiederholte* Spieldurchgänge, die damit auch zeitliche Überlegungen der Akteure, das heißt also *Antizipationen* notwendig machen, die also zum Beispiel die Frage aufwerfen, wohin sich das Investitionsverhalten *mit der Zeit* entwickeln wird, lassen dieses Verhalten rational werden. Spieler, die *voraus*sehen, dass Nicht-Investieren (*Free-riding*) Vorbildwirkung entfaltet (beziehungsweise, wenn dies vorgesehen ist, Strafen nach sich zieht), können sehr wohl unter Einbeziehung ihres *zukünftigen* Nutzens zur rationalen Einsicht gelangen, dass sich Investitionen über der punktuell und individuell vorteilhaften Höhe auszahlen. Erst solche Akteure sind also in der Lage auch das *globale Minimum* dieser Situation zu erreichen.

Die Spieltheorie nennt dieses globale Minimum, in dem die Akteure nicht die für sie selbst, sondern für ihre Gemeinschaft vorteilhafteste Entscheidung treffen, *Gemeinwohl-Lösung*. Sie wird von jener Interaktionssituation bestimmt, in der die Akteure in spieltheoretischer Hinsicht *kooperieren*. Formal definiert wird sie durch die Strategie mit der höchsten Summe der Pay-offs der Akteure.

Im Zusammenhang des Gemeinwohl-Spiels kann diese Gemeinwohl-Lösung als *fair* betrachtet werden. Wenn alle alles investieren, gibt es keine *Free rider*. Niemand profitiert auf Kosten der Mitspieler. Alle beziehen in diesem Spiel den gesamt besehen optimalen Gewinn. Leider muss die (formale) Gemeinwohl-Lösung aber nicht in jeder Art von Spiel in diesem Sinn *fair* sein. Bezogen auf die Summe der Pay-offs lassen sich Spiele vorstellen, in denen ein Spieler sehr hohen Gewinn erzielt und viele andere nichts oder so wenig, dass die Summe dieser Pay-offs immer noch höher ist, als die Summe von *fairen*, weil gleich-hohen oder gleich-niedrigen Pay-offs. Eine Verteilung zum Beispiel, in der das Vermögen eines Multi-Millionärs und hundert armer Schlucker zusammen höher ist als das von 101 gleich armen Schluckern, würde formal zwar der Gemeinwohl-Lösung entsprechen, würde aber wohl kaum als sonderlich fair betrachtet werden.

4.4.1 Das Pareto-Optimum

Aufgrund dieses Umstandes zieht die Spieltheorie noch weitere Lösungskonzepte in Betracht. Eine davon ist das, nach Vilfredo Pareto benannte *Pareto-Optimum*. Es liegt dann vor, wenn es keine andere Strategie gibt, bei der zumindest ein Spieler besser und gleichzeitig kein Spieler schlechter abschneidet.

Zum leichteren Verständnis dieses Pareto-Optimums hilft es, sich zunächst die so genannte *Pareto-Verbesserung* vor Augen zu führen. Sie ist dann gegeben, wenn in einer Strategie eine Option so verändert wird, dass der Spieler, der diese Änderung vornimmt, höheren Gewinn erzielt, *während gleichzeitig kein anderer Spieler schlechter fährt*.

Wenn nun in einer Strategie keine solche Pareto-Verbesserung mehr vorgenommen werden kann, so ist diese Strategie eben *Pareto-optimal*. Die gegebene soziale Situation ermöglicht es in diesem Fall keinem Spieler, sich zu beschweren, dass er besser abschneiden könnte und dabei ohnehin niemandem anderen Schaden zugefügt würde. Sie ist in diesem Sinne *fair*. In der gegebenen Situation können einfach keine (für irgendjemand) besseren Entscheidungen getroffen werden, ohne dass irgendjemand anderer schlechter gestellt würde.[191] In der Ökonomie wird diesbezüglich auch von *Pareto-Effizienz* gesprochen.

Allerdings resultiert auch dieses Pareto-Optimum nicht notwendig in einer in jeder Hinsicht wünschenswerten Verteilung von Ressourcen oder Möglichkeiten. Obwohl sie Pareto-Effizienz genannt wird, kann sie zu unfairen und eigentlich ineffizienten Ungleichheiten führen. So lässt sich zum Beispiel leicht vorstellen, dass sich in einer Situation zwar keine Pareto-Verbesserung mehr vornehmen lässt, die Situation also Pareto-Optimal ist, aber etwa eine „Verschlechterung", also etwa eine Vermögensumverteilung auf Kosten des Multi-Millionärs als „sozial gerecht" betrachtet würde. Darüber hinaus kann es in bestimmten Settings auch mehrere Pareto-optimale Strategien geben. Und schlussendlich ist auch das Pareto-Optimum in der Realität nicht stabil. Egoistische Spieler kümmern sich in der Regel nicht darum, ob aufgrund ihrer Entscheidungen irgendjemand anders schlechter fahren könnte. Sie versuchen stur ihren eigenen Gewinn zu optimieren.

---

191 Mitunter wird dieser Umstand als so genanntes „starkes Pareto-Optimum" von einem „schwachen Pareto-Optimum" unterschieden, bei dem eine Veränderung nur dann als optimal betrachtet wird, wenn ihr *alle* Mitspieler zustimmen, das heißt wenn alle etwas von der Veränderung haben. Das "starke Pareto-Optimum" ist damit nur ein Spezialfall des „schwachen". In ihm muss nur *ein* Spieler von der Veränderung profitieren (ohne dass sich ein anderer verschlechtert).

In der Betrachtung von Entwicklungs*dynamiken* – im Gegensatz zu bloßen „Momentaufnahmen" einer einmaligen Konfrontation – ist die Stabilität von sozialen Verhaltensweisen aber von einigem Interesse. Forschungsziel ist hier oftmals die Frage, wohin ein Interaktionssystem *konvergiert*, also welche Strategien sich in ihrem Zusammenwirken, in ihrer Aggregation, *auf längere Sicht* durchsetzen und bewähren.

4.4.2 Das Nash-Gleichgewicht

Diese Frage sucht das so genannte *Nash-Gleichgewicht* zu beantworten, das der Mathematiker John F. Nash 1950 vorschlug.[192] Nach ihm ist eine soziale Interaktion dann im „Gleichgewicht", wenn kein Spieler einen Vorteil hätte, diese Strategie einseitig zu verlassen, solange auch alle anderen ihre jeweiligen Entscheidungen nicht verändern. Oder anders herum, die Spieler befinden sich dann in einem Nash-Gleichgewicht, wenn ein einseitiger Entscheidungswechsel eines Spielers dazu führen würde, dass sich sein Pay-off verringert.

Eine Strategie markiert also dann ein striktes Nash-Gleichgewicht, wenn jede der beiden Entscheidungen dieser Strategie die optimale Antwort (sprich die, die den höchsten Pay-off erbringt) auf die jeweils andere Entscheidung darstellt. Ein Nash-Gleichgewicht zeichnet sich dadurch aus, dass sich *kein* Spieler durch eine einseitige Änderung seiner Entscheidung verbessern kann.

Im kontinental-europäischen Straßenverkehr zum Beispiel ist das Fahren auf der rechten Straßenseite eine Strategie, der ein (sehr simples) Nash-Gleichgewicht zugrunde liegt. Kein Autofahrer hätte etwas davon, sein diesbezügliches Verhalten zu ändern, solange auch die anderen davon nicht abweichen. In vielen Ländern des ehemaligen britischen Einflussbereiches ist dagegen Linksfahren die Regel, was dort natürlich ebenfalls ein Nash-Gleichgewicht markiert. Das Beispiel verweist darauf, dass soziale Situationen oft mehrere Nash-Gleichgewichte bergen und sich die Entscheidung, welches davon schließlich eingenommen wird, oftmals auf Zufall zurückführt.

Wenn wir uns kurz einen – zugegeben etwas makabren – Straßenverkehr vorstellen, in dem zunächst keine Rechts- oder Links-Fahrordnung vorgegeben ist, die Rechts- oder Links-Fahr-Gewohnheiten der Autofahrer aber von ihren genetischen Anlagen determiniert werden, so würden, wenn diese Autofahrer miteinander konfrontiert werden, diejenigen Gene, die in der Anfangsphase nicht der Mehrheit der Fahr-Gewohnheiten entsprechen, *evolutiv*, sprich über mehrere Ge-

---

[192] Vgl. u.a.: Nash, John F. (1950): Equilibrium Points in N-person Games; in: Proceedings of the National Academy of Sciences 36/1950, p. 48-49.

nerationen hinweg, aussterben. Das heißt, wenn in der ersten Generation *zufällig* die Mehrheit der Verkehrsteilnehmer rechts fährt, so verfügen Links-Fahr-Gene über deutlich schlechtere *Fitness*. Das einseitige Abweichen vom Verhalten der Mehrheit dezimiert ihren Pay-off, das heißt viele der Linksfahrer sterben in Verkehrsunfällen. Ihre Gene werden sich also weniger stark reproduzieren und damit den Rechts-Fahr-Genen in der nächsten Generation einen noch stärkeren Vorteil einräumen. In wenigen Generationen gibt es keine Linksfahrer mehr und niemand hat etwas davon, auf der falschen Straßenseite zu fahren.

4.4.2.1 Fokus-Punkte

Der Ausgang dieser Entwicklung hängt freilich von einer *zufälligen* Anfangs*ungleich*verteilung ab. Wenn eine solche nicht vorliegt, wenn also gewissermaßen ein Informationsdefizit über den möglichen Verlauf der Entwicklung besteht, so kommen nicht selten *externe Faktoren* zu tragen, die die Entwicklung zugunsten des einen oder anderen Nash-Gleichgewichts anstoßen. Erinnert sie diesbezüglich an die *Lock-in*-Effekte aus Teil 1.2.3.1, die zum Beispiel dafür sorgen können, dass manche Restaurants gut und andere schlechter besucht werden, obwohl niemand genau weiß, wie gut der Koch wirklich ist. Wie in diesem Fall können „externe Faktoren" dabei völlig zufällig ins Spiel kommen, einfach weil sie sich in der gegebenen Situation gerade aufgrund ihrer Auffälligkeit (engl. *Salience*) anbieten.

Die Literatur spricht im Hinblick auf solche Faktoren von „Schelling-" oder auch „Fokus-Punkten", benannt nach dem uns nun schon vertrauten Ökonomen Tom Schelling, der in den späten 1950er Jahren verschiedene Experimente dazu durchführte. Unter anderem befragte Schelling seine Studenten, wo und wann sie am ehesten warten würden, wenn sie in New York eine Person treffen sollen, ohne nähere Informationen über Treffpunkt und Zeit zu haben. Die bei weitem häufigste Antwort darauf war: *noon (at the information booth) at Grand Central Station* – ein Ort und ein Zeitpunkt also mit hoher *Salience*.

Schelling beschreibt solche „Fokus-Punkte" in seinem Buch *The Strategy of Conflict*[193] als jene Punkte, an denen sich die Erwartungen einer Person über das Verhalten ihres Gegenübers mit den Erwartungen des Gegenübers über das Verhalten der Person überschneiden. Wenn also zum Beispiel zwei Personen, die sich nicht absprechen dürfen, ein Preis versprochen wird, den sie dann erhalten, wenn sie aus vier, ihnen vorgelegten Karten mit geometrischen Figuren jeweils die selbe auswählen und drei dieser Karten blaue Kreise und eine Karte ein rotes Recht-

---

193 Schelling, Thomas C. (1960). The Strategy of Conflict. Cambridge, Massachusetts: Harvard University Press, S. 57.

eck darstellt, so ist die Wahrscheinlichkeit groß, dass beide Personen die Karte mit dem roten Rechteck – also den „fokalen Punkt" dieses Beispiels – wählen. Mittlerweile liegen eine Reihe von Untersuchungen dazu vor, wie in sozialen Interaktionen zum Beispiel auch zufällige Körpermerkmale als Fokus-Punkte zur (oft falschen) Personenklassifikationen heran gezogen werden. Notorisch diesbezüglich etwa die „nationalsozialistische" Zuordnung blonder Haaren und blauer Augen zum einen, und dunkler Teints zum anderen Menschentyp.

Ein *Nash-Gleichgewicht*, das sich aufgrund solcher externer Faktoren bildet, wird nach einem Vorschlag von Robert John Aumann[194], *korreliertes Gleichgewicht*, auf Englisch *correlated equilibrium*, genannt.

4.4.3 Schwein und Schweinchen

Nash-Gleichgewichte sind also Strategien mit reziprok einander optimal antwortenden Entscheidungen, die allerdings nicht von Anfang an für die Akteure eindeutig als solche sichtbar sind.

Ein nettes Beispiel dazu stellt das so genannte *Clever Pig Game* dar. Es handelt von zwei Schweinen, die gemeinsam in einem Stall untergebracht sind und sich über eine Hebelvorrichtung selbst mit Futter versorgen können. Der Hebel befindet sich an einem Ende des Stalls und füllt, wenn er bewegt wird, Futter in einen Trog, der sich am anderen Ende des Stalls befindet. Das eine der beiden Schweine ist dick und behäbig, das andere jung und agil.

Wenn nun das dicke Schwein den Hebel drückt, hat das kleine Schwein die Chance, bereits beim Trog bereit zu stehen und einen Teil des Futter zu fressen, bevor sich das dicke Schwein umwenden, zum Trog laufen und es beiseite drängen kann. Wenn demgegenüber das kleine Schwein den Hebel drückt, hat es diese Chance nicht. Das dicke Schwein lässt es nicht an den Trog. Wenn beide den Hebel drücken, ist das kleine Schwein schneller beim Trog und schafft es, ein wenig zu fressen, bevor es verdrängt wird. Wenn beide nichts tun, bekommen sie beide kein Futter.

Eine *Pay-off*-Matrix für dieses „Spiel" könnte wie folgt aussehen:

		Dickes Schwein	
		tut nichts	bewegt Hebel
Junges Ferkel	tut nichts	0 / 0	5 / 1
	bewegt Hebel	-1 / 6	1 / 5

---

194 Aumann, Robert J. (1995): Repeated Games with Incomplete Information. Cambridge, MA: MIT Press.

In diesem Setting gibt es für das junge Schwein eine Option, die ihm in jedem erdenklichen Fall mehr bringt als die andere, nämlich *nichts zu tun*. Es bekommt im Fall, dass auch das dicke Schwein nichts tut, kein Futter, würde aber wenn es selbst den Hebel bewegt, noch zusätzlich verdrängt werden (-1). Wenn dagegen das dicke Schwein den Hebel bewegt, bekommt es maximales Futter (5) und würde, wenn es selbst auch zum Hebel läuft, nur sehr viel weniger (1) bekommen. Eine solche Option, die in jedem erdenklichen Fall die bessere ist, wird *dominante Option* – mitunter auch etwas missverständlich (siehe Fn. 166) *dominante Strategie* – genannt.

Die *Gemeinwohl-Lösungen* wären in diesem Setting die Strategien (*tut nichts / bewegt Hebel*) und (*bewegt Hebel / bewegt Hebel*), also die Strategien mit den Pay-off-Werten (5 / 1) und (1 / 5), die beide gemeinsam 6 ergeben. Die *Pareto-optimalen Lösungen* wären (*tut nichts / bewegt Hebel*), (*bewegt Hebel / bewegt Hebel*) und (*bewegt Hebel / tut nichts*), also die Pay-off-Werte (5 / 1), (1 / 5) und (-1 / 6). Keines der Schweine kann sich von diesen Strategien aus verbessern, ohne gleichzeitig dem anderen zu schaden. Und das *Nash-Gleichgewicht* findet sich bei (*tut nichts / bewegt Hebel*), also beim Wertepaar (5 / 1). Das heißt, solange auch das je andere Schwein sein Verhalten nicht ändert, hat keines etwas davon, eine andere Entscheidung zu treffen.

Wenn wir uns nun dieses Setting auf längere Sicht hin ansehen, so wird deutlich, dass das Verhalten der Schweine auf das Nash-Gleichgewicht hinauslaufen wird. Da das junge Schwein eine dominante Strategie hat, nämlich *nichts zu tun*, wird es diese auf längere Sicht verfolgen. Das dicke Schwein dagegen würde, wenn es nichts tut, kein Futter bekommen, wird also letztendlich dasjenige sein, das beständig zwischen Hebel und Trog hin und herläuft. Tatsächlich sollen Tierversuche ergeben haben, dass sich dieses Verhalten nach mehreren Durchgängen einpendelt.[195]

4.4.4 Evolutionär stabile Strategien

Nash-Gleichgewichte sind Konstellationen, auf die soziale Dilemmata oder soziale Koordinationsversuche *auf längere Sicht*, also bei *mehrfach wiederholten* Konfrontationen hinauslaufen. In sozialen Zusammenhängen liegen solchen Mehrfach-Konfrontationen oftmals evolutionäre Prozesse zugrunde. Nash-Gleichgewichte, die sich in evolutionären Prozessen bilden, werden als „evolutionär stabile Strategien", englisch *Evolutionarily Stable Strategies* (ESS) bezeichnet.

---

195 Vgl.: Vidal, José M. (2007): Fundamentals of Multiagent Systems. S. 45. Im Internet unter: http://multiagent.com/2009/03/fundamentals-of-multiagent-systems.html (2.8.2010).

Das Konzept der „evolutionär stabilen Strategie" wurde vom Evolutionsbiologen John Maynard Smith im Anschluss an Überlegungen von William D. Hamilton und Robert H. MacArthur vorgeschlagen und damit primär auf biologische Evolutionsprozesse bezogen. Da das Konzept aber an rigoros nutzen-optimierenden Akteuren festhält, an „rational" und „egoistisch" agierenden *homi oeconomici* also, lässt es sich auch spieltheoretisch und im Rahmen von Multi-Agenten Simulationen, gut umsetzen. Ein interessantes Beispiel dafür, dem die Kosten und Nutzen aggressiven Verhaltens in sozialen Interaktionen zugrunde liegen, bespricht der bekannte Evolutionsbiologe Richard Dawkin in seinem viel-diskutierten Buch *The Selfish Gene*.[196]

4.4.4.1 Falken und Tauben

Vor dem Hintergrund egoistisch, stets primär ihren eigenen Nutzen optimierender Akteure könnte angenommen werden, dass aggressives Verhalten in sozialen Interaktionen eigentlich recht einträglich sein müsste, einträglicher jedenfalls als defensives Verhalten. Aggression, so wäre anzunehmen, stellt die eigenen Vorteile in den Vordergrund und verschafft damit insbesondere in der Evolution, in der es ja darum geht, seine Reproduktionschancen zu steigern, entscheidende Vorteile.

Das angesprochene Tauben-Falken-Spiel geht nun davon aus, dass soziale Akteure, Tiere zum Beispiel, ihrem Gegenüber, also etwa einem anderen Tier des selben Rudels, grundsätzlich auf zwei Arten begegnen können: mit eher aggressivem, offensivem Verhalten, das als das Verhalten von „Falken" beschrieben werden könnte, und mit eher defensivem Verhalten, das eher dem von „Tauben" gleicht. Während die Falken in diesem Spiel ihr Gegenüber – egal ob andere Falken oder Tauben – stets aggressiv bekämpfen bis das Gegenüber flieht oder eine Verletzung vorliegt, deuten Tauben eine Drohung nur an, verletzen aber niemanden und fliehen bei ernsthafter Gefahr sofort. Wenn also Falke auf Falke trifft, kämpfen sie bis aufs Blut. Wenn Falke auf Taube trifft, flieht die Taube. Wenn Taube auf Taube trifft, drohen sie einander eine Zeit lang ohne Konsequenzen bis eine von ihnen müde wird und das Weite sucht.

In der spieltheoretischen Umsetzung dieser Interaktion werden die Pay-offs der Konfrontationen als evolutionäre Fitness-Punkte interpretiert, die die Reproduktionswahrscheinlichkeit der Verhaltensweisen bestimmen. Ein Sieg erbringt 50 Punkte, eine Niederlage Null, eine Verwundung kostet 100 Punkte und eine lange zeitaufwendige Konfrontation ohne Blutvergießen kostet 10 Punkte. Die Pay-off-Matrix sieht wie folgt aus:

---

196 Dawkins, Richard (1976): The Selfish Gene. Oxford University Press, p. 69f.

		Akteur 2 verhält sich wie	
		Falke	Taube
Akteur 1 verhält sich wie	Falke	50 / -100 bzw. -100 / 50	50 / 0
	Taube	0 / 50	40 / -10 bzw. -10 / 40

Je höher der Pay-off, desto „fitter" die jeweilige Verhaltensweise. Das heißt ein hoher Punktestand bewirkt starke Präsenz der „Gene" im Genpool und damit Vermehrung des Anteils in der Population. Die Frage dabei ist freilich nicht: welche Verhaltensweise die einzelnen Konfrontationen gewinnt? Natürlich gewinnen immer die Falken. Da sie aber nicht nur gegen Tauben spielen, sondern auch gegen Ihresgleichen, also gegen Akteure, die dasselbe Verhalten zeigen wie sie, dezimiert ihre Aggressivität mitunter ihren eigenen Vorteil. Je „fitter" sie sich in den Konfrontationen mit Tauben zeigen, umso mehr vermehrt sich nämlich ihr Anteil in der Population. Und damit steigt auch die Wahrscheinlichkeit, mit der eigenen Verhaltensweise konfrontiert zu werden. Und das lässt den Pay-off aufgrund der hohen Verletzungskosten wieder schrumpfen – und damit auch den Anteil in der Population.

Betrachten wir diesen Umstand kurz in Zahlen. In einer reinen Tauben-Population würde jede Konfrontation einfach nur Zeit kosten. Es gibt keine Verletzungen. Der Sieger gewinnt 50 Punkte, minus 10 für den Zeitverlust, macht insgesamt 40 Punkte. Dem Verlierer kostet eine Konfrontation 10 Punkte Zeitverlust. Wenn alle Spieler im Schnitt die Hälfte ihrer Konfrontationen gewinnen, so ergibt dies (+40 und -10) einen Durchschnitt von 15 Punkten. Bei den Falken sieht die Sache anders aus. Nur mit der eigenen Art konfrontiert, würde der durchschnittliche Pay-off der Falken bei nur -25 Punkten liegen, erhalten sie doch zwar 50 Punkte für Sieg, aber auch -100 für Niederlage, und das heißt im Schnitt nur -50/2.

Zwar wäre nun ein einziger Falke alleine in einer Tauben-Population klar im Vorteil, weil er in jeder Konfrontation 50 Punkte gewinnt und keine Verletzung riskiert. Aber sobald er sich aufgrund dieses Vorteils vermehrt, entsteht Verletzungsgefahr und die -100 Punkte kommen zu tragen. Und auch eine Taube alleine würde in einer reinen Falken-Population recht gut fahren. Sie gewinnt zwar nie, trägt aber auch keine Verletzung davon und erleidet keinen Zeitverlust, weil sie stets sofort flieht. Sie würde also im Schnitt null Punkte lukrieren, während sich die Falken mit -25 begnügen müssen. Das heißt, sowohl einzelne Falken unter Tauben, wie auch einzelne Tauben unter Falken würden sich aufgrund ihrer Vorteile und damit ihrer besseren „Fitness" schnell vermehren. Allerdings nur bis zu jenem Punkt, an dem mit der Zahl ihrer eigenen Artgenossen ihr Vorteil in Nachteil umschlägt. Und das gleiche gilt für das Schrumpfen ihres Populationsanteils. Das heißt, es gibt in ihrer Entwicklung also

4.4 Spiellösungen

einen Punkt, an dem gewissermaßen ein *Gleichgewicht* der Erträge der Verhaltensweisen liegt. Dieser Punkt fungiert für die Entwicklung der Population als *Attraktor*. Er markiert eine *evolutionär stabile Strategie*, ein „optimales" Verhältnis von Aggressivität und Defensivität. Es liegt in diesem Beispiel bei 5 Tauben und 7 Falken.

Da es bei diesem Verhältnis für keinen der Akteure vorteilhaft ist, von seinem Verhalten abzuweichen, solange auch die anderen ihr Verhalten nicht ändern, handelt es sich dabei um ein *Nash-Gleichgewicht*, um ein Gleichgewicht also, bei dem das „optimale" Verhalten dadurch bestimmt ist, was die Mehrheit der Anderen tut.

Abbildung 4.2: Multiagenten-Simulation des Falken-Tauben-Spiels

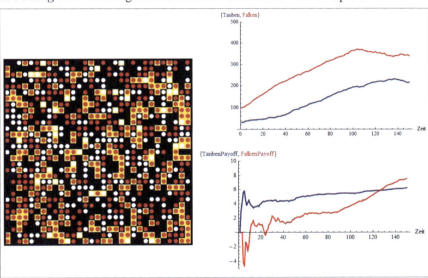

Links die „Spielfläche" mit roten Agenten mit Falken-Verhalten und weißen Agenten mit Tauben-Verhalten. Gelb unterlegte Feldern markieren Konfrontationen. Rechts die Entwicklung, in deren Verlauf sich die Pay-offs angleichen und die Anteile der Verhaltensweisen ein Verhältnis von zirka 5 Tauben zu 7 Falken ausbilden.

Sehen wir uns kurz das Falken-Tauben-Beispiel als Multi-Agenten Simulation an. Wir generieren dazu eine Anzahl von „aggressiven" und „defensiven" Agenten" auf einem elektronischen, also am Computer erzeugten Spielfeld, das einem etwas größeren Schachbrett gleicht. Auf diesem werden die Agenten jeweils in zweier

Interaktionen miteinander konfrontiert und erhalten dabei, je nach Verhalten, jene Pay-offs, die dem Falken-Tauben-Beispiel entsprechen. Die Pay-offs definieren dabei die unterschiedlichen Verhaltensweisen. Das heißt, wir brauchen den Agenten kein tatsächlich „aggressives" oder „defensives" Verhalten einzuprogrammieren. Es reicht, ihnen im Fall einer Konfrontation mit anderen Agenten den entsprechenden Pay-off auf ein virtuelles Konto zu schreiben. Die Agenten werden als färbige Pünktchen visualisiert und „reproduzieren" sich oder „sterben" in Abhängigkeit ihres Kontostandes, das heißt ihrer „Fitness". Sie repräsentieren damit das Wachsen beziehungsweise Schrumpfen der Anteile der unterschiedlichen Verhaltensweisen in ihrer Population.

4.4.5 Wiederholungen

Evolutionäre Entwicklungen sind Prozesse, in deren Verlauf sich soziale Interaktionen unzählige Male wiederholen. Die einzelne Interaktion und ihr Ergebnis hat vor dem Hintergrund der Anzahl dieser Wiederholungen kaum Relevanz. Ihr Ergebnis ist nahezu unbedeutend. Erst die Aggregation verleiht ihm Relevanz.

Um diesen wichtigen Umstand in seiner Bedeutung richtig einschätzen zu können, wollen wir kurz das einfache, aber sehr grundlegende Problem der Herstellung von Werkzeugen betrachten.[197] Stellen wir uns vor, wir wollen einen Nagel einschlagen. Das ginge mit einem schnell zur Hand genommenen Stein schlecht und recht. Wir bräuchten dazu zirka 10 Minuten. Mit einem Hammer ginge es in einer Minute. Allerdings müssten wir zuerst eine Stunde unserer Zeit opfern, um einen Hammer anzuschaffen. Wollen wir also nur einen einzigen Nagel einschlagen, so steht es nicht dafür, dazu extra zu einem Freund zu laufen, um einen Hammer zu borgen. Wir könnten sagen, die Anschaffung eines Hammers ist in dieser Situation eher unwahrscheinlich.

Wodurch würde eine solche Anschaffung aber wahrscheinlich? Die Antwort liegt recht klar auf der Hand. Nicht ein Nagel, sondern (in diesem Beispiel) mindestens sieben einzuschlagende Nägel würden die Anschaffung rentabel machen. Bei sieben Nägel würden wir mit einem Stein 70 Minuten brauchen, mit einem Hammer – inklusive seiner Anschaffungszeit – nur 67. Was also aus der Perspektive eines vereinzelten Problems – hier ein einzuschlagender Nagel – unwahrscheinlich scheint – das Anschaffen eines Hammers –, wird im Hinblick auf eine *Vervielfachung* des selben Problems so wahrscheinlich, dass die Realisation kaum verwundert – und dies auch dann, wenn die Vervielfachung nur *antizipiert* wird, wenn also nur angenommen wird, dass es in Hinkunft mehr Nägel einzuschlagen gilt.

---

197 Vgl. dazu ausführlicher: Füllsack, Manfred (2009): Arbeit. Wien, UTB, S. 44f.

4.4 Spiellösungen

Erinnern wir uns vor dem Hintergrund dieses Beispiels noch einmal an das von Jean-Jacques Rousseau beschriebene Problem der kollektiven Hirschjagd (siehe 4.3). Das Problem besteht in diesem Fall darin, dass für jeden der beteiligten Jäger *für sich* betrachtet die Kooperation der anderen Jäger, sprich das aufmerksame Am-zugewiesenen-Ort-Bleiben der anderen, höchst unwahrscheinlich ist, und er deswegen selbst einen zufällig vorbei hoppelnden Hasen dem ungewissen Hirsch vorziehen wird. Die Kooperation der Jäger kommt also gewissermaßen vor einer Hürde, vor einer eher steilen Wahrscheinlichkeitsstufe zu stehen[198] – so wie der anzuschaffende Hammer im Fall eines einzelnen Nagels vor den 50 Minuten, die ihm zu seiner Rentabilität fehlen. Diese Stufe lässt sich allerdings durch Wiederholung, das heißt durch *Iteration* der Situation überwinden.

Spieltheoretisch ließe sich das soziale Dilemma der Hirschenjagd – hier für nur zwei Jäger – wie folgt aufschlüsseln:

		Jäger 2	
		jagt Hirsch (kooperiert)	jagt Hase (betrügt)
Jäger 1	jagt Hirsch (kooperiert)	2 / 2	0 / 1
	jagt Hase (betrügt)	1 / 0	1 / 1

Wenn sich beide Jäger nicht ablenken lassen und ihren Part zur Hirschjagd beitragen, so ist ihr Pay-off höher, als wenn sie sich je individuell mit einem Hasen begnügen. Wenn wir annehmen, dass mehrere kooperierende Jäger auch mehrere Hirschen erjagen könnten, so lässt sich vorstellen, dass der Pay-off im Fall allseitiger Kooperation mit der Zahl der Jäger steigt, während er für die individuelle Hasenjagd immer bei 1 bleibt. Der Gewinn der Kooperation wird also größer, je mehr Jäger kooperieren.

In der dargestellten Pay-off-Matrix gibt es zwei *Nash-Gleichgewichte*. Entweder jagen beide Jäger Hirschen, oder beide jagen Hasen. Die Hirschjagd ist dabei *Pareto-optimal*, aber *riskant*, weil jeder der Jäger leicht ohne Beute überbleiben kann. Die Hasenjagd dagegen ist *Risiko-dominant*, also „sicher", oder auch *Maximin*, weil sie im Fall des schlechteren Ergebnisses immer noch das Optimum erbringt. Sie ist aber nicht *Pareto-optimal*. Jeder Spieler könnte sich verbessern, ohne die Lage des anderen zu verschlechtern. Und es gibt in dieser Situation keine Entscheidung, die unabhängig von der Entscheidung des anderen die beste wäre. Die beste Entscheidung hängt immer von der des Gegenübers ab.

---

[198] Übrigens zeigen Untersuchungen an Primaten, dass Moralvorstellungen tatsächlich im Zusammenhang von Jagdsituationen entstanden sein dürften. Vgl. u.a.: Brosnan, Sarah F. / De Waal, Frans B.M. (2003): Monkeys Reject Unequal Pay; in: Nature 435, p. 297-299.

> Die *Risiko-Dominanz* stellt eine Verfeinerung des Nash-Gleichgewichtes dar. Liegen – wie im Beispiel der Hirschjagd – mehrere Nash-Gleichgewichte vor, so bezeichnet sie jene Strategie mit dem größten Attraktionsbecken, das heißt jene Strategie, die gewählt wird, wenn große Unsicherheit über die Entscheidungen der Mitspieler besteht. Die *Pay-off-Dominanz* dagegen bezeichnet das Nash-Gleichgewicht mit dem höchsten Ertrag.

Wenn die Hasenjagd also *Risiko-dominant* ist, das heißt im Fall der Unsicherheit über das Verhalten der Mitspieler die „sichere" Karte darstellt, so stellt sich die Frage, wie sich die Jäger jemals zur kooperativen Hirschjagd zusammenfinden sollen. Die oben vorbereitete, und im folgenden Abschnitt ausführlich beantwortete Antwort lautet: durch Vervielfältigung, also *Wiederholung* ihrer Situation.[199]

Im Hinblick auf die Hirschjagd wurden dazu eine Reihe von experimentellen Untersuchungen vorgenommen, die zeigen, dass zumindest Paare von Spielern[200], die wiederholt miteinander in Hirschjagd-Situationen konfrontiert werden, sich in der Regel recht schnell auf die Strategie mit dem höchsten Pay-off, also auf die Hirschjagd koordinieren.[201] Die spieltheoretische Fassung der Hirschjagd ähnelt allerdings sehr stark einem anderen Spiel, das mittlerweile gleichsam zum Inbegriff dessen geworden ist, was in der Spieltheorie als „Spiel" verstanden wird, nämlich dem so genannten *Gefangenen-Dilemma*.[202] Wir werden an seinem Beispiel die Bedeutung der Wiederholung von Interaktionen für die Emergenz von Kooperation im folgenden genauer betrachten.

---

199 Wie wir noch sehen werden, liegt mittlerweile ein recht komplexer Theorieapparat zu wiederholten Spielen vor, der um das so genannte „Folk Theorem" kreist, dass eine Pareto-optimale Strategie dann als Nash-Gleichgewicht zu stehen kommt, wenn das Spiel wiederholt wird. Die Standardreferenz dazu ist: Fudenberg, Drew / Tirole, Jean (1991): Game Theory. Cambridge, MA: MIT Press, p. 150-160.
200 Größere Gruppen dagegen konvergieren eher selten, könnten sich aber – so vermutet etwa der Philosoph Brian Skyrms – zusammenfinden, indem bereits koordinierte Akteure sich anderen Akteuren zuwenden und so ihre Entscheidung für Kooperation abermals in paarweisen wiederholten Konfrontationen weiter verbreiten. Vgl. dazu: Skyrms, Brian (2004): The Stag Hunt and the Evolution of Social Structure. Cambridge UK: Cambridge University Press.
201 Van Huyck, John B. / Battalio, Raymond C. / Beil, Richard O. (1990): Tacit Coordination Games, Strategic Uncertainty, and Coordination Failure; in: American Economic Review 80 (1) p. 234-248, Carlsson, Hans / Damme, Eric van (1993): Equilibrium Selection in Stag Hunt Games; in; Binmore, Ken / Kirman, Alan / Tani, Piero (eds.) (1993) Frontiers of Game Theory. Cambridge, MA: MIT Press, p. 237-253.
202 Allerdings unterscheidet sich die Hirschjagd vom Gefangenen-Dilemma dadurch, dass in ihr die beiderseitige Kooperation mehr Pay-off erbringt als die Nicht-Kooperation. Wie wir gleich sehen werden, bringt im Gefangenen-Dilemma der Betrug mehr ein – egal wofür sich das Gegenüber entschieden. Das Gefangenen-Dilemma verschärft damit das Problem, wie Kooperation unter egoistischen Akteuren entstehen und zur stabilen Verhaltensweise werden kann.

4.5 Das Gefangenen-Dilemma

Das Gefangenen-Dilemma[203] ist ein symmetrisches Zwei-Personen Nicht-Nullsummen-Spiel, bei dem nicht nur einer der Spieler gewinnen kann, sondern beide den Gesamtgewinn durch Kooperation maximieren können. Auch hier besteht das Problem aber darin, dass Nicht-Kooperieren *Risiko-dominant* ist, also unter Bedingungen fehlender Informationen über das Verhalten des Gegenübers die rationale Wahl darstellt. Die Frage stellt sich also auch hier, wie unter diesen Bedingungen Kooperation zustande kommt.

Das Gefangenen-Dilemma wurde in den 1950er Jahren von Merrill Flood und Melvin Dresher, zwei Mitarbeitern der *RAND-Corporation*, einer Denkfabrik zur Beratung der Streitkräfte der USA, formuliert und vom US-Mathematiker Albert William Tucker benannt. Seine bekannteste Version lautet wie folgt:

> Zwei Verdächtige werden von der Polizei verhaftet und isoliert voneinander inhaftiert. Es liegen eine Reihe von Indizien, aber keine Beweise gegen sie vor. Die Polizei beschließt folgenden Handel: wenn ein Verdächtiger gegen den anderen aussagt (ihn „betrügt"), so dass dieser verurteilt werden kann, dieser seinerseits aber nicht gegen den anderen aussagt, so geht der Aussagende sofort frei, während der Verurteilte 10 Jahre Haft erhält. Wenn beide gegeneinander aussagen (beide „betrügen"), so erhalten beide eine Gefängnisstrafe von 5 Jahren. Wenn dagegen beide schweigen (beide „kooperieren"), so können sie beide nur zu einer geringen Haftstrafe von sechs Monaten verurteilt werden.

Jeder der Spieler (der Gefangenen) hat also zwei Entscheidungsmöglichkeiten: er kann schweigen („*kooperieren*") oder den anderen verpfeifen („*betrügen*"). Die Nutzenbilanz bei fehlender Information über das Verhalten des jeweils anderen reiht eindeutig den „einseitigen Betrug" (mit 0 Jahren Gefängnis) vor Kooperation (mit ½ Jahr Gefängnis), diese allerdings vor „gegenseitiges Betrügen" (5 Jahre Gefängnis) und vor „Betrogen-Werden" (10 Jahre Gefängnis).

---

[203] Rapoport, Anatol / Chammah, Albert M. (1965): Prisoner's Dilemma. University of Michigan Press.

		Gefangener 2	
		schweigen (Kooperation)	aussagen (Betrug)
Gefangener 1	schweigen (Kooperation)	-½ / -½	-10 / 0
	aussagen (Betrug)	0 / -10	-5 / -5

Das heißt, es ist für jeden Spieler unabhängig vom Verhalten des jeweils anderen vorteilhaft zu „betrügen". Wenn allerdings das Gegenüber ebenfalls „betrügt", so stellt der „Betrug" die deutlich schlechtere Option gegenüber der Kooperation dar.

Da es bei dieser spieltheoretischen Situation um eine formale Struktur geht, die vom Verhältnis der Pay-offs zueinander bestimmt ist, und nicht so sehr vom Schicksal der Gefangenen, sind die konkreten Höhen der einzelnen Haftstrafen für das Spiel selbst irrelevant. Nach einem Vorschlag des Politikwissenschaftlers Robert Axelrod[204], dem vermutlich bekanntesten Erforscher des Gefangenen-Dilemmas, werden die unterschiedlichen Pay-offs dieser Situation als R für *reward* (die Belohnung für Kooperation), T für *temptation*, (die Versuchung zu betrügen), P für *punishment* (die Bestrafung für beiderseitiges Betrügen) und S für *sucker's pay off*, als Ergebnis für das gutgläubige Opfer eines Betrugs, abgekürzt. Von einem Gefangenen-Dilemma spricht die Spieltheorie damit immer dann, wenn das Verhältnis der Pay-offs zueinander die Form

$$T > R > P > S$$

hat. Nach dem Vorschlag von Axelrod lassen sich die Pay-offs damit nicht nur *negativ* als Haftstrafe, sondern auch positiv als mögliche Punktegewinne formulieren. Nach diesem Vorschlag[205] sieht die Pay-off-Matrix des Gefangenen-Dilemmas wie folgt aus:

---

204 Axelrod, Robert / Hamilton, William D. (1981): The Evolution of Cooperation; in: Science, 211 (4489): p. 1390-1396 (eine der meist zitierten Schriften in diesem Bereich); Axelrod, Robert. (1984): The Evolution of Cooperation. New York: Basic Books (dtsch: Axelrod, Robert (1991): Die Evolution der Kooperation. München (2. Aufl.). Axelrod, Robert. (2006). The Evolution of Cooperation. Revised edition Perseus Books Group. Axelrod, Robert. (1997): The Complexity of Cooperation: Agent-Based Models of Competition and Collaboration New Jersey: Princeton University Press.
205 Vgl.: Axelrod, Robert (1991): Die Evolution der Kooperation. München (2. Aufl.), S. 7.

4.5 Das Gefangenen-Dilemma

		Spaltenspieler	
		Kooperation	Betrug
Zeilenspieler	Kooperation	R = 3, R = 3	S = 0, T = 5
	Betrug	T = 5, S = 0	P = 1, P = 1

Die konkreten Zahlen sind, wie gesagt, relativ beliebig solange die Reihenfolge $T > R > P > S$ gilt. Häufig wird auch die Zusatzbedingung $2R > T + S$ gestellt.

Sehen wir uns die Konfrontationen in diesem Spiel nun etwas genauer an. Nehmen wir zunächst an, der Zeilenspieler entscheidet sich zu Kooperieren. Sein Payoff hängt davon ab, was der Spaltenspieler tun wird. Kooperiert dieser, so beträgt der Pay-off für den Zeilenspieler 3 *reward*-Punkte. Betrügt das Gegenüber hingegen, so erhält der Zeilenspieler 0 Punkte *sucker's pay off* und der Betrüger erhält 5 *temptation*-Punkte. Die *temptation* ist damit auch für den Zeilenspieler groß, einfach aus Vorsicht zu betrügen. Wenn er sich dafür entscheidet, so erhält er, wenn sein Gegenüber kooperiert, ganze 5 Punkte, und wenn sein Gegenüber ebenfalls betrügt, immerhin noch 1 *punishment*-Punkt. Dies gilt für beide Spieler gleichermaßen.

Das heißt, die rationale Wahl läuft in diesem Szenario *in jedem Fall* auf Betrügen hinaus. Es lohnt sich zu betrügen, wenn anzunehmen ist, dass das Gegenüber kooperiert, und es ist immer noch besser, ebenfalls zu betrügen, wenn man der Meinung ist, das Gegenüber wird betrügen. Es lohnt sich also zu betrügen, solange *keine Information* darüber vorliegt, wie sich das Gegenüber verhalten wird.

Vor dem Hintergrund der Frage, wie Kooperation entsteht, lässt diese Formulierung bereits ahnen, dass der entscheidende Pay-off-Unterschied zwischen Betrügen und Kooperieren durch *Information über das wahrscheinliche Verhalten des Gegenübers* ausgewogen werden kann. Die Frage nach der Evolution von Kooperation wird damit zu einer *Frage nach der Evolution der Information über das wahrscheinliche Verhalten des Gegenübers*. Eine Antwort auf diese Frage, die, wie wir gleich sehen werden, die Axelrod'schen Versuche nahelegen, lautet: die Information entsteht, indem die Akteure in *wiederholten* Gefangenen-Dilemma-Konfrontationen *Erfahrungen* im Umgang mit dem Gegenüber sammeln. Sie generieren dadurch *Informationen*, die schließlich die Kooperation wahrscheinlich werden lassen.

4.5.1 Der Schatten der Zukunft

Beiderseitiger Betrug ist also zunächst im einfachen Gefangenen-Dilemma die *dominante* Strategie. Sie wird auch *Risiko-dominant* genannt, weil sie das Risiko minimiert, im Fall des Betrugs des Gegenübers schlecht dazu stehen.

Wenn sich die Gefangenen-Dilemma-Situation allerdings wiederholt und dies auch bekannt ist, so könnte es sich *auf längere Sicht* auszahlen, Kooperation anzubieten. Zwar würde für sich betrachtet ein Kooperationsangebot eine Möglichkeit bieten, durch Betrug einmalig hoch zu punkten – wenn ein Akteur kooperiert und dies vorab bekannt ist, so birgt ein Betrug für den anderen keinerlei Risiko. Allerdings lässt sich vorhersagen, dass ein solches Kooperationsangebot, das in dieser Weise „ausgenützt" wird, sicher nicht wiederholt würde. Kaum ein rationaler Akteur ließe sich zweimal in dieser Weise überrumpeln. Der weitere Verlauf der Konfrontationen würde wieder auf beiderseitigen Betrug und damit nur sehr mageren Punktegewinn hinauslaufen.

Wird ein Kooperationsangebot allerdings angenommen und erwidert, so bestehen gute Chancen, das es auch vom Gegenüber wieder erwidert wird und damit – *in the long run* – mehr einbringt, als der Betrug. Wiederholt sich diese Erwiderung mehrmals, so könnten beide Akteure darauf schließen, dass ihr Gegenüber auch in Hinkunft eher zur Kooperation neigt, als zum Betrug. Und diese Erfahrung, diese Information also, könnte Kooperation stabil etablieren.

Wenn allerdings die Konfrontationen mit einer vorab festgelegten und beiden Spielern *bekannten* Anzahl wiederholt werden, so bleibt Betrug die dominante Strategie. Jeder Spieler kann sich dann nämlich zumindest für die letzte dieser Konfrontationen sicher sein, nie wieder mit dem Gegenüber konfrontiert zu werden. Ein Betrug an einem Kooperator, der ja deutlich mehr Pay-off erbringt als die Kooperation, kann dann keine zukünftigen Auswirkungen mehr haben und wäre eine sichere Einnahmequelle. Wenn dies für den letzten Durchgang gilt, so gilt es allerdings auch für den vorletzten, weil hier beide Spieler den Betrug im letzten Durchgang antizipieren können. Und dies gilt damit sodann auch für den vorvorletzten Durchgang usw. Das heißt, in jeder Folge von Spieldurchgängen mit bekannter endlicher Länge bleibt Betrug die dominante Strategie. Erst wenn die Spieler *nicht wissen*, wie oft sie in der Konstellation des Gefangenen-Dilemmas miteinander konfrontiert werden, zahlt es sich aus, Kooperation zu riskieren. Sie könnte irgendwann zuverlässig erwidert werden und damit höheren Pay-off als der Betrug bescheren. Erst wenn also die Zukunft „offen" ist, wenn nicht ganz klar ist, was noch alles bevorsteht, fällt auf die Akteure der „Schatten der Zukunft", wie Axelrod dies nennt. Genau dann kann Kooperation emergieren.

4.5.2 Das Iterative Gefangenen-Dilemma

Axelrod ging davon aus, dass sich rationale Spieler allerdings nicht sofort ausschließlich auf kooperatives Verhalten festlegen werden, sondern – unter anderem

4.5 Das Gefangenen-Dilemma

auch abhängig von ihrem Gedächtnis – eher versuchen könnten, gewisse Strategien (- hier in Bezug auf die Entscheidungs*abfolge* verstanden -) zu entwickeln, in Bezug auf die sie das Verhalten ihres Gegenübers erwidern. Das heißt, die Akteure verfolgen in den Wiederholungen des Spiels nicht stur ein und dieselbe Verhaltensweise, sondern erwidern das Verhalten des Gegenübers nach einem bestimmten Plan – zzum Beispiel: „Betrügst du mich, so betrüge ich dich im weiteren mindestens dreimal in Folge und biete dir erst dann wieder eine Kooperation an." Angesichts dieser Überlegung stellt sich natürlich die Frage, welcher von solchen Plänen in allen Situationen der Beste wäre.

Um diese Frage zu beantworten, rief Axelrod Anfang der 1980er Jahre zu einem berühmt gewordenen Tournier auf. Er bat Wissenschaftler-Kollegen darum, ihm Programme mit unterschiedlichen Strategien zu schicken, die er sodann am Computer gegeneinander antreten ließ. Die Einsendungen variierten stark im Grad ihrer algorithmischen Komplexität, insbesondere im Ausmaß, mit dem sie die Ergebnisse bisheriger Konfrontationen memorierten. Und sie unterschieden sich auch in ihrer Aggressivität oder Kooperationsbereitschaft. Insgesamt zeigte das Turnier, dass „aggressive" Strategien auf lange Sicht deutlich schlechter abschnitten als eher „altruistische", „kooperative".

Als Sieger kristallisierte sich eine sehr einfache Strategie heraus, die gegenüber allen anderen Einsendungen am besten abschnitt. Es war dies die vom Spieltheoretiker Anatol Rapoport eingesandte Strategie *Tit for Tat*.

Diese einfache Strategie sieht vor, in der ersten Konfrontation zu kooperieren und sodann dasjenige Verhalten zu erwidern, das das Gegenüber in der je vorhergehenden Konfrontation an den Tag legt, also zu kooperieren, wenn kooperiert wurde, und zu betrügen, wenn betrogen wurde. *Tit for Tat* ist in diesem Sinn „nett", weil es nie zuerst betrügt und immer nach bereits einem Rachezug wieder „vergibt".[206] Sie ist überdies eine so genannte *Memory one*-Strategie. Das heißt, die Akteure erinnern sich jeweils nur an die letzte Konfrontation. Unter den Einsendungen befanden sich auch viele Strategien mit höheren Memory-Leistungen, die allerdings an die vergleichsweise bescheidenen Computer-Kapazitäten der damaligen Zeit gebunden blieben.

---

206 Noch etwas besser als das einfache *Tit for Tat* schnitt in Axelrods Versuchen übrigens *Tit for Tat with forgiveness* ab, also eine nicht deterministische Strategie, die mit geringer Wahrscheinlichkeit Konfrontationen, in denen der Gegner betrog, mit Kooperation erwiderte. Diese Variante von *Tit for Tat* deutet auch eine Antwort auf die, bei streng deterministischen Versuchen unweigerlich sich stellende Frage nach dem Beginn der Kooperation an. Das heißt also nach dem Grund für ein erstes Kooperationsangebot in einem Umfeld, das Betrug befürwortet. Zufall, der insbesondere in sehr großen Settings hohe Wahrscheinlichkeiten gewährleistet, kann hier durchaus Erklärungswert haben.

Darüber hinaus erwies sich *Tit for Tat* auch als eine *Evolutionary stable strategy* (siehe 4.4.4), wenn eine gewisse Wahrscheinlichkeit für ein Wiederaufeinandertreffen der Akteure gegeben war.[207]

4.5.2.1 Stichlinge

Der Soziobiologe Manfred Milinski unternahm dazu 1987[208] einen ebenfalls berühmt gewordenen Versuch mit Stichlingen, einer Fischart, die die Eigenheit hat, sich über etwaige Feinde in ihrer Umgebung durch ruckartiges Vorschwimmen, schnelles Erkunden und wieder Zurückschwimmen zu informieren und nach jeder dieser gewagten Vorschwimmaktionen die Führungsposition zu wechseln. Für jeden einzelnen der Fische wäre es dabei sicherer, seine Schwarmgenossen zwar vorschwimmen zu lassen, sobald aber die Reihe an ihm ist, die Führungsrolle nicht zu übernehmen, das heißt also seine Genossen zu „betrügen". Die Gemeinschaft der Fische würde dies mit niedrigerem Informations-Pay-off bezahlen. Für den einzelnen „egoistischen" Fisch wäre es aber die Risiko-dominante Option.

Im Experiment von Milinski wurden die Stichlinge in ihrem Aquarium mit einem, sich hinter einer Glaswand in einem anderen Aquarium befindlichen Buntbarsch, einem Raubfisch, konfrontiert. Gleichzeitig wurde ihnen mittels eines Spiegelsystems ein Begleiter vorgetäuscht, der sich entweder „betrügerisch" oder „kooperativ" verhielt. Im Test zeigte sich, dass sich die Stichlinge mit dem „kooperierenden Spiegel" zweimal so häufig in die unsicherere vordere Hälfte des Aquariums vorwagten als mit dem „betrügerischen Spiegel". Sie folgten offensichtlich ebenfalls der Strategie des *Tit for Tat*.

Im Fall der Erwiderung ihrer Kooperation kamen die „kooperierenden" Fische also deutlich näher an den Räuber heran als „betrügende". Für ihre Gemeinschaft ergab sich daraus das „Gemeingut" besserer Information und damit ein Überlebensvorteil für den Schwarm – auch wenn dieser Vorteil zu Kosten eines für den Einzelfisch erhöhten Risikos erkauft wurde.

4.5.3 Indirekte Reziprozität

Tit-for-Tat steht für Reziprozität, das heißt für das Prinzip „Wie du mir, so ich dir". In wiederholten Gefangenen-Dilemma-Situationen erhöht dieses Prinzip die Wahrscheinlichkeit für kooperatives Verhalten, wenn die Zahl der Spieler eher

---

207 Vgl. Axelrod, Robert / Hamilton, William D. (1981): The Evolution of Cooperation; in: Science, 211 (4489): p. 1390-1396, S. 1393)
208 Milinski, Manfred (1987): TIT FOR TAT in sticklebacks and the evolution of cooperation; in: Nature 325 p. 433-435.

4.5 Das Gefangenen-Dilemma

klein und überschaubar bleibt. Größere Populationszahlen erweisen sich für die direkte Erwiderung des Verhaltens allerdings eher als Hindernis. Es würde zu lange dauern, in großen Populationen verlässliche Informationen darüber zu generieren, welchem der Mitgesellschafter verstraut werden kann, weil er sich bisher kooperativ zeigte, und wem besser nicht vertraut wird, weil er sich bisher als Betrüger erwies. Die Akteure müssten dazu mit einer Häufigkeit aufeinandertreffen, die ihnen die Natur in großen Populationen nicht gewährt.

Insbesondere in der menschlichen Gesellschaft spielt deswegen die Möglichkeit eine wichtige Rolle, Kooperationsbereitschaft nicht direkt durch reziprokes Verhalten, sondern *indirekt* über die *Reputation,* die kooperatives Verhalten in der sozialen Umgebung erzeugt, zu signalisieren.[209] Ein Experiment der Mathematiker Martin Nowak und Karl Sigmund[210] zeigt diesbezüglich, wie sich Kooperation auch gleichsam *vermittelt*, also indirekt etablieren kann.

In diesem Experiment werden Paare einer am Computer generierten Agentenpopulation zufällig miteinander konfrontiert. Dabei hat jeder Agent die Chance, entweder dem anderen zu „helfen" (zu „kooperieren") oder nicht. In zufälliger Reihenfolge abwechselnd wird einer der Agenten als Empfänger, der andere als Geber der guten Tat bestimmt. Der Geber hat die Kosten c seiner Tat zu tragen, der Empfänger erhält den Nutzen b (für *benefits*), wobei $b > c$ gilt. Wenn der als Geber bestimmte Agent nicht hilft, erhalten beide keinen Punkt. Der Punktestand bestimmt die „Fitness" der Agenten.

Jeder Agent besitzt darüber hinaus einen Reputationsscore s, den jeder andere Agent kennt. Wenn einer von ihnen als Geber gewählt wird und sich zu helfen entscheidet, so wird s um einen Punkt erhöht. Wenn er nicht hilft, wird der Reputationsscore um einen Punkt vermindert. Der Score des Empfängers ändert sich nicht. Zu Beginn sind 100 Agenten im Spiel, denen allen zunächst ein Reputationsscore zwischen -5 und +5 zufällig zugewiesen wird. Die Agenten besitzen überdies eine Strategie k, die ebenfalls zufällig zwischen -5 und +6 zugewiesen wird. Als Regel gilt, dass Agenten nur dann kooperieren, wenn ihr Gegenüber, der Empfänger, eine Reputation besitzt, die mindestens die Höhe ihrer Strategie k hat. Agenten mit der Strategie -5 werden also bedingungslos immer „kooperieren", da alle möglichen Reputationen höher sind als -5. Agenten mit der Strategie +6 dagegen, werden immer „betrügen".

Am Ende jeder Generation hinterlassen die Agenten proportional zu ihrer Pay-off-Fitness Nachfolger, deren Reputationsscores bei „Geburt" auf null stehen

---

209 Vgl. dazu u.a.: Alexander, Richard D. (1987): The Biology of Moral Systems. Foundation of Human Behavior. New York. Aldine de Gruyter.
210 Nowak, Martin A. / Sigmund, Karl (1998): Evolution of indirect reciprocity by image scoring; in: Nature 393, p. 573.577.

(die Reputation der „Eltern" wird also nicht „vererbt"), deren Strategie k aber der der „Eltern" entspricht.[211] Agenten mit Strategien $k \leq 0$ gelten dabei als Kooperatoren, da sie auch Kontrahenten „helfen", die (noch) keinen Reputationsscore aufweisen. Die Zahl der Konfrontationen in jeder Generation ist begrenzt und die Chance, dass ein Agent zweimal den selben Agenten zum Kontrahenten hat, damit sehr gering. Kooperationsbereitschaft kann also nicht direkt vermittelt werden. Das heißt, direkte Reziprozität funktioniert nicht. Trotzdem kann sich aber, abhängig von Ausgangsgröße und -konstellation der Strategien, Kooperation nach mehreren Generationen stabil etablieren, wobei die Information, die die Entscheidung zu kooperieren wahrscheinlicher werden lässt, hier durch den für alle Agenten „sichtbaren" Reputationsscore bereitgestellt wird.[212]

4.5.4 Kooperation durch (zufällige) Ähnlichkeit

Die Entstehung von Kooperation über direkte, wie auch über indirekte Reziprozität ist auf Spieler angewiesen, die sich ein bestimmtes Verhalten aufgrund ihrer Erfahrungen aus früheren Spielen gegenseitig zu zurechnen in der Lage sind, die also ihren Möglichkeits- oder Entscheidungsraum mithilfe von Informationen einschränken, die ihnen ihre jeweiligen Spielgegner zu unterscheiden helfen. Diese Informationen werden dabei als individuelle Attribute angesehen, die tatsächlichem früheren Verhalten der Mitspieler entsprechen.

Interessanterweise funktioniert diese entscheidungsfördernde Einschränkung von Möglichkeitsräumen aber nicht nur mit Informationen, die tatsächlichem früheren Verhalten entsprechen. Wie ein Simulationsexperiment von Rick L. Riolo, Michael D. Cohen und Robert Axelrod[213] zeigt, kann auch schon die ursprünglich völlig *unbegründete* Annahme, es mit „irgendwie ähnlichen" Individuen zu tun

---

211 In einer Variation ließen Nowak und Sigmund Mutation zu, die es ermöglichte, dass eine kleine Zahl von Nachfahren andere Strategien als die ihrer Eltern annahmen. In diesem Fall blieben mehrere Strategien nebeneinander bestehen und kreisten in „endlosen" Zirkeln. Kooperation blieb aber stabil, selbst wenn jeder Agent nur zweimal in seinem Leben (pro Generation also) ausgewählt wurde. Vgl. auch Nowak, Martin A. / Sigmund, Karl (1998): The dynamics of indirect reciprocity; in: Journal for Theoretical Biology 194, p. 561-574.
212 Das Ergebnis der Computersimulation von Nowak und Sigmund wurde mittlerweile von Claus Wedekind und Manfred Milinsky mit menschlichen Probanden überprüft und bestätigt. Vgl.: Wedekind, Claus / Milinsky, Manfred (2000): Cooperation through image scoring in humans; in: Science 288, p. 850-852. Vgl. zu weiteren Varianten: Milinski, Manfred / Semmann, Dirk / Krambeck, Hans-Jürgen (2002): Reputation helps solve the 'tragedy of the commons'; in: Nature 415, p. 424-426; Semmann, Dirk / Krambeck, Hans-Jürgen / Milinski, Manfred (2003): Volunteering leads to rock-paper-scissors dynamics in a public goods game; in: Nature 425, p. 390-393.
213 Riolo, Rick L. / Cohen, Michael D. / Axelrod, Robert (2001): Evolution of cooperation without reciprocity, Nature, Vol. 414, p. 441-443.

4.5 Das Gefangenen-Dilemma

zu haben, die Kooperationswahrscheinlichkeit so weit steigern, das sie zum dominanten Verhalten einer Population wird.

Riolo, Cohen und Axelrod variierten dazu das Setting von Nowak und Sigmund so, dass nicht der Reputationsscore, also die Information über die frühere Hilfsbereitschaft der Agenten, den Ausschlag für Hilfe oder Nicht-Hilfe gab, sondern ein zufällig zugewiesenes Merkmal, ein so genannter *tag*. Die Agenten entschieden in diesem Experiment einander zu helfen, wenn ihre *tags* hinreichend ähnlich waren. Sie konnten dabei die Wahrscheinlichkeit, dass ihnen in Zukunft geholfen wird, durch ihr Helfen nicht erhöhen. Es lag also keine Reziprozität vor, weder direkte noch indirekte. Und die Anzahl der Agenten mit ähnlichen *tags* wurde dabei so gering gewählt, dass die Wahrscheinlichkeit, Agenten mehrmals miteinander zu konfrontieren, sehr klein blieb.

Technisch wurden jedem Agenten dazu zwei zufällig festgesetzte Charakteristika zugewiesen, zum einen das Merkmal *t* in Form einer Zufallszahl zwischen 0 und 1 und zum anderen die Toleranzschwelle *T*, die größer-gleich 0 war. Darüber hinaus erhielt jeder Agent *P* Möglichkeiten, mit anderen Agenten zu interagieren. Wenn $P = 3$, hatte er also im Schnitt drei Möglichkeiten, sich für Helfen zu entscheiden, und wurde im Schnitt selbst dreimal als Kontrahent gewählt.

In diesem Setting hilft Agent A, wenn sein *tag* dem seines Kontrahenten B hinreichend ähnlich ist, genauer, wenn B's *tag* innerhalb von A's Toleranzschwelle liegt, wenn also $|t_A - t_B| \leq T_A$. Ein Agent mit hoher Toleranzschwelle kooperiert also mit vielen anderen (weil ein breites Spektrum von *t* kleiner als sein *T* ist), während ein Agent mit niedriger Toleranzschwelle nur jenen hilft, die einen *tag* haben, der seinem sehr ähnlichen ist. Die Ähnlichkeit von *tags* lässt also nicht die Interaktion selbst, wohl aber die Hilfsbereitschaft wahrscheinlicher werden. Wenn A B hilft, zahlt A Kosten *c* und B bezieht den Nutzen *b*.

Nach jedem Spielschritt, wenn also alle Agenten entsprechend der vorgesehenen Interaktionsdichte P interagiert haben, reproduzieren sie sich entsprechend ihres Punktestandes, das heißt an ihre Stelle treten ihre „Nachfahren" der nächsten Generation. Das Drittel mit den meisten Punkten produziert dabei zwei neue Agenten, das mittlere Drittel produziert einen Agenten und das Drittel mit dem niedrigsten Punktestand reproduziert sich nicht. (Technisch wird dazu jeder Agent einfach mit einem zufällig gewählten anderen verglichen und reproduziert, wenn sein Punktestand höher ist als der des Vergleichsagenten). Die in dieser Weise erzeugten Nachfahren mutieren mit 10 prozentiger Wahrscheinlichkeit. Darüber hinaus wird ihrer Toleranzschwelle ein ebenfalls 10 prozentiges „Gausssches Rauschen"[214] hinzugezählt.

In dieser Weise konfrontierten Riolo, Cohen und Axelrod eine Population von anfänglich 100 Agenten über 30000 Generationen miteinander. In ihren Experimenten etablierte sich dabei bei Parameterwerten von $P = 3$, $c = 0.1$ und $b = 1.0$ eine Geberbereitschaft von nahezu 74 Prozent. Interessanter noch als dieses Ergebnis war dabei allerdings der Entwicklungsverlauf. In den Konfrontationen übernahmen in der Regel nämlich zuerst die Agenten mit niedriger Toleranzschwelle die Mehrheit, weil sie relativ viel Gewinn auf Kosten der Agenten mit hohem T-Wert machten, selbst dabei aber wenig weitergaben, also niedrige Kosten hatten. Nach der 70. Generation belief sich die durchschnittliche Toleranzschwelle der Population auf nur mehr 0.020 und die Geberbereitschaft betrug nur 43 Prozent.

Gerade aufgrund dieser niedrigen Kooperationsquote erhielten aber nun kleine, sich zufällig formierende Gruppen mit ähnlichen *tags* und niederen Toleranzschwellen Vermehrungschancen. Sie halfen sich gegenseitig und vermehrten damit ihren Punktestand relativ zu dem ihrer nicht-kooperativen Mitgesellschafter. Ihre „Nachfahren" verteilten sich damit nach und nach über die gesamte Population und sorgten so dafür, dass alsbald 75 bis 80 Prozent der Agenten *tags* besaßen, die gegenseitige Hilfe erlaubten. Damit war nun die Voraussetzung geschaffen, stabile größere Cluster einander helfender also *kooperierender* Agenten zu etablieren – und dies *ohne jegliche Reziprozität.*

Allerdings war die Entwicklung auch mit dieser Situation noch nicht beendet. Aufgrund des niederen Selektionsdrucks in den Kooperations-Clustern stieg die durchschnittliche Toleranzschwelle wieder an. An diesem Punkt sorgte nun die Mutation dafür, dass gelegentlich Agenten entstanden, deren *tags* zwar innerhalb der Toleranzschwelle des dominanten Clusters lagen, denen also geholfen wurde, die aber selbst eine niedrige Toleranzschwelle hatten und damit selbst nicht halfen. Diese Agenten bezogen also Hilfe b vom dominanten Cluster, halfen selbst aber nicht, hatten also keine Kosten. Sie verhielten sich wie Parasiten und wurden damit ihrerseits mit der Zeit zur dominanten Art – nur um nach einigen Generationen ihrerseits wieder in derselben Weise von neuen Generationen abgelöst zu werden.

Das Experiment zeigt, dass auch zufällig am Computer vergebene Merkmale, hier *tags* genannt, jene Informationen zur Verfügung stellen können, die die Entscheidungen der Akteure zugunsten der Option „Kooperation" orientieren. Wie wir am Beispiel der Schellingschen Fokus-Punkte (siehe 4.4.2.1) gesehen haben, wählen auch menschliche Akteure, wenn sie in für sie wichtigen Entscheidungs-

---

214 Das über einen Mittelwert von 0 und einer Standardabweichung von 0.01 bestimmt wird. Wenn T dadurch kleiner Null wird, wird es auf Null zurückgesetzt.

situationen über zu wenig Information zu den Folgen ihrer Entscheidungen verfügen, nicht selten völlig zufällige „Entscheidungshilfen". Spätere Generationen, oder unter Umständen auch schon sie selbst, halten diese dann *retrospektiv* allerdings oftmals für *nicht zufällig gewählt*. Zoologische und ethnologische Untersuchungen weisen diesbezüglich auf die Funktion von Artefakten als zufällige *tags* im Sinne des obigen Experimentes hin. Im Tierreich werden zum Beispiel so genannte *Armpit effects*[215], Duftspuren also, als arbiträre Zugehörigkeitsmerkmale verwendet. Unter roten Ameisen sollen „grüne Bärte"[216] Verwandtschaftsbeziehungen signalisieren und unter Menschen werden oftmals etwa Modeacessoirs, wie etwa Hüte unterschiedlicher Farbe, oder auch eine bestimmte Art jemandem die Hand zu schütteln[217], als ähnlich willkürliche Erkennungsmerkmale beschrieben, die Zugehörigkeiten und damit Unterstützungsbereitschaften orientieren können. Es bedarf also offensichtlich nicht unbedingt eines aufwendigen Gedächtnisses, auch keiner fortgesetzten Interaktion der selben Beteiligten, und auch keiner scharfen Beobachtung und Informationsvermittlung über Dritte, um Kooperation hinreichend stabil zu etablieren. Obwohl sie für sich betrachtet höchst unwahrscheinlich scheint, kann sie im sozialen Kontext aufgrund des Zusammenwirkens mehrerer, für sich ebenfalls unwahrscheinlicher Faktoren, relativ schnell einigermaßen wahrscheinlich werden.

---

215 Hauber, Mark E. / Sherman, Paul W. (2000): The armpit effect in hamster kin recognition; in: Trends in Ecological Evolution 15, p. 349-350.
216 Keller, Laurent / Ross, Kenneth G. (1998): Selfish genes: a green beard in the red fire ant; in: Nature 394, p. 573-575.
217 Robson, Arthur J. (1990): Efficiency in evolutionary games: Darwin, Nash and the secret handshake; in: Journal for Theoretical Biology 144, p. 379-396.

4.6 Die Evolution der Kooperation

Bisher haben wir in diesem Kapitel primär Möglichkeiten betrachtet, wie spieltheoretische Akteure individuell Informationen akkumulieren, anhand derer sie ihre Kooperationsentscheidungen orientieren. Insbesondere in nicht-menschlichen Zusammenhängen scheint freilich *evolutionäres Lernen*, also eigentlich „Anpassung", oftmals wahrscheinlicher als individuelles. Obwohl natürlich auch im Tierreich in vielfacher Hinsicht gelernt wird, spielt dort die evolutionäre Auslese eine wesentlich größere Rolle als unter Menschen, die unmittelbarer Selektion Kultur entgegensetzen. Es liegt daher nahe, das Wahrscheinlich-Werden von Kooperation auch im Hinblick auf evolutionäre Prozesse zu untersuchen.

Auch hierzu bietet die Computertechnologie mittlerweile interessante Verfahren, die allgemein unter dem Titel *Genetische Algorithmen* diskutiert und entwickelt werden. Wir kommen darauf im nächsten Kapitel ausführlicher zu sprechen. Zur Untersuchung der Evolution von Kooperation schlug Robert Axelrod Ende der 1980er Jahre[218] ein Modell vor, in dem sich am Computer generierte Agenten in Gefangenen-Dilemma-Situationen an einem als „Chromosom" interpretierten Binärcode orientieren, der ihr Spielverhalten in der jeweils laufenden Konfrontation auf Basis ihrer letzten drei Konfrontationen festlegt. Da für jede dieser drei Konfrontationen vier Resultate möglich sind (*k/k, b/k, k/b, b/b*), besteht der Möglichkeitsraum dieser Konfrontationen insgesamt aus 4 x 4 x 4 = 64 unterschiedlichen Kombinationen, die die Entscheidung in der jeweils nächsten Konfrontation bestimmen (Die Zahl wächst sehr schnell, wenn mehr vergangene Konfrontationen berücksichtigt werden). Diese und sechs weitere Bits, die aus den Spielresultaten Informationen über den jeweiligen Eröffnungszug bereitstellen, bestimmen also für jeden Agenten eine Strategie in Form eines Chromosoms.

Das Modell beginnt mit einer Anfangspopulation von 20 Agenten mit zufällig erzeugten 70-Bit-Chromosomen zu laufen und konfrontiert alle Agenten jeweils mit allen anderen. Ihr durchschnittlicher Erfolg bestimmt sodann ihre „Fitness". Das heißt, die erfolgreicheren Agenten werden als „Eltern" für die nächste Gene-

---

218 Axelrod, Robert (1987): The Evolution of Strategies in the iterated Prisoner's Dilemma; in: Davis, L. (ed.): Genetic Algorithms and Simulated Annealing. London (Pitman).

ration herangezogen und deren Chromosomen dabei über zwei Operatoren, den so genannten „Crossover" und die „Mutation" bestimmt.

Beim „Crossover" werden die beiden Elternchromosomen an der selben zufallsbestimmten Stelle „zerschnitten" und die beiden Teile sodann zu einem neuen Chromosom zusammengesetzt. In einer simplifizierten Version biologischer Rekombination von Chromosomen „erbt" somit der „neugeborene" Agent einen Teil des Vater- und einen Teil des Mutterchromosoms. Die „Mutation" verändert sodann per Zufallsauswahl ein oder einige wenige „Gene" (Bits) des Chromosoms.

Abbildung 4.3: Entwicklung eines *Genetischen Algorithmus* nach einem Vorschlag von Robert Axelrod zur „Evolution der Kooperation"

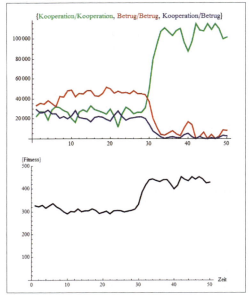

Oben: Häufigkeit der Konfrontationsarten, unten: durchschnittliche Fitness.

Im Ablauf der Simulation benötigt kooperatives Verhalten eine gewisse Zeit, um sich zu etablieren. Die Agenten, die von ihrem Code auf eher betrügerisches Verhalten festgelegt werden, fahren besser, weil es vorerst nur wenig kooperative Agenten gibt, die sich gegenseitig mit höheren Pay-offs versorgen. Erst mit der Zeit –

4.6 Die Evolution der Kooperation

nach 20 bis 30 Generationen – entwickeln sich evolutiv Muster, auf Kooperation reziprok zu reagieren. Je mehr sich diese stabilisieren, um so besser schneidet die Kooperation ab und wird damit zur stabil weitervererbten Strategie.[219]

4.6.1 Das demografische Gefangenen Dilemma

Eine von Joshua Epstein[220] vorgeschlagene Variation dieses Modells evolutionärer Selektion verzichtet auf das Axelrod'sche Chromosom und betrachtet die Agenten als *hard wired*, also gewissermaßen mit einem „Phänotyp" ausgestattet, der ihr Verhalten Zeit ihres „Lebens" festlegt. Die Agenten sind entweder unveränderliche Kooperatoren oder unveränderliche Betrüger und stellen damit jeweils einen komplementären Anteil der Gesamtbevölkerung. Die Agenten sind in diesem Modell auf einem 30x30-Felder großen *Grid* zufällig verteilt, bewegen sich nach Start der Simulation auf ein beliebiges freies Feld innerhalb ihrer Sichtweite (*vision*) und „spielen" ein Gefangenen-Dilemma mit allen Von-Neumann-Nachbarn, die sie dort antreffen. Ihre Pay-offs können dabei, anders als die Axelrodschen, allerdings auch negativ werden.

		Spieler B	
		Kooperation	Betrug
Spieler A	Kooperation	R = 5, R = 5	S = -6, T = 6
	Betrug	T = 6, S = -6	P = -5, P = -5

Wenn das aus den Konfrontationen akkumulierte Guthaben der Agenten - ihre *wealth* - allerdings unter null sinkt, „sterben" sie, das heißt sie werden vom Spielfeld entfernt. Wenn ihr Guthaben dagegen über einen bestimmten Wert steigt - in Epsteins Versuchen 10 Pay-off-Punkte -, können sie sich „vermehren". Dazu wird auf einem freien Feld in ihrer Von-Neumann-Umgebung ein neuer Agent generiert, der das Verhalten seines Elternteils, sowie einen Teil von dessen *wealth* erbt. Dieser *wealth*-Anteil - in Epsteins Versuchen 6 Pay-off-Punkte - wird vom Guthaben des Elternteils abgezogen.

---

219 Bjorn Lomborg hat Axelrod's Model mit einer Million Agenten überprüft und mit leicht verändertem Algorithmus weiterentwickelt. Seine Agenten konnten andere, die sie als erfolgreich beobachteten, nachahmen und dabei gelegentlich auch leichte Veränderungen im Verhalten vornehmen. Lomborg, Bjorn (1996): Nucleus and Shield. The Evolution of Social Structure in the iterated Prisoner's Dilemma; in: American Sociological Review 61, p. 278-307.
220 Epstein, Joshua M. (1998): Zones of Cooperation in Demographic Prisoner's Dilemma, in: Complexity 4 (2): p. 36-48.

Die Agenten sind zusätzlich mit einem maximalen „Höchstalter" ausgestattet, nach dessen Ablauf sie „sterben". Bei „Geburt" wird ihnen ein zufallsgeneriertes Anfangsalter zugewiesen. Der Ablauf der Simulation zeigt, dass Kooperation in diesem Setting - auch mit sehr niedrigen Initialraten zufällig generierter „Kooperatoren" - hinreichend wahrscheinlich emergiert. In der Mehrzahl der Fälle wird sie sogar zur vorherrschenden Strategie. Ein typischer Ablauf ergibt nach einigen Spielzügen eine von einzelnen „Betrüger"-Inseln durchbrochene „Kooperatoren"-Population mit einem Verhältnis von einem Betrüger zu zirka fünf Kooperatoren.

Abbildung 4.4: Simulation des Demografischen Gefangenen-Dilemmas nach Joshua M. Epstein

Kooperatoren weiß, Betrüger rot; Links: initiale Zufallsverteilung von 100 Agenten, Mitte: nach 15 Spielzügen, Rechts: nach 50 Spielzügen.

Theoretisch betrachtet verlagert das Epsteinsche Modell die Axelrodsche Iteration, das heißt das wiederholte Aufeinandertreffen der Agenten, einfach von der Zeitdimension in die Raumdimension. Was in der Zeitdimension das „Gedächtnis" der Agenten leistet, nämlich die iterative statistische Steigerung des Kooperationsnutzens, leistet in der Raumdimension die Möglichkeit der Reproduktion der Agenten. Genaugenommen entspricht damit die „Vorentscheidung", die Agenten die Strategie ihrer Eltern erben zu lassen, sie also je nach Herkunft entweder als „Kooperatoren" oder als „Betrüger" zur Welt kommen zu lassen, der Fähigkeit der Axelrodschen Agenten, sich an frühere Konfrontationen zu „erinnern". Als evolutionstheoretisch *schlüssige* Erklärung der Emergenz von Kooperation ist diese „Vorentscheidung" damit ein wenig problematisch. Es stellt sich die Frage, wo denn die ersten Kooperatoren herkommen.

4.6 Die Evolution der Kooperation

In einer Variante seines Modells zieht Epstein *Mutation* in Betracht. „Neugeborene" Agenten erben nicht immer, sondern nur mit einer bestimmten Wahrscheinlichkeit, die Strategie ihrer Eltern. Mit den oben angegebenen Pay-off-Werten bleibt Kooperation dabei trotz hoher Mutationswahrscheinlichkeit erstaunlich persistent. Sie wächst sich allerdings bei höheren Mutationsraten nie ähnlich flächendeckend aus wie bei geringen Mutationsraten.

4.6.2 Immanenz

Mutation fungiert in Epsteins Modell allerdings nur als eine Art „Störung" der gleichsam als „normal" unterstellten „Vererbung" der Elternstrategie. Entwicklungsgeschichtlich scheint dies nicht plausibel. Simple Akteure, die in einem solchen Setting „geboren" werden, würden ohne zusätzliche Annahmen wohl eher nur zufällig als Kooperatoren zur Welt kommen. Dem „Normalfall" sollte also eher eine Mutationswahrscheinlichkeit von 100 Prozent entsprechen.

Wenn einer solchen durchschnittlichen 50:50-Chance, die Strategie des Elternteils zu erben, freilich etwas weniger üppige Pay-off-Werte (etwa $t = 9$, $r = 2$, $p = -5$, $s = -7$), das heißt also eine „rauere Umwelt" gegenüber gestellt werden, so hat Kooperation keine Chance. Die Kooperatoren „sterben" nach wenigen Spielzüge aus und mit ihnen, weil sie alleine nicht „überleben" können[221], etwas später auch die Betrüger.

Andererseits ließe sich aber auch vorstellen, dass die zunächst 100-prozentige Mutationswahrscheinlichkeit in dem Ausmaß, in dem sich die Spieler mit einer bestimmten Strategie konfrontiert sehen, sinkt. Oder anders herum formuliert, die Wahrscheinlichkeit, dass neugeborene Spieler die Strategie ihrer Eltern annehmen, könnte in Abhängigkeit der Häufigkeit von Konfrontationen mit der eigenen Art steigen. Die Spieler würden ihre Strategie damit gleichsam evolutionär, sprich über Generationen hinweg, lernen, oder genauer, *anpassen*.

Das heißt, nicht mehr nur das soziale Setting sorgt damit für die Emergenz von Kooperation, sondern diese Emergenz wirkt *gleichzeitig* auf die beteiligten Akteure zurück und verändert deren ursprüngliches Verhalten. Solche Rückwirkungen wurden in der Literatur unter anderem als *Second order emergence* beschrie-

---

221 Die Konfrontation von Betrügern mit anderen Betrügern ergibt in diesem Setting stets negative Pay-off-Werte. Wenn also keine Kooperatoren mehr vorhanden sind, an denen die Betrüger verdienen können, dezimieren sie sich gegenseitig ihren Wohlstand und sterben sobald dieser unter Null sinkt.

ben.[222] Cristiano Castelfranchi[223] spricht diesbezüglich auch von *Immergenz*, mit der die emergenten Effekte sich auf „kognitiver" Ebene der individuellen Akteure – also in deren Verhaltensorientierungen - niederschlagen.

Im Modell genügt dieser sehr rudimentäre „Lernvorgang", um in einer geringen, aber doch stabilen Zahl von Fällen, die Mutationswahrscheinlichkeit *rechtzeitig* auf ein zum Überleben der Population hinreichend niedriges Niveau zu senken, *bevor* die Population „ausstirbt". Es reicht, wenn sich in einem Teil des Spielfeldes, in einer Nische, eine kleine Insel von Kooperatoren per Zufall so lange hält, bis ihre Mutationswahrscheinlichkeit auf ein Niveau sinkt, das zumindest einigen ihrer Nachkommen relativ hohe Chancen bietet, ebenfalls als Kooperatoren geboren zu werden.

Abbildung 4.5: Simulation des Demografischen Gefangenen-Dilemmas mit „Lernvorgang" nach (von links nach rechts) 0, 15, 100, 200 und 500 Spielzügen

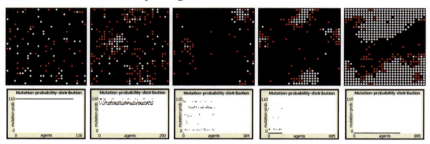

Kooperatoren weiß, Betrüger rot. Die Plotter darunter illustrieren die Entwicklung der Verteilung der einzelnen Mutationswahrscheinlichkeiten. Jedem Agenten entspricht ein schwarzer Punkt. In den Spielzügen 0 und 500 liegen die Wahrscheinlichkeiten für alle Agenten gleich hoch bei 100%, beziehungsweise bei 0% (eine schwarze Linie).

Abbildung 4.5 zeigt diese Entwicklung. Das Bild ganz links zeigt die Initialverteilung von 100 Agenten mit zufällig zugewiesenen unterschiedlichen Strategien. Die Mutationswahrscheinlichkeit liegt für alle gleich hoch bei 100 Prozent (im Plot-

---

222 Gilbert, Nigel (1995): Emergence in Social Simulation; in: Gilbert, Nigel / Conte, Rosaria (eds.) Artificial Societies: The Computer Simulation of Social Life. London: UCL Press. p. 144-156.
223 Castelfranchi, Cristiano (1998): Simulating with Cognitive Agents: The Importance of Cognitive Emergence; in: Sichman, Jaime S. / Conte, Rosaria / Gilbert, Nigel (eds.), Multi-Agent Systems and Agent-Based Simulation. Berlin/Heidelberg: Springer, p. 26-44.

4.6 Die Evolution der Kooperation

ter darunter eine durchgehende schwarze Linie[224]). Im zweiten Bild rechts daneben haben sich nach 15 Spielzügen einige lockere Cluster von Kooperatoren und Betrügern gebildet, die bereits zu einer leichten, aber ungleichmäßigen Senkung der Mutationswahrscheinlichkeit führen. Im dritten Bild ist diese Mutationswahrscheinlichkeit bei Spielzug 100 für einige Spieler bereits auf nahezu Null gesunken. Oben rechts hat sich eine deutliche Kooperatoren-Insel gebildet. Allerdings nimmt die Zahl der Agenten schnell ab. Im vierten Bild bei Spielzug 200 hat sich die Kooperatoren-Insel (auf dem zu einem Torus geschlossenen Spielfeld) ausgeweitet. Nur mehr wenige Agenten „mutieren" ihre Strategie bei Geburt. Und im fünften Bild ganz rechts beträgt die Mutationswahrscheinlichkeit nach 500 Spielzügen für alle Agenten Null, das heißt die Agenten „erben" zu 100 Prozent die Strategie ihres „Erzeugers". Die Pay-off-Werte erlauben zwar noch immer keine stabile Dominanz der Kooperation - die Populationskurve zeigt eine typische Lotka-Volterra-Entwicklung (Abbildung 4.6, siehe dazu 1.3.3). Aber die Population bleibt in der Regel bestehen und Kooperation hat in ihr stabilen Bestand.

Abbildung 4.6: Populationsentwicklung über 800 Spielzüge mit deutlich erkennbarer Lotka-Volterra-Oszillation

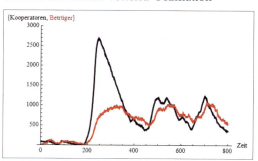

Diese Simulation führt ein Phänomen vor Augen, das verschiedentlich als „Ko-Evolution" einander bedingender Wirkungen bezeichnet wird[225] und das unter an-

---

224 Die missverständliche Angabe „110" daneben verdankt sich einer kleinen „Unschärfe" des Simulationsprogramms Netlogo. Die Angabe bezieht sich auf das obere Ende des Darstellungsbereichs etwas über der 100%-Marge.
225 Jantsch, Erich (1980): The Self-Organizing Universe: Scientific and Human Implications of the Emerging Paradigm of Evolution. New York: Pergamon Press, S. 207. Das vielleicht berühmteste Beispiel dazu liefert der so genannte *Hyperzyklus* einander katalysierender Enzyme, wie

derem Forschungsansätzen wie dem Konnektionismus[226] und der Netzwerktheorie (siehe Kapitel 6) zugrunde liegt. Gemeinsam ist diesen Forschungsansätzen, wie schon erwähnt, dass sie vom „Atomismus" kausaler Letztbegründungseinheiten auf den „Holismus" *verteilter*, also *gleichzeitig ungleichzeitiger* Repräsentationen umzustellen suchen. Emergenz und Immergenz der Kooperation finden in diesem Sinn *gleichzeitig ungleichzeitig* statt. Keines lässt sich dem anderen kausal voraussetzen, ist aber doch auf das je andere angewiesen. Die Immergenz, also die „Verinnerlichung" des Kooperationshabitus, wäre nicht ohne Emergenz kooperativer Cluster möglich. Gleichzeitig kann aber auch diese Emergenz nicht ohne Immergenz reüssieren. Das eine ist auf das andere angewiesen, ohne einander im Sinn eines klassischen Kausalverhältnisses vorausgesetzt oder aufeinander „reduziert" werden zu können.[227]

Dieser Umstand betrifft übrigens auch das in Kapitel II-II bereits angesprochene Teil-Ganzes-Verhältnis. Auch diesbezüglich werden hier nicht „Teile" (das heißt, in ihrem Verhalten bereits fertig festgelegte Agenten) zunächst als solche definiert, um sodann an ihrer „Summe" festzustellen, dass sie dem „Ganzen" nicht entspricht. Auch Teile und Ganzes sind hier *nicht* ohne einander. Sie werden erst ko-evolutiv zu dem, als was sie erscheinen.

Dass freilich *retrospektiv* sodann sehr wohl festgestellt werden kann, dass, was zu Teilen wurde, in seiner Aggregation ein aus der bloßen Summe dieser Teile nicht erklärbares Phänomen erzeugt, gibt Anlass, noch einmal auf jenen *Beobachter* zu rekurrieren, den die *Second-order*-Kybernetik konzeptioniert, wie wir gleich genauer sehen werden, auf einen Beobachter also, der selbst in der bezeichneten Weise als ko-evolviert betrachtet wird, als solcher aber die Unterscheidung von Teil und Ganzem, von Ursache und Wirkung erst vorzunehmen im Stande ist. Mit diesem „gleichzeitig ungleichzeitigen" Beobachter erhält der Emergenzbegriff eine konstruktivistische Wendung. Mit ihm wird deutlich, dass Emergenz kein „Außenweltphänomen" ist, sondern von einem *Beobachter* in Bezug auf seine je eigenen Wahrnehmungs- beziehungsweise Komplexitätsreduktionskapazitäten „konstruiert" wird.

---

ihn Manfred Eigen und Peter Schuster in den 1970er Jahren beschrieben haben. Vgl.: Eigen, Manfred / Schuster, Peter (1979): The Hypercycle. Berlin.

226 Vgl. u.a.: Bechtel, William / Abrahamsen, Adele (2002): Connectionism and the Mind: Parallel Processing, Dynamics, and Evolution in Networks. Cambridge, MA: Blackwell.

227 Analoge Phänomene liegen übrigens auch der Quantentheorie zugrunde (Vgl. dazu u.a. den Begriff der *Superposition* oder auch das berühmte Beispiel von „Schrödingers Katze", u.a.: Lloyd, Seth (2006): Programming the Universe. A Quantum Computer Scientist takes on the Cosmos. New Yoek: Vintage Books.) Auch in der Quantentheorie werden gegenwärtig spieltheoretisch fundierte Untersuchungen durchgeführt. Vgl. u.a.: Klarreich, Erica (2001): Playing by Quantum Rule; in: Nature 414, p. 244f.

Zwischenbetrachtung IV – Der Beobachter

Unter dem, was in der Theorie komplexer Systeme als Beobachter verstanden wird, sollte nicht von vornherein ein *menschlicher Beobachter* vorgestellt werden. Die Beobachtung ist in diesem Kontext zunächst ein rein *formales* Konzept, das – einem Vorschlag des Mathematikers George Spencer-Brown[228] folgend – als sehr grundlegende duale Operation von *Unterscheidung* und *Bezeichnung* vorgestellt wird. Das heißt, ein „Beobachter" könnte in diesem Sinn auch etwa eine simple Maschine, eine Klimaanlage zum Beispiel, sein, die mit ihren Operationen in der Lage ist, etwas zu *unterscheiden* und sodann eine der beiden unterschiedenen Seiten zu *bezeichnen*. Die Klimaanlage, oder genauer ihr Thermostat, kann etwa zwischen „normaler" Temperatur und „zu heißer" oder „zu kalter" Temperatur unterscheiden und, wenn die Raumtemperatur als „zu heiß" wahrgenommen wird, diese Seite der Unterscheidung als relevante Seite bezeichnen. *Diese* „Beobachtung" könnte die Klimaanlage dann dazu veranlassen, eine *weitere* Unterscheidungsbezeichnung, das heißt formal betrachtet eine weitere Beobachtung, einzuleiten, nämlich die Unterscheidung zwischen eingeschaltetem und ausgeschaltetem Zustand des Kühlaggregats und der Bezeichnung des eingeschalteten Zustands.

Für die Theorie komplexer Systeme ist ein Beobachter damit zunächst einmal einfach ein „Unterscheidungsbezeichner", der mit seinen Beobachtungen Ausgangspunkte für weitere Unterscheidungsbezeichnungen generiert. Was er in einer Beobachtung mittels Unterscheidung bezeichnet – also etwa die zu heiße Temperatur – wird ihm, oder einem anderen Beobachter, zum Gegenstand weiterer Beobachtung. Der Beobachter ist, anders gesagt, ein „Differenzierer", der, indem er differenziert und eine der Differenzen markiert, Ausgangspunkte für weitere Beobachtungen schafft.

Obwohl natürlich auch Menschen in dieser Weise beobachten – auch ein Sozialwissenschaftler unterscheidet etwa zwischen „reich" und „arm", „alt" und „jung", „beschäftigt" und „erwerbslos" etc. und markiert dann eine der beiden Seiten als aktuell gerade relevant – wäre es missverständlich, den systemtheoretischen Beobachter von vornherein zu anthropomorphisieren oder etwa – in hier

---

228 Spencer-Brown, Georg (1972): Laws of Form. New York.

fehlplatzierter *political correctness* – von einer Beobachter*in* zu sprechen. Um uns diese Formalität vor Augen zu halten und dabei auch die damit entstehende Grundproblematik zu veranschaulichen, sei der Beobachter kurz am Konzept der sogenannten Bunimovich-Pilze veranschaulicht.

IV-I Pilz Billard

In den 1860er Jahren hat der Schottische Physiker James Clerk Maxwell über die statistische Verteilung von Materie-Teilchen nachgedacht und, in Bezug auf das, was später als *Zweiter Hauptsatz der Wärmelehre* bekannt wurde (siehe Kapitel 1.2.2), zur Illustration des Temperaturausgleichs bei der Vermischung von zum Beispiel heißen und kalten Flüssigkeiten auf einen „Dämon" verwiesen, der in der Lage wäre, ein kleines Tor zwischen zwei Kammern mit gleich temperierter Flüssigkeit immer dann zu öffnen, wenn ein warmes, das heißt ein schnelleres[229] Teilchen passieren will, und das Tor dann zu schließen, wenn ein kaltes, also ein langsameres Teilchen durch das Tor will. Dieser *Maxwellsche Dämon* würde also die individuell unterschiedlich schnellen Teilchen der Flüssigkeit, die statistisch gleichmäßig verteilt für einheitliche Temperatur sorgen, sortieren. Er würde sie, indem er sie in zwei getrennte Kammern sperrt, *unterscheiden* und damit eine Kammer mit warmer Flüssigkeit und eine andere mit kalter Flüssigkeit füllen. Er würde also einen Unterschied in die Welt setzen, eine *Differenz*, deren je eine Seite – kalt oder warm – sodann *bezeichnet* und damit zum Gegenstand weiterer Differenzierungen werden könnte.

Wenn wir zum Beispiel im Hinblick auf energetische Überlegungen warme Flüssigkeiten für interessanter halten als kalte – aus lauwarmem Wasser durch simple Unterscheidung kaltes und heißes zu gewinnen, wäre natürlich energetisch hoch profitabel –, so hätte der Dämon damit einen Unterscheidungs-Bezeichnungs-Prozess vollzogen und könnte im Zusammenhang unseres Themas als *Beobachter* betrachtet werden.

Freilich besagt aber nun die Thermodynamik, dass ein solcher Dämon die Energie, die er durch Unterscheidung von kaltem und heißem Wasser erzeugt, selbst auch benötigt, um überhaupt in dieser Weise agieren zu können, um also etwa feststellen zu können, welche Teilchen schnell und langsam sind, um das Tor zu öffnen und zu schließen etc. Umsonst, sprich ohne Energieaufwand, ist eine solche „Beobachtung" nicht zu haben. Eine Reihe von Überlegungen – unter anderem auch zu einer informationstheoretischen Umsetzung des Dämons durch

---

[229] Bekanntlich korreliert die Temperatur von Materie mit der durchschnittlichen Geschwindigkeit ihrer Teilchen.

den Quantencomputer-Pionier Rolf Landauer[230] – haben dies im 20. Jahrhundert deutlich herausgestellt. Besonders interessant scheinen diesbezüglich Untersuchungen zu so genannten dynamischen Billards, die, weil sie auf den ersten Blick doch nach „kostenloser" Differenzierung aussehen, die Rolle des Beobachters besonders deutlich hervorheben.

Abbildung IV.1: Bunimovich-Pilz

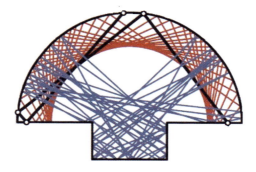

Rote und blaue Linien geben die unterschiedlichen Trajektorien der Teilchen wider.

Der russische Mathematiker Leonid Bunimovich hat 2001[231] unterschiedliche Formen der Kammern, in denen der Maxwellsche Dämon agieren könnte, untersucht. Unter anderem hat er dazu eine Pilz-förmige Kammer in Betracht gezogen, die gleichmäßig verteilte und sich bewegende Teilchen in zwei unterschiedliche Bewegungsräume „einsperrt". Die Teilchen werden in dieser Kammer – Billard-Kugeln gleich – in einer Weise von den Wänden reflektiert, die mit der Zeit zwei unterschiedliche Bewegungsräume, so genannte *Phasenräume* ausdifferenziert. Ein Teil der Teilchen wird im Dom des Pilzes hin und her reflektiert und hat keine Chance mehr, von dort in den Fuß des Pilzes (das Rechteck im unteren Teil von Abbildung V.1) zu gelangen. Und ein anderer Teil der Teilchen wird zwar gelegentlich auch in Teile des Doms reflektiert, gerät von dort aber dann immer wieder auch zurück in den Pilzfuß und bleibt damit in seiner Laufbahn, in seiner *Trajektorie*, von den Teilchen im Dom unterschieden. Die Teilchen werden dabei zwar

---

230 Landauer, Rolf (1996): The Physical Nature of Information; in: Physics Letters A 217, p. 188-193
231 Bunimovich, Leonid A. (2001): Mushrooms and other billiards with divided phase space; in: *Chaos* 11, p. 802–808.

nicht in kalte und warme, beziehungsweise langsame und schnelle Teilchen unterschieden, aber sie differenzieren sich im Hinblick auf ihren Bewegungsraum, und vermischen sich auch im weiteren nicht mehr. Das heißt, die Form der Kammer agiert in diesem Fall als „Beobachter", sie differenziert die Teilchen, sie generiert einen Unterschied, der gegenüber dem gleichwahrscheinlichen Hin und Her, zum Beispiel in rechteckigen Kammern, einen Unterschied macht.

Auf den ersten Blick sieht es dabei so aus, als wäre die Differenzierung *umsonst* zu haben. Wir brauchen bei diesem Teilchen-Billard keinen Dämon der Energie zum Tor-Öffnen und Schließen verschwendet. Es scheint, als wäre der Unterschied – und damit Energie oder auch Information – ohne Energie-Aufwand zu haben. Ein Traum unzähliger *Perpetuum mobile*-Konstrukteure wäre wahr geworden.

Auf den zweiten Blick freilich stellt sich sofort die Frage, wo denn diese eigenartige Figur des Bunimovich-Pilzes überhaupt herkommt. Und mit ihr wird deutlich, dass der Differenzierung, die sie vornimmt, also schon eine andere Differenzierung vorausgegangen sein muss, nämlich die, die die Pilz-Form der Kammer erzeugt. Und auch sie benötigt Energie.

Verallgemeinert bedeutet dies, dass keine Differenzierung ohne vorhergehende Differenzierung vorstellbar ist. Die Differenzierung hat *immer schon* begonnen. Oder in unserem Zusammenhang: keine Beobachtung ohne vorhergehende Beobachtung. Auf die sich damit stellende Frage, wie denn dann überhaupt irgendwelche Unterschiede entstehen können, wenn immer schon andere Unterschiede dafür notwendig sind, lautet die uns nun schon vertraute Antwort: durch *gleichzeitige Ungleichzeitigkeit*.

IV-II Doppelte Kontingenz

Wir haben im letzten Beispiel des vorangehenden Kapitels eine Simulation des *Demografischen Gefangenendilemmas* besprochen, die die gleichzeitige Ungleichzeitigkeit, das heißt die reziproke Entstehungsermöglichung von Beobachtung und Beobachtetem, in Form von Kooperation und Kooperatoren veranschaulichen sollte. So wie in der sprichwörtlichen Henne-Ei-Problematik lässt sich in dieser Wechselwirkung nicht sagen, was vorausgesetzt und was Folge, was Ursache und was Wirkung ist. Keine Henne ohne Ei, kein Ei ohne Henne. Erst in *Ko*-Evolution, also im Zuge eines wechselseitigen Sich-Ermöglichens, kommt sowohl das eine wie auch das andere zustande.

Dies gilt auch für den Beobachter. Das vielleicht abstrakteste Konzept, das diesen Umstand zu beleuchten in der Lage scheint, stellt das Prinzip der „doppel-

IV-II Doppelte Kontingenz

ten Kontingenz" dar, das der Harvard-Soziologe Talcot Parsons[232] zur Beschreibung des Entstehens von sozialen Interaktionen, insbesondere Kommunikationen, vorgeschlagen hat. Niklas Luhmann hat es im Anschluss daran zur Erklärung der Emergenz von sozialen Systemen verallgemeinert.[233]

Als „doppelt kontingent" bezeichnete Parsons, kurz gesagt, eine Situation, in der soziale Akteure versuchen, ihre Interaktionen zu koordinieren. Die Kontingenz – also die relative „Unwägbarkeit" der dafür nötigen Schritte – besteht dabei für Parsons nicht in etwaigen Verständigungsschwierigkeiten, die die Akteure an ihrer Interaktion hindern, sondern vielmehr darin, dass sich, wenn soziale Akteure miteinander zu tun bekommen, unter Umständen keine Interaktion entspinnt, weil beide Akteure ihr Verhalten vom Verhalten des jeweils anderen abhängig machen. Beide wissen zunächst nicht, was sie miteinander anfangen sollen. Und wenn niemand irgendetwas unternimmt, passiert auch nichts. Das Problem der „doppelten Kontingenz" besteht also nicht darin, dass die Akteure in dieser Situation *zu wenig* Möglichkeiten haben, um miteinander zu interagieren, sondern im Gegenteil über *zu viele* Optionen verfügen. Sie wissen, kurz gesagt, nicht, welche der ihnen möglichen „Eröffnungszüge" beim Gegenüber eine Reaktion auslösen wird, die auch ihnen wieder eine anschlussfähige Reaktion darauf ermöglicht, um damit ihrerseits wieder dem Gegenüber Möglichkeit zur Reaktion zu geben und so weiter.

Unter Umständen hilft da nur der Zufall. Ein zufälliges Anstoßereignis – irgendein Geräusch etwa, das mit der Situation der beiden Akteure selbst gar nichts zu tun hat – könnte einen von ihnen zu einem „Eröffnungszug" bewegen, einem Lächeln oder einer beiläufigen Bemerkung etwa, in deren Folge sich Interaktion zu entspinnen beginnt. Dieser „Eröffnungszug" *differenziert* ihren Möglichkeitsraum und schränkt ihn zugunsten einer der damit bezeichneten Seiten ein. Das „Lächeln" legt gewisse Aktionen nahe und schließt andere aus. Und diese Anschlussreaktionen differenzieren ihrerseits wieder den Möglichkeitsraum und markieren bestimmte Anschlussmöglichkeiten, indem sie sie wahrscheinlicher machen als andere. Das sukzessive Wahrscheinlicher-Werden mancher Anschlüsse, verbunden mit dem gleichzeitigen Unwahrscheinlicher-Werden anderer, erzeugt so insgesamt (wie wir schon in Zwischenbetrachtung I besprochen haben) relativ schnell hohe Wahrscheinlichkeiten für etwas, was ohne diese reziproke Einschränkung von Möglichkeiten viel zu unwahrscheinlich wäre, um jemals stattzufinden – nämlich für soziale Interaktion, beziehungsweise hier Kommunikation. Das an sich unwahr-

---

232 Vgl.: Parsons, Talcott / Shils, Edward A. (eds.) (1951): Toward a General Theory of Action. New York: Harper and Row.
233 Luhmann, Niklas (1984): Soziale Systeme. Grundriß einer allgemeinen Theorie. Frankfurt/M.. Suhrkamp, S. 148ff.

scheinliche Phänomen Kommunikation[234] entsteht, weil es anschlussfähig gelingt, Differenzen zu setzen und eine der dabei unterschiedenen Seiten zum Ausgangspunkt weiterer Differenzierungen zu machen.

Für Talcot Parsons hatte dieses Problem der „doppelten Kontingenz" primär soziologische Relevanz. In menschlichen Gesellschaften würde, so meinte er, eine kulturelle Vororientierung, ein *shared symbolic system*, wie er es nannte, dafür sorgen, dass manche soziale Verhaltensweisen wahrscheinlicher werden als andere. Unsere Moralvorstellung zum Beispiel stellt der Kooperation bereits vorab fruchtbare Bedingungen bereit. Auch soziale Normen, Takt, Höflichkeitsvorstellungen etc. erfüllen solche Funktionen. Unser Möglichkeitsraum wird diesbezüglich bereits auf ein operables Maß voreingeschränkt.

Für Niklas Luhmann dagegen birgt die „doppelte Kontingenz" eine Möglichkeit, eine sehr grundsätzliche Problematik auf formaler systemtheoretischer Ebene zu veranschaulichen. Er merkt zu Parsons Konzept an, dass auch soziale Vororientierungen irgendwann entstanden sein müssen[235] und deshalb als Resultat von vorhergehenden Möglichkeitseinschränkungen, also von Unterscheidungsbezeichnungen oder formal von „Beobachtungen", betrachtet werden sollten. Die sich wechselseitig in „doppelter Kontingenz" gegenüberstehenden Akteure sollten deswegen so voraussetzungslos wie möglich, und das heißt hochabstrakt als möglichst simple, *formale* Beobachter vorgestellt werden.

In Kapitel 1.2.4 haben wir diesbezüglich die Klimaanlage als sehr einfaches System beschrieben, das seine „Welt" beobachtet und sie dabei gewissermaßen selbst „konstruiert", weil es diese Welt niemals anders als mit seinen eigenen Unterscheidungsmöglichkeiten wahrnehmen kann. Wenn das Haus, in dem die Klimaanlage steht, zu brennen beginnt, so „sieht" die Klimaanlage nichts anderes als „zu heiße" Temperatur. Sie sieht kein brennendes Haus und auch nicht die Möglichkeit ihres eigenen Zerstört-Werdens. Sie sieht nicht, um mit Luhmann zu sprechen, was sie nicht sieht. Ihre „Welt" besteht nur aus Temperaturunterschieden.

Genau in diesem Sinn ist auch der Luhmannsche Akteur in einer Situation „doppelter Kontingenz" an seine eigenen Unterscheidungsmöglichkeiten gebunden. Das heißt, auf der einfachsten vorstellbaren Stufe „sieht" dieser Akteur kein soziales Gegenüber, kein *Alter*, das ihn anlächeln und damit eine Reaktion provozieren könnte, die soziale Interaktion initiiert. Er sieht streng genommen nur ein „Zuviel" an Möglichkeiten, und zwar ein „Zuviel", das ihm zunächst – wenn wir

---

234 Vgl.: Luhmann, Niklas (1981): Die Unwahrscheinlichkeit der Kommunikation, in: ders. Soziologische Aufklärung 3. Soziales System, Gesellschaft, Organisation. Opladen, Westdeutscher Verlag, 1981, S. 25–34.
235 Vgl.: Luhmann, Niklas (1984): Soziale Systeme. Grundriß einer allgemeinen Theorie. Frankfurt/M.. Suhrkamp, S. 151.

uns hier auf diese schwer vorstellbare Abstraktheit einlassen wollen – noch nicht einmal erlaubt, sich selbst als „Selbst" festzulegen. Erst eine anschlussfähige Differenzierung – wo immer sie herkommen mag – könnte ihm zu einer Einschränkung seines Möglichkeitsraums, zur einer Unterscheidungsbezeichnung verhelfen, die, so sie sich ihrerseits als anschlussfähig erweist, weitere Unterscheidungsbezeichnungen ermöglicht. Und erst diese könnten ihn allmählich vielleicht auch zur Unterscheidung von sich und seinem Gegenüber und allen daran anschließenden Interaktionsdifferenzen befähigen.

Diese Differenzierung darf dabei allerdings nicht als „Anfangsdifferenzierung", als erste oder ursprüngliche Unterscheidungsbezeichnung aufgefasst werden. Auch dem Gegenüber in der Situation „doppelter Kontingenz" geht es ja nicht anders. Auch es ist, um überhaupt zu einem Alter zu werden, auf diese Differenzierung angewiesen. *Ego* und *Alter* – die beiden fiktiven Akteure der „doppelten Kontingenz" – emergieren stets *gleichzeitig ungleichzeitig*. Sie *ko-evolvieren*. Was tatsächlich der „erste Schritt" dabei ist, entzieht sich unserem Auflösungsvermögen. Luhmann fasst die Akteure der „doppelten Kontingenz" deswegen als füreinander undurchsichtige und unkalkulierbare selbstreferentiell geschlossene Systeme, die sich in Situationen möglicher Interaktion zunächst als „black boxes" gegenüberstehen.[236]

IV-III Selbstreferentialität und Autopoiesis

„Selbstreferentielle Geschlossenheit"[237], ebenso wie etwa der von Maturana und Varela[238] dafür vorgeschlagene Begriff der „Autopoiesis"[239], sind grundlegende systemtheoretische Termini, die erst durch die Aufmerksamkeit für kybernetische und sich selbstorganisierende, emergente Zusammenhänge, wie sie um 1950er Jahren in den USA aufkommt[240], vollends plausibel werden.

Der Begriff der *Autopoiesis*, der wörtlich in etwa „Selbsterzeugung" bedeutet, geht auf eine berühmt gewordene naturwissenschaftliche Studie zurück, in der Jerome Y. Lettvin, Humberto R. Maturana, Warren S. McCulloch und Walter H.

---

236 Vgl.: Luhmann 1984, S. 156.
237 Vgl.: Luhmann 1984, S. 25.
238 Vgl.: Maturana, Humberto R. / Varela, Francisco. J. (1990): Der Baum der Erkenntnis. Die biologischen Wurzeln des menschlichen Erkennens. Bern und München. Goldmann, S. 55.
239 Vgl.: Luhmann 1984, S. 60.
240 Allem voran etwa in den berühmten Macy-Konferenzen (vgl. u.a.: Pias, Claus (Hrsg.) (2003): The Macy-Conferences 1946–1953. Volume 1 Transactions / Protokolle. Zürich und Berlin: Diaphanes) oder den daran anschließenden Symposien zur Theorie selbstorganisierender Systeme. U.a.: Foerster, Heinz von / Zopf, George W. (Hrsg.) (1962): Principles of Self-Organization. Oxford.

Pitts[241] in den späten 1950er Jahren das Gehirn von Fröschen auf deren Wahrnehmungsmöglichkeiten hin untersuchten. Sie stellten dabei fest, dass zwischen Außenweltereignissen und neuronalen Zuständen in den Gehirnen der Frösche keine stabile Korrelation festgestellt werden kann, dass sich aber andererseits unter den Zuständen *innerhalb* des Nervensystems sehr wohl Korrelationen nachweisen lassen. Was der Frosch als Jagdziel wahrnimmt, entsteht demnach nicht *unmittelbar* durch einen „Außenreiz", durch ein unabhängig vom Frosch vorliegendes „Objekt", eine Fliege etwa, sondern erst aus dem Zusammenwirken von Signalen aus (mindestens) drei hochspezialisierten neuronalen Netzwerken im Gehirn des Frosches, einem Netzwerk für Hell-Dunkel-Kontraste, einem für kleine konvexe Gestalten und einem für Bewegung. Für den Frosch erzeugt erst dieses Zusammenwirken ein „Objekt", auf das er springt, um es zu verschlingen – und dies unabhängig davon, ob dieses „objektiv" – das heißt: auch für einen externen Beobachter – existiert, oder ob es ihm über künstliche Reizung seines Gehirns „vorgespiegelt" wird.

In den 1970er Jahren schlug William T. Powers im Anschluss daran ein Modell der Funktionsweise des Gehirns vor, das auf negativen Rückkoppelungsschleifen basiert, die, hierarchisch geordnet, sich gleichsam von Ebene zu Ebene gegenseitig Signale zur Verfügung stellen, an denen sie rekursiv anschließen.[242] Die Ausgabesignale der n-ten Ebene werden dabei zu den Eingabesignalen der $n+1$-ten Ebene und damit zum einzigen relevanten Input, auf den die weiteren Ebenen reagieren. Die Verweisstruktur ergibt ein hierarchisches Netzwerk, in der es keine „erste" Ebene gibt, die vom zugrunde liegenden Prinzip frei wäre. Die Signalprozessierung erfolgt daher *intern*. Was immer als „außen" wahrgenommen wird, ist immer schon Interpretation. Die eigentliche Aktivität der Wahrnehmung besteht demnach darin, Invarianzen zu konstruieren, an die weitere Signalverarbeitungsprozesse in gleicher Weise anschließen können und damit erst so etwas wie die Vorstellung eines „Gegenstandes", einer externen Realität, oder auch eines sozialen Gegenübers etc., *konstruieren*.

Vor allem die chilenischen Biologe Humberto Maturana und sein Kollege Francisco Varela[243] entwickelten aus diesen und weiteren Überlegungen schließlich das Konzept der *Autopoiesis*, der Annahme also, dass komplexe Systeme wie das Nervensystem *funktional geschlossene* Einheiten darstellen, deren zirkuläre Organisation als Netzwerk zur Produktion ihrer eigenen Bestandteile in der Lage ist.

---

241 Lettvin, Jerome / Maturana, Humberto / McCulloch, Warren / Pitts, Walter (1959): What the Frog's Eye Tells the Frog's Brain; in: Proceedings of the Institute of Radic Engineers 47: p. 1940-1959.
242 Powers, William T. (1973): Behavior: The Control of Perception. Chicago: Aldine.
243 Vgl. insbesonders: Maturana, Humberto R. / Varela, Francisco. J. (1990): Der Baum der Erkenntnis. Die biologischen Wurzeln des menschlichen Erkennens. Bern und München. Goldmann.

IV-III Selbstreferentialität und Autopoiesis

Maturana und Varela's bekanntestes Beispiel dafür ist das der biologischen Zelle, die mit ihren verschiedenen biochemischen Komponenten wie Nukleinsäuren und Proteinen und ihrer internen Struktur aus Zellkern, Organellen, Zellmembranen etc. in der Lage ist, die Komponenten, aus denen sie besteht, selbst zu reproduzieren.

Dieses Prinzip eines sich selbst generierenden, aus vielen vernetzten Instanzen sich aggregierenden Prozesses wurde in Folge für eine Vielzahl von weiteren Phänomenen beschrieben. Das bekannteste Buch dazu dürfte das bekannte *Gödel, Escher, Bach* von Douglas R. Hofstadter sein[244], in dem das „endlos geflochtene Band", wie Hofstadter die anfangs- und endlose Verweiskette der Autopoiesis nennt, anhand der Mathematik von Kurt Gödel, der Zeichnungen von M.C. Escher und der Musik von Johann Sebastian Bach exemplifiziert wird.

Abbildung IV.2: M.C. Escher's „zeichnende Hände"

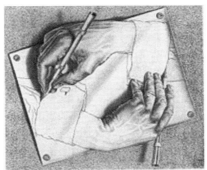

Auch Niklas Luhmann zog dieses Konzept – wenn auch nicht ganz im Sinn von Humberto Maturana – zur Beschreibung sozialer Systeme heran. Für ihn stellen zum Beispiel Kommunikationszusammenhänge autopoietische Systeme dar, in deren Operationen die Bestandteile, aus denen sie bestehen, also etwa die Zeichen und Sätze unserer Sprache, aber auch etwa ihre Anwendungsregeln etc., vom System selbst generiert werden. Analog dazu betrachtet Luhmann auch die Beobachtung, beziehungsweise die reziproke Möglichkeitseinschränkung in Situationen „doppelter Kontingenz" als autopoietisches System, das in diesem Sinn keinen „ersten", das heißt keinen *selbst unbeobachtet bleibenden* Beobachter kennt. Jede

---

244 Hofstadter, Douglas R. (1985): Gödel, Escher, Bach. Ein Endloses Geflochtenes Band. Stuttgart. Klett-Cotta.

Beobachtung setzt vorhergehende Beobachtungen voraus und stellt selbst Voraussetzungen für weitere Beobachtungen bereit. Die Beobachtung ist in diesem Sinn „selbstreferentiell geschlossen". Sie ist nur auf sich selbst angewiesen. Der Begriff der selbstreferentiellen Geschlossenheit sollte allerdings nicht vorschnell mit dem in der europäischen Philosophie seit langem diskutierten „Solipsismus" verwechselt werden, also mit der Vorstellung eines „monadisch eingekapselte[n] Bewußtsein eines Robinson", wie zum Beispiel Jürgen Habermas dies interpretiert hat.[245] Der Begriff der „selbstreferentiellen Geschlossenheit" zielt vielmehr auf den Umstand, dass, was in Situationen doppelter Kontingenz im Spiel ist, als *ko-evolvierende Folge* und nicht als *Voraussetzung* der Situation gedeutet werden muss. Es gibt aus dieser Sicht zunächst noch gar keinen Robinson. Seine Identität, sein Ego, ebenso wie das des ihm doppelt kontingent gegenüber stehenden Alter und die Möglichkeit, dieses Alter als kommunikabel wahrzunehmen, entstehen erst, wenn es anschlussfähig (und das heißt: hinreichend lange, um die entsprechende Ko-Evolution zu ermöglichen) gelingt, das Problem der doppelten Kontingenz, sprich das Problem eines *Zuviel* an Interaktionsmöglichkeiten zu lösen.

Als Mindestbedingung der Emergenz solcher sozialen Interaktionssysteme sind freilich flexible, also veränderbare Strukturen und Systeme notwendig. Ein System wie die Klimaanlage, dessen Unterscheidungsmöglichkeiten ein für alle Mal festliegen, deren Operationsweisen in diesem Sinn also „fest verdrahtet" sind, bleibt in seinen Beobachtungsmöglichkeiten beschränkt. Es sieht, was es sieht, und sieht nicht, was es nicht sieht – und dies für den Rest seines Daseins. Solche Systeme schließen in der Unterscheidungsbezeichnung, die sie vornehmen können, die unbezeichnete Seite ihrer Unterscheidung aus und können sie nie wieder „einschließen". Wenn „ausgeschlossene" Faktoren durch irgendwelche Umstände für sie doch relevant werden, so können sie ihr Verhalten nicht ändern. So wie die Klimaanlage dem brennenden Haus, in dem sie steht, machtlos ausgeliefert ist, hat ein solches System keine Chance, auf sich verändernde Umweltbedingungen zu reagieren. Erst hinreichend komplexe Systeme können ihre eigenen Unterscheidungsbezeichnungen selbständig verändern, können also ihre Operationsmodi, ihre Verhaltensweisen, ihre Beobachtungsmöglichkeiten anpassen. Sie können *lernen*.

Um genauer zu verstehen, wie dies vor sich geht, wollen wir uns im folgenden Kapitel einige Bedingungen und Methoden von Lern- und Anpassungsprozessen näher ansehen.

---

245 Habermas, Jürgen (1985): Der philosophische Diskurs der Moderne. Zwölf Vorlesungen. Frankfurt/M., S. 437.

Kapitel 5 – Lernen

5.1 Das Prinzip der Verschwendung

Eine sehr simple und unseren Überlegungen hier zugrunde liegende Voraussetzung, um Systeme veränderbar zu halten, besteht in ihrer *Differenzierung*, oder mit einem anderen Wort, in ihrer „Zusammengesetztheit". Ein aus nur einer oder einigen wenigen Komponenten bestehendes System, von dessen Teilen jeder für sich essentiell und damit unentbehrlich ist, wird kaum sonderlich flexibel auf Veränderungen reagieren können. Wenn einer der Teile ausfällt, so ist das System entweder zerstört oder es verändert sein Verhalten so grundlegend, dass es kaum mehr als das selbe zu erkennen ist. Ist ein System dagegen aus vielen ähnlichen Teilen zusammengesetzt, von denen keiner völlig unersetzbar ist, weil die wichtigsten Funktionen in ähnlicher Weise mehrfach ausgeführt werden, so erfüllt das System eine Bedingung für Flexibilität.

Die Mehrfach-Ausführung, die Duplizität (oder genauer Multiplizität) der Funktionen, stellt freilich in gewisser Hinsicht eine Ressourcen-Verschwendung dar. Würde jede Aufgabe nur einmal ausgeführt, so könnte das System Kosten einsparen. Allerdings ginge diese Ersparnis dann eben auf Kosten der Flexibilität. Der Möglichkeit zu Lernen liegt also ein *Trade-off* zwischen Ressourcen-Verschwendung und Ökonomie zugrunde. In der *Artificial-Intelligence*-Forschung wird dies auch als *Bias/Variance*-Dilemma bezeichnet. Wie wir im folgenden sehen werden, ist erfolgreiches Lernen und erfolgreiche Anpassung an „Verschwendung" gebunden. Um zu lernen, sind Multiplizitäten unumgänglich.

5.1.1 Die Monte-Carlo-Simulation

Eine Methode, die noch nicht allzu viel mit Lernen selbst, wohl aber einiges mit Anpassung zu tun hat, und die vor allem das Prinzip der „Verschwendung" anschaulich verdeutlicht, stellt die so genannte *Monte-Carlo-Simulation* dar.[246] Diese Methode beruht auf dem „Gesetz der großen Zahl", das besagt, dass sich die *relative Häufigkeit* eines Zufallsergebnisses – also etwa eines Sechsers beim Würfeln – in fortgesetzten Wiederholungen der Wahrscheinlichkeit dieses Ereignisses

---

[246] Rubinstein, Reuven Y. / Kroese, Dirk P. (2008): Simulation and the Monte Carlo Method (2nd ed.). New York: John Wiley & Sons.

– also 1/6 – annähert. (Vorsicht: nicht die Wahrscheinlichkeit des einzelnen Ereignisses selbst nähert sich an, sondern die Zahl seines Vorkommens in der Anzahl der Wiederholungen)

Am eingänglichsten lässt sich die Methode vielleicht mit dem Prinzip einer Schrottflinte verdeutlichen. Während ein einzelner Schuss sehr gut gezielt sein muss, um zu treffen, und die Wahrscheinlichkeit dafür somit eher gering ist, weil nicht alle Jäger gute Schützen sind, *streut* die Schrottflinte ihren Effekt. Sie „verschwendet" damit eine Unzahl von einzelnen Schrottkugeln, die ihr Ziel nicht treffen. Aber sie erhöht gleichzeitig dadurch die *relative Häufigkeit* des Schießens und steigert damit die Wahrscheinlichkeit des Treffens.

Die Ursprünge der Monte-Carlo-Simulation in der Theorie komplexer Systeme gehen ebenfalls auf die Forschungen der Los Alamos Gruppe um Stanislaw Ulam und John von Neumann zurück[247], die in den 1940er Jahren, unter anderem im Zusammenhang des Manhattan-Projekts, mit Fragen der energetischen Folgen von Teilchenkolisionen beschäftigt waren und diese auf analytischem Weg nicht klären konnten. Ulam und Von Neumann schlugen vor, das Zufallsprinzip heran zu ziehen und dies mit Hilfe von Computern zu simulieren. Die Möglichkeiten dazu waren freilich aufgrund der damals noch sehr beschränkten Rechenleistung begrenzt, trugen aber in Folge dazu bei, dass Zufallsgeneratoren heute zum Standardrepertoire jedes Rechners gehören.

Um das Prinzip kurz auch an einem mathematischen Problem zu veranschaulichen, sei auf die seit der Antike bekannte Schwierigkeit der „Quadratur des Kreises" verwiesen. Analytisch ist es ohne genaue Kenntnis der Zahl *Pi* nur annäherungsweise möglich, einen Kreis zu bestimmen, dessen Flächeninhalt genau dem Flächeninhalt eines vorgegeben Quadrates gleicht. Eine Bestimmung im Sinne der Monte-Carlo-Methode würde einfach die Fläche des Quadrates zum Beispiel mit fein-granuliertem Sand gleichmäßig berieseln, möglichst so, dass die Fläche vollständig mit Sand bedeckt ist und zugleich so wenig wie möglich Sandkörnchen aufeinander liegen. Mit der dazu nötigen Menge Sand würde sodann ein Kreis geformt. Wenn wieder darauf geachtet wird, dass die gesamte Fläche gleichmäßig bedeckt ist, aber keine Körnchen übereinanderliegen, so müsste der Flächeninhalt dieses Kreises dem des Quadrates nahekommen.

Abgesehen von der Sorgfalt, die in diesem Fall bei der Formung des Kreises notwendig wäre, wird deutlich, dass die Qualität dieser Methode sehr von der *Granuliertheit* der verwendeten Teilchen abhängt. Je kleiner die Teilchen, umso genauer das Ergebnis. Die Computertechnologie ermöglicht diesbezüglich eine

---

247 Vgl. u.a. Metropolis, Nicholas / Ulam, Stanley (1949): The Monte Carlo Method; in: Journal of the American Statistical Association 44 (247): p. 335-341.

5.1 Das Prinzip der Verschwendung

nahezu beliebige Fein-Granulierung. Erst mit ihr konnte die Monte-Carlo-Simulation zu einer auch in vielen ökonomischen Zusammenhängen verwendeten Methode werden.

5.1.2 Ameisen-Straßen

Ein Pendant in der Natur findet die Monte-Carlo-Simulation in der Art und Weise, wie viele Tiere, allen voran soziale Insekten, zum Beispiel Ameisen, ihre Aktivitäten koordinieren und effektivieren. Wie vielleicht aus eigenen Beobachtungen im Wald bekannt ist, bilden Ameisen nicht selten auch über lange Strecken erstaunlich geradlinige Straßen, um zum Beispiel Futter zu ihrem Nest zu transportieren. Angesichts eher ungünstiger Boden- und Sichtverhältnisse verwundert – vom Ergebnis her besehen – die Zielstrebigkeit, mit der sie ihr Nest zu finden scheinen. Ameisen haben freilich keinen wesentlich besseren Orientierungssinn als andere Tiere. Im Gegenteil, die erste Ameise einer Transportkolonne weicht in der Regel auf dem Weg zum Nest erstaunlich weit von ihrem Ziel ab und muss sich mitunter mehrmals korrigieren. Von oben betrachtet folgt sie einem äußerst unökonomischen Zick-Zack-Kurs zum Nest. Die unmittelbar darauf folgende Ameise folgt ihr in der Regel in kurzem Abstand, verfolgt dabei allerdings nicht genau ihre Spur, sondern peilt stets jenen Ort an, an dem sich die voranlaufende Ameise gerade befindet. Sie schneidet damit ein ganz kleines Stückchen des Zick-Zack-Kurses der ersten Ameise ab. Auch die weiteren Ameisen folgen in dieser Weise. Im Resultat erbringt diese Methode eine überaus effektive statistische Angleichung der Bewegungsrichtung, die nach relativ kurzer Zeit eine nahezu idealtypische Linie erzeugt. Eine größere Menge von Ameisen kann so nahezu schnurgerade Straßen bilden.

Abbildung 5.1: Simulierte Ameisen auf dem Weg zu ihrem Nest

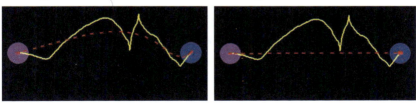

Gelb die Spur der ersten Ameise, rot die Ameisen-Straße, links nach ungefähr 30 nachfolgenden Ameisen, rechts nach ungefähr 300 nachfolgenden Ameisen

5.1.3 Die Ameisen-Suche

Auch auf der Suche nach Nahrung wenden die Ameisen einen, wenn auch sehr simplen, aber hochinteressanten „Kommunikationsmechanismus" an, der die Effektivität ihrer zunächst völlig zufälligen Such-Bewegungen enorm steigert und – von einem Beobachter – als Methode des *sozialen Lernens* interpretiert werden kann.

Um den Mechanismus zu erklären, nehmen wir – ein wenig verkürzend – an, dass Ameisen auf der Suche nach Futter das Territorium im Umfeld ihrer Nester zunächst einmal einfach nach dem Monte-Carlo-Prinzip nach Nahrungsstoffen abgrasen. Je mehr Ameisen einfach nur vom Zufall gelenkt durch die Gegend streifen, umso höher die Wahrscheinlichkeit, etwaige Futterquellen in vertretbarer Zeit zu finden. Auch hier kommt also das Gesetz der großen Zahl und ein Matthäus-Effekt (siehe 1.2.3.1) zu tragen. Große Ameisenpopulationen haben bessere Chancen Futter zu finden und damit – als *positives Feedback* – auch die Möglichkeit, ihre Populationsgröße weiter zu steigern.

Sobald nun eine Ameise eine Nahrungsquelle entdeckt hat, nimmt sie Nahrung auf, trägt sie zum Nest zurück und hinterlässt dabei eine Duftspur, bestehend aus so genannten *Pheromonen*, einer relativ flüchtigen Kohlenwasserstoffverbindung. Diese Duftspur zieht Ameisen, die sich in der Nähe befinden, an und erhöht damit die Wahrscheinlichkeit, dass auch sie auf die Futterquelle stoßen. Wenn dies der Fall ist, so beginnen diese Ameisen ihrerseits Futter zum Nest zu tragen und auf der Strecke Pheromon auszustoßen. Die Duftintensität verstärkt sich damit, was seinerseits die Wahrscheinlichkeit steigert, dass auch andere Ameisen in den Wirkungsbereich des Pheromons geraten und damit die Futterquelle finden.

Mit der Zeit bildet sich durch diesen simplen Mechanismus eine weitgehend geradlinige Ameisenstraße, auf der am schnellsten Weg Futter von der Nahrungsquelle zum Nest transportiert wird.

Vom Ergebnis her betrachtet, etwa beim Anblick der Ameisenkarawane, sieht es so aus, als würden die Ameisen gesteuert, als würden sie von einem „zentralen Planer" auf die Futterquelle und den schnellsten Weg zum Nest aufmerksam gemacht. Das Prinzip wird freilich deutlich, wenn die Futterquelle versiegt. Die Ameisen hören auf, das Pheromon als Signal für Futter auszustoßen, der Duft verflüchtigt sich und die Ameisen laufen wieder mehr oder weniger ziellos durch die Gegend.

5.1 Das Prinzip der Verschwendung

Abbildung 5.2: Simulierte Ameisen-Suche

In der Mitte violett das Nest, oben links blau die Futterquelle. Die grün umrandete weiße Wolke zeigt die Duftspur derjenigen Ameisen, die Futter zum Nest transportieren. In der letzten Abbildung ganz rechts ist das Futter aufgebraucht und die Duftspur beginnt zu versiegen.

Das selbe Prinzip taugt auch dazu, zum Beispiel den kürzesten Weg durch ein Labyrinth zu finden. Eine möglichst große Anzahl von Ameisen sorgt dabei für hinreichend hohe Wahrscheinlichkeit, dass zum einen alle möglichen Wege und Sackgassen, also der gesamte *Möglichkeitsraum* des Labyrinths durchsucht wird. Und zum anderen sorgt das Gesetz der großen Zahl auch dafür, dass, weil der kürzeste Weg am schnellsten durchlaufen wird, statistisch besehen, die meisten Ameisen, wenn auch nicht gleich alle, auf ihm unterwegs sind. Da sich damit auf diesem kürzesten Weg die höchste Konzentration an Pheromonen aggregiert, wird dieser Weg mit der Zeit mehr Ameisen anziehen als andere Wege. Die Pheromon-Duftspur verstärkt sich damit auf diesem Weg und lässt so die Wahrscheinlichkeit der Ameisen diesen Weg zu wählen allmählich zur Sicherheit werden. Mit der Zeit laufen alle Ameisen gezielt am kürzesten Weg durch das Labyrinth. Vom Ergebnis her betrachtet, sieht es so aus, als wären sie von einer übergeordneten Macht, einem „Weltenlenker", auf den Weg gebracht worden.

Auch dieses simple Prinzip lässt sich relativ einfach am Computer simulieren[248] und damit auch nutzen, um zum Beispiel Roboter den kürzesten Weg durch ein Labyrinth finden zu lassen. In entsprechenden Versuchen werden Roboterschwärme dazu zum Beispiel auf einer Oberfläche platziert, die in bestimmten Bereichen – ganz nach dem Pheromon-Prinzip – je nach Dichte der dort gerade ihre Aufgabe erfüllenden Roboter stärkeres oder schwächeres Licht ausstrahlt und damit die Sensoren der Roboter anspricht. Die Roboter folgen, wie die Ameisen dem Pheromon, dem jeweils helleren Licht, das sich umso mehr verstärkt, je mehr Roboter sich in ihm sammeln. Das positive Feedback der Lichtstärke sorgt dafür, dass die statistische Wahrscheinlichkeit mittels des Gesetzes der großen Zahl den kür-

---

[248] Resnick, Michel (1994):Turtles, Termites and Traffic Jams: Explorations in Massively Parallel Microworlds. Cambridge, MA: MIT Press.

zesten Weg durch das Labyrinth zu finden und alle Roboter daran auszurichten, mit der Zeit zur Quasi-Sicherheit anwächst.

5.2 Reinforcement-Learning

Die Verstärkung der Lichtstärke durch die Roboter, beziehungsweise des Pheromonduftes durch die Ameisen, folgt einem bekannten Lern-Prinzip, das in der Computertechnologie als „verstärkendes Lernen", auf Englisch *Reinforcement Learning* bezeichnet wird.[249] Das Prinzip dabei ist einfach: gewünschte Ergebnisse werden „belohnt" (verstärkt) und ungewünschte „bestraft" (geschwächt). Die Konditionierung des Pawlowschen Hundes zum Beispiel ähnelt dieser Methode insofern, als dem Hund beim Erklingen einer Glocke Futter gegeben wird und so nach mehrmaliger Wiederholung eine Assoziation von Speichelflussreflex und Glockensignal entsteht. Der Hund wird gleichsam für den Speichelfluss bei Glockensignal mit Futter belohnt. Die Reaktion wird *induktiv* und damit *iterativ* – das heißt von Einzelereignis zu Einzelereignis – verstärkt. Der Hund „erlernt" gleichsam den (vom Forscher) gewünschten Reflex.

Auf den Bereich des Maschinen-Lernens umgelegt, werden auch Roboter in dieser Weise konditioniert. Man lässt sie dazu in vielfältigen Wiederholungen Möglichkeitsräume erkunden und verstärkt sodann sukzessive die Wahrscheinlichkeit jener Möglichkeiten, die den gewünschten Verhaltensweisen entsprechen. Wir können uns diesbezüglich zum Beispiel einen Roboter vorstellen, der die Aufgabe hat, ein bestimmtes Ziel, zum Beispiel auf der anderen Seite einer dicht mit Hindernissen verstellten Fabrikhalle zu finden. Der Roboter soll selbständig Werkstücke dorthin liefern und mit der Zeit den kürzesten Weg finden. Um ihm eine Orientierung zu erlauben, ist die ganze Werkhalle in kleine Felder unterteilt, die in etwa die Größe des Roboters haben und die er mithilfe eines Gedächtnisses zunächst als „schon hier gewesen" beziehungsweise „noch nicht hier gewesen" unterscheiden kann.

---

249 Michalski, Ryszard S. / Carbonell, Jaime G. / Mitchell, Tom M. (1983): Machine Learning: An Artificial Intelligence Approach. Tioga Publishing Company.

Abbildung 5.3: Simulation eines *Reinforcement learning*-Prozesses

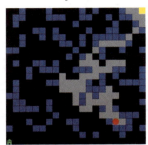

Ein Roboter (roter Kreis) soll von seinem Ausgangpunkt (gelbes Quadrat) selbständig den kürzesten Weg durch ein Labyrinth blauer Hindernisse zum Ziel (grünes Haus) finden. Per Zufall gesteuert durchkämmt er zunächst ohne jegliche Orientierung seinen Möglichkeitsraum (schwarz) und markiert diejenigen Felder, auf denen er bereits war, grau.

Zu Beginn seines Lernprozesses hat der Roboter keine Ahnung über Richtung und Weg zum Ziel. Er beginnt einfach durch einen Zufallsgenerator gesteuert hin und her zu laufen und bevorzugt dabei so gut es geht Felder, auf denen er noch nicht war. Stößt er auf ein Hindernis, so weicht er ebenfalls zufällig nach links oder rechts aus.

Irgendwann wird er so erstmals auf sein Ziel stoßen. Er merkt sich nun die ungefähre Richtung von seinem Startplatz und beginnt von diesem aus, Werkstücke zum Ziel zu transportieren. (Wir nehmen der Einfachheit halber an, dass der Roboter jedes Mal, wenn er sein Ziel erreicht hat, automatisch zum Ausgangspunkt zurückgestellt wird).

Auf dem Weg zum Ziel finden sich allerdings unzählige Hindernisse. Das Wissen über die ungefähre Richtung zum Ziel hilft dem Roboter also nur bedingt, den kürzesten Weg zu wählen. Er muss mitunter gravierende Umwege um Hindernisse herum in Kauf nehmen und weiß zunächst nicht, ob es besser wäre, einem Hindernis nach links oder nach rechts auszuweichen. Wohl kann er aber die Felder, die er bis zum Ziel durchläuft memorieren und zählen. Und er kann einmal gefundene Wege per Zufallsprinzip variieren. Er hat damit die Möglichkeit in aufeinanderfolgenden Versuchen, ebenfalls per Zufall, jeweils kürzere Wege zu finden. Nach jedem Lauf vergleicht der Roboter dazu die Zahl der durchlaufenen Felder mit der des vorherigen Laufs. Ist die Zahl des aktuellen Laufs geringer, so wird der vorhergehende Lauf aus dem Gedächtnis gelöscht und der aktuelle Weg zur Grundlage weiterer Variationen gemacht. Das Prinzip wird auch als *Variable neighborhood search* bezeichnet. Die Variationswahrscheinlichkeit lässt sich dabei in Beziehung zur Kürze des bereits gefundenen Weges oder zur Dauer der durch-

5.2 Reinforcement-Learning

geführten Suche setzen. Während es zu Beginn des Lernprozesses sinnvoll sein kann, eher ein großes Maß an Variation zuzulassen, sollte, wenn ein bereits weitgehend zufriedenstellendes Ergebnis vorliegt, nur mehr geringe Variationswahrscheinlichkeit notwendig sein.

Abbildung 5.4: Reinforcement learning

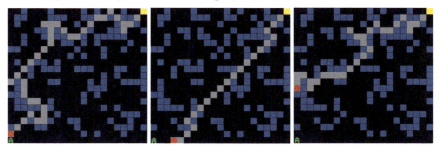

Ein Roboter (roter Kreis) in drei unterschiedlichen Stadien seines „Lernprozesses" Links auf einem noch eher umständlichen Weg kurz vor seinem Ziel. Mitte auf einem nahezu bereits optimalen Weg kurz vor seinem Ziel. Rechts in einer „Sackgasse", von der aus nur unter Aufgabe eines Teils des bereits zurückgelegten Weges, also durch Umkehr und nochmaliges Versuchen („verschwenden"), das Ziel erreicht werden kann.

Vom Prinzip her sorgt diese zur Optimierung notwendige Variationsmöglichkeit dafür, dass wir den Lernprozess des Roboters als sukzessive Verstärkung („Belohnung") des erwünschten Ergebnisses betrachten können. Die Möglichkeiten, durch den Parcours mit Hindernissen zu laufen, werden sukzessive zugunsten derjenigen eingeschränkt, die hohe Wahrscheinlichkeit haben, kurz zu sein, bis schließlich der tatsächlich kürzeste Weg gefunden wird. Diese Einschränkung von Möglichkeiten entspricht in Bezug auf das „Weltwissen" des Roboters einer „Reduktion von Unsicherheit" und damit also der Definition von Information (siehe II-V). Lernen ist Informationserwerb.

Lernen ist dabei aber, wie schon gesagt, in gewissem Sinn auf „Verschwendung" angewiesen. Zum einen muss der Roboter, um seine Aufgabe zu optimieren, den Möglichkeitsraum viele Male durchlaufen und wiederholt dabei notgedrungen auch immer wieder suboptimale Lösungen. Diese ineffizienten Wiederholungen müssen in Kauf genommen werden, um die allmähliche Annäherung an den kürzesten Weg zu ermöglichen. Zum anderen münden die Suchbewegungen des Roboters durch den Hindernisparcours nicht selten in „Sackgassen", also in Winkeln der Werkhalle, in denen alle Wege in die Richtung des Ziels verstellt sind. Der Roboter hat dann keine andere Möglichkeit, als sich rückwärts aus der Sackgasse heraus zu manövrieren. Er muss sich dazu temporär gegen seine eigentliche Laufrichtung wenden. Er muss also einen bereits erzielten „Gewinn" an zurückgelegtem Weg wieder aufgeben, um aus der Sackgasse herauszufinden.

5.2.1 Lokale und Globale Minima

Solche „Sackgassen" werden in der Mathematik als *lokale Minima* bezeichnet. Wir alle kennen vermutlich das Phänomen, dass wir uns, mitunter auch ungewollt, unliebsame Gewohnheiten antrainieren, die wir nicht mehr ohne weiteres losbekommen. Das Verwenden bestimmter Redensarten oder Gesten etwa, die einem selbst seltsam vorkommen, die aber weil, eingewöhnt, nur schwer zu vermeiden sind. Oder schlimmer, zu viele Süßigkeiten, Rauchen, Trinken etc. Auch der Reflex des Pawlowschen Hundes, der ohne entsprechendes Futterangebot speichelt, könnte von einem Beobachter als zumindest temporäre „Sackgasse" interpretiert werden, in die der Lernprozess des Hundes geraten ist. Würde der Speichelfluss nach einigen Glockensignalen, denen kein Futter folgt, nicht wieder verschwinden, so wäre dies für die Verdauung des Hundes suboptimal. Die Natur hat deshalb in vielen verschiedenen Weisen für *Verlernen* gesorgt. Eine sehr einfache aber effiziente Methode dazu ist das Vergessen.[250]

Bei solchem „Verlernen" wird ein bereits geleisteter ökonomischer Aufwand dem Verfall preisgegeben. Bereits gemachte Investitionen werden als Abschreibeposten verbucht. Ein einfaches Beispiel, das diesen Umstand beleuchtet, stellt der Wanderer dar, der auf einem Berggipfel vom Nebel überrascht wird. Der Wanderer weiß, dass der Berg nicht felsig, also nicht sonderlich gefährlich ist. Er kann also einfach auch ohne gute Sicht in irgendeine Richtung bergab gehen und müsste so irgendwann im sicheren Tal ankommen. Allerdings weist nun der Berg eine Vielzahl von unterschiedlich hoch gelegenen Mulden und Zwischengipfeln auf. Würde der Wanderer, so wie ein programmierter Roboter, einfach nur ständig stur bergab gehen, so könnte er leicht in einer solchen Mulde, in einem *lokale Minimum* also, landen, in dem es kein weiteres bergab mehr gibt. Um den sicheren Talboden, also das *globale* Minimum zu erreichen, muss es der Wanderer also zumindest gelegentlich auch in Kauf nehmen, ein Stück weit wieder bergauf zu gehen.

---

250 Vgl. dazu die vielfachen Bemühungen, Computern systematisches Vergessen beizubringen. U.a. auch: Mayer-Schonberger, Viktor (2009): Delete: The Virtue of Forgetting in the Digital Age. Princeton. Princeton UP.

5.2 Reinforcement-Learning

Er muss den bereits erzielten Gewinn an Höhenmetern zu opfern bereit sein, um insgesamt dann doch den größeren Gewinn des sicheren Talbodens zu erreichen.

Abbildung 5.5: Lokale Minima und Maxima

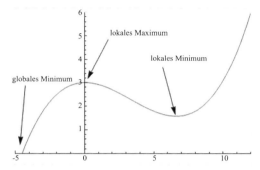

Das selbe Prinzip, nur umgekehrt, gilt auch für *lokale Maxima*. Die Schwierigkeit für Lern- und Suchprozesse liegt dabei darin, dass vom Standpunkt solcher Zwischenlösungen aus nicht immer deutlich zu sehen ist, dass es sich nur um *lokale* Zwischenoptima handelt. Es könnte durchaus sein, dass irgendwo außer Sichtweite noch bessere Lösungen schlummern.

Dieser Umstand betrifft zum Beispiel auch die Organisation von Systemen, etwa von Gesellschaftssystemen. Als Europäer sind wir im allgemeinen darin einig, die Demokratie für eine, wenn auch mit Problemen behaftete, so doch letztendlich, im Vergleich zu anderen Möglichkeiten, optimale Organisationsform für moderne Gesellschaften zu halten. Ob sie freilich nicht doch nur ein lokales Optimum darstellt und andere Formen der Organisation nicht bessere Lösungen bieten würden, lässt sich aus der involvierten Perspektive, die uns als Teilnehmer dieser Gesellschaftsform einzig möglich ist, nicht mit letztgültiger Sicherheit sagen. Eine Möglichkeit, das Auffinden solcher anderer Lösungen nicht von vornherein auszuschließen, bestünde darin, das „Verlernen", also das zwischenzeitliche Zurückgehen und Variieren, systematisch in diesbezügliche Such- und Lernprozesse einzubauen. Die Demokratie gewährleistet dies mithilfe einer Reihe interner Variationsmechanismen, angefangen von den urdemokratischen Institutionen der freien Meinungsäußerung, der systematisch vorgesehenen Opposition, der Demonstrations- und Protestfreiheit und einer gesunden Diskussionskultur, bis hin zu einem möglichst vielfältigen und kontroversen Kunst- und Kulturbetrieb und einer freien Wissenschaftslandschaft etc. Wir können zwar trotzdem nicht sicher sein, dass die Demokratie die global-optimale Organisationsform für moderne Gesellschaften darstellt. Aber wir können immerhin feststellen, dass sie im Vergleich zu anderen Organisationsformen, totalitären Regimen etwa, das „Aufgeben", also das Problematisieren ihrer eigenen Struktur vorsieht. Sie mag nicht optimal sein, aber sie ermöglicht die Suche nach dem Optimum.

Auch die Natur kennt viele ähnliche Mechanismen. „Jugendlicher Übermut" bei Jungtieren und Jungmenschen etwa erlaubt es, die Verhaltensweisen der Eltern nicht immer nur stur zu kopieren, sondern zumindest in der Adoleszenz bewährtes Verhalten auch zu variieren, also Neues auszutesten und Grenzen auszureizen. Obwohl dies nicht selten auch im Risiko für Leib und Leben geschieht, bleibt nur damit hinreichend wahrscheinlich gewährleistet, dass etwaige, entweder gerade nicht sichtbare, oder sich durch Umweltveränderungen verschiebende Optima auch gefunden werden können. Kurz gesagt, komplexe Systeme tun gut daran, sich selbst systematisch mit Unruhe zu versorgen. Nur so lässt sich optimale Anpassung sichern.

5.2.2 Simulated Annealing

Eine Such- und Lernmethode, die im Bereich der Computertechnologie eine solche systematische Wiederaufgabe schon gefundener Lösungen vorsieht, wird nach dem Aushärtungsprozess in der Metallurgie als „simuliertes Abkühlen", auf Englisch *Simulated Annealing* bezeichnet.

Der Methode liegt die Beobachtung zugrunde, dass Metalle, die nach einer Schmelze aushärten, nicht immer ganz regelmäßige Kristallstrukturen ausbilden. Weil bei gewöhnlichem Abkühlen die Temperatur in manchen Bereichen des Metalls schneller sinkt als in anderen, kommen größere und kleinere kristalline Strukturen gleichsam kreuz und quer durcheinander zu liegen und bewirken so Unterschiede in der Verbundstruktur und damit der Härte des Metalls. Um das Metall gleichmäßig und damit optimal auszuhärten, wird es in der Metallurgie „getempert". Das bereits ausgehärtete Metall wird dazu noch einmal bis nahe an den Schmelzpunkt erhitzt und sodann neuerlich behutsam abgekühlt. Die atomaren Teilchen finden dabei eine bessere Ordnung und ermöglichen damit einen besseren Verbund.

Das Prinzip ist aus dem Alltag bekannt. Wer zum Beispiel gemahlenen Kaffee in eine Dose schüttet, wird feststellen, dass der Kaffee zunächst recht viel Raum einnimmt und die Dose schnell auffüllt. Wird die Dose allerdings ein-zwei Mal ein wenig geschüttelt oder leicht am Tisch aufgeschlagen, so setzt sich der bereits ent-

5.2 Reinforcement-Learning

haltene Kaffee deutlich um einige Zentimeter. Die einzelnen Teilchen finden eine bessere Ordnung und sorgen damit für eine optimalere Raumnutzung in der Dose.

Abbildung 5.6: Granulat in einem Behältnis

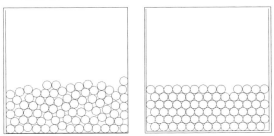

Links unmittelbar nach dem Einfüllen, rechts nach *Simulated Annealing*.

Auch dieses Prinzip lässt sich am Computer simulieren und zum Beispiel zur Lösung von NP-vollständigen Problemen heranziehen. In Kapitel I-IV haben wir diesbezüglich das Handlungsreisenden-Problem, das *Travelling Salesman Problem* als Problem dieser Klasse markiert. Es zeichnet sich dadurch aus, dass die Größe seines Möglichkeitsraumes, also die Zahl der Reiserouten, die durch verschiedene Städte genommen werden können, sehr viel schneller steigt, als die Zahl der einzelnen Instanzen, die das Problem bestimmen, also als die Zahl der Städte. Während 5 Städte nur 12 unterschiedliche Routen erlauben, ermöglichen 15 Städte schon über 43,5 Milliarden Routen. Ein einfaches Durchprobieren aller Routen, um die kürzeste zu finden, ist bei größeren Städtezahlen auch mit Hochleistungscomputern nicht praktikabel.

Simulated Annealing behandelt dieses Problem ähnlich wie der oben beschriebene Roboter die Werkshalle. Es fasst zunächst irgendeine Zufallslösung ins Auge, also eine der unzähligen Reiserouten und variiert von dieser ausgehend einzelne Wegabschnitte. Die Methode wählt zum Beispiel einzelne Teilstücke aus und durchläuft diese in umgekehrter Richtung. Oder es wechselt den Zeitpunkt, zu dem einzelne Städte besucht werden (Abbildung 5.7). Nach jeder solchen Variation wird die Länge der Route berechnet und, so sie kürzer ist als die anfängliche Zufallslösung, als beste aktuelle Lösung gespeichert. Die nachfolgenden Variationen werden sodann mit dieser Lösung verglichen und ebenfalls nur memoriert, wenn sie kürzer sind als die bisher gefundenen Reiserouten.

Abbildung 5.7: Mögliche Variationen der Wege im *Travelling Salesman Problem*

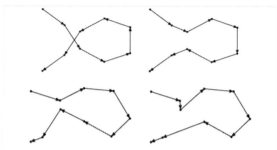

Die Variationen werden stets per Zufallsgenerator vorgenommen, ihr Ausmaß hängt dabei von der „Temperatur" ab, die der „Abkühl-Prozess" bereits erreicht hat. Das heißt, die Zahl der einzelnen Zufallsvariationen pro Rechendurchgang nimmt mit Fortschreiten des Suchprozesses ab. Bei „niedriger Temperatur", also bei schon fortgeschrittener Suche werden nur mehr eher kleinere Variationen zugelassen. Ihr Ausmaß kann, wie schon beim Roboter, zum Beispiel von der Qualität der gefundenen Lösung abhängig gemacht werden. Dazu ist es freilich nötig, zumindest eine ungefähre Vorstellung davon zu haben, was denn eine „gute" oder „akzeptable" Lösung ist. Insbesondere bei theorielastigen Problemen ist dies nicht immer der Fall und kann ebenfalls nur *relativ* festgestellt werden. Wie auch bei vielen Alltagsproblemen wird damit erst mit dem Vergleich mehrerer Reiserouten deutlich, welche davon als „kurz" gelten kann.

Das Ausmaß der Variation kann aber auch etwa von der Dauer des bereits absolvierten Suchprozesses abhängig gemacht werden. Das heißt, man investiert in die Suche einfach nur eine bestimmte Zeit, beziehungsweise ein bestimmtes Ausmaß an Rechnerkapazität. Mehr steht nicht zur Verfügung. Die bis dahin vorliegende Lösung wird akzeptiert. Beide Möglichkeiten machen deutlich, dass *Simulated Annealing*, so wie die meisten der Such- und Lern-Methoden, die der Natur abgeschaut wurden, stets nur *angenäherte* Lösungen generiert. Das heißt, die Lösungen, die damit gefunden werden, sind keine absolut optimalen Lösungen, sondern stets nur relativ gut in Anbetracht der für sie zur Verfügung gestellten Mittel. Den Methoden liegt also eine gewisse Pragmatik zugrunde, die ihre Lösungen in Relation zur dafür aufgewendeten Investition, sei es an Zeit oder sei es an Rechenpower, stellt.

5.2 Reinforcement-Learning

Wie schon bei den Ameisen – die das *Travelling Salesman Problem* mit ihrer Pheromon-Methode übrigens auch erstaunlich gut zu lösen in der Lage sind[251] – basiert die Methode aber auf einer Multitude von Instanzen, deren bei weitem größter Teil zwar dem Such- oder Lernprozess dient – in diesem Sinn also nicht entbehrt werden kann –, von denen aber sehr viele unter Umständen „geopfert", sprich verworfen oder aufgegeben werden müssen, um einer nur kleinen, dann aber vielleicht entsprechend effektiv oder produktiv agierenden Teilmenge weitgehend optimale, also der jeweiligen Situation *angepasste* Lösungen zu erlauben.

Dieses Prinzip gilt auch und besonders für die Methode der *Genetischen Algorithmen*.

---

[251] In der so genannten *Ant Colonization Optimization* (ACO) werden künstliche Ameisen auf verschiedene mögliche Reiserouten angesetzt, die sich zum einen an der Intensität bereits vorhandener Pheromonspuren und zum anderen an der jeweiligen Entfernung zur nächsten Stadt orientieren. Nachdem jede Ameise eine Rundreise absolviert hat, werden ihre Reiserouten verglichen und je nach Kürze mit mehr oder weniger Pheromon markiert. Die kürzeren und damit stärker duftenden Routen ziehen mehr, aber nicht gleich alle Ameisen an. Im nächsten Durchlauf orientieren sich die Ameisen deshalb zwar an den kürzesten Routen, variieren diese aber, weil die Duftspur noch nicht zu hundert Prozent wirkt. Nach absolvierter Rundreise werden die Wegstrecken erneut verglichen und die kürzesten wieder entsprechend markiert. Das Verfahren wird solange wiederholt, bis schließlich alle Ameisen auf nur mehr einer – im Idealfall der kürzesten – Strecke laufen. Vgl. dazu: Dorigo, Marco / Stützle, Thomas (2004): Ant Colony Optimization. Cambridge, MA, MIT Press / Bradford Books.

5.3 Genetische Algorithmen

Eine algorithmische Suchmethode, die nicht so sehr individuellem Lernen, sondern vielmehr evolutionärer Anpassung nachempfunden ist, stellen die von John Holland in den 1970er Jahren vorgestellten *Genetischen Algorithmen* dar.[252] In ihnen wird am Computer generierten Agenten die Möglichkeit gegeben, sich zu vermehren und ihren Nachfahren spezifische Charakteristika zu vererben. Diese Charakteristika bestimmen dabei die *Fitness* der Agenten in ihrer Umgebung. Erweisen sie sich als günstig, so erhalten die Agenten höhere Überlebens- und Reproduktionswahrscheinlichkeiten. Nach einigen Generationen bleiben somit nur mehr Agenten über, die an die entsprechenden Bedingungen optimal angepasst sind. Wenn es sich dabei um komplexe, mehr-dimensionale Bedingungen handelt, von denen sich nicht ohne weiteres sagen lässt, wie eine optimale Anpassung aussehen soll, so absolvieren diese Agenten gleichsam eine *Suche* und geben das gefundene Ergebnis in Form ihrer eigenen Anpassung wider.

Betrachten wir, um diesen Umstand zu illustrieren, folgendes Beispiel. Angenommen wir wissen, dass bestimmte Ressourcen in einer (am Computer generierten) Umwelt zu verschiedenen Zeiten mit unterschiedlicher Häufigkeit auftreten. Das Vorkommen der Ressourcen schwankt also gleichsam saisonal. Wir wissen aber nicht genau, in welchen „Jahreszeiten" die Ressourcen am häufigsten und wann sie weniger häufig auftreten. Um dies herauszufinden, generieren wir eine Population von Agenten am Computer, die zum „Überleben" auf diese Ressourcen angewiesen sind, die aber – per Zufallsgenerator vergeben – über Metabolismen verfügen, die ihrerseits saisonal unterschiedlich intensiv arbeiten. Das heißt, wir *streuen* gleichsam die Metabolismen der Agenten über den gesamten Möglichkeitsraum des (zeitlich verteilten) Ressourcenvorkommens. Jeder Agent hat seinen individuellen Stoffwechsel, der zu verschiedenen Zeiten unterschiedlich intensiv arbeitet. Manche Agenten verbrauchen in dem, was wir „Sommer"

---

[252] Holland, John H (1975), Adaptation in Natural and Artificial Systems, University of Michigan Press, Ann Arbor. Holland, John H. (1992): Adaptation in Natural and Artificial Systems: An Introductory Analysis with Applications to Biology, Control, and Artificial Intelligence. MIT Press. Holland, John (1995): Hidden Order. How Adaptation builds Complexity. Reading, MA: Addison-Wesley. Goldberg, David E. (1989): Genetic Algorithms in Search, Optimization and Machine Learning. Reading, MA: Addison-Wesley.

nennen könnten, viel, dafür aber wenig im „Winter". Bei anderen verhält es sich gerade umgekehrt. Und bei wieder anderen ist der Verbrauch vielleicht im „Frühling" sehr hoch, dafür im „Herbst" gering, und so weiter. Für alle gilt freilich, dass eine hohe Stoffwechselintensität gerade in jenen Jahreszeiten, die wenig Ressourcen bieten, die *Fitness* schmälert und damit auch die Überlebens- und die Fortpflanzungschancen der Agenten verringert.

Mit der Abfolge der Jahreszeiten werden also manche Agenten besser zurechtkommen als andere. Wenn wir nun dieses Zurechtkommen als *Fitness* interpretieren und davon – wie in der Natur – das „Überleben" und die „Fortpflanzungsaktivität" der Agenten abhängig machen, so passt sich die Population über einige Agentengenerationen hinweg an das jahreszeitliche Ressourcenangebot an. Auf längere Sicht „überleben" nur solche Agenten, deren Stoffwechsel dann hoch ist, wenn auch das Nahrungsangebot hoch ist, also etwa in dem, was wir in Analogie zu unseren Jahreszeiten als „Herbst" bezeichnen könnten, und dann niedrig, wenn es nichts gibt, im „Winter".

Abbildung 5.8: Genetischer Algorithmus eines Stoffwechselprozesses, der sich an saisonales Ressourcenangebot anpasst

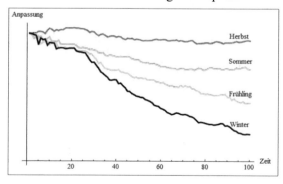

Genau wie bei den zuvor beschriebenen Such- und Lernprozessen kann freilich auch diese simulierte genetische Anpassung in „Sackgassen" führen, aus denen nicht mehr herauszufinden ist und die damit dann nur eine suboptimale Lösung darstellen. Es könnte zum Beispiel passieren, dass sich die Agenten, bevor noch alle Möglichkeiten durchprobiert sind, mit einer Lösung abfinden, die ihnen ebenfalls gerade schon ein Überleben erlaubt, die also zum Beispiel zwar niederen Stoffwechsel im „Winter" und hohen im „Herbst" nahelegt, aber dafür „Frühling" und „Sommer" verkehrt herum anpasst. Was für die Agenten vielleicht nicht so schlimm klingt, bedeutet für die Suche nach der tatsächlichen Abfolge der „Jahreszeiten" ein nicht ganz korrektes Ergebnis.

Um dies zu verhindern, benötigen auch simulierte Anpassungsprozesse die Möglichkeit, schon gefundene Lösungen zwischenzeitlich auch wieder verwerfen zu können. In natürlichen, ebenso wie in künstlichen Evolutionsprozessen leistet dieses „Wiederverwerfen" die *Mutation*. Indem der Agentenpopulation mit bestimmter Wahrscheinlichkeit auch nach fortgeschrittener Anpassung noch erlaubt wird, ihre Fitness-bestimmenden Charakteristika, hier also die Stoffwechselintensität, über Generationen hinweg zu variieren, lässt sich – ebenfalls mit von der Mutationsrate abhängiger Wahrscheinlichkeit – gewährleisten, dass irgendwann eine tatsächlich weitgehend optimale Anpassung gefunden wird. Das heißt, die Qualität des Ergebnisses der Suche, oder des Lern- oder Anpassungsprozesses, hängt von der Möglichkeit zur „Wiederaufgabe" schon gefundener Lösungen ab.

Auch in dynamischen Umwelten, in denen Bedingungen starken Schwankungen unterliegen, ist der „Einbau" dieser Möglichkeit in den Such- beziehungsweise Problemlösungsmechanismus eine unabdingbare Notwendigkeit. *Flexibilität*, das heißt eine auf-Dauer-gestellte, systematische Kombination von Lernen und Verlernen, von Finden und wieder Verwerfen des Gefundenen, hat hier oberste Priorität. Stellen wir uns vor, unser Organismus würde gerade infolge seiner „erfolgreichen" Anpassung, die Umwelt, an die er sich angepasst hat, wieder zu verändern beginnen. Denken wir dazu zum Beispiel an unsere eigene Umweltproblematik. Gerade weil sich die Menschheit überaus erfolgreich an die „Natur" unseres Planeten angepasst hat, hat sie diese Natur mittlerweile in einem Ausmaß verändert, die viele Ökologen heute daran zweifeln lässt, dass es noch irgendwo auf diesem Planeten unbeeinflusste Natur gibt. Unsere Anpassung hat damit Bedingungen geschaffen, an die es sich neuerlich anzupassen gilt.

Ohne Mutation wäre diese „Anpassung an Anpassung" nicht zu schaffen. Wir hätten uns längst in einer evolutionären „Sackgasse" verlaufen. Um dies zu verdeutlichen habe ich den oben beschriebenen *Genetischen Algorithmus* mit der Bedingung ausgestattet, bei erfolgreicher Anpassung ab dem 70 Iterationsschritt nicht allmählich, sondern plötzlich die Gegebenheiten für „Herbst" und „Winter" zu vertauschen. Das Ergebnis zeigt Abbildung 5.9. Die Vertauschung hat dramatische Folgen, zwei Drittel der bereits angepassten Population „stirbt aus", weil sie mit den neuen Bedingungen nicht zurande kommt. Aber die Mutation ermöglicht die Umstellung. Nach einigen weiteren Generationen hat sich die Population an die Folgen ihrer Anpassung angepasst.

Abbildung 5.9: Simulierter Anpassungsprozess an eine, in Folge des Anpassungsprozesses sich (hier plötzlich nach 70 Iterationen) verändernde Umwelt

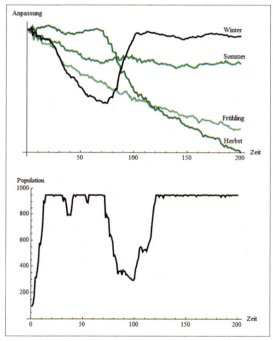

Der Populationsplot unten zeigt, wie die Populationsgröße infolge dieser Umweltveränderung einbricht. Rund zwei Drittel der Population müssen „geopfert" werden, um die neuerliche Anpassung zu gewährleisten. Nach zirka 120 Iterationen ist diese geschafft.

Da – systemisch betrachtet – Umwelten oftmals auch gerade dadurch dynamisch werden, dass eine Vielzahl von Möglichkeiten gefunden wird, in ihnen und mit ihnen zurecht zu kommen, steigt die benötigte Flexibilität in der Regel mit der Anzahl der bereits gefundenen Lösungen. Der Anpassungsprozess treibt gewissermaßen die Anpassung und damit die Anforderungen an Flexibilität beständig vor sich her. In dieser Wechselwirkung zwischen Anpassung und Flexibilitätsupgrade können hochkomplexe Lernstrukturen entstehen, die die Flexibilität noch auf ihre eigenen Stattfindensbedingungen beziehen. Das Lernen wendet sich gewissermaßen auf sich selbst zurück, ermöglicht ein „Lernen lernen" und unter Umständen,

5.3 Genetische Algorithmen

als „systematisiertes Verlernen" gleichsam, auch ein auf-Dauer-gestelltes „Problematisieren des Lernens". Das Lernen verändert sich und seine Grundlagen im Zuge seines Stattfindens selbst.[253] Im Extremfall können zum Beispiel *neuronale Netze*, wie sie in unserem Denkapparat wirken, sogar noch ihren eigenen Träger, also die Person, den Menschen, dem sie das Zurechtfinden in der Welt gewährleisten sollen, in seiner Identität spalten. Sie „verlernen" gewissermaßen ihre eigenen Stattfindensbedingungen, nämlich die Ich-Identität ihres Trägers.

Bevor wir uns die Funktionsweise dieser hochkomplexen Lernmechanismen in Kapitel 6 etwas genauer ansehen, sei, um diese selbst-unterminierende Flexibilität zu verdeutlichen, kurz auf eine „hierarchische Klassifizierung von Irrtumstypen" eingegangen, die der Kybernetiker und Anthropologe Gregory Bateson[254] seinen Untersuchungen psychischer Störungen zugrunde gelegt hat.

5.3.1 Lernen III

Bateson unterschied dazu vier Stufen des Lernens, in denen von Stufe zu Stufe deutlicher wird, wie sehr sich im Zuge des Lernens der Kontext des Lernens verschieben und damit das Lernen selbst seine „ursprüngliche" Funktion verändern kann.

In einem so genannten „Lernen Null", das wohl am ehesten der Vorstellung von Lernen im täglichen Sprachgebrauch ähnelt, ging es Bateson zunächst einfach um Verhaltensänderungen von Organismen aufgrund externer Ereignisse, also zum Beispiel um die Reaktion einer Klimaanlage auf zu heiße Temperatur. Entscheidend ist auf dieser Stufe, dass die zugrunde liegenden „Berechnungen" der Reaktionen – auch Bateson bezog sich auf den formalen Von-Neumannschen „Spieler"[255] – dabei immer wieder aufs Neue von vorne durchgeführt werden. Auch etwaige „Irrtümer" werden damit immer wieder von Neuem begangen. Wenn zu heißer Temperatur eben nicht nur einfach sommerliche Hitze, sondern ein Feuer zugrunde liegt, und sich das Einschalten des Kühlaggregats damit als „Irrtum" herausstellt, so lassen sich daraus keine Schlüsse für zukünftiges Verhalten ziehen. Der Reiz wird immer nur die selbe Reaktion nach sich ziehen. „Lernen Null" meint also eine Reaktion, die in gewisser Weise „fest verdrahtet" ist, deren Er-

---

253 Kybernetisch betrachtet gleicht der Lernprozess damit dem Operieren einer „nicht-trivialen Maschine". Vgl. dazu u.a.: Von Foerster, Heinz (1968): Was ist Gedächtnis, daß es Rückschau und Vorschau ermöglicht?; in: ders. (1993): Wissen und Gewissen. Versuch einer Brücke. Frankfurt/M., S. 299-336.
254 Bateson, Gregory (1981): Die logischen Kategorien von Lernen und Kommunikation; in: ders.: Ökologie des Geistes. Frankfurt/M., S. 362-399.
255 Also auf: Von Neumann, John / Morgenstern, Oscar (1944/1972): Theory of Games and Economic Behaviour. Reprint Princeton (Princeton UP).

gebnis nicht auf die Struktur der Funktion selbst zurückwirkt. Heinz von Foerster spricht diesbezüglich vom Verhalten „trivialer Maschinen".[256]

Höhere Stufen des Lernen beziehen sich demgegenüber bei Bateson auf Lernvorgänge, die den *Kontext* des Lernens in Rechnung stellen. So regelt zum Beispiel „Lernen I" die Auswahl einer Option aus einer spezifischen Menge von Alternativen. Ein Beispiel hierfür ist die Pawlowsche Konditionierung, die davon ausging, dass der Kontext der Futtererwartung des Hundes vor dem ersten Glockensignal weitgehend der gleiche ist wie danach, sprich nach dem Lernen der Bedeutung der Glocke, dass danach allerdings eine andere Reaktion, nämlich Speichelfluss stattfindet.

Interessant für den hier betrachteten Zusammenhang sind vor allem die Bateson'schen Lernstufen II und III. Auf diesen Stufen wird die rückwirkende Veränderung des Kontextes mit impliziert. Lernen verändert hier, so ließe sich sagen, die Bedingungen der eigenen Möglichkeit. Als Beispiel für „Lernen II" nennt Bateson unter anderem die „Experimentalneurose", die zum Beispiel zustande kommt, wenn einem Tier im Labor ein Kreis und eine Ellipse präsentiert werden und, nach Erlernen des Unterschieds (etwa durch Belohnung beim Erkennen einer der Formen), der Kreis abgeflacht oder die Ellipse verrundet wird bis kein Unterschied mehr wahrnehmbar ist. In der Laborsituation zeigen die Tiere in diesem Fall Symptome einer Störung. Ohne die „Kontextmarkierung" des Labors allerdings, treten diese Störungen nicht auf. Dies lässt darauf schließen, dass der Kontext in gewissem Sinn mitgelernt wird, und damit dazu neigt, Reaktionen auch dann noch zu orientieren, wenn die gelernte Entscheidung nicht mehr möglich ist. Bateson spricht diesbezüglich von einem *Double bind*.[257] Kontext und Gelerntes widersprechen sich. Wenn der Widerspruch, etwa infolge mehrfacher Wiederholung der Situation, nicht ausgehalten wird, kommt es im so genannten „Lernen III" zu einer „Hinterfragung" des Kontextes, sprich zu einer Revision der damit verbundenen Orientierungen (zu einer „Interpunktion"). Bateson, der diese Überlegungen im Rahmen seiner Erkundungen psychischer Pathologien anstellte, interessierte besonders, wie dieses „Lernen III" als Folge eines nicht bewältigbaren *Double bind* zur Auflösung von Persönlichkeitsstrukturen, zur Schizophrenie etwa, führt.

Für uns ist an diesen Untersuchungen der Hinweis darauf entscheidend, dass menschliches Lernen offensichtlich im Zuge seines Stattfindens die Bedingungen seines Stattfindens und damit auch seine eigene Bedeutung, seinen Zweck, sein Ziel, verändern kann. Wir können aus diesem Grund *Lernen lernen*. Und wir kön-

---
256 Siehe Fußnote 253.
257 Ein Beispiel für einen psychologisch problematischen *Double bind* wäre etwa die Situation eines Scheidungskindes, das dem Vater emotional nahesteht, aber von der Mutter fortlaufend mit negativen Aussagen über den Vater konfrontiert wird.

5.3 Genetische Algorithmen

nen aus diesem Grund auch lernen, dass Lernen seine eigenen Möglichkeiten untergräbt, das es eben zum Beispiel die Identität der Person, die lernt, spaltet und damit seinen Effekt pervertiert. Rein technisch betrachtet kann Lernen in diesem Sinn als Funktion einer „nicht-trivialen Maschine" aufgefasst werden, einer Maschine, die sich mit Hilfe ihres eigenen Outputs im Zuge ihres Operierens selbst fortlaufend umbaut.

Zwischenbetrachtung V – Selbstreferenz

V-I Komplexität und Emergenz

Eine „Maschine", die sich mit Hilfe ihres eigenen Outputs im Zuge ihres Operierens selbst umbaut, scheint ein eher kompliziertes Gebilde zu sein, ein Gebilde, das wir in unserem Rahmen nicht nur *kompliziert*, sondern *komplex* nennen würden. Was aber bedeutet komplex eigentlich genau? Was ist der Unterschied zwischen kompliziert und komplex?

Wir haben den Begriff Komplexität bisher hier verwendet, ohne ihn ausführlicher zu erläutern. Auch im Titel dieses Buches kommt er ja vor. Befragt man die Literatur dazu, so wird schnell deutlich, dass in den Wissenschaften eigentlich keine wirklich einheitliche Meinung darüber besteht, was der Begriff genau meint. Mitunter werden dazu sogar recht unterschiedliche Aspekte in den Vordergrund gestellt. Um zu sehen, wo die mit der Definition verbundene Problematik steckt, wollen wir zunächst einen davon kurz näher betrachten.

Die Komplexitätstheoretiker John H. Miller und Scott E. Page schlagen in ihrem Buch *Complex Adaptive Systems*[258] vor, *komplizierte* Systeme, im Unterschied zu komplexen, als solche zu betrachten, deren Bestandteile einen gewissen Grad an Unabhängigkeit voneinander bewahren. Wird ein solcher Bestandteil entfernt, so wird das System weniger kompliziert, bleibt aber funktionell im Großen und Ganzen das selbe System, vielleicht mit Ausnahme der Aspekte um den entfernten Teil. *Komplex* sind Systeme dagegen, wenn die Abhängigkeit ihrer Teile voneinander die zentrale Rolle spielt. Ein entfernter Teil führt in diesem Fall zu einer Veränderung des Systemverhaltens, die weit über die Aspekte rund um den entfernten Teil hinausreichen. Ein Beispiel dafür liefert ein Auto. Entfernt man einen Sitz, so wird es weniger kompliziert, entfernt man dagegen den Treibriemen, so wird es fahruntüchtig. Komplizierte Systeme wären also nach dieser Definition *reduzierbar*, komplexe nicht.

---

258 Miller, John H. / Page, Scott E. (2007): Complex Adaptive Systems. An Introduction to Computational Models of Social Life. Princeton (Princeton UP), S. 8.

Diese Definition wirft Licht auf einen Umstand, der in der Theorie komplexer Systeme, und auch in diesem Buch schon mehrmals, grundlegend mit Komplexität assoziiert wird – auf die *Emergenz* komplexer Systeme.[259]

Die Emergenz komplexer Systeme verläuft, wie wir schon mehrmals festgestellt haben, nicht graduell. Komplexe Systeme entstehen nicht allmählich und damit in ihrem Entstehen leicht beobachtbar. Sie „springen" vielmehr gleichsam zusammen. Sie „fulgurieren". Sie „werden" nahezu von einem Moment zum anderen. Schon das Frieren von Wasser zum Beispiel lässt sich kaum wirklich beobachten. In einem Moment war der See noch nahezu eisfrei, im nächsten ist er dick zugefroren. Noch deutlicher wird dies an der Emergenz von Phänomenen wie Bewusstsein oder Leben. Und genau dies wirft die schwierige Frage auf, ab wann sich stimmig vom Vorliegen dieser Phänomene sprechen lässt. Gegenwärtig wird dies etwa in Bezug auf *Artificial Intelligence-* und *Artificial Life*-Forschungen intensiv diskutiert.[260] Obwohl die Wissenschaft einer Simulation dieser Phänomene immer näher zu kommen scheint, lässt sich schlüssig nur eher vage – und damit fortlaufenden Diskussionen unterworfen – festlegen, ab wann etwas lebt und ab wann es Bewusstsein hat. Klare Kriterien liegen dazu nicht vor. Und dies dürfte damit zu tun haben dürfte, dass diese Phänomene sich nicht allmählich entwickeln und damit in ihrem Entstehen beobachten lassen, sondern gewissermaßen einfach plötzlich „da sind".

V-II Reduktionismus ...

Dieser Umstand lässt Wissenschaftler, die nach einer schlüssigen, durchgängigen Erklärungskette für alle Weltphänomene suchen, die also an einer *Theory of Everything*, einer so genannten TOE, arbeiten, wie dies in der Physik der 1980er Jahre genannt wurde[261], von einem *mystery gap* sprechen[262], von einer bislang unerklärten Kluft, die die Ebene der einzelnen Elemente eines komplexen Systems – die

---

259 Was gerade für den Komplexitätsbegriff gesagt wurde, nämlich dass keine einheitliche Meinung zu seiner Defintion vorliegt, gilt, vielleicht noch viel mehr, für den Emergenz-Begriff: Vgl. dazu u.a.: Holland, John (1997): *Emergence: From Chaos to Order*, Addison-Wesley; Abbott, Russ (2006): Emergence Explained: Abstractions. Getting Epiphenomena to do Real Work; in: Complexity 12/1.

260 Vgl. dazu etwa die Schlagzeilen-machende Transplantation einer synthetischen DNA-Sequenz in eine Zellhülle durch Wissenschafter des J.Craig Venter-Institutes: Gibson, Daniel G. et al. (2010): Creation of a Bacterial Cell Controlled by a Chemically Synthesized Genome; in: Science DOI: 10.1126/science.1190719, Published Online May 20, 2010 (http://www.sciencemag.org/cgi/content/abstract/science.1190719)

261 Vgl. dazu u.a.: Ellis, John (1986): The Superstring: Theory of Everything, or of Nothing?; in: Nature 323: p. 595-598.

262 Zu diesem Begriff u.a. Epstein, Joshua M. (2006): Generative Social Science. Studies in Agent-based Computational Modeling. Princeton Princeton UP, S. 37.

Mikro-Struktur – von der Ebene des aggregierten Verhaltens dieses Systems – das Makroverhalten – trennt. Die Aristoteles zugeschriebene und mittlerweile in diesem Rahmen einigermaßen strapazierte Äußerung, wonach „das Ganze *mehr* als die Summe seiner Teile sei", wird von diesen Wissenschaftlern als Aufforderung gelesen, die offensichtlich *noch nicht* gefundenen Erklärungsaspekte zur Emergenz komplexer Systeme nachzuliefern. Die dahinter stehende wissenschaftstheoretische Auffassung wird *Reduktionismus* genannt[263] und geht davon aus, dass der *mystery gap* zwar aktuell besteht, aber nicht prinzipiell unüberwindbar ist. Die fehlenden Informationen müssten einfach erst noch gefunden werden, und zwar durch intensive wissenschaftliche Forschung.

V-III ... und die Beobachterabhängigkeit der Emergenz

Für diese Auffassung ist Komplexität eine Eigenschaft von Phänomenen, wie sie *in der Welt* bestehen. Die Welt muss nur gleichsam noch intensiver beobachtet werden, um das „Mysteriöse" dieser Eigenschaft zu lüften.

Demgegenüber haben wir hier ebenfalls bereits mehrmals den – im Rahmen der Systemtheorie zum Beispiel von Heinz von Foerster oder auch von Niklas Luhmann betonten – Umstand erwähnt, dass sich eigentlich genaugenommen keine „Welt" vorstellen lässt, die unabhängig von unseren Beobachtungen existiert. Was immer wir als „Welt" wahrnehmen, ist stets bereits *beobachtete Welt* und unterliegt damit den Wahrnehmungsmöglichkeiten des Beobachters. Und diese sind – wie uns das Beispiel der Klimaanlage vor Augen führt – grundsätzlich beschränkt.

Mit Aufmerksamkeit für diesen Umstand, lässt sich der von Miller und Page vorgeschlagenen Definition von Komplexität nun ein Aspekt hinzufügen, der das zu Definierende von der „Außenwelt" in den Bereich des Beobachters verlegt. Was komplex ist, liegt aus dieser Sicht *im Auge des Betrachters*. Nach dieser Auffassung würde das „Mehr" im „mehr als die Summe der Teile" dem „Ganzen", also dem emergenten Phänomen, *vom Beobachter hinzugefügt*. Der *mystery gap* entsteht, kurz gesagt, weil der Beobachter das von ihm Beobachtete mit In-*form*ation anreichert, es also erst in jene *Form* bringt, in der es ihm erscheint. Und da eben von diesem Beobachter nicht abstrahiert werden kann, da nichts ohne Beobachtung zugänglich ist, lässt sich der *mystery gap* auch *grundsätzlich* nicht schließen. Der Reduktionismus, wie er von manchen Physikern als Programm betrieben wird, wäre aus dieser Sicht ein grundsätzlich unrealisierbares Unterfangen. Emergente Phänomene lassen sich zwar vielleicht mit neuen Methoden noch detaillierter erfassen als dies aktuell gerade möglich ist. Weil sie aber auch dann der

---

263 Vgl. dazu u.a. Anderson, Philip W. (1972): More is Different; in: *Science* 177, p. 393-396. Weinberg, Steven (2001): *Facing Up.* Harvard University Press.

Beobachtung und damit der In-*form*-ations-Anreicherung durch den Beobachter unterliegen, weisen sie auch dann noch notwendig einen, wenn auch vielleicht etwas anders gearteten, so doch unüberwindbaren *mystery gap* auf.

Führen wir uns diesen Umstand der Deutlichkeit halber noch einmal anhand der in Zwischenbetrachtung II besprochenen Informationstheorie vor Augen. Wir haben dort am Beispiel der Attneave-schen Experimente zur Gestalterkennung festgestellt, dass die menschliche Wahrnehmung offensichtlich iterativ und induktiv aus einer Reihe von Einzelsignalen Wahrscheinlichkeiten anreichert, mit denen auf Gesamtzusammenhänge, zum Beispiel eben auf die Form einer geometrischen Figur geschlossen wird (siehe II-I). Das menschliche Gehirn, für das es kaum praktikabel wäre, stets *alle* einzelnen Instanzen eines Zusammenhangs durchzuprüfen, um erst dann eine entsprechende Entscheidung zu fällen, *kürzt ab*. Ab einem bestimmten Wahrscheinlichkeitsgrad – der sich, wie wir unter II-III gesehen haben, in Kombination verschiedener Eindrücke sehr schnell aggregieren kann – geht das Gehirn gleichsam davon aus, es nicht nur mit Wahrscheinlichkeiten, sondern mit „Gegebenheiten", mit „Objekten" zu tun zu haben. Die Prüfung weiterer Einzelinstanzen wird nicht abgewartet, um ein Urteil zu fällen, um eine Entscheidung zu treffen. Das würde zu lange dauern, es wäre nicht praktikabel. Oder anders gesagt, es würde die Wahrnehmungsmöglichkeiten übersteigen, *es wäre zu komplex*.

Bezüglich der Figur des *Gliders* aus dem Convayschen *Game of Life* (siehe 2.1.2) können wir uns aufgrund ihrer einfachen deterministischen Logik weitgehend sicher sein, dass sie, so der *Glider* nicht mit anderen Zellen kollidiert, ihre Form behält. Das heißt, schon aus logischen Gründen würden wir nicht alle möglichen Instanzen des Gliders überprüfen, um auf seine spezifische Form zu schließen. Andererseits wissen wir aufgrund dieser Logik aber auch, dass es sich beim Glider eigentlich nicht schon *per se* um eine Figur handelt, sondern um eine Zellkonstellation, die sich im Prinzip von anderen, wesentlich chaotischer und damit unvorhersagbarer wirkenden Konstellationen nicht unterscheidet, die aber aufgrund ihrer *zufälligen* Anordnung von uns, den Beobachtern eben, in die Form des *Gliders* gebracht wird. Und zwar deswegen, weil unsere Wahrnehmung gleichsam aus ökonomischen Gründen nach „Abkürzungsmöglichkeiten" sucht. Das Gewirr an durcheinander flirrenden, kurz aufflackernden und wieder verschwindenden Zellkonstellationen, das ein GOL-Run etwa vom *f*-Pentomino aus erzeugt, ist uns, kurz gesagt, zu *komplex*. Und dies bedeutet in diesem Zusammenhang – nun etwa in Anlehnung an eine Definition von Komplexität, die Niklas Luhmann vorschlug[264]

---

264 Luhmann, Niklas (1984): Soziale Systeme. Grundriß einer allgemeinen Theorie. Frankfurt/M., Suhrkamp, S. 46.

–, dass wir aufgrund beschränkter Verarbeitungskapazitäten nicht mehr jedes Element des Systems jederzeit mit jedem anderen in Beziehung setzen können. Im Gewirr der Zellen eines GOL-Runs wird deshalb – darauf scheint unser Gehirn konditioniert – „Ordnung gemacht". Zumindest die Konstellationen im Gewirr, die irgendwelche Regelmäßigkeiten zeigen, die sich zu wiederholen scheinen, und deswegen unserem Gehirn Möglichkeiten zur „Abkürzung" bieten, werden gleichsam zur Seite gestellt und festgehalten, sprich als „Figur" interpretiert. Vor dem Hintergrund des sonstigen Chaos wird also, um mit dessen Komplexität zurande zu kommen, eine *Form* wahrgenommen. Der Beobachter fügt also, In-*form*ation zum Chaos *hinzu*, um einen Teil davon, der *per se* nur eine Wahrscheinlichkeit ist, zu einer (zumindest temporären) „Sicherheit", zu einem „Objekt" zu machen. Der Beobachter *konstruiert* in diesem Sinn seine Welt, indem er sie in-*form*-iert.

Und genau damit *emergiert* diese „Welt" für ihn. Sie „springt zusammen". Die spezifische Form des *Gliders* ist *plötzlich* da, ebenso wie das Bewusstsein oder das Leben, einfach weil sie der Beobachter selbst „macht". Emergenz, ebenso wie Komplexität und unsere „Welt" schlechthin, sind aus dieser Perspektive Erzeugnisse des Beobachters. Und da dieser Beobachter grundsätzlich nicht wegzudenken ist, da uns keine unbeobachtete Welt offen steht, bedeutet dies, dass der *mistery gap*, der mysteriöse Abstand der Summe der Teile vom Ganzen eines Systems, eben nicht irgendwann durch den Fortschritt der Wissenschaften überwunden werden kann. Die Rückführung auf Letzterklärungsursachen im Sinne einer *Theory of Everything*, die der Reduktionismus versucht, scheint aus dieser Perspektive zum Scheitern verurteilt – obwohl, dies sollten wir nicht übersehen, natürlich auch der Hinweis auf den Beobachter, den wir hier gerade vorgenommen haben, seinerseits durchaus als „reduktionistische Erklärung" gelesen werden kann.

V-IV Gödel

Die Diskussionen um Reduktionismus oder Konstruktivismus (in der älteren Philosophie auch als Debatte zwischen Realismus und Idealismus, beziehungsweise Skeptizismus, gelegentlich auch Funktionalismus, gehandelt) sind philosophische Grabenkämpfe, die von Vielen als unentscheidbar betrachtet werden. Manche halten sie deswegen für irrelevant. Nicht selten scheinen sie aber doch wissenschaftliche Annahmen und Suchrichtungen zu orientieren. Wer davon ausgeht, dass sich die Welt und all ihre Zusammenhänge auf ein einheitliches, allem anderen vorausgesetztes Prinzip zurückführen lässt, wird andere Dinge in ihr wahrzunehmen suchen, als jemand, der ihre Phänomene für emergent hält und damit eher auf zirkuläre Kausalitäten, auf *gleichzeitige Ungleichzeitigkeiten* setzt.

Wenn wir uns vor dem Hintergrund der gerade beschriebenen Beobachterabhängigkeit komplexer und emergenter Phänomene den in Zwischenbetrachtung IV erörterten Umstand vor Augen halten, wonach ein Beobachter auch eine formale, sehr simple Unterscheidungsbezeichnung sein kann, so wird diese Zirkularität hier noch einmal deutlich. Der Beobachter, so haben wir gesagt, der als solcher die Welt konstruiert, entsteht erst, indem er von einem anderen Beobachter, der sich ebenfalls einer Beobachtung verdankt, beobachtet wird. Die Beobachtung konstruiert sich in diesem Sinn selbst.

Was paradox und vielleicht manchem allzu abgehoben klingen mag, findet zum einen heute in vielen alltäglichen Phänomenen wie etwa dem eingangs erwähnten, und im nächsten Kapitel ausführlicher erläuterten Page-Rank-Algorithmus eine Entsprechung. Zum anderen hat diese Selbstreferenz auch eine mathematische Analogie im so genannten *Unvollständigkeitstheorem* von Kurt Gödel.

Der Wiener Mathematiker hatte 1931 in einer berühmten Schrift[265] darauf hingewiesen, dass jeder formale Kalkül, der hinreichend umfassend ist, um damit elementare arithmetische Berechnungen durchzuführen und sie auch zu beweisen, entweder *widersprüchlich* oder *unvollständig* ist, und zwar widersprüchlich in dem Sinn, dass sich damit eine Aussage und ihr Gegenteil gleichzeitig aus den Annahmen des Kalküls ableiten lassen, und unvollständig in dem Sinn, dass sich im Kalkül eine wahre Aussage machen lässt, die sich nicht aus dessen Annahmen ableiten lässt. Anders formuliert, ein Kalkül, der elementare Arithmetik erlaubt, kann niemals gleichzeitig widerspruchsfrei und vollständig sein.

Im Kern beruht das Gödelsche Theorem auf der Möglichkeit zur *Selbstbezüglichkeit*, also auf dem Umstand, dass Operationen auf einer Ebene des Kalküls von analogen Operationen auf einer anderen Ebene des Kalküls „behandelt", wir würden hier sagen „beobachtet" werden können. Es entspricht damit unserem Problem des Beobachters. Kurt Gödel hat mit seiner „Erfindung" der Gödel-Nummerierung einfach auf die Möglichkeit dieser Selbstreferentialität aufmerksam gemacht. In seinem „Beweis" werden die *Erst-Ebenen*-Berechnungen der Arithmetik mit den selben Zeichen behandelt, wie die *Zweit-Ebenen*-Beweise dieser Berechnungen. Ein und das selbe Zeichensystem wird auf *Vollzugs-* und *Metaebene* angewandt. Eine „Wieder-Einführung" des mithilfe dieser Zeichen Unterschiedenen in das Unterschiedene findet statt, ein Umstand, der zum Beispiel in unserer Alltagssprache, in der – wie hier gerade – über die Sprache gesprochen werden kann, nahezu „alltäglich" ist. George Spencer-Brown nennt dies *re-entry*[266] und Niklas Luhmann

---
265 Gödel, Kurt (1931): Über formal unentscheidbare Sätze der Principia Mathematica und verwandter Systeme I; in: Monatshefte für Mathematik und Physik 38: S. 173-198.
266 Spencer-Brown, Georg (1972): Laws of Form. New York.

weist im Anschluss daran auf die implizite Paradoxie von Systemen hin, die umfassend genug sind, um sich in dieser Weise auf sich selbst zu beziehen.[267] Kurz – und für unseren Kontext hinreichend – kommt die Paradoxie des Gödelschen Unvollständigkeitstheorems in folgendem Satz zum Ausdruck:

> Ist die Aussage „Diese Aussage ist nicht beweisbar" beweisbar oder nicht beweisbar?

Dieser Satz entspricht, wie leicht erkennbar sein sollte, der klassischen *Lügner-Paradoxie*:

> Ist der Satz „Dieser Satz ist falsch" wahr oder falsch?

In der Philosophie ist diese Paradoxie auch als Aussage des Kreters *Epimenides* bekannt, der einen feindlichen Kriegsherrn mit der Aussage „Alle Kreter lügen" vor ein unlösbares Dilemma gestellt haben soll. Wenn nämlich tatsächlich *alle* Kreter lügen (Ebene n), dann müsste auch Epimenides, der ein Kreter ist und etwas *über* die Kreter aussagt (Ebene $n+1$), lügen. Und damit wäre sein Satz falsch. Lügt Epimenides also oder lügt er nicht?

V-V Eigenwerte

In der europäischen Denktradition werden Paradoxien in der Regel als störend empfunden. Oberstes Ziel ist hier die Widerspruchsfreiheit. Als Ergebnis einer über 2000-jährigen Logik-Geschichte ist sie gleichsam zu einer Norm per se geworden, die im Alltag natürlich auch weiterhin Sinn macht. In der Komplexitätsforschung steht dagegen eher der Umstand im Vordergrund, dass Paradoxien komplexe Systeme nicht unbedingt aufs Glatteis führen müssen. Wie auch die Mathematik zeigt, sind Paradoxien in der Fundierung komplexer Zusammenhänge keineswegs „betriebsverhindernd". Komplexe Systeme werden durch sie vielmehr in die Lage versetzt, so genannte *Eigenwerte* auszubilden, mit deren Hilfe sie sodann durchaus anschlussfähig operieren.

In Bezug auf die Lügner-Paradoxie liefert etwa der folgende Satz ein simples Beispiel für einen solchen Eigenwert:

> Dieser Satz hat ... Buchstaben

---

267 Vgl. u.a.: Luhmann, Niklas (1984): Soziale Systeme. Grundriß einer allgemeinen Theorie. Frankfurt/M., Suhrkamp, S. 59.

Der Satz hat genau eine Lösung, nämlich „dreißig", mit der er (auf Vollzugsebene) *gleichzeitig* mit seiner Aussage, nämlich der Aussage *über* sich selbst (also auf Metaebene), stimmig wird. Der Satz hat damit einen Wert, der sich aus dem Satz selbst „errechnet", eben einen *Eigenwert*.

Der Kybernetiker Heinz von Foerster, von dem ich dieses Beispiel hier übernehme[268], wies in Bezug darauf auf die Grundsätzlichkeit solcher Eigenwertbildungen in komplexen Systemen hin. Als markantes Beispiel diente ihm die Zusammenwirkung von Sinnen und Motorik eines Lebewesens, dessen Wahrnehmungen von seinen Bewegungen und dessen Bewegungen von seinen Wahrnehmungen bestimmt werden. Zusammenwirkend bildet dieses Wahrnehmungs-Bewegungs-Dual mit der Zeit ein stabiles Eigenverhalten aus, das sodann „intern" – so wie unter VI-III als Reaktion des Frosches auf seine Neuronenimpulse beschrieben – als „*Re*aktion auf einen *Gegen*stand" interpretiert werden kann.

Formal unterscheidet Von Foerster im Anschluss an Überlegungen des Psychologen Jean Piaget die beiden Operationen des Duals *obs* (für *observation*) und *coord* (für *coordination*) als Meta- und Vollzugsebenenoperationen ein und desselben sensomotorischen Systems, die sich damit als rekursive Folge wie folgt darstellen lassen:

$$obs_1 = coord\,(obs_0)$$
$$obs_2 = coord\,(obs_1) = coord\,(coord\,(obs_0))$$
$$obs_3 = coord\,(obs_2) = coord\,(coord\,(coord\,(obs_0)))$$
$$\ldots$$
$$obs_n = coord\,(coord\,(coord\,(coord\,(\ldots\quad(obs_0))))\ldots)$$

oder verkürzt, wie wir schon in Kapitel 1 gesehen haben:

$$obs_n = coord^{\,n}\,(obs_0)$$

Zunächst wird in diesem Formalismus noch ein Anfangswert obs_0 angenommen. Wenn aber *n* ohne Begrenzung anwächst, das heißt, wenn die Aufeinanderbeziehung von Wahrnehmung und Bewegung iterativ gegen unendlich strebt, so rückt der Anfangswert obs_0 ebenfalls in die Unendlichkeit:

$$obs_\infty = coord\,(coord\,(coord\,(coord\,(\ldots$$

---

268 Von Foerster, Heinz (1993): Gegenstände: greifbare Symbole für (Eigen-)Verhalten. In: ders.: Wissen und Gewissen. Versuch einer Brücke. (Hrsg. v. Siegfried J. Schmidt), Frankfurt am Main, S. 103-115.

Das heißt, der Anfangswert wird *irrelevant*. Egal von welchem Anfangswert ausgegangen wird, das System läuft immer auf seinen *Eigenwert* hinaus. Veranschaulichen lässt sich dies zum Beispiel an der folgenden einfachen mathematischen Operation:

op(x) = Dividiere x durch 2 und addiere 1

Wenn wir als Anfangswert zum Beispiel $x = 4$ wählen und die Operation rekursiv auf ihre eigenen Ergebnisse anwenden, so erhalten wir folgende Reihe:

op(4) = 2 + 1 = 3
op(3) = 1.5 + 1 = 2.5
op(2.5) = 1.25 + 1 = 2.25
op(2.25) = 1.125 + 1 = 2.125
op(2.125) = 1.063 + 1 = 2.063
...

An diesem Punkt dürfte bereits deutlich sein, dass die fortgesetzte Rekursion von op(x) die Zahl 2 anpeilt. Wenn wir nun zum Beispiel $x = 1$ als Anfangswert nehmen, so passiert genau das selbe, nämlich op(x) mit n $\rightarrow \infty = 2$. Die Rekursion der Operation op läuft für jeden beliebigen Anfangswert auf 2 hinaus. 2 stellt für die Operation „Dividiere durch 2 und addiere 1" einen *Attraktor* dar, der von jedem beliebigen Anfangswert aus angestrebt wird.

Abbildung V.1: Rekursive Entwicklung der Operation „Dividiere durch 2 und addiere 1" mit den Anfangswerten -3, 1, 4 und 15

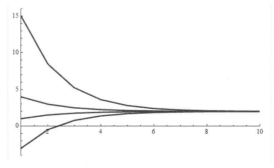

Die Operation strebt von beliebigen Werten aus gegen 2.

Wenn nun aber der Anfangswert für das Ergebnis irrelevant ist, so bedeutet dies, dass auf den Anfangswert auch verzichtet werden kann. Das heißt, die Operation ist *sich selbst genug*, um einen stabilen Wert zu erzeugen. Sie gleicht dem berühmten Drachen *Uroborus*, der sich erhält, indem er sich selbst vom Schwanz her auffrisst.

Abbildung V.2: Uroborus als Symbol für Selbstreferenz

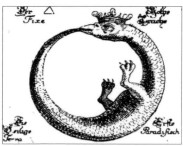

Analog dazu kann für ein Lebewesen die rekursive Wechselwirkung seiner Wahrnehmungen und seiner Bewegungen Eigenwerte erzeugen. Das heißt Invarianzen, die ihm zu „Gegenständen" werden. Jean Piaget nannte diese Invarianzen „operative Schemata".[269] Das Gehirn des Lebewesens generiert sie gleichsam aus seinen *internen Berechnungen*. Es erzeugt sich damit eine *Außenwelt*.

Allerdings wäre es, wie wir gesagt haben, unstimmig, diese konstruktivistische Sicht der Dinge unvermittelt mit dem Solipsismus, mit der philosophischen Vorstellung also eines *Brain in a vat*[270], das seine Welt nur imaginiert, gleichzusetzen. Was im vorigen Beispiel als „Anfangswerte" bezeichnet wurde, kann in Bezug auf die Ontogenese von Lebewesen durchaus auch als sozialer Input interpretiert werden, der seinerseits „anfangslos" in der rekursiven Zusammenwirkung aufeinander bezogener, vielleicht evolutionärer Dynamiken emergiert. Auch soziale Systeme generieren in diesem Sinn Eigenwerte. Niklas Luhmann schlägt diesbezüglich vor, Begriffe wie Wahrheit für das Wissenschaftssystem, Gerechtigkeit für das Rechtssystem, oder den Gottesbegriff für das religiöse System, als jene Eigenwerte zu betrachten, die entstehen, wenn, so wie im Gödelschen Unvollstän-

---

269 Vgl. u.a. Piaget, Jean (1975): Die Entwicklung des räumlichen Denkens beim Kinde. Stuttgart, Klett.
270 Vgl. dazu Hilary Putnams berühmten Aufsatz: Putnam, Hilary (1992): Brains in a Vat; in: DeRose, K. / Warfield, T.A. (eds.): Skepticism: A Contemporary Reader. Oxford: Oxford University Press.

digkeitstheorem, Unterscheidungen auf Metaebene in die Vollzugsebene des Systems wieder eingeführt werden, wenn also zum Beispiel die Frage gestellt wird, ob die Unterscheidung „wahr/falsch" – die für Luhmann die Leitunterscheidung des Wissenschaftssystems ist –, wahr oder falsch ist, oder ob die Unterscheidung „gerecht/ungerecht" – die Leitunterscheidung des Rechtssystems – gerecht oder ungerecht ist, oder ob diejenige Instanz, die nach religiöser Auffassung zwischen Sein und Nicht-Sein unterscheidet, selbst ist oder nicht-ist.

Um diese Dimension sozialer Systeme zu berücksichtigen, wäre das Bild eines doppelten, beziehungsweise eines multiplen Drachens stimmiger als das des einfachen Uroborus. Nichtsdestotrotz gilt auch hier, dass die „Anfangswerte", auf welchem Niveau auch immer sie in Betracht gezogen werden, irrelevant sind. Es mag eine „Außenwelt" geben. Aber sie spielt auf Ebene der internen Operationen komplexer Systeme keine Rolle.

Abbildung V.3: Doppelter Uroborus als Symbol für soziale Selbstreferenz

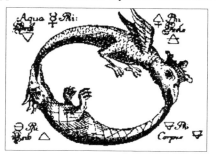

Wir werden im folgenden Kapitel sehen, dass auch *Künstliche Neuronale Netze* oder der eingangs erwähnte *Page-Rank-Algorithmus* ihre Aufgabe mithilfe zufällig generierter, also beliebiger Anfangswerte erfüllen. Ähnliches wird in der Neurophysiologie auch von natürlichen neuronalen Netzen, also etwa unserem Gehirn, vermutet. Forscher nehmen an, dass Neugeborene mit in hohem Maß zunächst eher „zufällig" vernetzten Neuronen zur Welt kommen und erst in den ersten Lebensmonaten, also *in actu* des Wahrnehmens und Agierens, die Grundlagen für die spätere Struktur ihres Gehirns ausbilden.[271] Dieses Gehirn stellt ein komplexes Netzwerk aus Neuronen und deren Verbindungen, den Ganglien, Dendriten und

---

271 Vgl. u.a.: Edelman, Gerald M. (2005): Wider than the Sky. A Revolutionary View of Consciousness. London: Penguin Books.

ihren Schnittstellen, den Synapsen, dar. Um seine Arbeitsweise besser zu verstehen, wollen wir uns im folgenden Kapitel kurz einige grundlegende Aspekte der Netzwerktheorie ansehen, bevor wir abschließend etwas genauer auf das Lernen neuronaler Netze eingehen.

Kapitel 6 – Netzwerke

6.1 Verweisstrukturen

Lernen basiert, wie wir in Kapitel 5 gesehen haben, auf einer sukzessiven Steigerung oder Abschwächung der Wahrscheinlichkeiten, eine Reaktion auf etwas zu zeigen, eine Handlung zu setzen oder eine Entscheidung zu treffen. Solche Wahrscheinlichkeiten aggregieren sich über viele Einzelereignisse hinweg bis sie schließlich ein Niveau erreichen, auf dem die entsprechende Reaktion mit je nach Kontext relativ großer Sicherheit stattfindet. Wer sich also zum Beispiel in einer bisher noch unbekannten sozialen Situation - auf einem neuen Arbeitsplatz oder unter neuen Bekannten - zu bewegen lernt, tut dies in seinen ersten Versuchen gewöhnlich mit einiger Unsicherheit. Er trifft den je passenden Ton zum Beispiel nur mit bestimmter Wahrscheinlichkeit. Nach mehrmaligen, vielleicht zunächst auch eher misslingenden Wiederholungen steigert sich allerdings die Wahrscheinlichkeit, sich angemessen zu verhalten, um schließlich, nach erfolgreicher Sozialisation in der neuen Umgebung, allmählich zur Sicherheit zu werden. Man hat gelernt, sich richtig zu verhalten.

Wie wir gesehen haben, sollte dieses Zur-Sicherheit-Werden in komplexen Zusammenhängen allerdings umkehrbar sein. Um effektives Lernen zu ermöglichen, müssen die Wahrscheinlichkeiten stets nur Wahrscheinlichkeiten bleiben und jederzeit auch wieder sinken können. Darüber hinaus stehen diese Wahrscheinlichkeiten in vielfältigen Bezügen zu anderen Wahrscheinlichkeiten und steigen und sinken mit und unter Umständen auch gegen diese. Die Flexibilität, die das Lernen benötigt, ergibt sich damit aus einer komplexen Verweisstruktur unterschiedlichster, sich miteinander und gegeneinander entwickelnder Wahrscheinlichkeiten.

Strukturen, die diese Verweisstruktur wie auch ihre notwendige Elastizität einerseits gut veranschaulichen und sie zum anderen auch analytisch zugänglich machen, sind Netzwerke. Ihr Begriff ist in den letzten Jahren so hip geworden, dass er mitunter sogar als „Signatur der Epoche" bezeichnet wird.[272]

---

[272] Vgl. u.a.: Wolf, Harald (2000), Das Netzwerk als Signatur der Epoche?, in: Arbeit, Heft 2, Jg. 9, S. 95-104.

6.1.1 Soziometrie

Die wissenschaftliche Aufmerksamkeit für Netzwerke hat mehrere Ursprünge. Einer davon stammt aus den Sozialwissenschaften. In den 1920er Jahren untersuchte der aus Österreich stammende Arzt Jakob Moreno Gruppenbeziehungen in US-amerikanischen Gefängnissen und in Mädchen-Erziehungsheimen. Er entwickelte dazu eine Methode, die er *Soziometrie* nannte und die es ihm erlaubte, soziale Beziehungen in so genannten *Soziogrammen* graphisch darzustellen.[273]

Abbildung 6.1: Einfaches Soziogramm einer Gruppe mit sechs Mitgliedern, befragt nach der Relation „Freundschaft-mit" und unterschieden nach einer Eigenschaften, zum Beispiel: männlich = rot, weiblich = weiß

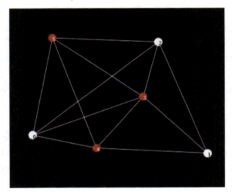

Solche *Soziogramme* lassen sich in der Regel relativ einfach in Form von *Matrizen* darstellen und bieten damit die Möglichkeit, Methoden der Graphen- und Vektorenrechnung zur Analyse von Netzwerken heranzuziehen. Bestehende Beziehungen – also etwa die Relation „*Freundschaft-mit*" – werden dazu als „Einsen" (für „Beziehung besteht"), beziehungsweise als „Nullen" (für „Beziehung besteht

---

273 Moreno, Jakob L. (1953): Who Shall Survive? Foundations of Sociometry, Group Psychotherapy and Sociodrama. New York, Beacon House Inc. Als Alternative zur Befragung zog Moreno auch so genannte *Psychodramen* in Betracht, in denen soziometrische Entscheidungen der Gruppenmitglieder zum Beispiel körperlich durch Nähe oder Berührungen ausgedrückt und diese von einem Beobachter graphisch festgehalten werden.

6.1 Verweisstrukturen

nicht") in eine Tabelle eingetragen, deren je erste Zeile und Spalte die Gruppenmitglieder enthält.

Abbildung 6.2: Matrix des Netzwerkes aus Abbildung 6.1

	w0	w1	w2	r3	r4	r5
w0	0	0	1	1	1	1
w1	0	0	1	1	1	0
w2	1	1	0	1	0	1
r3	1	1	1	0	1	1
r4	1	1	0	1	0	1
r5	1	0	1	1	1	0

w steht für weiße Knoten, r für rote.

Das Soziogramm in Abbildung 6.1 lässt leichte Unterschiede in der Stärke der erhobenen Beziehungen vermuten. Der weiße Netzwerk-Knoten rechts unten mit der Nummer 1 steht etwas weiter von den anderen Knoten ab. Die „Freundschaft" zwischen ihm und den mit ihm durch Linien, so genannten „Netzwerk-Pfaden" oder auf Englisch *links*, verbundenen Knoten könnte schwächer sein als die der anderen Knoten. In der Matrix ließe sich dies zum Beispiel durch „Gewichtung" der Verbindungsdaten darstellen, also etwa dadurch, dass statt den „Einsen" höhere Zahlen (2, 3, 4 ...) angegeben werden, die die Stärke der Beziehung ausdrücken. Im Soziogramm könnten diese Gewichtungen, statt wie hier durch größere und kleinere Distanz, auch durch dickere oder weniger dicke Verbindungslinien ausgedrückt werden.

Soziale Beziehungen sind natürlich nicht immer symmetrisch. Die Beziehung „*Verliebt-Sein-in*" zum Beispiel muss nicht immer erwidert werden. Im Soziogramm lässt sich diese Asymmetrie durch Pfeile an den *Links* darstellen. In der Matrix würde sie durch Unterschiede zu beiden Seiten der von links-oben nach rechts-unten weisenden Diagonale zum Ausdruck kommen (zum Beispiel: *w*1 zu *r*3 = 1 aber *r*3 zu *w*1 = 0).

6.2 Die verbotene Triade

Für unser Thema wichtig ist der Umstand, dass soziale Beziehungsstrukturen, so wie andere Netzwerke auch, nicht als bereits fertig vorliegend betrachtet werden, sondern als Strukturen, die sich *in beständiger Entwicklung* befinden. Dies veranschaulicht unter anderem der von Mark Granovetter, einem Pionier der sozialen Netzwerkanalyse, in den 1970er Jahren vorgeschlagene Begriff der „verbotenen Triade". In seiner berühmten Schrift *The Strength of weak Ties*[274] wies Granovetter darauf hin, dass zwischen zwei einander nicht oder kaum bekannten Akteuren, die beide eine gemeinsame „starke", sprich intensive Beziehungen, zum Beispiel eine Freundschaft, zu einem dritten Akteur pflegen, mit großer Wahrscheinlichkeit ebenfalls eine „starke" Beziehung wachsen wird. In solchen Dreierkonstellationen, in „Triaden" also, ist die Wahrscheinlichkeit gering, dass wenn A mit B und B mit C *strong ties* pflegen, der *tie*, also die Verbindung zwischen A und C *weak*, also schwach bleibt.

Dieser simple Umstand ist mitverantwortlich dafür, dass sich in sozialen Netzen unter bestimmten Umständen *Cluster* von mitunter dicht „abgeschlossenen" Gruppierungen bilden, die Informationen zwar intern intensiv zirkulieren, dabei aber gegenüber externen Informationen manchmal erstaunlich unzugänglich bleiben.

Ein berühmtes Beispiel dafür liefern politisch-extremistische Gruppierungen oder auch Terroristen-Netzwerke, deren Abgeschlossenheit gegenüber Netzwerk-externen Informationen durch die hohe Wahrscheinlichkeit entsteht, nur die „Freunde eines Freundes" als Kommunikationspartner zu akzeptieren und die „Feinde der Freunde" als eigene Feinde zu betrachten. Wird diese Wahrscheinlichkeit zum Beispiel durch polizeiliche oder geheimdienstliche Aktivitäten verstärkt, so schließt sich das Netzwerk mit der Zeit konspirativ gegenüber relativierenden Einflüssen von außen ab. Geteilte politische Überzeugungen werden fortlaufend bekräftigt. Relativierende Kritik – der unter modernen, sozial-differenzierten (demokratischen) Bedingungen sonst eigentlich kaum zu entgehen ist – bleibt außen vor. Die internen Überzeugungen steigern sich bis zur Gewissheit, „Verlernen" ist nicht mehr möglich, und Flexibilität, beziehungsweise Toleranz gegenüber Anders-Denkenden damit nicht mehr gegeben.

---

274 Granovetter, Mark (1973): The Strength of Weak Ties. In: American Journal of Sociology 78, p. 1360-1380.

6.2.1 Giant Component

Dieser Zusammenschluss zu informatorisch abgedichteten, weil nur über *strong ties* verwobenen Netzwerkstrukturen, zu Netzwerk-Clustern, kann unter Umständen recht schnell gehen. Auch Netzwerke liefern damit ein Beispiel für die fulgurative Emergenz von Systemen. Auch sie werden dabei aber vom Beobachter in-*form*-iert. Die Rasanz ihres Entstehens verschleiert ihre Entwicklung, blendet sie gleichsam aus. Insbesondere dann wenn, wie im Beispiel der polizeilich observierten Extremistengruppen, zusätzliche Feedbacks den Zusammenschluss forcieren, kann die Emergenz eines Netzwerks im Vergleich zur Geschwindigkeit anderer beteiligter Entwicklungen so schnell gehen, dass das Netzwerk als gleichsam *immer schon vorhanden* wahrgenommen wird. Retrospektiv scheint es, als würde ihm gar keine Entwicklung zugrunde liegen. Intolerante, extremistische Menschen gibt es einfach „von Natur aus".

Die Emergenz solcher Netzwerkstrukturen folgt dem Verlauf eines *Phasenübergangs* (siehe 1.2.3.2). Der Netzwerkanalytiker Duncan Watts[275] schlug, um dies zu veranschaulichen, ein einfaches Modell vor, in dem sich aus einer Anzahl von Knoten pro Iterationsschritt jeweils zwei miteinander verbinden. Im Prinzip haben alle Knoten dabei genau dieselbe Verbindungswahrscheinlichkeit. Weil allerdings mit der Zeit die Zahl der bereits verbundenen Knoten wächst und die der noch Unverbundenen sinkt, steigt auch die Wahrscheinlichkeit, dass sich eher bereits verbundene Knoten mit anderen bereits verbundenen Knoten verlinken und sich so zu einem immer umfassenderen Netzwerk zusammenschließen. Anders gesagt, die Wahrscheinlichkeit, dass sich eher bereits verbundene Knoten mit anderen bereits verbundenen Knoten verlinken, wächst sehr schnell, während sich die einzelnen Knoten nach wie vor nur Schritt für Schritt verlinken. Ab einer bestimmten Verbindungsdichte schließen sich die Knoten deswegen fast schlagartig („fulgurativ") zum Netzwerk zusammen. Aus vielen Einzelbeziehungen entsteht – wie Watts dies nennt – eine einzige *Giant component*, ein dicht verwobenes Netzwerk.

---

[275] Watts, Duncan J. (2003): Six Degrees: The Science of a Connected Age. New York (W.W. Norton & Company), pp 43-47.

6.2 Die verbotene Triade

Abbildung 6.3: Emergenz eines Netzwerks

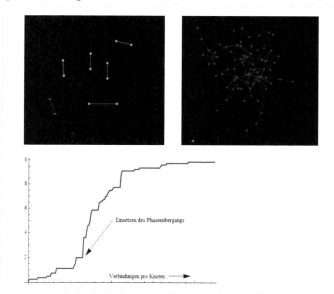

Oben links einzeln verbundene Knoten nach sechs Schritten, oben rechts nach 90. Der steile Anstieg in der Mitte des Graphs unten markiert den Phasenübergang.

6.2.2 Die Stärke schwacher Beziehungen

Diese Cluster-Bildung hängt natürlich von einer Vielzahl von Umständen ab, ist aber grundsätzlich dafür verantwortlich, dass sich Gesellschaften differenzieren, dass sich große und kleine Gruppierungen in ihnen ausbilden, die oftmals auch über längere Zeit erstaunlich stabil bleiben, mitunter sogar über mehrere Jahrhunderte hinweg bestehen, wenn entsprechende Rahmenbedingungen - eine gemeinsame *Story* etwa, ein Gegner, um sich abzusetzen, interne Organisation, Infrastruktur, ein effektives Immunsystem etc. - gegeben sind.

Freilich kann gerade die Abgeschlossenheit solcher Netzwerke in Netzwerken durchaus auch kontraproduktiv sein und damit Gegendynamiken initiieren. In seiner berühmten Studie *Getting a Job*[276] führt Mark Granovetter etwa vor, wie gerade *weak ties*, also schwache, eher nur gelegentlich bediente Beziehungen, in

---
276 Granovetter, Mark (1974): Getting a Job. A Study of Contacts and Careers. Cambridge, MA: Harvard University Press.

Informationsnetzwerken die Wahrscheinlichkeit heben, an relevante Informationen zu kommen. In der Frage, wie sich zum Beispiel Hinweise auf vakante Stellen verbreiten, zeige sich, so Granovetter, die „Stärke der schwachen Beziehungen". Nicht so sehr enge Freundschaften, deren „starke" Beziehungen die Freunde informativ oftmals im eigenen Saft kochen lässt, also kaum neue, externe Informationen vermitteln, sondern eher „schwache" Gelegenheitsbeziehungen verbreiten jene Informationen, die in modernen Gesellschaften wichtig sind. Gerade Karriere- oder auch Einkommens-dienliche Beziehungen seien eher „schwacher" Natur, was *Networking* zum Sport vieler Karrieristen werden lässt.

6.3 Small Worlds

Das Verhältnis von schwachen und starken Beziehungen in Gesellschaften folgt einer simplen, aber folgenreichen Logik. Zum einen ist es natürlich nicht nur für Karrieristen attraktiv, viele Freunde zu haben, also Beziehungen fortlaufend auszubauen und zu stärken. Virtuelle soziale Netzwerke, allen voran etwa *Facebook*, zeigen deutlich, wie gerne wir unsere sozialen Kontakte ausweiten. In Anbetracht der Granovetter'schen These von der „verbotenen Triade" stellt sich damit allerdings die Frage, warum wir, wenn wir unsere Beziehungen beständig auszuweiten und zu stärken suchen, noch nicht alle eng miteinander befreundet sind.

Die Antwort darauf liegt auf der Hand: gute Freundschaften erfordern Zeit. Wir können einfach aufgrund mangelnder Zeit stets nur eine bestimmte Anzahl von sozialen Beziehungen pflegen. Die Schätzungen zur Zahl dieser Anzahl gehen zwar auseinander – einen berühmten Vorschlag liefert etwa die nach dem Anthropologen Robin Dunbar benannte *Dunbar-Zahl*[277], die oft als 150 angegeben wird. Aber egal wie groß diese Zahl in der Tat ist, sie markiert eine Grenze für unsere Sozialkontakte, die dem Ausweiten von Beziehungen eine Gegendynamik des Fokussierens auf wenige, dafür aber intensive Kontakte gegenüberstellt. Dieser simple *Trade-off* von Kontaktpflege und zeitlicher Beschränkung generiert eine spezifisch Form von Netzwerken, die als so genannte *Small-World*-Netzwerke bezeichnet werden und sich dadurch auszeichnen, dass sie zum einen intern aus einer Vielzahl von kleineren, eher dicht verbundenen Sub-Netzwerken, so genannten Clustern, bestehen. Der *Terminus technicus* dafür lautet: hoher *Clustering Koeffizient*. Zum anderen sind all diese dichter gewebten Sub-Netzwerke untereinander durch einzelne, im Vergleich eher wenige Beziehungen verbunden, die allerdings insgesamt, durchschnittlich betrachtet, eine erstaunlich hohe Gesamtverbundenheit im Netzwerk gewährleistet. Der *Terminus technicus* hierfür lautet: niedrige *durchschnittliche Pfadlänge*.

Small-World-Netzwerke bestehen also aus einer Vielzahl intern dicht vernetzter Cluster, die untereinander über einige wenige Querverbindungen miteinander

---

277 Dunbar, Robin I.M. (1992): Neocortex Size as a Constraint on Group Size in Primates; in: Journal of Human Evolution 22: p. 469-493.

in Beziehung stehen. Technisch betrachtet besitzen sie eine Struktur mit hohem Clustering Koeffizienten und niedriger durchschnittlicher Pfadlänge.

> Technisch drückt der *Clustering Koeffizient* die Wahrscheinlichkeit aus, dass ein Knoten i, der mit einem Knoten j verbunden ist, ebenfalls mit einem Knoten k verbunden ist, falls j und k verbunden sind. Der (globale) Clustering Koeffizient eines Netzwerks berechnet sich aus dem Durchschnitt der lokalen Clustering Koeffizienten der einzelnen Knoten, die ihrerseits das Verhältnis der bestehenden Verbindungen, die die Link-Nachbarn des Knoten untereinander verbinden, zur maximalen Zahl möglicher Verbindungen angeben.
> Die *durchschnittliche Pfadlänge* (englisch: *Average path length*) berechnet sich, indem der kürzeste Pfad zwischen allen Knoten-Paaren eines Netzwerks gesucht wird und sodann die Summe dieser kürzesten Pfade durch die Gesamtzahl der Paare dividiert wird. Sie gibt an wie viele Schritte es im Schnitt in diesem Netzwerk braucht, um von einem Knoten zum anderen zu kommen.

Der Begriff *Small-World* stammt aus einem berühmt gewordenen Experiment, das der US-amerikanische Psychologe Stanley Milgram in den 1960er Jahren durchführte.[278] Milgram bat 300 Versuchsteilnehmer aus dem mittleren Westen der USA, ein Päckchen an eine Zielperson in der Umgebung von Boston zu übermitteln. Die eigentliche Aufgabe bestand dabei darin, das Päckchen unmittelbar nur an Personen weiterzuschicken, mit der die Versuchsperson persönlich bekannt war. Falls also das Päckchen nicht direkt an die endgültige Zielperson geschickt werden konnte, so sollte die Sendung an einen Bekannten weitergereicht werden, der die Zielperson nach Meinung der Versuchsperson kennen könnte.

Milgram stellte im Zuge dieser Untersuchung fest, dass im Durchschnitt sechs Zwischenstationen notwendig waren, um das Päckchen von der Versuchsperson zur Zielperson zu befördern. Daraus entwickelte sich – über eine Reihe von Wiederholungen, Verfeinerungen und Variationen des Experiments – die These, dass die gesamte Weltbevölkerung über durchschnittlich nur sechs Beziehungen miteinander in Verbindung steht. Im englischen Sprachraum ist diese These unter dem Titel *Six degrees of separation* bekannt.[279]

Populärwissenschaftliche Darstellungen zu diesem Experiment verschweigen meist, dass die meisten der von Milgram initiierten Übermittlungsversuche versandeten, dass also die meisten Päckchen ihr Ziel gar nicht erreicht haben. Da die Wahrscheinlichkeit des Versandens dabei mit der Länge der Übermittlungsketten steigt, verzerrt dies den Befund der *six degrees* erheblich. Anfang des 21. Jahrhunderts wurde die Milgramsche These daher von einer Arbeitsgruppe um den Sozio-

---

278 Milgram, Stanley (1961): The Small World Problem; in: Psychology Today 1961/1, p. 60-67.
279 Berühmte verwandte Phänomene sind etwa die *Erdös-Zahl* zur Angabe der Beziehungen von Mathematikern, die miteinander wissenschaftliche Fachaufsätze publizieren, oder auch das *Oracle of Bacon* (http://oracleofbacon.org/) als Beziehungsstruktur von Schauspielern, etc.

logen Duncan J. Watts anhand von *e-Mail*-Sendungen überprüft.[280] Insgesamt wurden dazu mehrere Tausend *e-Mail*-Ketten ausgewertet. 60.000 Menschen aus über 150 Ländern wurde die Aufgabe gestellt, nur mittels persönlicher Kontakte, von denen sie glaubten, dass sie räumlich oder über weitere Beziehungen den Zielpersonen nahekommen könnten, ihnen unbekannte Zielpersonen zu erreichen. Diejenigen *e-Mail*-Ketten, die dabei ihr Ziel erreichten, bestätigten im wesentlichen das Milgramsche Ergebnis.[281] Die Weltbevölkerung scheint tatsächlich über erstaunlich wenige durchschnittliche Verbindungen miteinander in Beziehung zu stehen.

Dieser Umstand, der zunächst vielleicht nur etwas skurril wirken mag, hat in einer Reihe von alltäglichen Bereichen recht große praktische Bedeutung. In der Epidemiologie, oder auch bei Fragen der Informationsverbreitung zum Beispiel, lässt sich feststellen, dass sich ansteckende Krankheiten, und analog dazu Gerüchte[282], in *Small worlds* mit grundlegend anderer Dynamik ausbreiten als unter den eher kleinräumig vernetzten sozialen Bedingungen traditionellerer Gesellschaften. Die schnelle Ausbreitung des HIV-Virus in den 1980er Jahren zum Beispiel dürfte sich der spezifischen *Small-World*-Struktur moderner, globalisierter Bedingungen verdanken, die sich über kurze durchschnittliche Pfadlängen und hohe Clustering Koeffizienten definiert.

6.3.1 Rewiring

Die Bedeutung und Effizienz solcher *Small-World-Networks* zeigt auch ein anderes Experiment, das Duncan Watts und der Mathematiker Steven Strogatz im Anschluss an die in Kapitel 3 beschriebene Glühwürmchen-Synchronisation untersuchten.[283] Wie wir unter 3.3.4 gesehen haben, synchronisieren bewegte, nur innerhalb eines bestimmten Radius beeinflusste Oszillatoren, als welche die Glühwürmchen physikalisch betrachtet werden können, mit der Zeit ihr Verhalten. Im Fall von Glühwürmchen besteht dies in gleichzeitigem Blinken. Werden die Oszillatoren dagegen *nicht bewegt*, findet keine globale, die gesamte Population um-

---

280 Watts, Duncan (2004): Small Worlds. The Dynamics of Networks Between Order and Randomness (Princeton Studies in Complexity). Princeton: Princeton University Press. Vgl. auch: Strogatz, Steven (2003): Sync. How Order emerges from Chaos in the Universe, Nature and Daily Life. New York: Hyperion.
281 Im Jahr 2008 wurde das Phänomen auch für *Instant-Messaging Networks* nachgewiesen. Vgl.: Leskovec, Jure / Horvitz, Eric (2008): Planetary-Scale Views on a Large Instant-Messaging Network; in: Proceedings of WWW 2008, Beijing, China, April 2008.
282 Daley, Daryl J. /Kendall, David G. (1964): Epidemics and Rumours; in: Nature 204, p. 1118. Valente, Thomas W. (1995): Network Models of the Diffusion of Innovations. Cresskill, NJ: Hampton Press.
283 Watts, Duncan J. / Strogatz, Steven H. (1998): Collective Dynamics of 'Small-World' Networks; in: Nature, Vol. 393. p. 440-442.

fassende Synchronisation statt. Statische, unbewegte Glühwürmchen synchronisieren ihr Blinken nicht. Und dies auch dann nicht, wenn sich die Radien, innerhalb deren sie ihre Nachbarn beeinflussen, überlappen.

Watts und Strogatz untersuchten nun, was passiert, wenn ein kleiner Prozentsatz der unbewegten Oszillatoren nicht nur von ihrer unmittelbaren Nachbarschaft beeinflusst wird, sondern nach dem Zufallsprinzip gelegentlich auch von weiter entfernten anderen Oszillatoren. Mit einer Technik, die sie *Rewiring* nannten, versahen sie die Oszillatoren gleichsam per Zufall mit Verbindungen, die über die lokale Nachbarschaft hinausreichen. Sie gaben den unbewegten Glühwürmchen gewissermaßen Mobiltelefone zur Hand, mit deren Hilfe sie den jeweiligen Blinkzeitpunkt weiter entfernter Artgenossen erfragen konnten.

> Formal lösten Strogatz und Watts mit diesem *Rewiring* ein komplexitätstheoretisches Problem, das in der Literatur als „*density classification problem for one-dimensional binary automata*" diskutiert wird. In diesem Problem geht es um einen Ring von 1000 Oszillatoren, zum Beispiel Glühbirnen, die entweder leuchten oder nicht und zunächst jeweils nur ihre drei Nachbarn zur linken und rechten Seite „sehen können". Das Problem besteht darin, eine Regel zu finden, nach der sich die Glühbirnen entsprechend ihrer Informationen so ein oder ausschalten, dass wenn zu Beginn der Anordnung mehr als die Hälfte der Birnen leuchten, am Ende alle leuchten, und wenn zu Beginn weniger als die Hälfte leuchten, am Ende keine leuchtet.
> Mit einem zentralen Koordinator ist das Problem trivial. Gefragt ist aber ein dezentralisiertes System, in dem keiner der Akteure (hier Glühbirnen) „globales Wissen" hat. Werden die Glühbirnen „*rewired*", also in Form eines *Small World Networks* mit einem kleinen Prozentsatz zufällig ausgewählter, weiter entfernter Glühbirnen verbunden, so gelingt die Synchronisation mit einer einfachen Mehrheitsregel. Jede Glühbirne richtet sich nach der Mehrheit ihrer Nachbarn, zu denen damit gelegentlich auch die weiter entfernt verlinkten Glühbirnen zählen.

In den Experimenten zeigte sich, dass ein oder zwei, pro Spielzug per Zufall verlinkte Oszillatoren in einer Population von 1000 ausreichen, um eine Gesamtsynchronisation herzustellen. Anders gesagt, eine Handvoll unbewegter, dafür aber mit Mobiltelefon ausgestatteter Glühwürmchen ist in der Lage, die gesamte Population in Gleichklang zu bringen. Die Struktur, die eine solche Verlinkung ergibt, entspricht ziemlich genau der von *Small World Networks*, das heißt von Netzwerken mit kurzen durchschnittlichen Pfadlängen und hohem Clustering Koeffizienten.

Der gleiche Effekt einer Gesamtsynchronisation wäre natürlich auch durch eine Totalvernetzung zu erzielen, durch eine Rundum-Ausstattung aller Glühwürmchen mit Mobiltelefonen. Allerdings würde dies wesentlich höhere Vernetzungskosten bedeuten. Die Natur scheint diesen Umstand zu berücksichtigen. Wie Untersuchungen zeigen, wird zum Beispiel auch die Synchronisation unserer Herzmuskelzellen nicht dirigistisch durch zentralistische Taktvorgabe und auch nicht mittels informatischer Gesamtvernetzung jeder Zelle mit jeder anderen gewährleistet, sondern vielmehr mittels einer, dem *Rewiring* entsprechenden Struktur, in der einige wenige Zellen außer mit ihren lokalen Nachbarn über ihre unmittelbaren Nachbarschaften hinaus mit weiter entfernten Zellen verbunden sind. Oder in anderen Worten: mithilfe eines *Small-World*-Netzwerks.

6.4 Das Internet

Mathematisch zeichnen sich *Small-World*-Netzwerke dadurch aus, dass in ihnen einige wenige Knoten, nämlich in der Regel jene im Zentrum dichtverwobener Cluster, sehr viele Verbindungen zu anderen Knoten haben, dass gleichzeitig aber sehr viele Knoten an den Rändern dieser Cluster existieren, die über nur wenige Verbindungen zu anderen Knoten verfügen. Diese spezifische Struktur folgt einer so genannten *Power-Law*-Verteilung der Netzwerkverbindungen. Auch das „Netz der Netze", das Internet, entspricht dieser Struktur.

Wir haben das Phänomen solcher Ungleichverteilungen, etwa im Zusammenhang der Katastrophentheorie in Kapitel 1.4.2 oder auch der *Pareto*-Verteilung in Kapitel 3.4, schon mehrmals angesprochen. Der ungarische Netzwerktheoretiker Albert-Láslá Barabási hat dazu das Wachstum von Verbindungen im Internet untersucht[284] und für die spezifische Struktur, die dabei entsteht, eine einfache Erklärung vorgeschlagen, die an die in Kapitel 1.2.1 beschriebene Polyá-Urne erinnert. Internetseiten werden dazu als Netzwerkknoten betrachtet, die über Hyperlinks mit anderen Knoten, also anderen Internetseiten, verbunden sind. Da Internet-User beim Erstellen ihrer Homepages in der Regel darauf erpicht sind, ihre Seiten mit „interessanten" anderen Seiten zu verlinken und diese „interessanten" Seiten in der Regel auch von anderen Usern für „interessant" gehalten werden, besteht eine gewisse Wahrscheinlichkeit, dass interessante Internetseiten öfters verlinkt werden als uninteressante. Was dabei jeweils als „interessant" gilt, entsteht freilich erst, wie wir bereits wissen, im Zuge dieser Verlinkung – nämlich *gleichzeitig ungleichzeitig*.

Zunächst einmal könnten Internetseiten rein zufällig von einzelnen Usern für interessant gehalten werden. Weil diese User damit aber auf ihren eigenen Homepages mit höherer Wahrscheinlichkeit auf diese Seiten verweisen als auf andere, entsteht mit der Zeit im Zuge des fortgesetzten Verlinkens – sowie bei der Polyá-Urne oder auch im Fall des gut besuchten Restaurants in Kapitel 1.2.3.1 – eine sich

---

284 Barabási, Albert-Láslá / Reka, Albert (1999): Emergence of Scaling in Random Networks, Science, Vol 286, Issue 5439, 15 October 1999, pp. 509-512. Barabási, Albert-Láslá (2003): Linked: How Everything Is Connected to Everything Else and What It Means for Business, Science, and Everyday Life. New York: Plume.

selbst verstärkende Ungleichverteilung der Häufigkeit, mit der auf einzelne Seiten verwiesen wird. Auf manche Seiten wird sehr oft verwiesen, auf andere kaum. Und genau deswegen besteht hohe Wahrscheinlichkeit, dass dies auch so bleibt. Ein positives Feedback, vergleichbar dem Matthäus-Effekt beim Zitieren wissenschaftlicher Arbeiten, sorgt dafür, dass gut verlinkte Internetseiten auch weiterhin Verweise anziehen, während weniger gut verlinkte Seiten auch weiterhin weniger gut verlinkt bleiben.

Abbildung 6.4: Emergenz eines skalenfreien Netzwerks

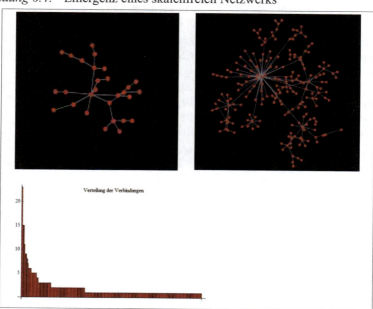

Oben links nach 25 Iterationsschritten, oben rechts nach 200 Iterationsschritten. Unten links die Power-Law-Verteilung der Verbindungen.

Barabási hat dies als *Preferential attachment* bezeichnet. Für uns ist dabei vor allem interessant, dass die „Anfangskonstellation" dieser Verweisstruktur eigentlich irrelevant ist. Es reichen zufällige Anfangsunterschiede im Grad der Eingebundenheit eines Knotens, auf Englisch seines *degree*, um ein Netzwerk zu erzeugen,

6.4 Das Internet

das sich in der Selbstverstärkung der Verbindungshäufigkeit mancher Knoten ganz spezifisch strukturiert.

Nach einigen Entwicklungsschritten folgt die Verteilung von gut und weniger gut verlinkten Knoten in einem solchen Netzwerk einer so genannten *Power-Law-Verteilung*, das heißt einer Verteilung, in der einige wenige Elemente sehr viele und viele andere Elemente sehr wenige der zu verteilenden Ressourcen, hier Verbindungen, besitzen.

6.4.1 Power-Law-Verteilungen

Power-Law-Verteilungen kommen in der Natur häufig vor. Sie beschreiben das Verhältnis zweier Quantitäten, zum Beispiel der Frequenz und der Größe eines Ereignisses, also etwa das Verhältnis von Häufigkeit und Stärke von Erdbeben. Erdbeben sind dann *Power-law*-verteilt, wenn ihre Häufigkeit schneller abnimmt als ihre Größe zunimmt. Das heißt, sehr starke Beben sind zum Glück relativ selten, während schwache Erdbeben beinahe täglich irgendwo auf der Welt vorkommen. Auch die Verteilung großer Städte oder die des Wohlstandes in der Welt folgen solchen *Power-Law-* oder auch *Pareto*-Verteilungen.[285] In Bezug auf letztere lautet ihr Prinzip: sehr wenige haben sehr großen Wohlstand und viele haben sehr wenig.

Abbildung 6.5: Power-law-Verteilung

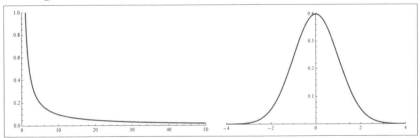

Links mit $y = 1/x$, im Vergleich zur Gauss'schen- oder Glocken-Kurven-Verteilung rechts.

---

[285] Der Ökonom Vilfredo Pareto beschrieb die Wohlstandsverteilung von Italien anhand einer so genannten „80-20-Regel". Nach dieser Regel würden 20 Prozent der Bevölkerung 80 Prozent des Wohlstands besitzen. Für Banken sei es deshalb sinnvoll, so Pareto, ihre Serviceleistungen gezielt an diese Klientel zu richten und keine Ressourcen an ärmere Bevölkerungsschichten zu verschwenden – ein Rat, an den sich nach wie vor so manche kleinere Privatbank hält.

Demgegenüber folgt zum Beispiel die Verteilung von Körpergrößen unter Menschen einer typischen *Normalverteilung* oder auch *Gaussschen Glocken-Kurven-Verteilung*. Das heißt, es gibt nur wenige überdurchschnittlich große und überdurchschnittlich kleine Menschen und viele Menschen mit durchschnittlicher Körpergröße.

Normalverteilungen finden sich oftmals dort, wo die betrachteten Größen in keinem Zusammenhang zueinander stehen. Meine Körpergröße ist im großen und ganzen unabhängig von der Körpergröße anderer Menschen. *Power-Law*-Verteilungen dagegen sind typisch für relationale Größen, für Daten also, die miteinander in Beziehung stehen. Genau deswegen sind sie für komplexe Systeme und insbesondere auch für Netzwerke so typisch.

In Bezug auf das Internet ist dabei interessant, dass sich die damit beschriebene Ungleichheit keineswegs nachteilig auf das Netzwerk auswirken muss. Der Internetforscher Clay Shirky[286] führt diesbezüglich eine Reihe von Internet-Beispielen an, die kaum in dieser Weise möglich wären, wenn sie unter Bedingungen größerer Gleichheit zustande gekommen wären. So tragen beispielsweise nur zwei Prozent aller Wikipedia-User auch selbst zum weiteren Ausbau der bekannten Internet-Enzyklopädie bei. Und unter diesen zwei Prozent liefern wiederum nur ganz wenige fortlaufend mehr als nur gelegentliche Anmerkungen, während ein großer Rest an Wikipedia-Usern nur gelegentlich oder überhaupt nur einmal irgendeinen Wikipedia-Artikel redigiert oder korrigiert. Gerade diese Ungleichverteilung an Beiträgern treibt aber die Enzyklopädie in ihrer Entwicklung voran und sorgt damit für ihre spezifische Qualität. Als egalitäres Projekt wäre Wikipedia nicht entstanden, weil der „durchschnittliche User" für ihre Konstitution keine Bedeutung hat. Wikipedia emergiert in der Kooperation „undurchschnittlicher User".

6.4.2 Long Tails

Ein wichtiger Aspekt an *Power-Law*-Verteilungen ist der Umstand, dass die Ungleichheit, die sie ausdrücken, umso größer wird, je höher in der Rangfolge der erfassten Größen nach oben gesehen wird. In einer typischen Power-Law-Verteilungen ist der Abstand von der ersten Größe zur zweiten größer als der von der zweiten zur dritten und dieser Abstand wieder größer als der von der dritten zur vierten, usw. Die einfachste mathematische Entsprechung findet dies in der Funktion $y = 1/x$ (linke Grafik in Abbildung 6.5), die für die ersten zehn Zahlen die

---

286 Shirky, Clay (2008): Here comes Everybody. The Power of Organizing without Organizations. London. Penguin.

Reihe 1, 1/2, 1/3, 1/4, 1/5, 1/6, 1/7, 1/8, 1/9, 1/10 liefert. Wie leicht zu sehen, ist der Abstand von 1 zu 1/2 größer als der von 1/2 zu 1/3.[287] Der Abstand von 1/9 zu 1/10 ist, im Vergleich zu dem von 1 und 1/2, bereits nahezu verschwindend gering, was den berühmten *Long tail*, also den lange nach rechts auslaufenden „Schwanz" der Kurve erzeugt.

Insgesamt allerdings zeichnen sich *Power-Law*-Verteilungen dadurch aus, dass jede beliebige Teilsequenz, die herausgenommen und für sich betrachtet wird, neuerlich eine *Power-Law*-Verteilung aufweist. Auch in der Sequenz 1/3, 1/4, 1/5, 1/6, 1/7 beispielsweise ist der Abstand zwischen erstem und zweitem Element größer als der zwischen zweitem und drittem, und dieser wieder größer als der zwischen drittem und viertem usw.

Mit anderen Worten *Power-Law*-Verteilungen sind *Skalen-unabhängig* oder *Skalen-frei* (siehe dazu auch 1.1.2). Das heißt, ihre Form ändert sich nicht mit dem Maßstab, in dem sie betrachtet werden. Genau dieser Umstand wurde auch für das Internet festgestellt. Seine Gesamtstruktur ist *Skalen-frei*. Einzelne Sub-Netzwerke weisen, für sich betrachtet, dasselbe Verhältnis von stark und weniger stark verbundenen Internetseiten auf wie das Gesamtnetzwerk.

6.4.3 Page-Ranking

Es gibt also im *World Wide Web* wenige sehr gut verlinkte und damit sehr oft besuchte Seiten, so genannte *hubs*, wie zum Beispiel die Seiten berühmter Firmen, großer Konzerne, Sozialer Netzwerke oder auch Organisationen. Und es gibt darüber hinaus, wenn auch viel weniger wahrgenommen, eine mittlerweile sehr große Zahl an kleinen, oft privaten Webpages, auf die kaum irgendwelche anderen Seiten verweisen und die deswegen auch sehr wenig besucht werden.

Diese spezifische Verteilung von aufeinander verweisenden Webpages macht sich der von Sergey Brin und Lawrence Page 1998[288] vorgeschlagene *Page-Rank*-Algorithmus zunutze, der dem Suchverhalten der Internet-Suchmaschine *Google* zugrunde liegt.

In diesem Algorithmus wird das Internet als gerichteter Graph interpretiert, in dem die *degrees*, das heißt die Zahl der Verbindungen, der *Hyper-links*, die eine Seite hat, als Kriterium für die Relevanz dieser Seite angesehen werden. Ein zu-

---

[287] Mathematisch korrekt werden Power-Law-Verteilungen festgestellt, indem die beiden beteiligten Größen, also etwa die Frequenz und die Stärke von Erdbeben, als Logarithmen gegeneinander gestellt werden. Eine tatsächliche Power-Law-Verteilung liegt damit dann vor, wenn der resultierende Graph eine gerade Linie bildet.

[288] Brin, Sergey / Page, Lawrence (1998): The Anatomy of a Search Engine. im Internet unter: http://infolab.stanford.edu/~backrub/google.html (30.04.2010)

fällig durchs Netz surfender Benutzer stößt entsprechend dieser Relevanz mit spezifischer Wahrscheinlichkeit auf unterschiedliche Webseiten. Die Wahrscheinlichkeit bestimmt den *Page-Rank* und somit (heute nicht mehr ausschließlich, aber doch wesentlich[289]) die Position, an der eine Internet-Seite in der Ergebnisliste einer Suchanfrage gelistet wird.

Der *Page-Rank*-Algorithmus unterscheidet dabei zwischen einerseits „hereinkommenden" Verbindungen, so genannten *in-degrees*, das heißt Verbindungen, die *von* anderen Seiten *auf* eine Seite weisen, und andererseits „hinausführenden" Verbindungen, so genannten *out-degrees*, die von dieser Seite wegführen. Entscheidend für die Relevanz einer Seite sind vor allem die *in-degrees*. Wie in der Analyse wissenschaftlicher Zitationen, bei der Schriften, die oft zitiert werden, als wichtiger angesehen werden, als selten zitierte, wird auch beim *Page-Rank* davon ausgegangen, dass Seiten, die von sehr vielen anderen Seiten referenziert werden, relevanter sind als Seiten, auf die keine oder wenige andere Seiten verlinken.

Zusätzlich wird angenommen, dass die *out-degrees* einer Seite umso mehr zählen, je weniger es zum einen davon gibt und je höher zum anderen diese Seite bereits aufgrund ihrer *in-degrees* bewertet ist. Das heißt, eine Seite mit einer hohen Zahl an *in-degrees*, die nur einen oder zwei „hinausgehende" Hyper-Links aufweist, vererbt einen relativ hohen Wert an die Seiten, auf die sie verweist. Eine Seite mit wenigen *in-degrees* und sehr vielen *out-degrees* vererbt dagegen einen sehr geringen Relevanzwert an die Seiten, auf die sie verweist. Darüber hinaus spielt noch die geschätzte Wahrscheinlichkeit, mit der ein durchschnittlicher Websurfer Hyper-Links weiterverfolgt, mit der er also in seinem Surf-Verhalten nicht „ermüdet", eine Rolle im Page-Rank und wird in Form eines spezifischen Dämpfungsfaktors d in Betracht gezogen. Je höher d, umso wahrscheinlicher ist das Weiterverfolgen von Links. Der komplementäre Wert $(1 - d)$ bezeichnet dagegen die Wahrscheinlichkeit, mit der das Weiterverfolgen von Links unterbrochen wird und anstelle dessen zufällige neue Seiten aufgerufen werden. Dieser Wert wird daher grundlegend bei jeder *Page-Rank*-Berechnung hinzugezählt.[290]

Der *Page-Rank* einer Seite X (PR_X) berechnet sich demnach nach folgender Formel:

$$PR_X = (1 - d) + d * \sum PR_T / C_T$$

---

289 Der ursprüngliche Algorithmus wurde veröffentlicht (siehe Fußnote 288). Die meisten Weiterentwicklungen von Google unterliegen allerdings seitdem dem Betriebsgeheimnis.
290 In einer alternativen Version des Page-Rank-Algorithmus dividieren Brin und Page den Faktor $(1 - d)$ durch die Anzahl der Knoten, also der Zahl aller Seiten im Netz. Der Algorithmus erzeugt damit eine Wahrscheinlichkeitsverteilung über alle Seiten des Netzes.

wobei PR_T den *Page-Rank* der auf die Seite X verweisenden Seiten T_1 bis T_n angibt. C_T indiziert die Zahl der von den Seiten T_1 bis T_n ausgehenden Links, deren *outdegree* also. Und d bezeichnet den Dämpfungsfaktor, der laut Brin und Page in der Regel auf 0.85 gesetzt wird und jedenfalls zwischen 0 und 1 liegt.

Zur Verdeutlichung sei das folgende kleine Netz betrachtet.

Abbildung 6.6: Page-Rank-Netzwerk

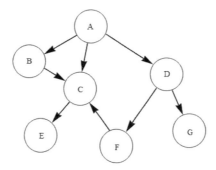

Die *Page-Ranks* der Knoten A bis G in diesem Netz berechnen sich wie folgt: wir beginnen bei Seite A, die keine hereinkommenden, aber drei hinausgehende Links aufweist. Ihr *Page-Rank* beträgt damit $PR_A = 0{,}15 + 0{,}85 * 0 = 0{,}15$. Die Seite B „erbt" ein Drittel dieses *Page-Ranks* von A, weil sie nur eine von drei Seiten ist, auf die A verweist. Ihr *Page-Rank* beträgt damit $PR_B = 0{,}15 + 0{,}85 * (0{,}15 / 3) = 0{,}15 + 0{,}0425 = 0{,}1925$. Die Seite C „erbt" von A, B und von der Seite F, und zwar von A das Gewicht $0{,}15 / 3$, von Seite B das Gewicht $0{,}1925 / 1$ (die Seite hat nur einen hinausgehenden Link), und von Seite F - deren PR natürlich zuvor berechnet werden muss - das Gewicht $0{,}231812 / 1$ (ebenfalls nur ein hinausgehender Link). Diese „Erbschaft" wird zusammengerechnet, mit dem Dämpfungsfaktor d multipliziert und das Ergebnis zum Komplement von d, also zu $(1 - d)$, addiert. Die „Vererbung" des *Page-Ranks* von Seite zu Seite wird dadurch, in der Annahme, die Surf-Euphorie eines zufälligen Surfers würde mit jeder weiteren Seite, die er aufruft, ermüden, verringert. Der *Page-Rank* der Seite C berechnet sich demnach als: $PR_C = 0{,}15 + 0{,}85 * (0{,}15 / 3 + 0{,}1925 / 1 + 0{,}231812 / 1) = 0{,}553166$.

Analog dazu betragen die *Page-Ranks* der restlichen Seiten: $PR_D = 0,15 + 0,85 * (0,15 / 3) = 0,1925$; PR_E: $0,15 + 0,85 * (0,553166 / 1) = 0,620191$; $PR_F = 0,15 + 0,85 * (0,1925 / 2) = 0,231812$; $PR_G = 0,15 + 0,85 * (0,1925 / 2) = 0,231812$. Die Seite *E* hat den höchsten *Page-Rank*, weil sie von Seite *C* „erbt", die ihrerseits relativ viel von *A*, *B* und *F* „erbt".

Der *Page-Rank* einer Seite bestimmt sich also niemals absolut, sondern *rekursiv* aus den *Page-Ranks* der Seiten, die auf diese Seite verweisen. Der *Page-Rank* basiert damit auf *Beziehungen* von Internetseiten zueinander, die freilich nur nacheinander und nicht für alle Seiten gleichzeitig festgestellt werden können. In unserem Beispiel mussten wir die Berechnung des *Page-Ranks* der Seite *F* vorziehen, um den der Seite *C* feststellen zu können. Dies war hier nur möglich, weil die Berechnung von PR_F seinerseits nicht auf PR_C oder andere vorausgehende Page-Ranks angewiesen ist. In der Praxis der Feststellung von Page-Ranks im Internet, mit mittlerweile Milliarden von reziprok aufeinander verweisenden Seiten, ist dies dagegen *nicht* möglich. Hier wird der *Page-Rank* in mehreren Durchgängen, das heißt *iterativ*, festgestellt. Dazu wird zunächst irgendein Zufallswert als *Page-Rank* angenommen und sodann im Hinblick auf die verlinkten Seiten sukzessive angepasst. In der Regel reichen für dieses Annäherungsverfahren einige wenige Iterationen. 1998 waren zur Berechnung des damals vorliegenden World Wide Webs nur um die 100 Iterationsschritte notwendig. Heute soll eine Berechnungsdurchgang bereits an die drei Monate dauern.

Die *Page-Rank*-Berechnung liefert uns hier ein anschauliches Beispiel für Zusammenhänge, die ihre wesentlichen Charakteristika nicht *einem*, im traditionellen Sinn besonders essentiellen Ursprungsaspekt verdanken, sondern ihr „Wesensmerkmal" vielmehr aus dem Zusammenwirken *vieler* Elemente und Dynamiken beziehen, wobei diese Bestandteile immer auch *zirkulär* aufeinander verweisen können. Sowie die Internetseiten ihre Bedeutung nicht so sehr von den *on-page* bereitgestellten Inhalten, als vielmehr von der *off-page* vermittelten Verweisstruktur von und zu anderen Seiten beziehen, so verdanken die Bestandteile komplexer Systeme ihre Relevanz niemals ausschließlich sich selbst, sondern vielmehr stets anderen Bestandteilen, die ihrerseits ihre Relevanz wieder – *gleichzeitig ungleichzeitig* – von den ersteren beziehen. Komplexe Systeme entziehen sich damit traditionellen analytischen Zugangsweisen. Sie erfordern Methoden, die diese zirkulären Verweisstrukturen gleichsam nachahmen, die selbst zirkulär verfahren, um die spezifische Struktur komplexer Systeme zu erfassen und zu verstehen. Ein Beispiel für eine solche Methode liefert uns abschließend die Funktionsweise *Künstlicher Neuronaler Netze*.

6.5 Neuronale Netze

Ursprünglich werden als *neuronale Netze* Netzwerke von Gehirnzellen, so genannten Neuronen, und deren Verbindungen bezeichnet, den so genannten Synapsen, die am Ende von Ausläufern der Gehirnzellen, den Dendriten sitzen und den Informationsfluss zum jeweils nächsten Neuron gewährleisten. Diesem natürlichen Vorbild folgend wurde in den späten 1950er Jahren damit begonnen, *Künstliche Neuronale Netzwerke* am Computer zu erzeugen.

Nach anfänglichen Rückschlägen und zwischenzeitlicher Abwendung der AI-Forschung von diesem Gebiet hat sich die Methode mittlerweile intensiv weiterentwickelt und wird in unzähligen alltäglichen Bereichen bereits wie selbstverständlich verwendet. Heute finden sich Künstliche Neuronale Netze in vielen Alltagsgeräten. In Computern oder Smartphones etwa werden sie zu Zwecken der Handschriften- oder Spracherkennung oder des Fingerprint- und Gesichts-Scanning eingesetzt. In Autos etwa finden sie bei der Zündsteuerung Verwendung und in Waschmaschinen zur Waschmitteldosierung. Die Artefakte sind mittlerweile so verbreitet, dass vielfach, wenn von neuronalen Netzen die Rede ist, eher schon die künstlichen Netzwerke gemeint sind und nicht so sehr ihr natürliches Vorbild, unser Gehirn.

Künstliche Neuronale Netze funktionieren vom Prinzip her sehr ähnlich wie das Neuronennetzwerk in unserem Gehirn.[291] Wesentlich ist ihnen, dass sie aus einer sehr großen Anzahl von im Prinzip gleichen oder sehr ähnlichen Bestandteilen, den Neuronen, bestehen, die alle über einen im Einzelnen betrachtet sehr einfachen Mechanismus, eine so genannte Schwellenwert-Funktion, miteinander interagieren. Anders gesagt, neuronale Netze leisten, das, was sie leisten, aufgrund einer *verteilten Repräsentation* ihres „Wissens". Entscheidend für ihre Leistung ist weniger die Spezialisierung einzelner Bestandteile, als vielmehr ihre Verweisstruktur. Auch wenn es im menschlichen Gehirn natürlich eine Reihe von spezialisierten Bereichen gibt, die das Gesamtnetzwerk strukturieren, so dürfte, soviel wir wissen, seine eigentliche Leistungsfähigkeit eher auf dem Prinzip der *Verteilung*, das heißt auf einer kollektiven, aggregierten Leistung vieler, gleicher oder sehr ähnlicher und eigentlich überraschend simpler Bestandteile beruhen. Die er-

---

291 Vgl. u.a.: Rojas, Paul (2000): Theorie der neuronalen Netze. Eine systematische Einführung. Berlin, Springer.

kenntnistheoretische Erkundung dieses Umstandes, die gegenüber der traditionellen philosophischen Aufmerksamkeit für eine „vereinsamte", dafür aber hochkomplexe Einheit, ein Subjekt oder ein „Ich", andere Schwerpunkte setzt, betreibt der so genannte *Konnektionismus*.[292]

6.5.1 Die Funktionsweise Künstlicher Neuronaler Netze

Das zentrale Moment der Funktion neuronaler Netze, sind Erregungszustände, oder genauer eigentlich die Weitergabe dieser Erregungszustände, das heißt das Auslösen einer Erregung bei anderen Neuronen und das dadurch ausgelöste Verstärken, beziehungsweise Abschwächen der Verbindungen zwischen diesen Neuronen. Am einfachsten erklärt sich dieser Umstand vielleicht anhand einer einfachen Aufgabe, wie sie auch dem ersten Künstlichen Neuronalen Netzwerk gestellt wurde, dem so genannten *Perceptron*, mit dem Frank Rosenblatt 1958[293] die ersten Versuche unternahm, die Rezeptoren der Netzhaut unseres Auges zu simulieren.

Betrachten wir als Beispiel die Aufgabe, einer Maschine die logische Operation der inklusiven Oder-Funktion beizubringen. Das heißt, die Maschine soll *lernen*, bei gemeinsamer Eingabe der Werte x_1 und x_2 die in der Tabelle in Abbildung 6.7 gelisteten Ausgabewerte zu liefern. Die Werte x_1 und x_2 stellen den *Input* des Netzwerkes dar und die Ausgabewerte stellen den *erwarteten Output* dar, den das Netzwerk zu generieren lernen soll.

Nach dem Vorbild des Gehirns wird dazu am Computer ein „virtuelles"[294] Netzwerk erzeugt, das aus zwei so genannten Input-Neuronen besteht, einem so genannten verdeckten Neuron, Englisch dem *Hidden neuron*, und einem Output-Neuron, das uns hier einstweilen nur zur Anzeige des jeweiligen Resultats dient. Von den beiden Input-Neuronen geht jeweils eine Verbindung zum verdeckten Neuron und von da weiter eine zum Output-Neuron. Die Verbindungen all dieser Neuronen sind *gewichtet*, das heißt sie sind mit einem, anfänglich zufällig zugewiesenem Zahlenwert zwischen -1 und +1 belegt, mit dem sie jede Information,

---

292 Vgl. u.a.: Bechtel, William (1987): Connectionism and the Philosophy of Mind: An Overview; in: The Southern Journal of Philosophy, Supplement: p. 17-41; Churchland, Paul M. (1989): *A Neurocomputational Perspective. The Nature of Mind and the Structure of Science*, Cambridge MA: MIT Press; Bechtel, William / Abrahamsen, Adele (2002): Connectionism and the Mind: Parallel Processing, Dynamics, and Evolution in Networks. Cambridge, MA: Blackwell.

293 Rosenblatt, Frank (1958): The Perceptron: A Probabilistic Model for Information Storage and Organization in the Brain; in: Psychological Reviews 65, p. 386-408.

294 Das Netzwerk ist virtuell in dem Sinn, dass es am Computer nicht tatsächlich in Form von Knoten und Verbindungen erzeugt wird, sondern nur mathematisch in Form seiner Matrizendarstellung (siehe 6.1.1). Dem Lernen von Künstlichen Neuronalen Netzen liegen also – wenn sie nicht wie hier zur Erklärung visualisiert werden – eigentlich „unsichtbare" mathematische Matrizenrechnungen zugrunde.

6.5 Neuronale Netze

die durch sie hindurch geleitet wird, multiplizieren. Das verdeckte Neuron leistet dabei die eigentliche Arbeit. Es verknüpft die Eingabewerte der logischen Operation, die in die beiden Input-Neuronen eingebracht werden, mithilfe der Verbindungsgewichte zur eigentlichen Netzeingabe (im folgenden *net*), und zwar mittels der Funktion $net = w_1 * x_1 + w_2 * x_2$

Abbildung 6.7: Links: Logische Oder-Tabelle; rechts: Schema eines einfachen Künstlichen Neuronalen Netzwerkes

x_1	x_2	Ausgabe
0	0	0
0	1	1
1	0	1
1	1	1

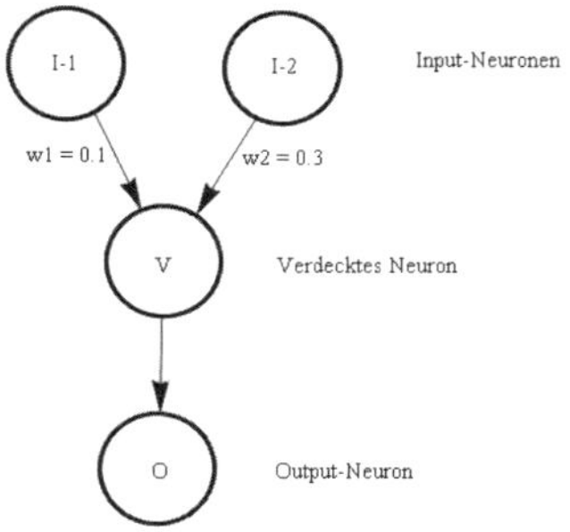

Der eigentliche Ausgabewert wird sodann anhand eines Schwellenwertes, der hier zum Beispiel 0.5 betragen könnte, bestimmt, anhand dessen alle Ergebnisse von *net*, die größer als oder gleich dem Schwellenwert sind, auf 1 aufgerundet und alle die kleiner sind auf 0 abgerundet werden. Dies ist möglich, da ja in unserem Beispiel nur binäre Ergebnisse gefragt sind, die im Output-Neuron schließlich angezeigt werden.

Im eigentlichen Lernprozess werden nun die (zunächst zufällig zugewiesenen) Verbindungsgewichte iterativ in Bezug auf eine bestimmte *Lernrate* solange erhöht oder vermindert, bis der Ausgabewert in jedem der vier Fälle, die in der Oder-Verknüpfung möglich sind, mit dem gewünschten Ergebnis übereinstimmt.

Wenn also zum Beispiel die anfänglichen Verbindungsgewichte als $w_1 = 0.1$ und $w_2 = 0.3$ gewählt werden und die *Lernrate* 0.2 beträgt, so würde sich folgende Abfolge als *Lernprozess* ergeben.

1. Im ersten Schritt werden, gemäß der Tabelle in Abbildung 6.7, die beiden Werte 0 und 0 in die Input-Neuronen eingebracht und zum verdeckten Neuron weitergeleitet. Mit der Gewichtung mit 0.1 und 0.3 (das heißt bei Multiplikation der Input-Werte mit diesen Gewichten) wird daraus der *net*-Wert 0

plus 0, also 0 und damit – auch ohne Rundung über den Schwellenwert 0.5 – das gewünschte Ergebnis. Das heißt die Gewichtung wird nicht verändert.

2. Sodann werden die nächsten beiden Werte aus der Tabelle, 0 und 1, in die Input-Neuronen eingebracht und weitergeleitet. Mit der Gewichtung ergibt dies nun 0 plus 0.3 und damit, abgerundet über den Schwellenwert 0.5, einen *net*-Wert von 0, was in diesem Fall nicht dem gewünschten Ergebnis entspricht. Das heißt die Gewichtung muss verändert werden. Sie wird für die im Vergleich zum vorigen Fall veränderte Variable, also x_2 um die Lernrate 0.2 auf $w_2 = 0.5$ erhöht. Der *net*-Wert würde nun, gerundet am Schwellenwert, 1 ergeben, was dem gewünschten Ergebnis entspricht.
3. Bei der nächsten Eingabe von 1 und 0 ergibt die Gewichtung nun 0.1 und 0 und damit, abgerundet über den Schwellenwert 0.5, einen *net*-Wert von 0, was auch in diesem Fall nicht dem gewünschten Ergebnis entspricht. Die Gewichtung wird neuerlich für den veränderten Wert, nun also für x_1 um die Lernrate 0.2 auf $w_1 = 0.3$ erhöht. Der *net*-Wert ergibt nun, als 0.3 * 1 + 0.5 * 0, gerundet am Schwellenwert, 0. Dies entspricht noch nicht dem gewünschten Ergebnis, wird aber zunächst so belassen.
4. Bei der, in diesem ersten Trainingsdurchgang, letzten Eingabe von 1 und 1 ergibt die Gewichtung nun 0.3 und 0.5 und damit gerundet über den Schwellenwert 0.5 einen *net*-Wert von 1, was in diesem Fall dem gewünschten Ergebnis entspricht. Die Gewichtung muss nicht geändert werden.

Der Lernprozess hat nun einen Durchlauf durch alle möglichen Fälle abgeschlossen und beginnt damit wieder von vorne.

1. Neuerlich werden die Werte 0 und 0 in die Input-Neuronen eingebracht und ergeben nun mit Gewichtung über 0.3 und 0.5 der Werte 0 und 0 einen *net*-Wert von 0, also das gewünschte Ergebnis. Die Gewichtung wird nicht verändert.
2. Bei der nächsten Eingabe von 0 und 1 ergibt die Gewichtung nun 0 und 0.5 und damit, aufgerundet über den Schwellenwert, einen *net*-Wert von 1, was dem gewünschten Ergebnis entspricht. Die Gewichtung wird nicht verändert.
3. Bei der Eingabe von 1 und 0 ergibt die Gewichtung nun 0.3 und 0 und damit, abgerundet über den Schwellenwert, einen *net*-Wert von 0, was neuerlich nicht dem gewünschten Ergebnis entspricht. Die Gewichtung wird für den im Vergleich zum vorigen Fall veränderten Wert, also für x_1 um die Lernrate 0.2 auf $w_1 = 0.5$ erhöht. Der *net*-Wert ergibt nun, mit 0.5 * 1 + 0.5 * 0 gerundet am Schwellenwert, 1, das gewünschte Ergebnis.

4. Im Fall der Oder-Verknüpfung von 1 und 1 ergibt die Gewichtung nun 0.5 plus 0.5 und damit (auch ohne Rundung) den gewünschten *net*-Wert von 1.

Neuerlich hat der Lernprozess einen Durchlauf durch alle möglichen Fälle abgeschlossen und beginnt wieder von vorne. Es zeigt sich dabei, dass mit dieser Gewichtung alle gewünschten Werte richtig ausgegeben werden. Der Lernprozess wäre demnach in diesem Fall abgeschlossen. Die Gewichtung der Netzwerksverbindungen ist damit so „eingestellt", dass nun jedes Mal, wenn eine der möglichen binären Kombinationen in die Input-Neuronen eingebracht werden, das entsprechende Ergebnis der logischen Oder-Operation ausgegeben wird.

Dieses iterative Annäherungsverfahren an „stimmige" Gewichtungen ist das eigentliche „Geheimnis" der Funktionsweise neuronaler Netze. Es funktioniert auch mit anderen logischen Operatoren und wesentlich komplexeren Problemen, wobei dann allerdings wesentlich mehr verdeckte Neuronen, und je nach Größe des Inputs und des Outputs auch mehr Input- und Output-Neuronen zur Anwendung kommen. In Zusammenhängen, in denen die Abweichung vom gewünschten Ergebnis nicht wie in diesem Beispiel stets 1 ist, wird überdies gewöhnlich der Fehler, also die Abweichung vom gewünschten Ergebnis, mitberücksichtigt und die Lernrate mit dieser Abweichung multipliziert. (In unserem Beispiel würde sich eine Multiplikation von 1 auf die Lernrate nicht auswirken). Die Verbindungsgewichtungen werden sodann anhand des Produkts von Lernrate und Fehler verändert.

Ein Verbindungsgewicht w im Zeitpunkt $t + 1$ ergibt sich somit aus dem Gewicht w im Zeitpunkt t plus Lernrate d multipliziert mit dem Fehler E und dem jeweiligen Eingabewert x. Also:

$$w_i(t + 1) = w_i(t) + d * E * x_i$$

beziehungsweise im obigen Fall 3 zum Beispiel:

$$w_i(t + 1) = 0.1 + 0.2 * 1 * 1 = 0.3$$

6.5.2 Back-Propagation

Für zwischenzeitliche Irritationen in der Entwicklung der Künstlichen Neuronalen Netze sorgte in den 1960er Jahren die so genannte XOR-Operation, also die logische Verknüpfung, die einem *exklusiven Oder* entspricht und im Unterschied zum inklusiven Oder für die Eingabewerte 1 und 1 die Ausgabe 0 liefert. Die XOR-Funktion ist *nicht linear separierbar*. Das heißt, ihre Lösungen lassen sich in einem zwei-dimensionalen Raum nicht mittels einer einfachen Geraden separieren. 1969 wiesen Marvin Minsky und Seymore Papert in ihrem viel diskutierten Buch *Perceptrons*[295] darauf hin, dass dieser Umstand für das neuronale Netz bedeutet, dass es in der oben beschriebenen Form nicht in der Lage ist, die XOR-Funktion zu lernen. Die anfängliche Euphorie über die Möglichkeiten neuronaler Netze im Bereich der *Artificial Intelligence*-Forschung verflog vorübergehend.

In den 1970er Jahren wurde dann aber vorgeschlagen, mehrere Lagen von verdeckten Neuronen – so genannte *Hidden layers* – hintereinander zu schalten. Mit solchen *Multi-Layer-Perceptrons* (MLPs), in denen mehrere Schichten interner Neuronen für höhere Auflösungen sorgen, lassen sich auch so genannte nicht-linear-separierbare Zusammenhänge wie die XOR-Funktion erlernen. Von der Berechnung her entspricht ein MLP mehreren einfachen oder *Single-Layer-Perceptronen*, bei denen die internen „verdeckten" Schichten jeweils mehrere Ausgabeneuronen haben, die ihrerseits zugleich die Eingabeneuronen der je nächsten Schicht darstellen.

Abbildung 6.8: Schematische Darstellung eines *Multi-Layer-Perceptrons* mit zwei verdeckten Neuronen-Lagen und Bias-Neuronen

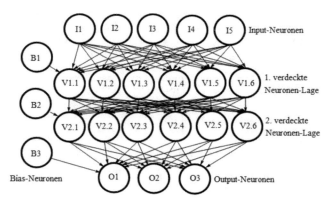

In einfachen *Single-Layer-Perceptronen* findet die Anpassung der Gewichte gleichsam unmittelbar nach dem jeweiligen Berechnungsdurchgang statt. Der Vorgang

---

295 Minsky, Marvin / Papert, Seymore (1969): Perceptrons. MIT Press.

wirkt deshalb wie eine von Input zu Output verlaufende Reaktion des Netzwerks auf seine Eingabedaten. Dieser Prozess wird *forward-propagation* genannt.

In komplexeren *Multi-Layer-Perceptronen* können die Gewichtsanpassungen allerdings erst vorgenommen werden, wenn die Informationen sämtliche Lagen an verdeckten Neuronen durchlaufen haben und der damit *errechnete* Output mit dem *erwarteten* Output verglichen werden kann. Diesem Prozess der *forward-propagation* wird deshalb ein zweiter, *back-propagation* genannter Vorgang gegenübergestellt, im Zuge dessen die Gewichte „von hinten nach vorne" angepasst werden. Dazu werden die Verbindungsgewichte, nachdem mit dem oben beschriebenen Verfahren ein Output erzeugt wurde, über die einzelnen Lagen bis hin zu den Verbindungen der ersten Lagen, in Abhängigkeit der Differenz (dem *Error*) zum erwarteten Output verändert, und zwar angefangen von den Verbindungen der Output-Neuronen mit den Neuronen der letzten verdeckten Lage.

In jedem Durchgang, sprich mit jedem einzelnen Dataset, wird das Netz also einmal „nach vorne" durchlaufen, um einen Output zu errechnen, und sodann nochmals „rückwärts", um anhand dieses Outputs im Rücklauf die jeweiligen Gewichte anzupassen.

Mitunter kann es, wie in unserem Beispiel des Oder-Operators, vorkommen, dass relevante Inputs nur aus Nullen bestehen. Multipliziert mit den Gewichten der Verbindungen ergeben diese Inputs ebenfalls stets Null und bewirken damit keine neue Reaktion des Netzwerks. Aus diesem Grund werden den Neuronen-Lagen solcher *Back-Propagation*-Netzwerke in der Regel so genannte *Bias*-Neuronen hinzugefügt, die einen beständigen „neutralen Input" von 1 erzeugen, über ihre Gewichte damit aber doch auch entscheidend an den Reaktionen des Netzwerks beteiligt sind.

Darüber hinaus ist nicht jede Datenlandschaft, deren Regelmäßigkeiten erlernt werden sollen, so einfach mit binären Werten zu erfassen, wie dies beim Oder-Operator der Fall ist. Es ist daher nicht immer möglich, als Schwellenwert einen Grenzwert anzunehmen, anhand dessen einfach auf- oder abgerundet wird. In vielen Fällen wird deshalb eher eine so genannte *Sigmoid*-Funktion herangezogen (oftmals zum Beispiel der Form $y = 1 / 1+e^{-x}$), die die Input-Werte entsprechend ihrer Nähe zum Schwellenwert in das Intervall zwischen 0 und 1 „hineinzwängt" und das Ergebnis als *Aktivierung* des jeweiligen Neurons betrachtet.

Abbildung 6.9: Sigmoid Funktion der Form $y = 1 / 1+e^-$

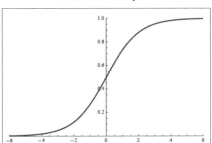

Wenn es sich beim jeweils gerade berechneten Neuron um ein verdecktes handelt (also noch nicht um eines der Output-Neuronen), so stellt seine Aktivierung den Input für den je nachfolgenden Verarbeitungsschritt bereit. Hat die Berechnung dagegen eines der Output-Neuronen erreicht, so wird die Aktivierung mit dem *erwarteten* Output-Wert verglichen und aus der Differenz der *Error* des Netzwerks im aktuellen Zustand bestimmt, also das Ausmaß des *Noch-nicht-optimal-angepasst-Seins* des Netzwerkes. Anhand dieses *Errors* werden sodann die Verbindungsgewichte Lage für Lage „zurückgehend" in Abhängigkeit der Lern-Rate angepasst.

Im Detail wird der *Error* E_O eines Output-Neurons durch Subtraktion seiner aktuellen Aktivierung A vom erwarteten Output-Wert O und Multiplikation der Aktivierung und dem Komplement der Aktivierung (1 - Aktivierung) bestimmt.

$$E_O = (O - A) * A * (1 - A)$$

Analog dazu wird der *Error* E_V eines verdeckten Neurons bestimmt, indem die Summe der Produkte der *Errors* der je vorhergehenden Neuronen E_O (bzw. E_V) mit den Gewichten der Verbindungen, die zu ihnen führen, mit der Aktivierung und ihrem Komplement multipliziert werden.

$$E_V = \sum(E_O * W) * A * (1 - A)$$

Die entsprechenden Gewichte w werden sodann um die Lern-Rate d multipliziert mit dem Error des je vorhergehenden Neurons E_O (bzw. E_V) und der Aktivierung des Neurons, zu dem die Verbindung zurückführt, erhöht, beziehungsweise, wenn dieser Wert negativ ist, vermindert.

6.5 Neuronale Netze

$$w_i(t+1) = w_i(t) + d * E * A$$

Durch oftmalige Wiederholung dieses Vorgangs, durch Iteration also, nähert sich damit das Netzwerk einem Zustand an, der die Regelmäßigkeiten der zu erlernenden Daten erfasst und „abzubilden" in der Lage ist. Verändert werden dabei allerdings nicht primär die Neuronen selbst, also jene Bestandteile des Netzwerkes, die wir aus traditioneller Sicht vielleicht als die eigentlich wesentlichen wahrzunehmen gewöhnt sind. Entscheidend ist vielmehr die Veränderung der Verbindungen, von denen manche hohe Gewichte annehmen, manche niedrige, manche positive, manche negative.

Wie groß die Relevanz der Verbindungsgewichte dabei ist, zeigt der Umstand, dass das Erlernen von Regelmäßigkeiten keineswegs immer dieselbe Netzwerkstruktur zur Folge haben muss. Die Gewichtungen können sich vielmehr, abhängig von zufälligen Anfangsunterschieden, völlig konträr entwickeln und trotzdem dem Netzwerk ermöglichen, genau dieselbe Aufgabe zu erfüllen. Um dies zu zeigen, stellt die folgende Abbildung zwei simulierte Netzwerke gegenüber, die beide über jeweils 5000 Iterationen genau die gleiche Aufgabe zu erfüllen „gelernt" haben, nämlich die richtige Wiedergabe des logischen UND-Operators. Wie an Farbe und Stärke der Verbindungslinien zu sehen ist, haben die beiden Netzwerke im Zuge dessen völlig unterschiedliche Verbindungsgewichtungen vorgenommen, sind also im Detail höchst unterschiedlich strukturiert, leisten aber genau das selbe. Dem Vermögen zweier Menschen, zum Beispiel Chinesisch zu sprechen oder Cello zu spielen, können also im Detail völlig unterschiedliche Netzwerkverbindungen in ihren Gehirnen zugrunde liegen.

Abbildung 6.10: Simulation des Erlernens des logischen UND-Operators

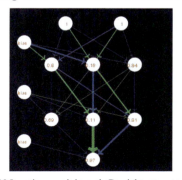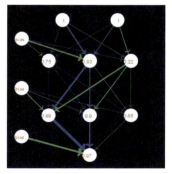

Über 5000 Iterationen mit je nach Gewichtung unterschiedlich stark gezeichneten Verbindungen, grün für negative, blau für positive Werte.

6.5.3 Training

Back-Propagation-Netzwerke sind in der Lage, Regelmäßigkeiten in Daten aufzuspüren, die als solche zumindest bis zu einem gewissen Grad schon bekannt sind. Das heißt, sie werden vor allem in Zusammenhängen eingesetzt, über die bereits gewisse Vorkenntnisse vorliegen. Im Fall der logischen Operatoren zum Beispiel kennen wir die jeweiligen Ergebnisse für alle möglichen Input-Kombinationen und können deswegen den Lernprozess des Netzwerks überprüfen. Anders gesagt, wir kennen den *erwarteten* Output, können ihn mit dem je aktuell *errechneten* Output vergleichen und so das Netzwerk im Hinblick auf die Differenz, sprich den *Error* solange „trainieren", bis uns der Error vernachlässigbar gering erscheint.

Diese Art des Netzwerk-Lernens wird *überprüftes Lernen*, oder auf Englisch *supervised learning* genannt. Es funktioniert bis zu einem bestimmten Grad auch dann recht gut, wenn nicht alle vorliegenden Daten verwendet werden, um das Netzwerk zu trainieren. In der Praxis werden die Eingabedaten dazu unterschieden, und zwar in ein kleineres Trainingsset und in das umfangreichere, eigentlich auf Regelmäßigkeiten hin zu erlernende Datenset. Die Funktionsweise von Netzwerk-Programmen zur Handschriften- oder auch Texterkennung (Englisch: *Optical Character Recognition* oder OCR), wie sie auf *Touchscreens* oder auch in den Eingabefeldern von *Smartphones* und *Personal Digital Assistents* (PDAs) Verwendung finden, liefert uns dafür ein anschauliches Beispiel.

Ein Handschriften-Erkennungsprogramm verlangt vom User, dessen Handschrift von einem neu gekauften Gerät erkannt werden soll, in der Regel zunächst, Buchstaben oder auch Worte, wie er sie eben in seiner individuellen Handschrift zu schreiben gewohnt ist, mehrmals hintereinander in ein Eingabefeld zu zeichnen. Dieses Eingabefeld besteht aus einem Raster, dessen einzelne Zellen den Input-Neuronen eines Künstlichen Neuronalen Netzwerks entsprechen. Bei der Eingabe werden nun stets einzelne dieser Felder beschrieben und andere nicht. Sobald ein Feld beschrieben ist, stellt dies eine Aktivierung des entsprechenden Input-Neurons dar, also zum Beispiel den Input 1 statt 0.

Für das Netzwerk liefert diese, von der Handschrift abhängige Aktivierung einzelner Felder die „Regelmäßigkeiten", die es iterativ „erlernt". Das heißt, es passt die Gewichtungen seiner Verbindungen und die Aktivierungen seiner Neuronen so an die Trainingsdaten an, dass später, nach Abschluss des Anfangstrainings, auch aus Eingaben, die, weil sie vielleicht etwas hastiger geschrieben wurden, von den Trainingsdaten abweichen, *hinreichend wahrscheinlich* auf die richtigen Buchstaben geschlossen wird.

6.5 Neuronale Netze

Abbildung 6.11: Schematische Darstellung einer Handsschriftenerkennungsmatrix als Input für ein Künstliches Neuronales Netzwerk

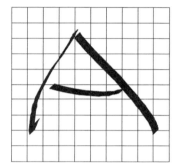

Die Anpassung des Netzwerks muss dabei mit dem Anfangstraining nicht abgeschlossen sein. Ihre Attraktivität finden Künstliche Neuronale Netzwerke gerade in dem Umstand, dass sie, so wie das biologische Gehirn auch, gleichsam *in actu*, also auch während ihres Gebrauchs beständig mit- und weiterlernen können. Sie sind damit in der Lage, sich auch sehr dynamischen Gegebenheiten permanent aufs Neue anzupassen. Das heißt, sie sind, anders als fest-verdrahtete Schaltkreise, niemals ein für alle Mal in ihrer Funktionsweise festgelegt.

6.5.4 Graceful degradation

Dieser Umstand ist dafür verantwortlich, dass neuronale Netze relativ ausfallssicher funktionieren. Während bei vielen fest-verdrahteten Schaltkreisen der Ausfall einer einzigen, vielleicht insgesamt sogar eher irrelevanten Komponente oftmals zum Totalausfall des gesamten Systems führen kann, zeigen sich Netzwerke oft erstaunlich widerstandsfähig gegenüber dem *Blackout* ganzer Bereiche. Die wohl augenfälligsten Beispiele dafür liefern Unfallopfer oder Schlaganfall-Patienten, deren Gehirn, sei es durch mechanische Einwirkung oder durch Sauerstoffmangel, in Teilen irreparabel zerstört wurde, die aber nach entsprechender Therapie mitunter zu Verhaltensweisen zurückfinden, die in Anbetracht der Verletzungen als relativ „normal" betrachtet werden können. Die nicht-zerstörten Teile des Gehirns waren in diesen Fällen offensichtlich in der Lage, die verlorenen Funktionen neu zu erlernen und so für die Schäden zu kompensieren.

Diese Eigenschaft von Netzwerken wird *Graceful degradation* genannt und wird insbesondere in Bereichen, in denen einzelne Teilausfälle kein Totalversagen nach sich ziehen sollen, auch ganz bewusst eingesetzt. Die Versorgung mit elektronischem Strom in den meisten OECD-Ländern zum Beispiel folgt diesem Prinzip. Obwohl es natürlich auch in diesen Teilen der Welt nach wie vor gelegentlich zu *Blackouts* ganzer Stadtviertel kommt – und dann natürlich, eben weil dies inzwischen relativ selten geworden ist, auch große Aufmerksamkeit nach sich zieht – sorgt mittlerweile die netzwerkartige Infrastruktur der Stromanbindung für eine relativ stabile Versorgungslage. Fällt ein Teil des Netzwerkes aus, so übernehmen, oftmals ohne dass der Konsument etwas davon merkt, andere Netzwerkverbindungen deren Aufgabe.

Auch das Netz der Netze, das Internet, verdankt seine Existenz diesem Bedarf für Ausfallsicherheit. Bekanntlich suchte das US-amerikanische Militär zu Zeiten des Kalten Kriegs nach Möglichkeiten, im Fall eines nuklearen Angriffs auf einzelne Machtzentren nicht sofort seine ganze Handlungsfähigkeit einzubüßen. Die netzwerkartige Informationsverteilung – so die dem Internet zugrundeliegende Überlegung – sollte es dem System erlauben, auch bei Ausfall einzelner Teile noch hinreichend zuverlässig zu reagieren.

6.5.5 Self-organizing Maps

Eine etwas andere Art künstlicher neuronaler Netze stellen so genannte *Self-organizing Maps* dar, abgekürzt oft SOMs, oder nach ihrem Erfinder Teuvo Kohonen[296], auch *Kohonen-Netzwerke* genannt. Diese Netzwerke werden nicht anhand bereits erwarteter Outputdaten trainiert – sie werden deswegen auch als *unsupervised networks* bezeichnet –, sondern finden die „Regelmäßigkeiten" der Datenlandschaft, die sie „erkunden" sollen, gleichsam von selbst. Sie passen sich in gewissem Sinn *selbständig* jenen Strukturen an, die sie in ihrer „Umwelt" ausfindig machen.

In SOMs wird gewöhnlich nicht wie in Backpropagation-Netzwerken zwischen Input-, verdeckten und Output-Neuronen unterschieden. Außerdem spielt in ihnen die Aktivierung der Neuronen keine spezifische Rolle. Was zählt, sind einzig die Verbindungsgewichte, die nach und nach, also iterativ, entsprechend der jeweiligen Inputdaten angepasst werden. Wir wollen uns ihre Funktionsweise anhand einer sehr einfachen *Self-organizing Map* veranschaulichen, deren Output, also das erlernte Ergebnis, in der folgenden Abbildung als gelbes Netz visualisiert wird, und deren Input ganz einfach aus den Koordinaten der, für den Betrachter unsichtbaren Gitterpunkte des schwarzen Hintergrundquadrates besteht.

---

296 Kohonen, Teuvo (1995): Self-Organizing Maps. Berlin, Springer.

6.5 Neuronale Netze

Abbildung 6.12: Self-organizing Map

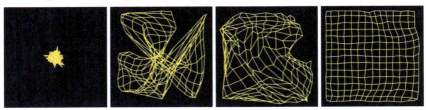

Visualisiert als sich selbst entfaltendes gelbes Netz, das sich von einem zufällig generierten, eng gefalteten Ausgangszustand (links) iterativ der „Ordnung" seines Inputs anpasst. Der Input besteht in diesem Fall aus den Koordinaten der Gitterpunkt des schwarzen Hintergrundquadrates, die in der Abbildung ganz rechts durch die Annäherung des (noch nicht restlos entfalteten) gelben Netzes erkennbar werden.

Zu Beginn des Lernprozesses ist das Netzwerk zufällig zusammengefaltet. Sämtliche Verbindungsgewichte haben zufällig um die 0-0-Koordinate (den Mittelpunkt des Hintergrundquadrates) gestreute Werte (linkes Bild in Abbildung 6.12). Als erstes Inputdatum werden sodann die x-y-Koordinaten eines zufällig gewählten Gitterpunktes des schwarzen Hintergrundquadrates herangezogen und mit allen Koordinaten der Knotenpunkte des gelben Netzes verglichen. Diese Knotenpunkte stellen die Neuronen unseres Netzwerks dar, werden aber im Normalfall natürlich nicht in dieser Weise visualisiert. Der Knotenpunkt, der die geringste *Euklidische Distanz*[297] zum ersten Inputdatum aufweist, wird – für diesen einen, gerade durchgeführten Berechnungsschritt – als so genanntes *Best matching unit* (BMU) festgehalten. Dieses *Best matching unit* wird nun als aktuelles Zentrum eines Annäherungsprozesses betrachtet, im Zuge dessen innerhalb eines bestimmten, vorab festgelegten Radius die Verbindungsgewichte der Neuronen, also in diesem Fall die Koordinaten des gelben Netzes, entsprechend einer ebenfalls vorab festgelegten Lernrate an das Inputdatum angenähert werden. Und zwar geschieht dies in steigender Entfernung der Neuronen vom BMU mit abnehmender Intensität. Das heißt, die Gewichte der mit dem BMU, hier direkt über gelbe Linien, verbundenen Neuronen werden stärker verändert. Die Gewichte der – innerhalb des Radius – weiter entfernten Neuronen schwächer. Die Abnahme des Veränderungsimpakts folgt dabei der Formel $exp(-d^2/2 * l)$, wobei d die Distanz eines Neurons zum BMU innerhalb des Radius meint und l die Lernrate.

---

297 Die *Euklidische Distanz* gibt jene Distanz zwischen zwei Punkten zum Beispiel auf einem Blatt Papier an, die mit einem gewöhnlichen Maßstab festzustellen wäre. Wird die Distanz berechnet (und nicht einfach gemessen), so wird die *Pythagoräische Formel* dafür verwendet. Die Punkte U mit den Koordinaten (u_1, u_2) und V mit den Koordinaten (v_1, v_2) haben demnach die *Euklidische Distanz* $D = \sqrt{\text{sqrt}\,(u_1 - v_1)^2 + (u_2 - v_2)^2}$

Nach diesem ersten Lernschritt wird das nächste Inputdatum, hier die Koordinaten eines weiteren Gitterpunktes, zufällig ausgewählt und derselben Berechnung ausgesetzt. Dies wird solange wiederholt, bis alle Inputdaten in einem ersten Lerndurchgang erfasst sind. Der nächste Lerndurchgang wiederholt sodann den gesamten Prozess mit etwas geringerer Lernrate und etwas reduziertem Radius. Die Reduktion von Radius und Lernrate folgt dabei in der Regel der Formel $i * exp(-t / (n / log\ r\ 2))$, wobei i den Anfangsradius, beziehungsweise die Anfangslernrate bezeichnet, t die Zahl der bereits durchgeführten Lernschritte, n einen Wert um 1000 angibt, der selbst nach jeder Berechnungsrunde ein Stück weit reduziert wird, und r den Radius angibt, wie er je aktuell gerade gilt.

Interessant ist, dass die verschiedenen Parameter bei dieser Art von Netzwerken keine absoluten Werte darstellen, sondern ihrerseits nachträglichen Feinabstimmungsprozessen unterliegen, die von der Art der zu erkundenden Daten abhängt. In manchen Fällen können sich zum Beispiel höhere Lernraten auszahlen, weil das Netz damit schneller „lernt". In anderen Fällen verhindern sie aber unter Umständen die Konvergenz des Netzes, das heißt seine Anpassung an die Datenlandschaft, weil die Oszillation der Gewichte zu groß ist, um eine passende Klassifikation der Input-Muster zu generieren. Grundsätzlich gibt es für die Feinabstimmung solcher Netzwerke kaum allgemein gültige Regeln. Ihr erfolgreiches Tuning hängt oft vom „Herumprobieren" und von Erfahrungswerten ab.

Trotzdem schaffen es diese Netzwerke aber zumeist, sich effektiv und erstaunlich schnell auch an sehr komplexe Datenlandschaften „anzuschmiegen". In herkömmlicher Weise kaum zu berechnende kombinatorische Probleme zum Beispiel, wie etwa das in Kapitel I-IV beschriebene *Travelling Salesman Problem*, lassen sich mit SOMs schnell erkunden (siehe Abbildung 6.13). Auch hier gilt freilich, wie schon im Fall des *Simulated Annealings* (siehe 5.2.2) oder der *Ant Search* (siehe Fn. 251), dass die gefundenen Lösungen niemals 100-prozentig optimal sind, sondern in der Regel *hinreichend gute Annäherungen* an die optimale Lösung darstellen.

Die Methode und Theorie Künstlicher Neuronaler Netzwerke hat sich heute zu einem eigenen hochkomplexen Forschungszweig entwickelt, der eine Vielzahl von interessanten Weiterentwicklungen und Kombinationen der hier beschriebenen Netzwerke hervorgebracht hat. Zeitgenössische Roboter zum Beispiel werden längst nicht mehr mit „fest-verdrahteten" Schaltkreisen, sondern mit anpassungsfähigen, hochflexiblen Netzwerken ausgestattet und in Verfahren wie *Quickprop* oder *Deep learning*[298] beständig weiter verbessert. Und auch in unzähligen Alltagsanwendungen finden Künstliche Neuronale Netzwerke mittlerweile weite Verbreitung.

---

298 Siehe u.a.: http://deeplearning.net/ (13.7.2010).

6.5 Neuronale Netze

Abbildung 6.13: Ausschnitte aus einer Simulation der Lösung des *Travelling Salesman Problem* mithilfe einer *Self-organizing Map* (rote Linie), die iterativ eine kurze Reiseroute durch 30 Städte (weiße Punkte) findet

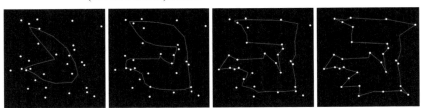

Grundsätzlich gilt für all diese Netzwerke, dass sie in der verteilten Repräsentation ihres Wissens äußerst flexible und im Hinblick auf Veränderungen sensible Strukturen darstellen, die grundsätzlich nicht „aufhören" zu lernen, also nicht irgendwann einmal „fertig" vorliegen. Sie passen sich vielmehr permanent und *in actu*, also während ihres eigenen Operierens, beständig an neue Gegebenheiten an. Sie sind deshalb, wie wir das schon für die *Genetischen Algorithmen* (siehe 5.3) beschrieben haben, prinzipiell in der Lage, sich auch an jene Veränderungen anzupassen, die sie selbst initiieren.

Sie sind damit zumindest potentiell in der Lage, dem Beispiel des menschlichen Gehirns zu folgen, das es, zumindest bisher, recht erfolgreich geschafft hat, sich an diejenigen Veränderungen, die es seit seinem Existieren in der Welt verursacht, anzupassen, sprich mit ihnen zurande zu kommen. Diese Veränderungen sind, wie wir wissen, keineswegs gering. Ökologen gehen heute davon aus, dass es auf unserem Planeten selbst in den Tiefen der amazonischen Wälder, der sibirischen Tundren oder der antarktischen Weiten keine vom Menschen unbeeinflusste „Natur" mehr gibt, also eigentlich nichts, was diesen Namen noch verdienen würde. Unser Gehirn hat im Zuge seiner Anpassung an die Natur, diese Natur von Grund auf verändert. Es hat sie zur Kultur gemacht. Und auch an sie passt es sich nach wie vor an.

6.5.6 Die Singularität

Wie weit die Fähigkeit unseres Gehirns geht, sich an die von ihm selbst initiierten Veränderungen anzupassen, wird sich zeigen. Zur Zeit scheint es mit einigem Erfolg damit beschäftigt, seine diesbezüglichen Möglichkeiten auszuweiten, und zwar indem es sich selbst und seine Funktionsweise im Medium der Computer reproduziert. Dieses Medium birgt Möglichkeiten, die in manchen Bereichen über die des menschlichen Gehirns hinausgehen. Abgesehen von den immer wieder betonten Geschwindigkeits-, Speicherungs- und Vernetzungsvorteilen unterliegt es auch – und dies mag zunächst vielleicht unbedeutend erscheinen – bislang keinen moralischen und normativen Vorbehalten, was die Verwerfung bereits erzielter Resultate, also etwa das Wiederaufgeben schon vorliegender Rechner-Architekturen, das Löschen geschriebener Programmcodes, das Zerstören von Rechnernetzwerken etc. anbelangt. Zumindest bislang empfinden wir nicht viel dabei, ein Computerprogramm, das sich als nicht optimal erweist, einfach wieder zu löschen, oder auch einen Roboter, der nicht tut, was er soll, zu zerstören. Uns selbst und unseren Gehirnen gegenüber sind wir diesbezüglich dagegen, natürlich zu Recht (!), an eine Vielzahl ethischer, humaner Vorbehalte gebunden. Für uns stellt das *Survival of the Fittest*, das heißt die unmittelbare evolutionäre Selektion „optimaler"[299] Denkstrukturen, keine akzeptable Option dar.

Wie wir insbesondere in Kapitel 5 hervorgehoben haben, ist aber das *Aufgeben* bereits gefundener Lösungen, das „Verlernen", beziehungsweise das „Vergessen" erzielter Resultate, ein nahezu so wichtiger Aspekt erfolgreichen Lernens, erfolgreicher Anpassung, wie das Lernen oder die Anpassung selbst. Nur wo „Sackgassen" auch wieder verlassen werden können, weil temporäre „Rückschritte" möglich sind, lässt sich effektive Anpassung gewährleisten. Vor diesem Hintergrund könnte sich die zur Zeit beginnende „Auslagerung" kognitiver Anpassungsprozesse in eine „virtuelle Realität" als Mittel zur Ausweitung unseres kulturell limitierten Möglichkeitsraumes erweisen. *Genetische Algorithmen*, die in Teilbereichen auch heute bereits tausende Jahre natürlicher Evolution in wenigen Sekunden simulieren, werden, wie wir gesehen haben, bereits aktuell in vielen Bereichen genutzt. Die Suche nach Lösungen für komplexe Verteilungsprobleme etwa, oder auch *Supply-Chain*-Optimierungen, ja selbst das Schreiben von Computerprogrammen selbst, wird mit Hilfe dieser Methode erfolgreich effektiviert. Und auch zur Optimierung Künstlicher Neuronaler Netze wurde die Methode bereits vorgeschlagen.

Der Philosoph David J. Chalmers hat dazu bereits 1990[300] einfache Künstliche Neuronale Netze einer sich selbst organisierenden Optimierung mittels *Ge-*

---

299   Ganz abgesehen von der Frage, was denn „optimal" in diesem Zusammenhang überhaupt bedeuten soll.
300   Chalmers, David J. (1990): The Evolution of Learning: An Experiment in Genetic Connectionism; in: Touretzky, D. S. / Elman, J. L. / Sejnowski, T. J. / Hinton, G. E. (eds.): Proceedings of the 1990 Connectionist Models Summer School. San Mateo, CA: Morgan Kaufmann. Siehe auch: Chalmers, David (1996): The Conscious Mind. New York: Oxford UP.

6.5 Neuronale Netze

netischer Algorithmen, einer selektierenden Evolution also, ausgesetzt, in deren Verlauf, wie sich zeigte, durchaus „selbständig" effektive Lernmechanismen, allen voran die zu der Zeit im Fokus stehende Delta-Regel, entstanden. Was damals aufgrund der vergleichsweise geringen Rechenleistung auf relativ simple Single-Layer-Netzwerke beschränkt blieb, lässt sich heute zum Beispiel mit Roboterschwärmen[301] durchaus effektiv auch für komplexere Anpassungsleistungen durchführen.

In Anbetracht dieser Forschungen liegt es vielleicht in der Tat nicht ganz fern, eine Entwicklung oder genauer einen Entwicklungsschritt zumindest als Möglichkeit in Betracht zu ziehen, den der Informatiker Ray Kurzweil als „Technologische Singularität" bezeichnet und in Extrapolation der bisher festgestellten Verdoppelung der Rechnerkapazitäten zirka alle 18 Monate – bekannt als *Moore's Law* –, für das Jahr 2029 vorhersagt.[302] Zu diesem Zeitpunkt sollen Rechenleistung, Vernetzung und Einsatz von Computern ein Ausmaß erreichen, das ihnen gleichsam „Autopoiesis" erlaubt, das also die weitere Entwicklung der Computer den Computern selbst ermöglicht und ihre Anpassung und Optimierung ihrem eigenen, dann freilich unter Umständen auch eigenen Kriterien unterliegenden, Evolutionsprozess überantwortet.

Was dieser Entwicklungsschritt konkret für uns bedeutet, obliegt, ebenso wie die Frage, ob er tatsächlich eintreten wird, der Spekulation. Aktuell können wir dazu nicht viel mehr sagen, als dass ihn aktuelle Entwicklungen in der Komplexitätsforschung und der Computertechnologie nicht ganz unmöglich scheinen lassen. Feststellen lässt sich allerdings, dass, wenn wir eine Chance haben wollen, diese Entwicklung in eine für uns wünschenswerte Richtung zu wenden, ein Verständnis komplexer Systeme, wie es in diesem Buch zu vermitteln versucht wurde, unverzichtbar sein wird.

---

301 Die oftmals, weil ihre Funktionsweise eben nicht mehr auf „fest-verdrahteten" Schaltkreisen, sondern auf Netzwerken beruht, nicht mehr als Roboter, sondern zum Beispiel als *Brain Based Devices* bezeichnet werden. Vgl. dazu u.a.: Edelman, Gerald M. (2005): Wider than the Sky. A Revolutionary View of Consciousness. London: Penguin Books. Vgl. dazu auch etwa die Forschungen von BIOROB, des *Biorobotics Laboratory*, unter http://biorob.epfl.ch/ (13.07.2010) und vieler ähnlicher mehr.

302 Vgl. Kurzweil, Raymond (2005): The Singularity is Near. When Humans transcend Biology. Viking Books.

Nachwort – Der Einschluss des Ausgeschlossenen

Der Versuch, *gleichzeitig ungleichzeitige* Zusammenhänge und Zusammenwirkungen zu erfassen, hat eine schwierige, weil selbst-bezügliche Pointe. Erst durch das Einbeziehen von bisher Ausgeschlossenem, also etwa durch das fortgesetzte Mitberücksichtigen weiterer interessanter Aspekte komplexer Systeme, wird nämlich deutlich, was dabei neuerlich ausgeschlossen bleibt, was also noch nicht behandelt wurde, es aber gleichwohl durchaus verdienen würde, in einem Buch wie diesem besprochen zu werden. Anstatt hier dem aussichtslosen Unterfangen eines vollständigen „Einschlusses alles Einschließenswerten" zu erliegen und damit dieses Buch niemals fertig zu stellen, möchte ich abschließend lieber kurz noch einmal auf die Grundsätzlichkeit des „Einschlusses des Ausgeschlossenen" und auf seine Bedeutung für die hier behandelte Thematik eingehen. Sie beleuchtet einmal mehr die Bedeutung *gleichzeitiger Ungleichzeitigkeiten* für unsere zeitgenössische Welt.

Betrachten wir dazu kurz ein kleines ökonomisches Beispiel, das von der Konkurrenz des Menschen und mancher Tiere um Nahrungsmittel handelt. Menschen domestizieren unter anderem Schafe, um sie als Nahrungsquelle zu nutzen. Wölfe reißen Schafe und dezimieren damit diese Ressource. Konventionelles ökonomisches Denken würde dafür sprechen, die Konkurrenz zu unterbinden und die Wölfe zu töten.

Unsere Überlegungen in Kapitel I haben freilich gezeigt, dass die Reduktion von „Räubern" in einem Räuber-Beute-System dazu führen kann, dass sich die Beutetiere, die Schafe, ungehindert vermehren und damit unter Umständen ihrerseits eine Ressource übernutzen, die zunächst aus dem gerade gezeichneten Bild *ausgeschlossen* blieb. Die Nahrung der Schafe, also etwa das Gras auf der Weide, spielte in ihm keine Rolle. Erst wenn dieses, weil wir die Wölfe ausrotten, von den nun sich rasant vermehrenden Schafen so schnell gefressen wird, dass es nicht mehr nachwächst und den Schafen damit nach und nach die Nahrungsquelle abhandenkommt, wird es für uns relevant. Das zunächst Ausgeschlossene ist plötzlich mit im Bild. Aus Ökonomie wird Ökologie und weist darauf hin, dass Ausschluss, ohne kontraproduktiv zu werden, auf Dauer nicht möglich ist.

Komplexe adaptive Systeme sind in der Lage, auf diese Problematik zu reagieren. Die moderne Gesellschaft zum Beispiel, und insbesondere ihr hoch-differenzierter Wissenschaftsbetrieb, aber auch etwa der Journalismus und sein Klientel, die mittlerweile globale Öffentlichkeit, bieten mächtige Anreizsysteme dafür, noch das entlegenste Ausgeschlossene, kaum dass es als solches geortet wird, wieder einzuschließen. Kaum fällt eine Konkurrenz um Nahrungsmittelressourcen irgendwo auf, wird sie auch schon – wie hier gerade – ökologisch reflektiert. Kaum offenbart sich der „blinde Fleck" etwa eines Politikers oder eines Wissenschaftlers, sorgt die Möglichkeit, sich mit seiner Aufdeckung Sporen zu verdienen, Karriere zu machen, bekannt zu werden, oder sich einfach *visibility* zu verschaffen, zuverlässig dafür, dass, was der Fleck verdeckt, aufgedeckt wird. Anders gesagt, die moderne Gesellschaft lässt kaum noch etwas dauerhaft ausgeschlossen. Der Einschluss von Ausgeschlossenem ist in ihr auf Dauer gestellt. Oder noch einmal anders: Ausschluss und Einschluss finden in solchen Systemen *gleichzeitig ungleichzeitig* statt. Die Bordmittel dieser Systeme sorgen für permanente Umschichtung von Ausschluss und Einschluss.

Als Teil dieser Bordmittel bemüht sich die Komplexitätsforschung diesem Umstand auch auf begrifflicher Ebene zu entsprechen. Insbesondere Niklas Luhmann hat diesbezüglich Systeme als Funktionen der Ausgrenzungen, die sie vornehmen, konzeptioniert. Systeme ent- und bestehen, indem sie, was durch sie ausgeschlossen wird, ihre Umwelt, *gleichzeitig ungleichzeitig* stets auch mit einschließen, indem sie also die Differenz zu dem, was sie nicht sind, zu ihrer Umwelt eben, durch permanentes Wiederbedienen dieser Differenz aufrechterhalten. Systeme „sind" damit nicht einfach Systeme in einem klassisch ontologischen Sinn, sondern sie „sind" die je aktuelle Differenz zu ihrer Umwelt, das heißt zu dem was durch sie gerade ausgeschlossen wird. Auf eine, zugegeben auf den ersten Blick vielleicht verwirrende Formel gebracht, ließe sich dies wie folgt anschreiben:

$$\text{System} = \text{System} / \text{Umwelt}$$

Der Sozialtheoretiker Dirk Baecker, ein Schüler von Luhmann, schlägt vor, diesen Umstand mit der folgenden, an Georg Spencer-Brown angelehnten Notation zu fassen[303]:

$$\text{System} = \overline{\text{System} \,|\, \text{Umwelt}}$$

Der entscheidende Aspekt dabei ist, dass sich eben das, was in dieser Formel „bezeichnet" (also begrifflich gefasst) werden soll – das System – stimmig nur dann „bezeichnen" lässt, wenn *gleichzeitig* das, was durch diese Bezeichnung ausge-

---

303 Baecker, Dirk (2005): Form und Formen der Kommunikation. Frankfurt/M. (Suhrkamp)

6.5 Neuronale Netze

schlossen wird, mit eingeschlossen, also ebenfalls „bezeichnet" wird. Und genau dies gelingt eben nur *gleichzeitig ungleichzeitig*.

In diesem Sinn gewinnt auch dieses Buch seine Stimmigkeit, indem, was in ihm erwähnt wird und was dagegen ausgeschlossen bleibt, zwar unterschieden wird, aber gleichzeitig das Ausgeschlossene auch markiert und damit zumindest tendenziell – *gleichzeitig ungleichzeitig* – mit eingeschlossen wird. Einfacher ausgedrückt: dieses Buch wird seine Stimmigkeit in jenem Verweiszusammenhang finden, den sich der Leser durch Beschäftigung mit möglichst vielen weiteren Aspekten dieses Themas erschließt.

Zusammenfassende und weiterführende Literatur

Adamatzky, Andrew (ed.) (2002): Collision-based Computing. London (Springer).
Arthur, W. Brian (1994): Increasing Returns and Path Dependence in the Economy. Ann Arbor. University of Michigan Press.
Ashby, William Ross (1956): Introduction to Cybernetics. London. Chapman and Hall.
Aumann, Robert J. (1995): Repeated Games with Incomplete Information, Cambridge, MA: MIT Press.
Axelrod, Robert M. (1984), The Evolution of Cooperation. Harper. (dtsch: Axelrod, Robert (1991): Die Evolution der Kooperation. München.
Axelrod, Robert. (2006). The Evolution of Cooperation. Revised edition. Perseus Books Group)
Axelrod, Robert M. (1997), The Complexity of Cooperation. Princeton. Princeton UP.
Bak, Per (1996): How Nature Works: The Science of Self-Organized Criticality. New York. Copernicus.
Barabási, Albert-Lászlá (2003): Linked: How Everything Is Connected to Everything Else and What It Means for Business, Science, and Everyday Life. New York: Plume.
Barry, Brian / Hardin, Russell (Eds.). (1982): Rational Man and Irrational Society? Beverly Hills, CA: Sage.
Bechtel, William / Abrahamsen, Adele (2002): Connectionism and the Mind: Parallel Proc-essing, Dynamics, and Evolution in Networks. Cambridge, MA: Blackwell.
Boucher, Douglas H. (ed.) (1985): The Biology of Mutualism. Ecology and Evolution. Lon-don. Croom Helm.
Bratley, Paul / Fox , Bennett L. / Schrage , Linus E. (1987): A Guide to Simulation. New York, Springer.
Dennett, Daniel C. (1991): Consciousness Explained. Boston: Back Bay Books.
Dennett, Daniel C. (1995): Darwin's Dangerous Idea: Evolution and the Meanings of Life. New York: Simon & Schuster.
Dennett, Daniel C. (2003). Freedom Evolves. New York: Penguin Books.
Edelman, Gerald M. (2005): Wider than the Sky. A Revolutionary View of Consciousness. London: Penguin Books.
Epstein, Joshua M. / Axtell, Robert (1996): Growing Artificial Societies: Social Science From the Bottom Up. Cambridge, MA: MIT Press
Epstein, Joshua M. (2006): Generative Social Science: Studies in Agent-Based Computational Modeling. Princeton.
Ferber, Jacques (1999): Multi-Agent Systems: An Introduction to Artificial Intelligence, Addison-Wesley.
Forest, Stephanie (ed.) (1991): Emergent Computation. Cambridge, MA: MIT Press.
Freedman, Herbert I. (1980): Deterministic Mathematical Models in Population Ecology. Pure and Applied Mathematics. New York. M. Dekker edition.
Fudenberg, Drew / Tirole, Jean (1991): Game Theory. Cambridge, MA: MIT Press.
Garey, Michael R. / Johnson, David S. (1979): Computers and Intractability. A Guide to the Theory of NP-Completeness. W.H. Freeman.

Gilbert, Nigel / Conte, Rosaria (eds.) (1995): Artificial Societies: The Computer Simulation of Social Life. London: UCL Press.
Gilbert Nigel / Troitzsch, Klaus G. (2005): Simulation for the Social Scientist. Second edition, Open University Press.
Gintis, Herbert (2009): Game Theory Evolving. Princeton: Princeton University Press
Gladwell, Malcolm (2000) The Tipping Point: How Little Things Can Make a Big Difference. New York. Little Brown.
Goldberg, David E. (1989): Genetic Algorithms in Search, Optimization and Machine Learning. Reading, MA: Addison-Wesley.
Hegselmann, Rainer / K. G. Troitzsch / U. Mueller (Eds.) (1996): Modelling and Simulation in the Social Sciences from a Philosophy of Science Point of View, Kluwer, Dordrecht, Boston.
Hegselmann, Rainer / Peitgen, H.-O. (Hrsg.) (1996): Modelle sozialer Dynamiken. Ordnung, Chaos und Komplexität, Wien.
Holland, John H (1975), Adaptation in Natural and Artificial Systems, University of Michigan Press, Ann Arbor.
Holland, John H. (1992): Adaptation in Natural and Artificial Systems: An Introductory Analysis with Applications to Biology, Control, and Artificial Intelligence. MIT Press.
Holland, John (1995): Hidden Order. How Adaptation builds Complexity. Reading, MA: Addison-Wesley.
Jantsch, Erich (1980): The Self-Organizing Universe: Scientific and Human Implications of the Emerging Paradigm of Evolution. New York: Pergamon Press.
Kauffman, Stuart A. (1993). The Origins of Order. Oxford University Press.
Kauffman, Stuart (1996): At Home in the Universe: The Search for Laws of Self-Organization and Complexity. Oxford/USA: Oxford University Press.
Kauffman, Stuart A. (2000). Investigations. Oxford University Press.
Langton, Christopher (ed.) (1989): Artificial Life. Addison-Wesley Publishing Company, Reading.
Davis, Lawrence (ed.) (1987): Genetic Algorithms and Simulated Annealing. London. Pitman.
Levy, Steven (1992): Artificial Life. Pantheon Books.
Lewin, Roger (1992). Complexity: Life at the Edge of Chaos. New York: Macmillan Publishing Co.
Luhmann, Niklas (1984): Soziale Systeme. Grundriß einer allgemeinen Theorie. Frankfurt/M.
Marwell, Gerald / Oliver, Pamela (1993) The Critical Mass in Collective Action: A Micro-Social Theory. New York: Cambridge University Press.
Maturana, Humberto R. / Varela, Francisco. J. (1990): Der Baum der Erkenntnis. Die biologischen Wurzeln des menschlichen Erkennens. Bern und München. Goldmann.
Michalski, Ryszard S. / Carbonell, Jaime G. / Mitchell, Tom M. (1983): Machine Learning: An Artificial Intelligence Approach. Tioga Publishing Company.
Miller, John H. / Page, Scott E. (2007): Complex Adaptive Systems. An Introduction to Computational Models of Social Life. Princeton (Princeton UP).
Nicolis, Gregoire / Prigogine, Ilya (1977): Self Organization and Nonequilibrium Systems. New York. Wiley.
Olson, Mancur Jr. (1965): The Logic of Collective Action: Public Goods and the Theory of Goods.. Cambridge Massachusetts, Harvard University Press.
Rapoport, Anatol / Chammah, Albert M. (1965): Prisoner's Dilemma. University of Michigan Press.
Resnick, Mitchell (1994): Turtles, Termites, and Traffic Jams. Cambridge, MA: MIT Press.
Rojas, Paul (2000): Theorie der neuronalen Netze. Eine systematische Einführung. Berlin, Springer.
Rosen, Robert (1985): Anticipatory Systems. Oxford. Pergamon Press.

Sawyer, Robert Keith (2005): Social Emergence: Societies As Complex Systems. Cambridge University Press.
Schelling, Tom C. (1978): Micromotives and Macrobehavior. New York. Norton.
Shirky, Clay (2008): Here comes Everybody. The Power of Organizing without Organizations. London. Penguin.
Sichman, Jaime S. / Conte, Rosaria / Gilbert, Nigel (Eds.) (1998): Multi-Agent Systems and Agent-Based Simulation. London – New York.
Simon, Herbert A. (1964): Models of Man. Mathematical Essays on Rational Human Behavior in a Social Setting. New York London.
Skyrms, Brian (2004): The Stag Hunt and the Evolution of Social Structure. Cambridge UK: Cambridge University Press.
Stearns, Steve / Hoekstra, Rolf (2000): Evolution. An Introduction. Oxford University Press.
Strogatz, Steven H. (2000): Nonlinear Dynamics and Chaos. Cambridge: Westview.
Strogatz, Steven (2003): Sync. How Order emerges from Chaos in the Universe, Nature and Daily Life. New York: Hyperion.
Sun, Ron (2006): Cognition and Multi-Agent Interaction. Cambridge University Press
Shoham, Yoav / Leyton-Brown, Kevin (2008): Multiagent Systems: Algorithmic, Game-Theoretic, and Logical Foundations. Cambridge University Press.
Vidal, José M. (2007): Fundamentals of Multiagent Systems, with NetLogo Examples; under: http://jmvidal.cse.sc.edu/papers/mas-20070824.pdf
Von Neumann, John / Morgenstern, Oscar (1944/2004): Theory of Games and Economic Be-havior. Princeton NJ, Princeton University Press.
Waldrop, M. Mitchell (1992): Complexity: The Emerging Science at the Edge of Order and Chaos. Simon and Schuster.
Watts, Duncan (2004): Small Worlds. The Dynamics of Networks Between Order and Randomness (Princeton Studies in Complexity). Princeton: Princeton University Press.
Weaver, Warren / Shannon, Claude Elwood (1949): The Mathematical Theory of Communication. Urbana, Illinois. University of Illinois Press.
Weiss, Gerhard (ed.) (1999) Multiagent Systems, A Modern Approach to Distributed Artificial Intelligence. Cambridge, MA: MIT Press.
Wolfram, Stephen (2002): A New Kind of Science. Wolfram Media, Inc.
Wooldridge, Michael (2002) An Introduction to MultiAgent Systems. John Wiley & Sons Ltd.
Young, Peyton H. (1998): Individual Strategy and Social Structure: An Evolutionary Theory of Institutions. Princeton: Princeton UP.

Stichwort- und Personenregister

A

Ameisensuche 250
Anpassung 106, 227, 247, 258, 263, 264, 265, 266, 312, 317, 320, 321, 322, 323
Arbeit 31
Arthur, Brian W. 35
   Die El Farol-Bar 152
   Lock-In-Effekt 35
Attraktoren 29, 43, 46, 57, 63, 94, 105, 191, 211, 279
Autopoiesis 16, 244, 323
Axelrod, Robert 131, 144, 164, 165, 216, 217, 218, 219, 220, 222, 223, 224, 227, 228, 229

B

Baecker, Dirk 326
Bateson, Gregory 19, 268
Bénard-Konvektionen 33
Beobachter 37, 73, 79, 80, 83, 102, 113, 116, 117, 119, 179, 196, 234, 238, 240, 242, 243, 250, 256, 273, 275, 276, 286, 290
Bienenstock 40

C

Chalmers, David J. 322
Choices with externalities 35
Clustering Koeffizient 293
Conway, John Horton 88, 102

D

Darwin, Charles 45, 180
Dawkin, Richard 181, 209
Deduktion 143, 144
Dennett, Daniel C. 90, 112
deterministisches Chaos 46, 47, 53, 54, 58, 60
Differentialgleichung 29
Differenzgleichung 29
Differenzierung 237, 238, 241, 247, 326
Dissipative Strukturen 33, 75, 77
Doppelte Kontingenz 239

E

Eigenwerte 277
Emergenz 272, 273, 290
Entropie 32
   Negentropie 32
   thermodynamisches Gleichgewicht 32
   Zweiter Hauptsatz der Wärmelehre 32, 236
Epidemiologie 65
Epstein, Joshua M. 131, 140, 141, 142, 144, 145, 146, 151, 152, 157, 159, 229, 231, 272
Evolution 64, 75, 77, 88, 90, 102, 106, 112, 131, 171, 180, 182, 209, 212, 217, 227, 263, 265, 322, 323
Evolutionarily Stable Strategies 208

F

Feedback 31, 290
   negatives 38, 40, 41, 45, 149, 242
   positives 33, 34, 35, 54, 250, 251, 300
Fibonacci-Sequenz 24
Fokus-Punkte 206
Fraktale 25, 27
Free rider 192, 196, 203

G

Gefangenen-Dilemma 214, 215, 216, 217, 218, 220, 227, 229
Gemeinwohl 189, 191, 203

Gemeinwohl-Lösung 189
Gemeinwohl-Spiel 191
Genetische Algorithmen 227, 263, 322
Gini-Koeffizient 46
Gleichzeitige Ungleichzeitigkeit 13, 14, 15, 17, 132, 135, 136, 146, 169, 185, 234, 238, 241, 275, 299, 306, 325, 326, 327
Gödel, Kurt 243, 276
Granovetter, Mark 289, 291
Grenzzyklen 41

H

Hamilton, William D. 181, 209
Holland, John 263
Homo oeconomicus 135, 136, 138, 139, 172, 185, 187, 189, 190, 197, 198, 200, 201, 203
Homöostase 38, 75

I

Identität 116, 135
Immergenz 232
Induktion 115, 143
Information 33, 114, 122, 255, 274
  Redundanz 115
inklusive Fitness 181
Iteration 24

K

Katastrophentheorie 61, 299
Kauffman, Stuart 36, 103
Klimaanlage 38, 240
Koch-Schneeflocke 25
Komplexität 73, 91, 169, 271, 274
  algorithmische 78
Konnektionismus 308
Konstruktivismus 17, 39, 234, 275, 280
Kontrolle 168, 194, 195
Kooperation 179, 180, 187, 191, 214, 225, 233
Künstliche neuronale Netze 307, 317, 322
  Back-propagation 315
  Graceful degradation 318
  Self-organizing Maps 318
  Supervised learning 316
Kurzweil, Ray 323

L

Lernen 227, 247, 254, 266, 285, 308
  Lernen lernen 268
  Maschinen-Lernen 253
Lindenmayer-Systeme 24
Ljapunow, Alexander Michailowitsch
  Ljapunow-Exponent 59
Logistische Gleichung 45
Lorenz, Edward N.
  Lorenz-Attraktor 57
  Schmetterlingseffekt 58
Luhmann, Niklas 39, 76, 239, 243, 273, 274, 276, 280, 326

M

Mandelbrot Set 27
Markow-Ketten 122
Märkte 75
  Efficient Market Hypothesis 155
Maturana, Humberto R. 241, 242, 243
Maxmin 188
Merton, Robert K. 34, 134
  Matthäus-Effekt 34
Milgram, Stanley 294
Modell 74, 167
Monte-Carlo-Simulation 247

N

Nash, John F.
  Nash-Gleichgewicht 205
Netzwerk 281, 320
nicht-triviale Maschine 269
Normalisieren 46

O

Ontogenese 135, 139, 280
Ordnung 78, 113
  emergente Ordnung 117, 134

P

Page-Rank-Algorithmus 13, 303
Paradoxie 277
Pareto, Vilfredo 137

Pareto-Optimum 204, 208, 213
Pareto-Verbesserung 204
Pareto-Verteilung 151, 301
Perceptron 308
Phasenübergang 36, 290
Pheromon 250
Pólya-Urne 31
Power law 63, 151, 159, 301, 302
Preferential attachment 300
Punctuated equilibrium 43, 60, 64, 193

R

Räuber-Beute- (Lotka-Volterra-)System 49, 233
Reduktionismus 273, 275
Re-entry 276
Reinforcement Learning 253
Rekursion 24
Rewiring 296
Reziprozität 182, 220
 indirekte 222
Risiko-dominant 214
Roboter 87, 251, 253, 254, 255, 256, 259, 260,
 320, 322, 323
Robust planning 171
Rucksack-Problem 80

S

Schelling, Tom 18, 131, 152, 206
Schwarm 147
Selbstähnlichkeit 26
Selbstbezüglichkeit 276
Selbst-organisierte Kritizität 64, 159
Self-enforcing norms 160
Shannon, Claude E. 33, 114, 120, 121
Simon, Herbert A.
 Bounded rationality 76, 137, 141, 153, 201
Simulated annealing 258
Simulation 128, 170
SIR-Modell 69
SIS-Modell 66
Skalen-Freiheit 27, 303
Small worlds 293, 295
 Small worlds Six degrees of separation 294
Solipsismus 280
soziales Dilemma 189, 192
Spencer-Brown, George 74, 235, 276, 326

Steady state 43, 53, 89
Strogatz, Steven 295
Sugarscape 140
Synchronisation 146
System 23, 75, 325, 326

T

Theory of Everything 272, 275
Tipping point 63
Travelling Salesman Problem 81, 259, 320
Turing, Alan
 Halte-Problem 112
 Turing-Maschine 82, 107

U

Umweltkapazität 44
Ungleichverteilungen 299
Ungleichwahrscheinlichkeiten 33
Uroborus 280

V

Van-der-Pol-Oszillator 42
Varela, Francesco 241, 242, 243
Verlernen 256, 257, 267, 289
Von Foerster, Heinz 79, 273, 278
Von Neumann, John 87, 132, 185, 248
Vorhersagbarkeit 60, 155, 167, 169

W

Wachstum 27, 46
Watts, Duncan J. 290, 295
Wolfram, Stephen 95, 108

Z

Zellulare Automaten
 eindimensionale 91
 Game of Life 90, 92, 102, 107, 110, 111, 112,
  113, 116, 119, 274
 Mehrheitsregel 96
 Rand des Chaos 99, 106
 Random Boolean Networks 103
 Rule 110 95

Umfassender Überblick zu den Speziellen Soziologien

> Profunde Einführung in grundlegende Themenbereiche

Georg Kneer /
Markus Schroer (Hrsg.)
**Handbuch
Spezielle Soziologien**

2010. 734 S. Geb. EUR 49,95
ISBN 978-3-531-15313-1

Erhältlich im Buchhandel
oder beim Verlag.
Änderungen vorbehalten.
Stand: Juli 2010.

Das „Handbuch Spezielle Soziologien" gibt einen umfassenden Überblick über die weit verzweigte Landschaft soziologischer Teilgebiete und Praxisfelder. Im Gegensatz zu vergleichbaren Buchprojekten versammelt der Band in über vierzig Einzelbeiträgen neben den einschlägigen Gegenstands- und Forschungsfeldern der Soziologie wie etwa der Familien-, Kultur- und Religionssoziologie auch oftmals vernachlässigte Bereiche wie etwa die Architektursoziologie, die Musiksoziologie und die Soziologie des Sterbens und des Todes.

Damit wird sowohl dem interessierten Laien, den Studierenden von Bachelor- und Masterstudiengängen als auch den professionellen Lehrern und Forschern der Soziologie ein Gesamtbild des Faches vermittelt. Die jeweiligen Artikel führen grundlegend in die einzelnen Teilbereiche der Soziologie ein und informieren über Genese, Entwicklung und den gegenwärtigen Stand des Forschungsfeldes.

Das „Handbuch Spezielle Soziologien" bietet durch die konzeptionelle Ausrichtung, die Breite der dargestellten Teilbereichssoziologien sowie die Qualität und Lesbarkeit der Einzelbeiträge bekannter Autorinnen und Autoren eine profunde Einführung in die grundlegenden Themenbereiche der Soziologie.

www.vs-verlag.de

Abraham-Lincoln-Straße 46
65189 Wiesbaden
Tel. 0611.7878-722
Fax 0611.7878-400